环境生态学

原理与应用

主　编　张太平

副主编　邹定辉　秦玉洁　卢桂宁

参　编　邝嘉良　杜青平

華南理工大學出版社
SOUTH CHINA UNIVERSITY OF TECHNOLOGY PRESS

·广州·

图书在版编目（CIP）数据

环境生态学：原理与应用/张太平主编．—广州：华南理工大学出版社，2023.6
ISBN 978－7－5623－7246－2

Ⅰ．①环…　Ⅱ．①张…　Ⅲ．①环境生态学-教材　Ⅳ．①X171

中国版本图书馆 CIP 数据核字(2022）第 217003 号

Huanjing Shengtaixue：Yuanli Yu Yingyong
环境生态学：原理与应用
主编　张太平

出 版 人：柯　宁
出版发行：华南理工大学出版社
（广州五山华南理工大学 17 号楼　邮编：510640）
http://hg.cb.scut.edu.cn　E-mail: scutc13@scut.edu.cn
营销部电话：020－87113487　87111048（传真）
策划编辑：吴翠微
责任编辑：张　楚　李　璟
责任校对：洪　静
印 刷 者：广州一龙印刷有限公司
开　　本：787mm×1092mm　1/16　印张：21　字数：524 千
版　　次：2023 年 6 月第 1 版
印　　次：2023 年 6 月第 1 次印刷
定　　价：59.00 元

前 言

环境生态学是依据生态学理论，按照生态学的学术视野研究和解决环境问题的新兴学科，也是环境科学与生态学的交叉学科，同时还是各高校环境科学与工程、资源与环境等专业开设的一门专业基础课程。编者结合环境科学与生态学领域的发展成果和课程教学经验，编写了本教材。

教材首先介绍了生态学的发展历史与环境生态学的研究内容，然后分别从生物种群、生物群落、生态系统三个方面介绍生态学的基本概念与原理；从生态系统退化、环境污染两个方面介绍了目前人类面临的主要生态环境问题；从生态监测与生态环境评价、环境保护生态工程、全球气候变化与对策、生态系统管理与生态规划、可持续发展与生态文明建设等方面，阐述了应用环境生态学原理对受破坏生态环境进行治理与管理的对策和措施。

本教材主要由华南理工大学环境与能源学院从事环境生态学与相关学科的教学与科研人员编写。各章节分工如下：第1章由张太平、邹定辉负责，第2、5～7、11～12章由张太平负责，第3、4章由邹定辉负责，第8、10章由秦玉洁负责，第9章由卢桂宁负责。邝嘉良提供了最新资料，并参与部分章节的修改，全书最后由张太平定稿。

在编写过程中，广东工业大学环境科学与工程学院杜青平老师参与并协助编写了第2章，其他部分章节的编写得到了研究生的协助，在此深表谢意！编写过程中引用并参考了大量的文献资料，谨对所有文献的作者致以诚挚的感谢！本教材由华南理工大学本科精品教材专项建设基金资助，在此一并表示感谢！

本书涉及内容广泛，受编写人员知识水平限制，书中难免存在错漏，敬请读者批评指正，以便下一步改进。

编者

2022年7月

目　录

第1章 绪 论

内容提要 本章介绍了生态学的定义及生态学的发展历史，生态学研究内容、研究方法及学科分支，环境生态学定义、形成和发展，环境生态学的研究内容及发展趋势，以及环境生态学与相关学科的关系。

1.1 生态学概述

1.1.1 生态学的定义

生态学（ecology）一词源于希腊文，“eco”源自希腊文的“oikos”，原意为住所或栖息地（habitat），所以生态学本义就是研究生物栖息地的科学。

德国生物学家海克尔（Ernst Haeckel）在1866年首次提出了生态学的概念，将生态学定义为研究生物有机体与其周围环境之间相互关系的科学。

随着生态学的发展，许多生态学家都提出了自己对生态学的定义。美国著名生态学家E. P. 奥德姆（E. P. Odum）于1957年在《生态学基础》中给出的生态学定义是：研究生态系统的结构或功能的科学。

加拿大生态学家克雷布斯（C. J. Krebs）在1958年将生态学定义为：研究决定生物分布和丰度的相互作用的科学。

我国著名生态学家马世骏先生认为，生态学是研究生命系统与环境系统之间相互作用、相互关系的科学。自然界中，生物种群、群落都可以看成是生命系统，这些生命系统周围的阳光、空气、温度、水、土壤等组成环境系统。

生物的生存、活动、繁衍需要一定的空间、物质与能量。生物在长期演化过程中，逐渐形成对周围环境某些物理条件和化学成分，如空气、光照、水分、热量和无机盐类等的特殊需要。各种生物所需要的物质、能量以及它们所适应的理化条件是不同的，这种特性称为生物的生态特性。

1.1.2 生态学的发展历史

生态学的发展历史大致可分为萌芽期、形成与巩固期、发展与成熟期三个阶段。

1.1.2.1 萌芽期（15世纪以前）

在萌芽时期，古人因长期的农牧渔猎生产生活积累了朴素的生态学知识，诸如作物生长与季节气候及土壤水分的关系、常见动物的行为习性等。

公元前7世纪，老子的《道德经》表述了地球上人类生存的“金木水火土”五行相生相克的哲学思想；春秋、战国时期的《管子·地员》《春秋》《庄子》等，都记载了土壤性质与植物生长、作物品质的关系，以及动物的一些行为描述；秦汉时期的《吕氏春秋》、两晋时期农学家贾思勰的《齐民要术》等著作都不乏对生物与环境的相互关系的描述；明朝徐光启的《农政全书》，收集了我国古代各种耕作方法以及有关农业与季节、气候方面的知识。

公元前4世纪，希腊学者亚里士多德（Aristotle）曾粗略描述不同类型的动物栖居地，还按动物活动的环境类型将其分为陆栖和水栖两类，按其食性分为草食、肉食、杂食和特殊食性等类。亚里士多德的学生、公元前3世纪的雅典学派首领赛奥夫拉斯图斯（Theophrastus）在其植物地理学著作中已提出类似如今植物群落的概念。

公元前后出现了不少介绍农牧渔猎知识的专著，如1世纪古罗马老普林尼（Gaius Plinius Secundus）的《博物志》等记述了一些素朴的生态学观点。

1.1.2.2 形成与巩固期（大约15世纪到20世纪40年代）

这一时期现代生态学开始建立，现代生态学理论逐步形成，生物种群和生物群落由定性向定量描述转变，生态学实验与研究方法快速发展。

16世纪文艺复兴以后，各学科的科学家都为生态学的诞生做了大量的工作，许多生物、生态学家通过科学考察积累了不少宏观生态学资料。1670年，被认为是第一个现代化学家的波义耳（Robert Boyle）发表了低压对动物物种的实验结果，标志着动物生理生态学研究的开始。雷奥米尔（Réaumur）的《昆虫史记》中就有许多昆虫生态学方面的记述。瑞典博物学家林奈（Carl von Linné）首先把物候学、生态学和地理学观点结合起来，综合描述外界环境条件对动物和植物的影响。法国博物学家布丰（Georges Buffon）强调了生物变异基于环境的影响。德国植物地理学家洪堡（Alexander Humboldt）创造性地结合气候与地理因子的影响来描述物种的分布规律。

19世纪，生态学进一步发展。一方面是由于农牧业的发展促使人们开展了环境因子对作物和家畜生理影响的实验研究。例如，在这一时期中确定了5℃度为一般植物的发育起点温度，绘制了动物的温度发育曲线，提出了用光照时间与平均温度的乘积作为比较光化作用的“光时度”指标以及植物营养的最低量律和光谱结构对于动植物发育的效应等。

另一方面，马尔萨斯于1798年发表的《人口论》造成了广泛的影响；费尔许尔斯特于1833年以其著名的逻辑斯谛曲线描述人口增长速度与人口密度的关系，把数学分析方法引入生态学。19世纪后期对植物群落的定量描述以统计学原理为基础。1851年达尔文在《物种起源》一书中提出自然选择学说，强调生物进化是生物与环境交互作用的产物，引起了人们对生物与环境的相互关系的重视，更促进了生态学的发展。

19世纪中期到20世纪初期，人类所关心的农业、渔猎和直接与人类健康有关的环境卫生等问题，推动了农业生态学、野生动物种群生态学和媒介昆虫传病行为的研究。当时组织的远洋考察都重视对生物资源的调查，从而丰富了水生生物学和水域生态学的内容。

到20世纪30年代，已有不少生态学著作和教科书阐述了一些生态学的基本概念和论点，如食物链、生态位、生物量、生态系统等。至此，生态学基本成为具有特定研究对象、研究方法和理论体系的独立学科。

1.1.2.3　发展与成熟期（20 世纪 50 年代至今）

20 世纪 50 年代以来，生态学吸收了数学、物理、化学工程技术科学的研究成果，向精确定量方向前进并形成了自己的理论体系，逐渐走向成熟。

数理化方法、精密灵敏的仪器和电子计算机的应用，使生态学工作者有可能更广泛、深入地探索生物与环境之间相互作用的物质基础，对复杂的生态现象进行定量分析；整体概念的发展，产生出系统生态学等若干新分支，生态学理论体系初步建立。

由于世界上的生态系统大都受人类活动影响，社会经济生产系统与生态系统相互交织，实际促进了庞大的复合系统的形成。随着社会经济和现代工业化的高速发展，自然资源、人口、粮食和环境等一系列影响社会生产和生活的问题日益突出。

为了寻找解决这些问题的科学依据和有效措施，国际生物科学联合会（IUBS）制定了“国际生物计划”（IBP），对陆地和水域生物群系进行生态学研究。1972 年联合国教科文组织等继 IBP 之后，设立了人与生物圈（MAB）国际组织，制定“人与生物圈”规划，组织各参加国开展森林、草原、海洋、湖泊等生态系统与人类活动关系以及农业、城市、污染等有关的科学研究。许多国家都设立了生态学和环境科学的研究机构。

和许多自然科学一样，生态学的发展趋势是：由定性研究趋向定量研究，由静态描述趋向动态分析；逐渐向多层次的综合研究发展；与其他某些学科的交叉研究成果日益显著。

由人类活动对环境的影响来看，生态学是自然科学与社会科学的交汇点；在方法学方面，研究环境因素的作用机制离不开生理学方法，离不开物理学和化学技术，而且群体调查和系统分析更离不开数学的方法和技术；在理论方面，生态系统的代谢和自稳态等概念基本引自生理学，而从物质流、能量流和信息流的角度来研究生物与环境的相互作用则可以说是由物理学、化学、生理学、生态学和社会经济学等共同发展出的研究体系。

1.1.3　生态学研究内容、研究方法及学科分支

1.1.3.1　生态学研究对象和研究内容

生态学研究的范围非常广泛，涉及的环境非常复杂，从无机环境（岩石圈、大气圈和水圈）、生物环境（植物、动物、微生物）到人与人类社会，以及由人类活动所导致的环境问题。生态学源于生物学，属宏观生物学范畴。但因为现代生态学向微观与宏观两个方向发展，所以现代生态学研究的对象涵盖了从生物大分子、基因、细胞、个体、种群、群落、生态系统到生物圈各个层次。

生态学的研究内容主要包括以下几个方面。

1. 生态学研究生物与环境之间的相互关系

生物生活在环境中，通常我们所说的环境是指地球环境或地理环境，分为大气圈、水圈、土壤圈、岩石圈和生物圈。环境变化万千，由各种环境因子组成，包括土壤、水分、温度、光照、大气、火和生物因子等。生物与环境之间发生相互作用，形成各种复杂关系。

2. 生态学研究生物与生物之间的相互关系

生物划分为不同类群，包括微生物中的病毒、细菌、真菌、藻类及微型动物，植物中的水生和陆生植物，动物中的昆虫、鱼类、鸟类、兽类等。它们相互作用、相互影响，形成竞争、捕食、寄生及共生等相互关系。

3. 生态学研究以生态系统为核心的组成、结构及规律

生态学的主要研究对象为种群、群落和生态系统，属宏观生物学范畴。自然条件下，研究生物种群的形成与发展，种群数量的时空变化规律，种内种间关系的调节与控制，种群的适应对策与基本特征；研究生物群落的组成和特征，群落的结构、功能和动态，以及生物群落类型与分布；研究生态系统的基本成分、组成结构，生态系统中的物质循环、能量流动和信息传递，生态系统的发展与演化等。人为条件下，研究区域生态系统组成、结构与功能，能量和物质代谢，发展演化与科学管理；研究农业生态系统的形成与发展，能量流动与物质循环特点，以及高效农业的发展途径等；研究污染生态系统中生物与被污染环境间的相互关系，污染物在生态系统中的迁移和转化。

1.1.3.2 生态学的主要研究方法

1. 原地研究

原地研究是指在自然原生境中对生物和环境的关系进行调查分析，包括野外考察研究、定位观测和原地实验等不同的方法。

（1）野外考察研究。野外考察是考察特定种群或群落与自然地理环境的空间分异关系。首先要划定生境边界，然后在确定的种群或群落生存活动空间范围内，对种群行为或群落结构与生境各种条件的相互作用进行观察记录。野外考察种群或群落的特征和检测生境的环境条件，不可能在原地内进行普遍的观测，要采取适合各类生物的规范化抽样调查方法，如动物种群调查中的样方法、标记重捕法、去除取样法等，植物种群和群落调查中的样方法、无样地取样法、相邻格子取样法等。样地或样本的大小、数量和空间配置，都要符合统计学原理，保证得到的数据能反映总体特征。

（2）定位观测。定位观测是考察某个体、种群、群落或生态系统的结构和功能与其环境关系在时间上的变化。定位观测先要设立一块可供长期观测的固定样地，样地必须能反映所研究的种群或群落及其生境的整体特征。定位观测时间决定于研究对象和研究目的。若是观测微生物种群，只需要几天的时间；若是观测群落演替，则需要几年甚至上百年的时间。

（3）原地实验。原地实验是在自然条件下，采取某些措施获得有关某个因素的变化对种群、群落、生态系统及其他因素的影响。例如：在野外森林、草地群落中，人为地去除或引进某个种群，观测该种群对群落和生境的影响；在自然保护区中，人为地对森林进行疏伐，以观测某些阳生濒危植物种群的生长情况。

2. 受控理论实验

受控理论实验是在模拟自然生态系统的受控实验系统中，研究单项或多项因子相互作用以及对种群或群落的影响的方法技术。例如微宇宙（microcosm）模拟系统是在人工气候室或人工水族箱中，建立自然生态系统的模拟系统，即在光照、温度、风力、土壤、营

养元素等环境因子的数量与质量都完全可控制的条件下，通过改变其中某一因素或多个因素，来研究实验生物的个体、种群以及小型生物群落系统的结构、功能、生活史动态过程，以及其变化的动因和机理。

3. 生态学的综合方法

生态学的综合方法是指对原地监测和受控生态系统实验的大量资料和数据进行综合的归纳分析，表达各种变量之间存在的种种相互关系，反映客观生态规律性的方法技术。

(1) 资料的归纳和分析。首先对数据进行规范化处理，在此基础上，应用多元分析方法对这些数据各自作用的大小、相互作用的关系做进一步分析，例如，一般的统计分析、主成分分析，综合结构模型、系统层次分析等分析技术。

(2) 生态学的数值分类和排序计算。数值分类是采用数学方法对群落和种内生态类型进行客观分析的方法，分类对象是样地。各种属性的原始数据经过处理，建立 N 个样地 P 个属性的原始数据矩阵，再计算群落样地两两之间的相似系数和相异系数，列出系数矩阵，最后按一定程序进行样地的聚类分析，得出表征同质群落类型的树状图。该方法往往具有较大的客观性，一般借助计算机完成。排序计算是确定环境因子、植物种群和群落三方面存在的复杂关系，并加以概括抽象的方法，它包括直接梯度排序和间接梯度排序。目前用于测定自然种群和群落与环境相互作用的间接梯度排序技术发展很快，所应用的计算机软件也很多。

(3) 系统分析和数学模型。系统分析是一种进行科学研究的策略，通过系统分析可以建立一系列反映事物发展规律的系统模型，对系统进行模拟和预测，找出生态系统内各组分之间的关系、各组分内不同的影响力。系统分析中应用较多的方法有多元统计学、多元分析方法、动态方程、多维几何、模糊数学理论、综合评判方法、神经网络理论等数学、物理研究方法。目前，应用比较广泛的系统分析模型有微分方程模型（动力模型）、矩阵模型、突变率模型及对策论模型等。数学模型是一个系统的基本要素及其关系的数学表达。模型能使一个十分复杂的系统简化，使研究者易于了解并预测其未来的发展趋势。生物种群或群落系统行为的时空变化的数学概括，统称为生态数学模型。生态数学模型仅仅是实现生态过程的抽象，每个模型都有一定的限度和有效范围，如描述种群增长的指数方程和逻辑斯蒂（logistic）方程等就是用来分析表达种群动态的理论模型。

4. 新技术的运用

环境生态学的进展在很大程度上有赖于多种新技术、新方法的应用，包括计算机技术，卫星遥感、航测、地理信息系统，生态模拟技术、分子生物学技术、自动测试技术、受控实验生态系统装置以及其他分析测试技术等。

计算机技术在生态系统资料、数据处理中有极其重要的作用，生态系统的复杂规律必须在现代计算机技术手段下才得以充分地揭示；环境治理、资源合理利用、全球环境变化等复杂问题也只有利用计算机模拟才能解决，如预测系统行为及提出最佳方案等。卫星遥感、航测和地理信息系统则较多地用于资源探测、环境污染监测，如用近红外和可见光谱的遥测数据计算得出的归一化植被指数（NDVI）预测生态系统的初级生产量。生态模拟技术则是另一类受到重视的新技术，美国、日本等国均已开展了许多生态模拟试验。例如1991年美国在亚利桑那州沙漠中建成“生物圈Ⅱ号”（Biosphere 2）全封闭式人工模拟生态系统。

现代环境生态问题的研究需要范围更大、分辨率更高的遥感技术，更精密的化学分析技术，稳定性同位素和分子生物学技术。

3S 技术是遥感技术（RS）、地理信息系统技术（GIS）、全球定位系统（GPS）的总称，它们是人类现代科学技术的重要成就之一，是为获取、处理、分析生态环境信息而逐步发展起来的先进技术手段。

（1）遥感技术（RS）。遥感技术自 20 世纪开始得到广泛应用，20 世纪 50 年代后，更是得到突飞猛进的发展。从最初区域视野的航空遥感发展到全球视野的航天遥感，从单一的可见光摄影手段发展到多波段摄影、多波段扫描仪、光谱仪、雷达及辐射计，信息获取的手段、精度与速度都得到了极大的丰富和提高。遥感技术已成为区域与全球研究的有力手段。

（2）地理信息系统技术（GIS）。20 世纪 60 年代以来，大量的空间数据与落后的处理和应用手段之间的矛盾日益突出。以微电子技术为基础，由电子计算机技术和大规模集成电路相结合而诞生的微型计算机的发展使新型的、高效的处理手段成为可能，地理信息系统技术（GIS）应运而生。它是空间技术与计算机技术发展的必然产物，自产生以来便和资源与环境问题密不可分，因此又被称为“资源与环境信息系统”。目前地理信息系统已成为遥感技术应用中不可缺少的组成部分，它以遥感技术提供的数据为重要的信息源，是遥感技术系统中的处理和应用系统。GIS 的出现，很大程度上解决了大量信息与落后处理之间的矛盾，实现了遥感信息的快速、及时处理，加强了遥感信息的现实性，增强了遥感技术的可操作性。

（3）全球定位系统（GPS）。GPS 的产生也是空间技术发展的必然结果。遥感技术自产生以来，研究者一直在探索空间技术的定位问题。利用地面控制点建立图像坐标与地面控制点坐标的关系的定位技术，依据地面控制点将遥感信息定位于地面控制网中。这种定位技术要求大量的地表资料及地面控制点的建立，造成遥感信息处理难度大、应用周期长、效率低等一系列问题。GPS 成功地解决了这个问题，它能够实现遥感数据的实时定位，即由传统的地 - 空定位模式转变为现代的空 - 地定位模式，同时能够对遥感信息进行地学编码，并可直接进入 GIS 进行处理。这大大提高了遥感数据的精度，减轻了数据处理的难度。

RS、GIS、GPS 三者密切结合，形成了现代遥感应用技术系统。RS、GPS 是遥感信息的获取系统，为 GIS 提供及时的信息；GIS 是遥感信息的处理和应用系统，能对大量的空间数据进行分类、统计、计算、分析、制图等。GIS、GPS 是 RS 的两大技术支柱。RS、GIS、GPS 三位一体，实现了遥感信息的获取、处理及应用的一体化。三者的有机结合，使现代遥感技术系统成为生态系统管理必不可少的技术手段。3S 技术作为一种先进的科学技术手段，已在可持续发展的人口、资源、环境与发展几大因子的应用研究中显示出强大的生命力。其作用主要表现在以下几方面：①区域与全球资源的探测、预测与评价；②对于土地资源、农业资源、水资源等，运用 3S 技术建立精度较高的模型；③对于全球性环境问题，如臭氧层变化、温室效应、海平面上升、厄尔尼诺现象，利用 3S 技术进行全球性环境要素的动态监测与分析，获取全球变化的信息，为全人类服务；④对于区域性的环境问题如水土流失、沙漠化、环境污染和生态破坏，RS、GIS 技术能够为生态系统管理与区域可持续发展提供信息及决策支持；⑤3S 技术在环境灾害的监测、预测、预报及防治方面的进展，为人类减灾防灾、可持续发展提供保障。

1.1.3.3　生态学分支学科

生态学曾经被认为是犹如灌木没有主干的一门学科，现已发展成为一门主干清晰、枝繁叶茂的学科体系。

按研究对象的结构层次划分，有分子生态学、个体生态学、种群生态学、群落生态学、生态系统生态学、景观生态学等。

按所研究的生物类别划分，有微生物生态学、植物生态学、动物生态学、人类生态学等，还可进一步细分为昆虫生态学、鱼类生态学等。

按生物栖居的环境类别划分，有陆地生态学和水域生态学。前者又可分为土壤生态学、森林生态学、草原生态学、荒漠生态学、路域生态学等；后者可分为海洋生态学、湖沼生态学、湿地生态学、流域生态学等，还可更进一步细分为植物根际生态学、肠道生态学等。

按交叉学科划分，有数学生态学、化学生态学、物理生态学、地理生态学、生理生态学、遗传生态学、行为生态学、进化生态学、经济生态学等。

按应用领域划分，有环境生态学、污染生态学、保护生态学、资源生态学、农业生态学、渔业生态学、城市生态学、工业生态学等。

1.2　环境生态学概述

1.2.1　环境生态学定义、形成和发展

1.2.1.1　环境生态学的定义

环境生态学（environmental ecology）是依据生态学理论、按照生态学的学术视野研究和解决环境问题的新兴学科，是环境科学与生态学的交叉学科。

环境生态学的基础是生态学，是生态学的分支，但不同于以研究生物与其生存环境之间的相互关系为主的经典生态学，例如砍伐森林后，动物的生存环境受到破坏，生存空间减小，各种生物不适应新的环境而大量消失，生物多样性减少；也不同于研究污染物在生态系统中的行为规律和危害的污染生态学和研究社会生态系统结构、功能、演化机制以及人的个体和组织与周围自然、社会环境相互作用的社会生态学。在环境生态学发展的初期，其研究的重点是环境污染问题，主要研究污染物在以人类为中心的各个生态系统中扩散、分配和富集这一过程中的消长规律，以便对环境做出科学的评价。

但事实上，人为干扰下出现的问题不只是污染问题，这是由一个干扰源诱发的“生态环境问题效应链”，这里既有生态破坏问题，又有环境污染问题，但是生态系统是这个“生态链”各种问题转化和放大的载体。据此，环境生态学被定义为研究在人为干扰下，

生态系统内在结构的变化机制和规律、生态系统功能的响应，寻求因人类活动而受损的生态系统的恢复、重建、保护的生态学对策，即运用生态学理论，阐明人与环境之间的相互作用及解决环境问题的生态途径的科学。

1.2.1.2 环境生态学的形成与发展

20 世纪以来，工业化进程的快速发展，使得社会生产力得到了空前提高，但同时也导致许多环境问题，如全球气候变暖、酸雨、臭氧层破坏、荒漠化趋势加重、生物多样性在不断减小等严重的环境问题。同时，大量的资源被消耗，资源严重短缺，全球面临着严重的生态危机，这些都是近年来人类快速发展造成的。全球环境生态问题日益严重，严重阻碍了人类经济的发展和生活质量的提高，威胁人类未来的生存和发展。这也让人们认识到地球环境的脆弱性，寻求人与自然环境的可持续发展慢慢成为研究的焦点；同时，人们认识到，生态学的原理和方法在维护环境和资源的可持续利用的平衡上发挥着重要的作用，由此促进了环境生态学的形成。

20 世纪 60 年代初，美国海洋生物学家卡逊（R. Carson）在研究杀虫剂的大量使用造成的种种环境危害后，撰写了《寂静的春天》这一环境保护方面的科学著作，该书通过展示农药污染物的迁移、转化过程，揭示了人类生产活动与春天“寂静”的内在机制；以大量的事实指出生态环境问题的根源所在，并指出生机勃勃的春天“寂静”的主要原因；阐明了人类与大气、海洋、河流、土壤以及生物之间的密切关系；批评了人类想控制自然的狂妄思想。书中作者特别讨论了有机氯农药对生物物种带来的严重危害，由于许多生物面临着农药的威胁，生机勃勃的春天“寂静”了。作者强调，地球上的生命的历史一直是生物与其周边环境相互作用的历史，只是人类出现后，生命才有了改造其周围大自然的异常能力。在人对环境的所有影响中，最令人震惊的是空气、土地、河流以及大海受到各种致命污染物的负面影响。这种污染是难以清除的，因为它们不仅进入了生命赖以生存的世界，而且进入了生物组织的内部。《寂静的春天》引发人们对传统的人与环境的观念的深入反思，它也被称为环境生态学的启蒙之作和环境生态学诞生的标志。

20 世纪 70 年代，《增长的极限》的出版，是环境生态学发展的初期阶段的主要象征。1968 年，来自世界各国的科学家、教育家、经济学家等几十位学者聚集在罗马，成立了一个非正式的国际协会——罗马俱乐部（The Club of Roma）。受俱乐部委托，以麻省理工大学梅多斯（Dennis L. Meadows）为首的研究小组，针对西方长期流行的高增长理论进行深刻的反思，并于 1972 年提交了俱乐部成立后的第一份研究报告——《增长的极限》。该报告深刻阐明了环境的重要性以及资源与人口之间的基本联系。报告认为：由于世界人口增长、粮食生产、工业发展、资源消耗和环境污染这五项基本因素的运行方式是指数增长而非线性增长，全球的增长将会因为粮食短缺和环境破坏于 21 世纪某个时段内达到极限，就是说，地球的支撑力将会达到极限，经济增长将发生不可控制的衰退。因此，要避免因超越地球资源极限而导致世界崩溃的最好方法是限制增长，即“零增长”。《增长的极限》一出版，就在国际社会特别是在学术界引起了强烈的反响。该报告在促使人们密切关注人口、资源和环境问题的同时，却因其反增长的观点而遭受到尖锐的批评和责难，从而引发了一场激烈的、旷日持久的学术之争。一般认为，由于种种因素的局限，《增长的极限》

的结论和观点，存在十分明显的缺陷。这种观点后来被称为“悲观论”派的典型。但是，这份报告在表达对人类前途的“严肃的忧虑”的同时，以全世界范围为空间尺度，以大量的数据和事实提醒世人，产业革命以来经济增长模式所倡导的“人类征服自然”使人与自然处于尖锐的矛盾之中，并不断地受到自然的报复，这条传统的工业化道路已经导致全球性的人口激增、资源短缺、环境污染和生态破坏，使人类社会面临严重困境，实际上引导人类走上了一条不能持续发展的道路。对人类发展历程的理性思考，唤起了人类自身的觉醒，这些积极意义是毋庸置疑的。它所阐述的“合理的、持久的均衡发展”，为孕育可持续发展的思想萌芽提供了土壤。人类社会的发展要与资源的提供能力相适应，要考虑环境问题等限制性因素的作用和人口增长压力等思想，为环境生态学的理论体系的建立奠定了基础。

1972年，联合国人类环境会议在斯德哥尔摩召开，来自世界113个国家和地区的代表参加了这次会议，共同讨论环境对人类的影响问题。这是人类第一次将环境问题纳入世界各国政府和国际政治的事务议程。会议通过的《人类环境宣言》宣布了37个共同观点和26项共同原则。它向全球呼吁：人类在决定世界各地的行动时，必须更加审慎地考虑它们对环境造成的无法挽回的巨大损失。联合国人类环境会议的意义在于，唤起了各国政府共同对环境问题特别是对环境污染的反思、觉醒和关注，正式吹响了人类共同向环境问题挑战的进军号。《只有一个地球：对一个小小行星的关怀和维护》（*Only One Earth*），是受联合国人类环境会议秘书长委托，为这次会议提供的一份非正式报告。报告中论述了环境污染问题，并把它与人口、资源、工艺技术、发展不平衡和世界范围的城市化困境等联系起来，作为一个整体来讨论。更为重要的是，该报告的作者利用相当大的篇幅，系统地论述了“地球是一个整体”的学术思想，回顾了人类社会的发展历程与环境问题的关系，分析了现代繁荣的代价。该报告的学术思想和观点丰富了环境生态学的理论，促进了环境生态学理论体系的完善和发展。

20世纪60年代以来，许多学者从不同的角度和不同的研究领域为环境生态学的形成与发展做出了积极贡献。1987年，福尔德曼出版了第一本《环境生态学》的教科书，其主要介绍了空气污染、有毒元素、酸化、森林衰减、油污染、淡水富营养化和杀虫剂等。书名的副标题为“污染和其他压力对生态系统结构和功能的影响”。该书的出版对环境生态学的发展起了积极推动作用。林恩·怀特（Lynn White）的《我们生态危机的历史根源》、鲍尔廷（K. K. Baulding）的《未来宇宙飞船的经济》等著作，所表达的一致观点是：单靠技术并不能解决人口和环境污染问题，只有道德、经济和法律的协同，才是有效的措施。尤其是20世纪70年代后，关于干扰和受损生态系统恢复与重建以及生态工程的几次国际研讨会，都就受损生态系统的恢复与重建的理论和实践问题进行了广泛而深入的研讨，对环境生态学的形成和学科的完善起到了积极推动作用。

1983年3月，联合国成立了以挪威首相布伦特兰夫人（G. H. Brundland）为主席的世界环境与发展委员会（WCED），该委员会本着必须研究自然、社会、生态、经济以及利用自然资源过程中的基本关系，确保全球发展的宗旨，负责制定长期的环境对策，研究能使国际社会更有效地解决环境问题的途径和方法。经过3年多的深入研究和充分论证，委员会于1987年向联合国提交了题为“我们共同的未来”的研究报告。报告分为“共同的问题”“共同的挑战”“共同的努力”三大部分，系统地研究了人类面临的重大经济、社会和环境问题，以“可持续发展”为基本纲领，从保护和发展环境资源、满足当代和后代的需要出发，提出了一系列政策目标和行动建议。报告把环境与发展这两个紧密相关的问题作为一个整体讨论，使人们从单纯考虑环境保护引导到把环境保护与人类发展切实结合起来，实现了人类有关环境与发展思想的重要飞跃。报告还明确指出了人类社会的可持续发展，只能以生态环境和资源的持久、稳定的支撑能力为基础，而环境问题也只有在社会和经济的可持续发展中得到解决。尤其是理论上具有创新意义的“可持续发展”理论的提出，促进了“循环经济”、工业生态园的兴起以及工业生态学、生态工程学和工程生态学等新兴学科的发展，使环境生态学的理论基础更加坚实，环境生态学已由学科理论体系的完善和成熟，发展到理论指导下的实际应用的新阶段。

1.2.2 环境生态学的研究内容及发展趋势

1.2.2.1 环境生态学的主要研究内容

环境生态学是研究人类与其生存环境的科学。人类与其生存环境是辩证统一的。首先，人类要生存发展，就要从环境生态系统中不断地索取所需的各种物质资源。其次，人类又要通过消费活动将不同形式的废弃物排入环境生态系统中。在这一过程中，人类自身也要增殖发展，增殖和发展的同时又要强化对环境生态系统的反馈。而这种反馈最终改变着生存环境生态系统，反过来又作用于人类。因此，人类在同地球环境生态系统进行着的物质、能量、信息的交换中生存和发展。

人类为了谋求持续的生存和发展就必须研究这些反馈和交换机制，以便提出改造、恢复环境生态的方法和技术，使环境生态处于良好永续的状态，供人类永恒地生存和发展。承担这一任务的环境生态学是一门理论与实践并重的科学。在环境科学的庞大体系中，环境生态学属于自然科学的范畴。根据其定义具体地讲，除涉及到经典生态学的基本理论外，环境生态学研究的内容主要包括以下方面。

1. 研究自然环境生态演化的规律

地球在数十亿年的生物与环境相互作用的进化过程中不断地演化着，这种演化随时随地都在发生。人类在改造自然的过程中，为了使环境生态向有利于人类的方向发展，避免不利于人类的情况发生，就必须了解环境生态的变化过程，掌握其自然变化规律，包括不同类型环境生态（城市、草原、森林、荒漠等）的基本特征、结构的形式和演化机理。例如，全球变化背景下，草原生态系统物质能量输送、生物产量的变化规律研究等。

2. 研究人为干扰下生态系统内在的变化机理和规律

自然生态系统受到人为干扰后，将会产生一系列反应和变化，在这一过程中，有哪些内在的规律；干扰效应在系统内不同组分间是如何相互作用的；出现了哪些生态效应以及如何影响到人类，包括各种污染物在各类生态系统中的行为变化规律和危害方式，人为干扰下的种群动态和群落演替过程。特别是各种人为干扰的演替能否预测；在什么条件下人为干扰的演替会出现加速、延缓、改变方向甚至向相反的方向进行；全球变化背景下，人为干扰对生态系统物质能量输送、生物产量的影响及研究方法等，这些重要的理论问题将成为环境生态学的主要研究内容。

3. 研究生态环境受损程度的判断和解决环境问题的生态对策

各类生态系统在维持生物圈物质、能量的循环中发挥着不同的功能，所以，被破坏后所产生的生态效应也就不同。环境生态恶化的原因是多方面的，因此需要研究污染物在环境生态中物理、化学的变化过程；其在生态系统中迁移转化的机理，以及进入人体后发生的各种生物生理作用；环境生态退化同物质循环之间的关系；陆面物理、宏观生物学特征的监测分析的研究；大气微量气体生物源的测定及其源、汇识别方法的研究；典型环境生态敏感区的监测及其对气候变化的响应研究；气候与环境生态系统相互作用的模拟和理论研究。对生态环境的受损程度做出预判，有助于准确地进行环境质量的量化评价。通过研究各类生态学系统受损后的危害效应及方式，提出各类生态系统的保护对策，包括生物资源的保护和科学管理，受损生态系统的恢复、重建的措施等；资源合理利用的生态学规律，协调人类与自然环境的关系，使资源可以达到可持续利用；生存环境宏观特征变化趋势的预测研究；全球变化背景下全球植被、地表辐射、感热通量、潜热通量、降水量、温度等的变化预测研究；空气污染、光化学烟雾、臭氧层破坏、酸雨等对人类健康的影响的预测研究，为治理环境和保护环境提供必要的依据。

4. 研究人类生存发展与环境生态平衡的可持续发展

地球环境生态系统是人类生存的载体，为人类提供了生存的基本条件，其中包括提供发展经济的物质资源，人类则通过生产和消费活动又不断地影响着地球环境生态的状态。在人类生产和消费系统中，尽管物质和能量的迁移、转化过程异常复杂，但必须遵循的一条基本原则是系统的物质和能量的输入同输出之间保持相对平衡，这个平衡包括两项内容：一是排入环境的废弃物不能超出环境自净能力，以免造成环境污染，损害环境质量和循环机理；二是从环境中获取可更新资源不能超过它的再生增殖能力，以保障资源可持续利用。此外，从环境中获取不可更新资源时，应尽可能地节约，以维持长期开发利用。研究区域的环境生态、资源基础，并估测其承载能力，探索保持经济、社会发展和环境生态、自然资源基础间动态平衡的途径。人类的生存与发展固然离不开环境的依托，也不可能离开经济生产和社会关系组合的维系。当考虑促进人类生存与发展的各类问题时，经济、社会、环境这三方面都是不容忽视的因素。因此，环境生态学应研究如何使环境效益、经济效益和社会效益三者统一起来，以求得人类社会和环境生态的协调发展。

5. 研究全球气候变化对人类生存环境生态的影响

人们愈来愈认识到，气候变化与世界所有国家的工农业生产、人民生活有着密切的关系。同时，人类活动对气候变化也有重要的影响。气候问题已是当今世界普遍关心的重大科学问题之一，因为它与人口、资源、能源、粮食、环境、生态等一系列重要问题有关，由气候所造成的灾害约占自然灾害的70%。气候变化、异常及对环境生态的影响已成为每个国家进行经济与社会决策时必须考虑的一个重要问题。气候与环境生态系统的基本过程及相互作用的研究主要有以下内容：

（1）气候－环境生态系统的性质和演变规律。研究气候－环境生态系统各种时间尺度（如季节、年际、年代际、世纪）的演变规律与演变特征，并从区域和全球范围来研究。

（2）气候－环境生态系统的基本过程及其相互作用。研究气候－环境生态系统各个分系统的相互作用过程，其中包括海洋－大气相互作用过程；陆地－大气相互作用过程；陆地生态系统－大气相互作用过程；水分循环－大气运动的相互作用过程；温室效应气体的输送与大气运动的相互作用过程等。特别是赤道与南、北极；热带西太平洋厄尔尼诺与青藏高原对气候变化的作用。

（3）气候－环境生态系统的数学物理模型与数值模拟。发展上述各种过程及其相互作用的数学物理模型，完善海洋－大气－陆地－生态系统耦合模式，模拟上述气候－环境生态系统的基本过程及其相互作用。

（4）气候－环境生态国际间合作的野外综合观测研究。为了深入研究气候－环境生态的基本过程及其相互作用，必须组织大型的国际间合作的野外综合观测试验。

（5）地圈、生物圈相互作用研究的主要内容和科学问题。主要包括重要温室气体效应的大气化学及其在大气中的自然和人为扰动机理；碳及其他重要生命元素的生物地球化学循环过程，以及其在陆－气、陆－海和海－气界面的交换机理和通量测定；不同生态系统中物质、能量的交换过程及在大气和水循环中的控制和调节作用；不同生态系统对环境变化的响应和反馈机理；气候变化对生态系统（农业、森林、沙漠）的影响和反馈机理的数值实验；过去生存环境变化的重大事件和全球变化及地圈、生物圈相互作用的证据，具有一定时空精度的地质－环境生物演变记录中全球变化的信息提取及其重建的理论、技术和方法；地圈、生物圈概念模型、数学模式及模拟研究。

6. 研究生物多样性的保护和管理方法

生物多样性是维持基本生态过程和生命系统的物质基础，生物多样性的监测与管理是环境生态学需要关注和研究的，包括种群和物种水平上的保护、群落和生态系统水平上的保护以及景观尺度上的保护。生态安全是指生物个体或者生态系统不受侵害和破坏的状态。生物多样性是生态安全的重要组成部分，生物多样性的丧失，特别是基因和物种多样性的丧失，对生态系统的破坏是致命和无法挽回的。

7. 全球性生态环境问题监测和应对策略

全球性生态环境问题严重威胁着人类的生存和发展，如臭氧层破坏、温室效应、全球变化等，其产生的根本原因是人类对大自然的不合理开发和破坏。因此，要在监测全球生态系统的基础上，研究全球变化对生物多样性和生态系统的影响、生存环境历史演变的规律、敏感地带和生态系统对环境变化的反应、全球性环境变化及其生态系统相互作用的模拟；建立适应全球变化的生态系统发展模型；提出缓解全球变化中自然资源和环境污染控制的对策和措施。

综上所述，维护生物圈的正常功能，改善人类的生存环境，并使两者间得到协调发展，是环境生态学的根本目的。运用生态学理论，保护和合理利用自然资源，治理污染和被破坏的生态环境，恢复和重建生态系统，实现保护和发展环境的协调，以满足人类生存发展的需求，是生态学研究的主要内容。

1.2.2.2 环境生态学的发展趋势

进入21世纪后，世界环境问题既有历史问题的延续，也有新的变化和发展，环境问题变得更加复杂化，对全球的生态环境影响也越来越严重。根据国内外研究的进展，环境生态学将更加关注以下几方面的内容，并努力取得突破性进展。

1. 人为干扰的方式及强度

随着社会与技术的快速发展，人类对自然的影响也越来越严重，人类的干扰已经改变了大陆和所有气候带的生态系统，但社会的生存与发展还要不断地对生态系统施加各种干扰。环境生态学所研究的干扰主要是社会性压力，即人为干扰。现在，人类活动对生态系统的干扰影响已经成为许多学科研究的热点，并被认为是驱动种群、群落和生态系统退化的主要动因。随着近几十年来人类干扰空间的扩大和强度的加剧，关于人为干扰的方式及强度的研究越来越为人们所关注。人类干扰对生态系统产生的效应和表现形式是多样的，人为干扰涉及到干扰的类型、损害强度、作用范围和持续时间，以及发生频率、潜在突变、诱因波动等方面。但人为干扰也有破坏和增益的双重性，环境生态学最关注的是人为干扰的方式和强度与生态效应的关系，通过诊断和排除消极干扰，把危害性控制到最低程度，并按照符合生态系统健康发展的原则，主动采取措施进行生态恢复甚至使之达到增益的目的。

2. 退化生态系统的特征判定

各种干扰的方式和强度不同，对生态系统危害性和产生的生态效应也不同。如何判定一个生态系统是否受到人为干扰的损害及其程度、受损生态系统的结构和功能变化有何共同特征，目前仍有不同的看法，还没有一个公认的判断和评价指标体系。受害生态系统特征判定或生态学诊断的标准、方法问题仍将是今后的研究重点之一。

3. 人为干扰下的生态演替规律

受损生态系统恢复与重建最重要的理论基础之一是生态演替理论。自然干扰作用总是使生态系统返回到生态演替的早期状态，但人为干扰是否仅仅将生态系统位移到一个早期或更为初级的演替阶段？各种人为干扰的演替能否预测？在什么条件下，人为干扰后的生态演替会出现加速、延缓、改变方向甚至向相反方向进行？斑块的大小及形状对生态演替有何影响？生态异质性与干扰过程中生态演替的关系如何？这些重要的理论问题也将是未来环境生态学的主要研究任务。

4. 受损生态系统恢复和重建技术

恢复和重建受损的生态系统，采取不同的政策、不同的目的，产生的结果会有很大的区别。如何使受害生态系统能尽快地根据人类的需要或愿望恢复、改建或重建，这既是理论问题，也是实践问题。目前，关于各类受损生态系统恢复与重建的具体原则和方法已有了大量的实践，包括森林草地农田、湿地及水域等受损生态系统，都有实际的成功事例。然而，这个研究领域仍不能满足实践的需要，一些恢复技术还不能实现生态环境和社会经济效益的统一，个别技术还缺乏整体考虑。实际上，成功的生态恢复应包括生态保护、生态支持和生态安全三方面的含义。所以，生态恢复和重建技术的研究仍然是环境生态学中颇具吸引力和最能有作为的领域。

5. 生态系统服务功能评价

生态系统服务功能的研究，是20世纪90年代末兴起的新领域。格雷琴·戴莉（Gretchen Daily）主编的《生态系统服务：人类社会对自然生态系统的依赖性》标志着生态系统服务功能研究的热潮的开始。生态系统服务是指生态系统与生态过程所形成及所维持的人类生存环境的各种功能与效用，是生态系统存在价值的真实体现和全面体现，也是人类对生态系统整体功能认识的深化。通常，某一种生态系统服务，可以是两种或多种生态系统功能共同产生的。同样，在许多情况下，一种生态功能也可提供两种或多种服务。地球上大大小小的生态系统都是生命支持系统，为人类的生存与发展提供各种形式的服务。但是，由于生态系统的复杂性和不确定性，人们对生态系统服务功能的估价方法仍然很不成熟。有的学者试图用经济价值的方法估算生态系统服务功能，提出了生态系统服务的估价方法，对全球生态系统服务价值进行了总的估算，这是全球生态系统综合性研究的新成果，是对生态系统服务全面估价的有益尝试。生态系统服务功能的正确评价，能较好地反映生态系统和自然资本的价值，可为一个国家、地区的决策者、计划部门和管理者提供背景资料，也有利于建立环境与经济综合核算新体系和制定合理的自然资源价格体系。因此，生态系统服务功能评价研究，是环境生态学研究的基础，是生态系统受损程度判断和实施恢复的依据。

6. 生态系统管理

生态系统管理的概念是在环境生态学的发展过程中逐渐形成和发展的。在探索人类与自然和谐发展的道路上，生态系统可持续发展是生态系统管理的目标，1990 年 10 月和 1991 年 2 月分别在美国马里兰和华盛顿召开了生态系统可持续发展的会议，并确定生态系统的可持续性为生态系统管理的首要目标。生态系统的科学管理是合理利用和保护资源、实现可持续发展的有效途径。实现人类社会的可持续发展，重要的是加强对生物圈各类生态系统的管理，保持和维持生态系统结构、功能的可持续性。然而，生态系统的复杂性和管理难度远远超出人们的想象。在实践中，由于对生态系统功能及其动态变化规律还缺乏全面认识，人们往往注重的是短期产出和直接经济效益，而对于生态系统的许多公益性价值，如污染空气的净化、减灾防灾、植物授粉和种子传播、气候调节等功能，以及维护生态系统长期可持续性的研究还不够重视，对于恢复和重建生态系统的科学管理更缺乏经验。因此，加强生态系统管理的研究，也是环境生态学的重要任务。

7. 生态规划和生态效应预测

生态规划（ecological planning）一般是指按照生态学的原理，对某地区的社会、经济、技术和生态环境进行全面综合规划，以便充分有效地和科学地利用各种资源条件，促进生态系统的良性循环，使社会经济持续稳定发展。环境生态学之所以关注生态规划的问题，是因为它是减少环境破坏、设计生态恢复和重建的有效手段，是依据生态学的原理实现社会、经济和环境协调发展的途径，这是人类解决环境问题的有效方法。生态规划所要解决的中心问题之一，就是人类社会生存和持续发展的问题，这是涉及到许多领域而又极其复杂的问题。因此，高度综合、从定性描述的分析方法向定量化的综合分析方法过渡，由“软科学”向“软硬”结合方向发展，始终是生态规划努力的方向。全球生态环境变化的现状是已经历一系列发展变化的新阶段，同时也是即将经历的未来演替的起点，研究发生在生物圈各类生态系统内并受人类活动影响的物理、化学、生物的相互作用过程及其生态效应，提高对全球环境和生态过程重大变化的预测能力，也将是环境生态学今后一段时期内必须努力探索的重要课题。

1.2.3　环境生态学与相关学科的关系

1.2.3.1　与生态学的关系

生态学主要研究生物有机体与周围环境。这里的生物包括动物、植物、微生物以及人类本身，即包括从生物分子、基因、细胞、个体、种群、群落、生态系统、景观直至生物圈内不同的生物系统。环境是指生物周围包括岩石圈、大气圈、水圈在内的无机环境以及生物环境，人类社会以及包括因人类活动所导致的环境问题在内的各部分所共同构成的环境系统。生态学是人类在自然认识过程中逐渐发展起来的，人类在和自然斗争的过程中，已经认识到环境和气候对生物生长的影响，以及生物与生物之间关系的重要性。生态学自 20 世纪 60 年代以来，得到了快速发展：一是生态学自身学科的积累已经到达了一定的程度，形成了自己独特的理论体系和方法论；二是高精度的分析测试技术，电子计算机技术、遥感技术和地理信息系统技术的发展，为现代生态学的发展提供了物质基础和技术条件；三是社会的需求在不断增加，第二次世界大战以后，科学技术的飞速发展促进了工业的快速发展，人类的物质文明也达到了新的高峰，与此同时，工业的发展带来了资源竞争、工业污染以及生态环境恶化等问题，如何协调人与自然的关系还需要借助生态学的理论，因而生态学得以快速发展，成为当今重要的学科之一。

环境生态学与生态学的差异主要是：①环境生态学是生态学原理在环境科学中的应用，强调的是应用性，而生态学是一门基础性科学，涉及面较广，注重的是问题的普遍性和一般性规律；②虽然环境生态学和生态学的实验手段均采用室内和室外相结合的方法，但前者以室内为主，后者以野外为主；③生态学为生物学下面的一个二级学科，而环境生态学则为生态学下面的一个分支学科。

1.2.3.2　与环境科学的关系

环境科学是在 20 世纪 50 年代后，由于环境问题的出现而诞生和发展的新兴学科，它研究人类周围的空气、土地、水、能源、矿物质、生物和辐射等各种环境因素与人类之间的关系，以及人类活动对这些环境要素的影响。环境科学的研究对象是“人类与环境”之间的矛盾，其目的是想通过调整和协调人类社会行为来保护、发展和建设环境，从而使环境永远为人类社会的可持续发展提供良好的支撑和保证。环境科学涉及的内容异常广阔，包括自然科学和社会科学的许多方面，近年来，自然科学和工程技术不断地向它渗透并赋予其新的内容。环境科学的主要研究内容如下。

（1）探索全球范围内环境系统的演化规律。环境总是不断变化，了解其变化的规律，使环境向有利于人类发展的方向演化，这是环境科学的前提。

（2）揭示人类活动同环境的关系。环境为人类提供生存和发展的物质条件，人类在生产和消费工程中不断影响环境。

（3）探索环境变化对人类生产的影响。环境是一个由多要素组成的复杂系统，其中有许多正、负反馈机制，人类活动造成的一些暂时性和局部性影响，常常会通过这些反馈机制积累、放大或抵消，从而引起环境的变化。因此，必须研究污染物在环境中的物理、化学变化过程，在生态系统中的迁移机理，以及进入人体后发生的各种作用，还必须研究环境退化同物质循环之间的关系，为保护人类提供依据。

（4）研究人类生存发展在不同范围内对环境的整体性影响。人类活动造成的在不同范围内的环境问题有其各自统一的成因和相互关联的一系列制约因素，因此，要解决环境问题需要从其学科范围和特点出发，系统全面地对其环境问题及其产生的整体影响进行研究。

（5）研究区域环境污染综合防治和生态保护与恢复重建的技术措施和管理措施。引起环境问题的因素很多，需要综合运用多种技术措施和管理手段，从区域的整体出发，利用现代科学理论、技术和方法寻求解决问题的最优方案。

环境生态学与环境科学的差异在于：①环境科学是研究人类活动引起的环境变化及其对整个生命活动的影响的科学，而环境生态学研究的是人为干扰下的环境对生态系统的影响；②虽然环境科学和环境生态学对环境污染的综合治理都包括环境工程技术、生物措施和污染源的控制，但前者以环境工程技术为主，而后者以生物措施为主；③环境科学的研究对象是人类与环境系统的关系，其核心问题是人与环境质量，而环境生态学研究的是人为干扰对环境以及整个生态系统（以生物为主）的影响。

1.2.3.3 与其他学科的关系

与环境生态学联系密切的还包括恢复生态学、人类生态学、环境经济学、污染生态学、社会生态学。恢复生态学是与环境生态学联系最为密切的一个分支。恢复生态学是研究生态系统退化的原因、退化生态系统的恢复与重建技术和方法、退化生态系统的变化过程和机制的科学，它侧重于研究生态系统恢复与重建的技术，属于技术科学的范畴。环境生态学和恢复生态学在研究内容上有很多交叉，但后者更侧重于生态系统的恢复机制和和理论以及生态监测与评价等方面的研究。

人类生态学、环境经济学和污染生态学的研究范畴，在很大程度上与环境生态学有相似之处。人类生态学着重研究人与生物圈、人与环境和自然的协调关系，着眼于人类生态系统；环境经济学着重研究环境与经济的关系、环境资源价值的评估和环境管理的经济手段以及环境保护和可持续发展等问题；污染生态学则主要研究污染物在生态系统中的行为规律和危害问题。这些学科和环境生态学之间是相辅相成、相互促进的关系，它们可以为环境生态学所研究的人为干扰问题、受损生态系统的判断和生态恢复以及污染生态系统变化过程与机制的分析提供科学依据。

社会生态学、生态经济学也是与环境生态学相互渗透、紧密联系的学科。社会生态学主要研究社会生态系统结构、功能、演变机制以及人的个体和组织与周围自然、社会环境相互作用的规律。生态经济学则是以生态资源的评价、生态系统各种服务功能的维护和管理为主要研究内容。环境生态学也充分认识到了人文精神，特别是人的科学素养、道德伦理观在生态环境保护中的重要作用，也特别着重探索人类经济行为的生态后果。

【思考题】

1. 什么是生态学?
2. 生态学的主要研究方法是什么?
3. 生态学有哪些分支学科?
4. 什么是环境生态学? 是如何形成与发展的?
5. 环境生态学有哪些主要研究内容?
6. 环境生态学与生态学的主要区别?

第2章 生物与环境

内容提要 本章介绍了环境和能量、环境因子和生态因子的基本概念，生物与环境关系的基本原理和环境因子的生态作用及生物的适应、生物圈进化。具体包括：环境的概念和类型；能量和生物个体的能量分配、生态因子的概念和生态因子作用的一般特征，限制因子原理、Liebig最小因子定律、Shelford耐性定律、生态幅和生物内稳态，环境中光、温度、水、土壤因子的生态作用以及生物的适应，生物圈进化、物种形成、人工选择和遗传工程及协同进化。

2.1 环境与能量

生物与环境的相互关系是生态学研究的核心。生物的生命活动都离不开环境，能量是生命活动的共性。

2.1.1 环境的概念与环境类型、环境因子

2.1.1.1 环境的概念

环境（environment）一般是泛指的名称，其内容和含义十分广泛。环境总是针对某一特定主体或中心而言的，是一个相对的概念，离开了这个主体或中心也就无所谓环境，因此环境只具有相对的意义。它是指某一特定生物体或生物群体以外的空间，以及直接或间接影响该生物体或生物群体生存的一切事物的总和。

由于环境是对应于特定主体而言的，特定主体有巨细之分，因此，环境也有大小之别，大到整个宇宙，小至基本粒子。例如，对太阳系中的地球而言，整个太阳系就是地球生存和运动的环境；对栖息于地球表面的动植物而言，整个地球表面就是它们生存和发展的环境；对某个具体生物群落来讲，环境是指所在地段上影响该群落发展的全部无机因素（光、热、水、土壤、大气、地形等）和有机因素（动物、植物、微生物及人类）的总和。

在生态学中，环境是指生物的栖息地，以及直接或间接影响生物生存和发展的各种因素。在环境科学中，人类是主体，环境是指围绕着人群的空间以及其中可以直接或间接影响人类生活和发展的各种因素的总体。此外，在世界各国的一些环境保护法规还常常把环境中应当保护的要素或对象界定为环境。如《中华人民共和国环境保护法》明确指出：“本法所称环境，是指影响人类生存和发展的各种天然的和经过人工改造的自然因素的总体，包括大气、水、海洋、土地、矿藏、森林、草原、湿地、野生生物、自然遗迹、人文

遗迹、自然保护区、风景名胜区、城市和乡村等。”这是一种工作定义，目的在于明确法律适用对象和范围，保证法律准确实施。

2.1.1.2　环境类型

环境通常是一个复杂的体系，可以按环境的主体、环境的性质或功能、环境的要素或介质类型、环境的范围或空间大小等进行分类。

按环境的主体分，目前有两种体系。一种是以人为主体，其他的生命物质和非生命物质都被视为环境要素，这类环境称为人类环境。在环境科学中，多数学者都采用这种分类方法。另一种是以生物为主体，生物以外的所有自然条件称为环境，生态学中一般采用这种分类方法。

按环境的性质及人为干扰程度不同可将环境分成自然环境、半自然环境（被人类破坏后的自然环境）和社会环境三类。

按环境的介质类型，可将环境分为大气环境、水环境、土壤环境和生物环境四类。

按环境的范围大小可将环境分为宇宙环境（或称星际环境）、地球环境、区域环境、微环境和内环境。

（1）宇宙环境（space environment）指大气层以外的宇宙空间，是人类活动进入大气层以外的空间后和地球邻近天体的过程中提出的新概念，也称为空间环境。宇宙环境由广阔的空间和存在于其中的各种天体及弥漫物质组成，它对地球环境产生了深刻的影响。太阳辐射是地球的主要光源和能源，为地球生物有机体带来了生机，推动了生物圈这个庞大生态系统的正常运转。太阳辐射是地球上一切能量的源泉，它的变化影响着地球环境。

（2）地球环境（global environment）指大气圈（主要是对流层）、水圈、土壤圈、岩石圈和生物圈，又称为全球环境或地理环境（geo-environment）。地球环境与人类及生物的关系尤为密切。其中生物圈中的生物与地球上各个圈层密切地联系在一起，形成了总的人类生存的生态圈，并在这个生态圈内进行着物质循环、能量转换以及信息的传递。

（3）区域环境（regional environment）指占有某一特定地域空间的自然环境，它是由地球表面不同地区的5个自然圈层相互配合而形成的。不同地区，形成各不相同的区域环境特点，分布着不同的生物群落。

（4）微环境（micro-environment）指区域环境中，由于某一个（或几个）圈层的细微变化而产生的环境差异所形成的小环境。例如，生物群落的镶嵌性就是微环境作用的结果。

（5）内环境（inner environment）指生物体内组织或细胞间的环境，对生物体的生长和繁育具有直接的影响。

2.1.1.3　环境因子

每一类型的环境都包含多种多样的组成要素，这些要素称之为环境因子。一般来说，环境因子具有综合性和可调剂性，它包括生物有机体以外所有的环境要素。美国生态学家将环境因子分为三大类七个项目，即气候类、土壤类和生物类三大类，土壤、水分、温度、光照、大气、火和生物因子七个项目。这是以环境因子特点为标准进行分类的代表。

依据生物有机体对环境的反应和适应性进行分类，可以将环境因子分为第一性周期因子（如地磁、地心引力、太阳辐射）、次生性周期因子（如季节更替、潮汐涨落）及非周期性因子（如风、火、降水等）。

非生物的环境因子可以分为三个层次。第一层，植物生长所必需的环境因子（如温度、光、水等）；第二层，不以植被是否存在而发生的对植物有影响的环境因子（如风暴、火山爆发、洪涝等）；第三层，存在与发生受植被影响，反过来又直接或间接影响植被的环境因子（如放牧、火烧等）。

2.1.2 能量

如果要指出什么是地球上生物中最普遍而又最重要，且与大大小小的生命活动过程休戚相关的共性时，答案一定是能量。能量（energy）在物理学中被定义为做功的能力，功最广泛的定义是“做或执行某项任务”。我们的生命维持系统涉及大量生物种类和功能，这个维持系统的正常运转需要大量能量。当然，异养生物的初级能量来源于食物；而对自养生物来说，能量来源却是光合作用所需的光及间接太阳能（风、雨等）。另外，人类社会尤其是工业化社会，需要大量燃料型的聚集能。没有能量就没有生命，所以，能量转换的基本原理应为我们所了解。

2.1.2.1 能量定律

能量的行为符合两大定律，即热力学定律（laws of thermodynamics）。热力学第一定律表述为：能量可以从一种形态（如光）转变为另一种形态（如食物），但在转变过程既不能产生，也不能消失。热力学第二定律表述为：除非能量从聚集形式（如食物或汽油）转化为离散形式（如热），否则不会发生任何能量转变过程。因为一些能量总是分散成不能利用的热能，所以自发转变（如光转变为食物）的效率不可能是百分之百的。

有时热力学第二定律也称为熵定律。熵表示一个封闭的热力学系统中不能利用的能量，这是一个关于无序（disorder）的度量。因此，虽然在转变过程中能量既不会产生，也不会消失，但在使用（转换）过程中，一部分能量却降级为不能利用的或难以利用的形态（即被转变为离散型热能）。能量不能再次利用，它不像水、营养物质或货币那样可以多次再循环利用，并且在使用过程中极少损失或没有损失。

生物和生态系统都是通过将能量从高利用状态转换到低利用状态来维持它们高度组织的低熵（低无序度）状态。生命系统和整个生物圈被普里果金（Ilya Prigogine）称为“远离平衡的系统”，具有高效率的“耗散结构”来降低无序度。普里果金因其对有关非平衡热动力学的理论分析而荣获诺贝尔奖。和前人相比，他更好地解释了生命系统是如何通过自我组织来维持一个远离平衡的开放状态，这看起来似乎摆脱了热力学第二条定律的约束。熵并不都是有负面影响的，当能量的数量在连续转变过程中减少时，剩余能量的质量却可能大大地提高了。

高度有序的生物群落的呼吸作用构成了生态系统的耗散结构。依此类推，城市需要组织良好的维持人员和充足的税金来耗散无序，维持质量。如果流经森林或城市的能量的质量和数量都发生降低，或无序耗散不充分，那么森林或城市就要开始退化和衰老（变得无序）。很多城市和受空气污染胁迫过度的森林都面临着这个问题。

为了生存和繁荣，自然生态系统和人工生态系统都需要有高质量能量连续输入、贮存的能力（以备输入的能量少于需要量时）和耗散熵的途径。这三个属性就是生态学家H. T. 奥德姆（H. T. Odum）所说的最大功率原理（maximum power principle）中的部分内容，此原理认为，在这个竞争的世界上最有可能生存的系统是那些能将最多的能量有效地转换为有利于它们自己以及与其彼此互利联系着的周围系统的有用功的系统。

物理化学家出身的洛特卡（Alfred James Lotka，1880—1949）是把热动力学引入生态学的第一人。他在一家化学公司工作期间，利用业余时间致力于发展“物理生物学”新领域。洛特卡的基本观点是：有机世界与无机世界作为单一的系统起作用，其所有成分通过热动力学以如此密切的方式紧密地联系在一起，所以不了解系统整体的功能是不可能了解其局部功能的。洛特卡感到生物学家在研究进化时将注意力聚集在单个物种上而导致视野太狭窄。他深信自然选择也必然基于不可分隔系统的能流。这个概念就是现在大家所知的“最大功率原理”。有意思的是，生物学家坦斯利（A. G. Tansley）和物理学家洛特卡各自独立地提出了生态系统是生物圈的一个主要功能单元的概念。

2.1.2.2　太阳辐射

太阳辐射是地球上最主要的能量来源，是大自然的恩赐之一，但每天所见到的太阳光只占太阳辐射的一半左右。将太阳光通过透镜，可得到电磁辐射的完整光谱，太阳辐射位于光谱的中间，波长大部分为0.1～10μm。太阳辐射包括可见光和两种不可见光成分，即紫外线和红外线。长波的红外辐射是太阳光中的“发热”部分。可见光部分不仅是我们所见到的光，也是光合作用所使用的能量（仅限于可见光）。紫外线对暴露的原生质具有杀伤作用，值得庆幸的是，在抵达大气上层的紫外线中，大部分被臭氧层（ozone shield）阻挡了。位于大气最上层（平流层）中的氧气和紫外线相互作用，生成由3个氧原子组成的臭氧（O_3）。在生物圈历史中，早期的臭氧层随氧气的积累而形成；臭氧层的保护作用使原始生命有可能走出水中并演化成为今天的高级形态。

大气层对太阳辐射的吸收大大减少了进入生物圈的紫外线，也减少了可见光成分，并无规律性地减少了红外线（某些波长的光更易被吸收）。晴朗天气到达地面的辐射能组成为10%紫外线、45%可见光和45%红外线。可见光辐射在穿过云层和水时衰减得最少，这意味着光合作用还可以在阴天（光合作用速率通常会下降）和一定深度的透明水体中继续进行。植被强烈吸收蓝、红可见波长（对光合作用最有用）和远红外线；其次是绿光，近红外线最弱。近红外线是太阳光中热能的主要所在，陆生植物的叶子极少吸收近红外线，以避免达到致死温度（此外还通过水分蒸发来降温）。太阳射线和地表绿色层之间的相互作用是生物不仅能适应物理环境，还能改变物理环境以满足它们需要的又一例证。事实上，经过林冠层对红、蓝光和远红外光的吸收后，形成的凉爽绿荫是与人为荒漠或停车场截然不同的辐射环境。森林里生活着几千种动物和微生物，而在停车场却只能发现极少数的暂居者（包括人类），所有生物可能都试图得到更好的环境。因为植被反射绿光和近红外线，所以航空和卫星遥感成像利用这些光谱带来识别地面的天然植被格局、作物状况和植物病害等。遥感和地理信息系统技术的持续发展是太空时代带给我们的好处之一。

2.1.2.3 能量分配

能量在生物种群或个体中发生分配，图2－1是一个种群或个体的能量分配模型。阴影方形框（B）代表了活的结构或生物量。I代表能量输入：自养生物所需的光，异养生物所需的食物。能量输入的可利用部分（A）被生物同化，不能被利用的部分（NU）被生物排出体外。同化量受能源质量的制约：如果食物质量高（如糖），同化量可达90%；如果食物质量低（如枯叶），则仅为5%。被同化量（R）中有相当大的一部分呼吸能量用于维持身体功能和修复作用，即提供维持或存在的能量。剩下的能量用于生长和繁殖，或贮存起来以备后用（如脂肪），这部分能量由图中的生产量（P）代表。一小部分能量随排泄量（E）而丧失。

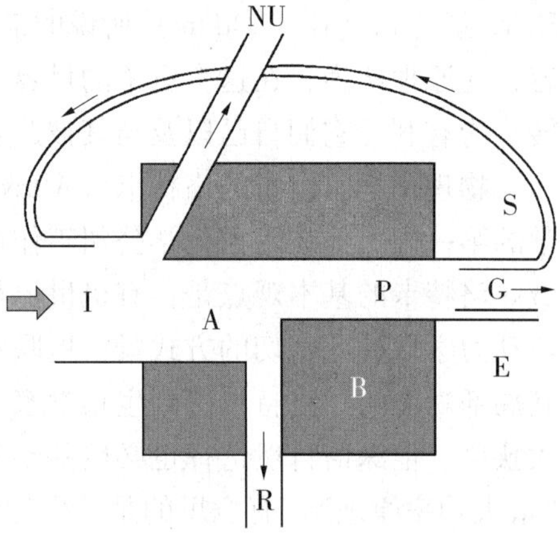

I—输入或消化的能量；NU—未被利用的能量；A—被同化的能量；P—生产量；R—呼吸量；B—生物量；G—生长所需能量；S—储存能量；E—排泄量

图2－1　在种群或个体中的能量分配

对个体或物种而言，P与R之间的能量分配至关重要。与个体小的生物相比，个体大的生物需要更多的维持能量，因为它们需要维持的生物量更多。代谢率与个体大小之间不是线性关系，而是曲线关系，因为代谢率与表面积的关系比与重量的关系更为直接。鸟类和哺乳动物等温血动物的呼吸代谢率高于冷血动物，因为后者在外界温度下降时无须消耗能量来维持体温。与食草动物相比，捕食动物必须将更大部分的同化能量用于呼吸代谢，因为找寻和征服猎物的过程需要耗费大量能量。如果能够选择的话，捕食动物将会选择用较少的能量来捕食个体较大的且营养更丰富的猎物；然后将更多可利用的能量用于繁殖或贮存上。通过自然选择，生物获得了尽可能高的能量利用收益－支出比。生态学家耗费了大量的时间来研究不同种生物及不同环境条件下的生物如何达成能量的最优利用。

当然，对于所有非人类饲养的生物而言，用于繁殖的能量分配是至关重要的。适应那种不稳定的、面临生态灭绝的或种群非饱和的环境的物种通常将它们的大部分能量用于繁殖，而适应于稳定的或种群饱和环境中的物种只将少量的能量用于繁殖（大部分能量必须用于胁迫环境中的个体生存）。图2－2是对一枝黄花6个物种的能量分配的研究结果。采样于受人类干扰的开放野外地里的物种1，将其能量的45%用于开花和生产种子。在这个能量分配范围的另一极端是生长于森林中的物种6，它用于繁殖的能量还不到5%。它的生存更加依赖于生长出大的叶面积，以此来

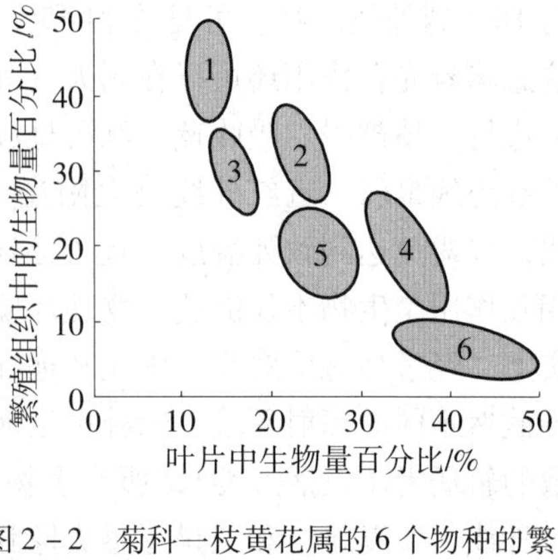

图2－2　菊科一枝黄花属的6个物种的繁殖结构（花、种子）与叶片之间的能量分配，这6个种分别生长在从旷野（1）到森林（6）的生境里

捕获稀少的阳光，这就是为什么不能在树荫下大面积地种植地面层开花植物的原因。

2.2 生物与环境关系的基本原理

生物生活在环境中，与环境发生相互作用。如前所述，每一类型的环境都包含多种多样的组成要素，环境因子中对生物起作用的要素，称为生态因子。认识环境与生态因子以及它们的作用规律和生态因子的作用与生物的适应性，是理解与掌握生态学基本原理的关键与基础。

2.2.1 生态因子及其作用的一般特征

2.2.1.1 生态因子的概念与类型

生态因子（ecological factor）是指环境中对生物生长、发育、生殖、行为和分布有直接或间接影响的环境要素。所有的生态因子构成了生物的生态环境。具体的生物个体和群体生活地域内的生态环境成为生境。

生态因子的类型多种多样，分类方法也不统一。简单、传统的方法是把生态因子分为生物因子（biotic factor）和非生物因子（abiotic factor）。生物因子是指除该生物之外的其他有机体，包括种内关系和种间关系；非生物因子是指生物有机体生境内存在的非生物因素，如水分、土壤理化性质、地形结构等。

根据生态因子的性质，又可将生态因子分为以下四类：

（1）生物因子，是研究目标生物与其他生物之间的捕食、竞争、寄生等关系，以及种群内部的社会结构、领域及社会等级等方面。随着社会经济与生产力的高速发展，人类活动对环境的影响越来越大，为了强调人对其他生态因子的作用的特殊性和重要性。所以有时候又把生物因子中人的因素专门分离出来归为一类，称为人为因子。

（2）地形因子（topographic factor）指地面的海拔高度、经度、纬度、起伏、坡度、坡向、坡长、地表粗糙度等。

（3）气候因子（climatic factor）由温度因子（绝对值、变化类型和幅度）、水分因子（降水量、降雨型、湿度）、光因子（照度、日照时间）、大气因子（氧气及 CO_2 的浓度、风）等所组成。

（4）土壤因子（edaphic factor）包括土壤的物理与化学性质、土壤肥力、土壤生物等。

在环境中的各种生态因子的作用并不是单独的，而是相互联系并共同对生物产生影响。另一方面，各种生态因子也存在着相互补偿或增强作用。生物因子之间、非生物因子之间以及生物与非生物因子之间的关系是错综复杂的，它们通过能量的流动、物质的运转和信息的交换，在自然界中构成一个相对稳定的自然综合体。

2.2.1.2 生态因子作用的一般特征

环境中的生态因子不是独立地对生物产生作用，而是作为一个整体综合发挥作用，这主要表现为生态因子间的相互影响、相互作用，生态因子的不可替代性以及生态因子的主次关系和直接与间接关系。

1. 综合作用

任何一个环境中，都包含着多种生态因子。各种生态因子不是孤立存在的，而是彼此联系、互相促进、互相制约，共同对生物产生影响，形成对生物的综合作用，这就是生态因子的综合性。

2. 主导因子作用

组成环境的生态因子都是生物所必需的，但在一定条件下，其中必有一两个是起决定性作用的生态因子，即主导因子。对环境来说，主导因子可使生物生长发育产生明显变化。主导因子发生变化会引起其他因子也发生变化。例如，光合作用时，光照是主导因子，温度和 CO_2 是次要因子；春化作用时，温度为主导因子，湿度和通气条件是次要因子。

3. 直接作用和间接作用

生态因子对生物的作用有的是直接的，有的是间接的。直接影响或直接参与生物体新陈代谢的生态因子为直接因子，如光、温度、水、气、土壤等。不直接影响生物，而是通过影响直接因子来影响生物的生态因子为间接因子，如地形、地势、海拔高度等。间接因子对生物的作用虽然是间接的，但往往是非常重要的，它一般支配着直接因子，而且作用范围广，作用强度大，有时甚至构成地区性影响及小气候环境的差异。

4. 阶段性作用

在自然界，各生态因子组合随时间的推移而发生阶段性变化，并对生物产生不同的生态效应。在生物生长发育的不同阶段，对外界生态条件的要求也存在阶段性变化。因此，生态因子对生物的作用也具有阶段性。例如，小麦的春化阶段要求有相应的低温作保证，而一旦通过春化阶段，低温对小麦的生长发育就显得不太重要，甚至还会对小麦产生有害的影响。

5. 不可替代性和补偿作用

作用于生物体的各种生态因子，都具有各自的特殊功能与作用。每个生态因子对生物的作用是同等重要、缺一不可的。所以从总体上说生态因子是不可替代的，但是局部又是能补偿的。在一个由多个生态因子综合作用的过程中，某因子在量上的不足，可由其他因子进行补偿，获得相似的生态效应，如植物的光合作用光照的不足，可以一定程度上由 CO_2 浓度的提高得到补偿。

2.2.2 生态因子作用的基本规律

2.2.2.1 限制因子规律

生物的生存和繁殖依赖于各种生态因子的综合作用，其中限制生物生存和繁殖的关键因子就是限制因子（limiting factors）。任何一种生态因子只要接近或超过生物的耐受范围，就会成为这种生物的限制因子。

如果生物对某个生态因子的耐受范围很广，而这个因子在环境中又比较稳定，那么这个因子就不可能成为一个限制因子。相反，如果生物对某个生态因子耐受范围很窄，而这个因子在环境中又容易变化，那么这种因子就很可能是一个限制因子。例如在陆地上生活的动物一般不会缺氧，但是，氧气在水中的含量比在空气中的低得多，在高密度养殖池塘中，溶解氧含量往往就成为限制因子，在水质监测中是一个必测的生态因子。限制因子的概念指明了生物与环境复杂关系研究的一个出发点，即在研究某个特定环境时，首先应该关注那些影响生物生存和发展的限制因子，这就是这个概念的最主要价值。

2.2.2.2　Liebig 最小因子定律

1840 年，德国化学家李比希（B. J. Liebig）在研究各种生态因子对植物生长的影响时发现作物的产量往往不是受其大量需要的营养物质所制约（如 CO_2 和水），因为它们在自然环境中很丰富，而是取决于那些在土壤中较为稀少且为植物所需要的营养物质，如硼、镁、铁、磷等。因此，Liebig 提出“植物的生长取决于环境中那些处于最小量状态的营养物质”。进一步的研究表明，Liebig 所提出的理论也同样适用于其他生物种类或生态因子。因此，Liebig 的理论被称为最小因子定律（law of the minimum）。这与系统论中的“木桶原理”含义一致，即一个由多块木板拼成的水桶，当其中一块木板较短时，不管其他木板多高，水桶装水量总是受最小木板制约的。

E. P. Odum 认为，应用 Liebig 最小因子定律时，应作两点补充：第一，Liebig 最小因子定律只有在环境条件处于严格的稳定状态下，即在物质和能量的输入和输出处于平衡状态时才能应用；第二，应用 Liebig 最小因子定律时还应注意因子之间的相互作用，当一个特定因子处于最小量时，其他处于高浓度或过量状态的物质可能起着补偿作用。

2.2.2.3　Shelford 耐性定律

Liebig 最小因子定律指出了因子低于最小量时成为影响生物生存的因子。实际上，因子过量时，同样也会影响生物生存。1913 年，美国生态学家谢尔福德（V. E. Shelford）提出了耐性定律（law of tolerance）。他认为，任何一个生态因子在数量上或质量上的不足或过多，即当其接近或达到某种生物的耐受限度时，就会影响该种生物的生存和分布。该定律把最低量因子和最高量因子相提并论，把任何接近或超过耐性下限或耐性上限的因子都称为限制因子（图 2－3）。

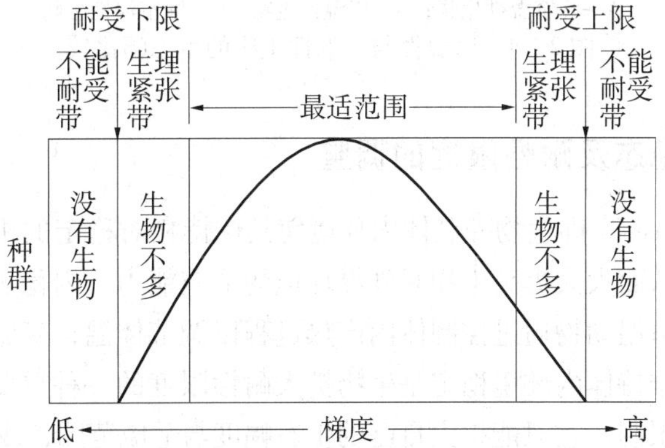

图 2－3　Shelford 耐性定律图解

Shelford 耐性定律也表明，那些对生态因子具有较大耐受范围的种类，分布比较广泛，这些种类就是所谓的广适性生物（eurytropic organism）；反之，则称为狭适性生物（stenotropic organism）。

2.2.2.4 生态幅

在自然界中，由于长期自然选择的结果，每种生物对一种生态因子都有一个生态上的适应范围，即有一个最低点（或称耐受下限）和一个最高点（或称耐受上限）。最低点和最高点之间的耐受范围，就称为该种生物的生态幅（ecological amplitude）。它与各种生物的代谢特点有关。另外，由于种间竞争，常使生物的分布范围偏离最适点。

有些生物能适应较大幅度的环境变化，有些生物则只能适应较小幅度的环境变化。生态学上常使用一些名词以表示生态幅的相对宽度。英文字首“steno”为“狭窄”之意，而“eury”为“广”的意思。上述字首与不同因子配合，就表示某物种对某一生态因子的适应范围。例如，窄食性（stenophagic）、窄温性（stenothermal）、窄水性（stenohydric）、窄盐性（stenohaline）、窄栖性（stenoecious）；广食性（euryphagic）、广温性（eurythermal）、广水性（euryhydric）、广盐性（euryha-line）、广栖性（euryoecious）。图 2 –4 是广温性和窄温性生物的生态幅比较，窄温性生物的温度三基点紧靠在一起。对广温性生物影响很小的温度变化，对窄温性生物则往往是临界的。窄温性生物可以是耐低温的（冷窄温性的，oligothermal），也可以是耐高温的（暖窄温性的，polythermal）或处于两者之间的。

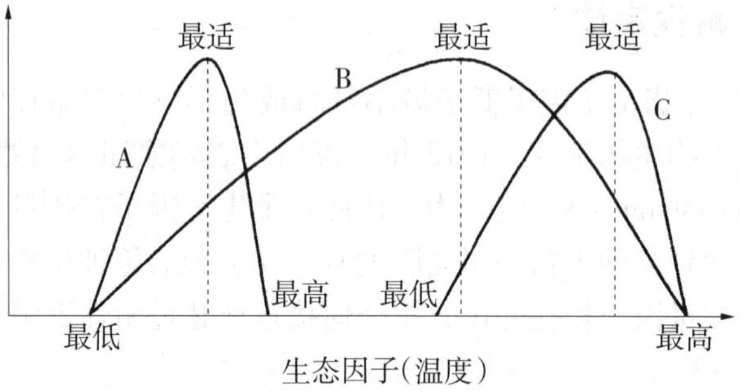

A—冷窄温性生物；B—广温性生物；C—暖窄温性生物

图 2 –4 窄温性与广温性生物的生态幅比较

2.2.2.5 生物内稳态及耐性限度的调整

内稳态（homeostasis）即生物控制体内环境使其保持相对稳定的机制，它能减少生物对外界条件的依赖性，从而大大提高生物对外界环境的适应能力。内稳态是通过生理过程或行为的调整而实现的。恒温动物通过控制体内产热过程以调节体温；变温动物靠减少散热或利用热源使身体增温。维持体内环境稳定是生物扩大耐性限度的一种重要机制，但内稳态机制不能完全摆脱环境的限制，它只能扩大自己的生态幅度与适应范围，成为一个广适种。

有学者根据生物体内部环境平衡与外部环境变化的关系，把生物分为内稳态生物

(homeo static organisms) 和非内稳态生物 (non-homeostatic organisms), 它们的区别在于其耐性限度的决定原因不同。

除内稳态机制可调整生物的耐性限度外，还可通过人为驯化的方法改变生物的耐性范围。如果一个种长期生活在最适生存范围的一侧，将逐渐导致该种耐性限度的改变，适宜生存范围的上下限会发生移动，并形成一个新的最适点。这一驯化过程是通过酶系统的调整而实现的，因为酶只能在特定的环境范围内起作用，并决定着生物的代谢速率与耐性限度，所以驯化过程是生物体内酶系统的改变过程。

2.2.2.6　指示生物

生物在与环境相互作用、协同进化的过程中，每个种都留下了深刻的环境烙印。因此，生物常常可以作为指示者，反映环境的某些特征。例如，各地农民常根据物候确定农时，民间还利用动物行为预报天气变化。此外，水文地质和地矿工作者常利用指示植物寻找地下水和矿藏。例如，我国北方草原区，凡有芨芨草 (*Achanatherum splendens*) 成片生长的地段，都有浅层地下水分布；又如安徽的海州香薷 (*Elsholtzia splendens*) 是著名的铜矿指示植物；在环境保护上，常利用地衣等敏感生物指示大气污染状况等。

2.2.3　生物对环境的适应

生物在与环境的长期相互作用中，形成一些具有生存意义的特征。生物依靠这些特征能免受各种环境因素的不利影响，同时还能有效地从其生境中获取所需的物质、能量，以确保个体发育的正常进行，自然界的这种现象称为生态适应 (ecological adaptation)。

生物对环境的适应主要表现为趋同适应和趋异适应两类。所谓趋同适应，是指亲缘关系相当疏远的非同种生物，由于长期生活在相同或类似的环境条件下，通过变异、选择和适应，在器官形态等方面出现很相似的现象，其结果使不同种的生物在形态、生理和发育上表现出很强的一致性或相似性。趋异适应则是指同种生物的不同个体群，由于分布地区的差异，长期生活在不同环境条件下，不同个体群之间在形态、生理等方面产生相应的生态变异。

2.2.3.1　生活型

不同种生物，由于长期生存在相同的自然生态和人为培育环境条件下，发生趋同适应，并经自然选择和人工选择后形成的，具有类似形态、生理和生态特征的物种类群，称为生活型 (life form)。

植物的生活型主要从形态外貌上进行划分。饶基耶尔 (C. Raunkiaer) 根据休眠芽所处的位置高低和保护的方式，把高等植物划分为高位芽植物、地上芽植物、地面芽植物、地下芽植物及一年生植物 5 大生活型。布朗 – 布兰克 (Braun-Blanguet) 将植物生活型划分为浮游植物、土壤微生物、内生植物、一年生植物、水生植物、地下芽植物、地面芽植物、地上芽植物、高位芽植物、树上的附生植物 (参考第四章)。

在不同的气候生态区域，生活型的类别组成是不同的。例如，热带潮湿地区，以高位芽植物为主，乔木和灌木占大多数，附生植物也较多；在干燥炎热的沙漠地区和草原地区，以一年生植物占的比重最大；在温带和北极地区，则以地面芽植物占的比重最大。

不同种类的动物长期生活在相同的生态条件下也会产生趋同适应。如鱼类中的鲨、爬行类的鱼龙、哺乳类的海豚，这几种动物的亲缘关系相隔甚远，但由于共同生活在海洋环境中，形成了适于游泳的体形、划水用的鳍或附肢等。

2.2.3.2 生态型

同种生物的不同个体群，长期生存在不同的生态环境或人工培育条件下，发生趋异适应，并经自然和人工选择而分化形成生态、形态和生理特性不同的基因型类群，称为生态型（ecotype）。生态型是同一种植物对不同环境条件趋异适应的结果，它是分类学上种以下的分类单位。

同一种内的不同生态型，有的可在形态上表现出差异，有的可能只在生理或生化上有差异，形态上并没有差异。这种差异的形成主要是生态因子对种内许多基因型选择和控制的结果。根据形成生态型的主导因子的不同，植物的生态型可分为如下几种。

（1）气候生态型。主要由于长期气候因素（如光周期、气温和降水等）影响所形成的生态型。例如水稻的不同光温生态型。

（2）土壤生态型。在不同土壤水分、温度和土壤肥力等自然和栽培条件影响下形成的生态型。例如水稻和陆稻主要是由于土壤水分条件不同而分化形成的土壤生态型；作物的耐肥品种或耐瘠品种，是与一定的土壤肥力相适应的土壤生态型。

（3）生物生态型。同种生物的不同个体群，长期生活在不同的生物条件下也会分化形成不同的生态型。例如对病虫害具有不同抗性的作物品种，可看作不同的生态型。

对动物而言，由于生活在不同的环境下，同样存在生态型的分化。例如我国猪的品种，按照地理及生态条件大致分为华北、华中、江淮、华南、西南和高原六个生态型。自北向南，猪种在形态和生态特性方面的变化趋势是：体型由大而小；鬃毛由密而疏，绒毛由多而稀或无；背腰由平直逐渐凹陷；脂肪比重逐渐增加；繁殖力以江淮型、华中型较强；毛色由黑而花；地理上向南的猪种大多耐粗饲，抗性强，生产力不高，特别是高原型的藏猪。

2.2.3.3 适应组合

生物对一组特定环境条件的适应表现出彼此之间的相互关联性，这一整套协同的适应特性就称为适应组合。

1. 植物的适应组合

以沙漠环境为例，常绿植物表皮增厚、减少气孔数目、形成卷叶等适应干旱环境，对于沙漠环境是不够的。最耐旱的肉质植物将雨季吸收的大量水分储存在根、茎、叶中，同时仅在晚间打开气孔，并吸收环境中的 CO_2，合成有机酸并储存在组织中，白天因有机酸脱羧将 CO_2 释放出来，供低水平光合作用使用。

2. 动物的适应组合

以沙漠环境为例，骆驼清晨取食有露水的嫩枝叶或多汁的植物以获得必需的水分，且一次饮水量大，尿浓缩减少水损失；在驼峰和体腔中储存脂肪，可产生代谢水；白天体温升高减缓吸热，晚上皮下脂肪转移到驼峰中，加快散热，减少出汗失水。

2.3　环境因子的生态作用及生物的适应

2.3.1　光因子的生态作用及生物的适应

光是地球上所有生物赖以生存和繁衍的最基本的能量源泉，地球上生物生活所必需的全部能量，都直接或间接地源于太阳光。生态系统内部的平衡状态是建立在能量基础上的，绿色植物的光合系统是太阳能以化学能的形式进入生态系统的唯一通路，也是食物链的起点。光本身又是一个十分复杂的环境因子，太阳辐射的强度、质量及其周期性变化对生物的生长发育和地理分布都产生着深刻的影响，而生物本身对这些变化的光因子也有着极其多样的反应。

2.3.1.1　光强的生态作用与生物的适应

光强对生物的生长发育和形态建成有重要的作用，对植物细胞的增长和分化、体积的增长和质量的增加有重要影响。光还促进组织和器官的分化，制约着器官的生长发育速度，使植物各器官和组织保持发育上的正常比例。植物叶肉中的叶绿素必须在一定的光强条件下才能形成，而在黑暗环境下会产生特殊的黄化现象。光强在地球表面的分布是不均匀的，在赤道地区最大，随纬度的增加而逐渐减弱。在一定范围内，植物光合作用的效率与光强成正比，但是倘若到达一定强度后，继续增加光强，光合作用的效率不仅不会提高，反而下降，这一转折点称为光饱和点。另外，植物在进行光合作用的同时也在进行呼吸作用；当影响植物光合作用和呼吸作用的其他生态因子都保持恒定时，生产和呼吸这两个过程之间的平衡就主要取决于光照强度。

根据对光照的适应性，植物可分为阳生植物、阴生植物和耐阴植物三类。阳生植物（heliophyte）对光的要求比较迫切，适应于在强光照地区生活，这类植物的光补偿点的位置较高，光合作用的速率和代谢速率都较高，常见种类有蒲公英、蓟、杨、柳、桦、槐、松、杉和栓皮栎等。阴生植物（sciophyte）对光的需要远较阳生植物低，适应于弱光照地区生活，这类植物的光补偿点的位置较低，其光合速率和呼吸速率都比较低。阴生植物多生长在潮湿背阴的地方或密林内，常见种类有山酢浆草、连钱草、观音座莲、铁杉、紫果云杉和红豆杉等。很多药用植物如人参、三七、半夏和细辛等也属于阴生植物。耐阴植物（shade plant）对光照具有较广的适应能力，对光的需要介于以上两类植物之间。了解植物对光照强度的生态类型，在作物的合理栽培、间作套种、引种驯化以及造林营林等方面都是非常重要的。

2.3.1.2　光质的生态作用与生物的适应

植物的生长发育是在日光的全光谱照射下进行的。光由波长范围很广的电磁波组成，主要波长范围在 150～4000nm，其中可见光波长在 380～760nm。不同光质对植物的光合作用、色素形成、向光性、形态建成的诱导等的影响是不同的。光合作用的光谱范围只是可见光区，其中红、橙光主要被叶绿素吸收，对叶绿素的形成有促进作用；蓝紫光也能被叶绿素和类胡萝卜素所吸收，将这部分辐射称为生理有效辐射。绿光则很少被吸收利用，称为生理无效辐射。实验表明，红光有利于糖的合成，蓝光有利于蛋白质的合成。研究发现，光对动物生殖、体色变化、迁徙、毛羽更换、生长、发育等都有影响。至于光质对动物的分布和器官功能的影响目前还不是十分清楚。

不可见光对生物的影响也是多方面的，如昆虫对紫外光有趋光反应，而草履虫则表现为避光反应。紫外光对生物和人有杀伤和致癌作用，波长 360nm 时开始有杀菌作用；在 340 ～240nm 的辐射条件下，可使细菌、真菌、线虫的卵和病毒等停止活动；200 ～300nm 的辐射杀菌力强，能杀灭空气中、水面和各种物体表面的微生物，这对于抑制自然界的传染病病原体是极为重要的。当紫外线穿越大气层时，波长短于 290nm 的部分被臭氧层中的臭氧吸收，只有波长在 290 ～380nm 的紫外光才能到达地球表面。在高山和高原地区，紫外光的作用比较强烈。生活在高山上的动物体色较暗，植物的茎叶富含花青素，这是因为短波光较多，也是其避免紫外线伤害的一种保护性适应。生长在高山的植物茎秆粗短、叶面缩小、毛绒发达也是短波光较多所致。

2. 3. 1. 3　光周期现象和生物的适应

由于地球的自转和公转所造成的太阳高度角的变化，使能量输入成为一种周期性变化，从而使地球上的自然现象都具周期性。在不同地区和不同的季节里，一天中的昼夜长短有规律地变化着。北半球的夏季，通常是昼长夜短，冬季昼短夜长，形成了光照长短的周期性变化。昼夜交替中日照的长短对生物生长发育的影响，称为光周期现象（photoperiodism）。

根据对日照长度的反应，植物可分为长日照植物、短日照植物和中日照植物三类。长日照植物通常是在日照时间超过一定数值（14h）时才开花，否则只进行营养生长，不能形成花芽。长日照作物有冬小麦、大麦、油菜、菠菜、甜菜、甘蓝和萝卜等。短日照植物通常是在日照时间短于一定数值（14h）时才开花，否则就只进行营养生长而不开花，这类植物通常是在早春或深秋开花，如作物中的水稻、玉米、大豆、烟草、麻、棉等。中日照植物要求在日照与黑暗各半的日照长度下才能开花。甘蔗是中日照植物的代表，它要求 12. 5h 的日照，否则不能开花。还有一些植物对日照长短的要求并不严格，如黄瓜、番茄、番薯、四季豆和蒲公英等，这类植物可称为中间性植物。

动物的光周期现象以鸟类最为明显，很多鸟类的迁徙都是由日照长短的变化引起。由于日照长短的变化是地球上最严格和最稳定的周期变化，所以它是生物节律最可靠的信号系统，鸟类在不同年份迁离某地和到达某地的时间相差无几。日照长度的变化对哺乳动物的换毛和生殖也具有十分明显的影响，昆虫的冬眠和滞育也主要与光周期的变化有关。

2. 3. 2　温度因子的生态作用及生物的适应

太阳辐射使地表受热，产生气温、水温和土温的变化，温度因子和光因子一样存在周期性变化，称为节律性变温。不仅节律性变温对生物有影响，极端温度对生物的生长发育也有十分重要的意义。

2.3.2.1 温度的生态作用

温度是生物生命活动不可缺少的因素，任何生物都生活在具有一定温度的外界环境中并受温度变化的影响。生物在长期的演化过程中，各自选择了自己最适合的温度，通常分为最低温度、最适温度和最高温度。在生态学上称为温度的“三基点”。在适温范围内，生物生长发育良好，若超过这一范围，则生长发育停滞、受限，甚至死亡。不同生物的“三基点”是不一样的。例如，水稻种子发芽的最适温度是25～35℃，最低温度是8℃，在45℃中止活动，在46.5℃就会死亡；在适温范围内，提高温度可促进生物的生长和发育。例如鳕鱼（gadus callarias）在3℃时胚胎发育时间需要23d，8℃时为13d，14℃时仅8.5d。

生物必须在温度达到一定界限以上，才能开始发育和生长，这一界限称为生物学零度（biological zero），它们因生物种类而异。在生物学零度以上，温度的提高可加速生物的发育。温度与生物发育的最普遍规律是有效积温法则。法国学者列奥谬尔（Reaumur）从变温动物的生长发育过程中总结出有效积温法则。有效积温法则可用下式表示：

$$K=N\ (T-T_0)$$

式中，K 为该生物所需的有效积温，常数；T 为当地该时期的平均温度，℃；T_0 为该生物生长活动所需最低临界温度（生物学零度），℃；N 为天数，d。

当温度低于一定的数值，生物便会因低温而受害。低温对植物的伤害主要是冷害（0℃以上的低温）和冻害（0℃以下的低温）。温度超过生物适宜温区的上限后也会对生物产生有害作用，温度越高对生物的伤害作用越大。

2.3.2.2 生物对极端温度的适应

长期生活在低温环境中的生物通过自然选择，在形态、生理和行为方面表现出很多明显的低温适应。

在形态方面，北极和高山植物的芽和叶片常受到油脂类物质的保护，芽具鳞片，植物体表面生有蜡粉和密毛，植物矮小并常成匍匐状、垫状或莲座状等，这种形态有利于保持较高的温度，减轻严寒造成的影响。生活在高纬度地区的恒温动物，其身体往往比生活在低纬度地区的同类个体大。因为个体大的动物，其单位体重散热量相对较少，这就是Bergman规律（Bergman's law）。另外，恒温动物身体的突出部分如四肢、尾巴和外耳等在低温环境中有变小变短的趋势，这也是减少散热的一种形态适应，这一适应常被称为Allen规律（Allen's law）。例如北极狐（alopex lagopus）的外耳明显短于温带的赤狐（vulpes vulpes），赤狐的外耳又明显短于热带的大耳狐（fennecus zerda）。恒温动物的另一形态适应是在寒冷地区和寒冷季节增加毛或羽毛的数量和质量或增加皮下脂肪的厚度。

在生理方面，生活在低温环境中的植物常通过减少细胞中的水分和增加细胞中的糖类、脂肪和色素等物质来降低植物的冰点，增加抗寒能力。动物则靠增加体内产热量来增强抗寒能力和保持恒定的体温。

生物对高温环境的适应也表现在形态、生理和行为三个方面。就植物来说，有些植物生有密绒毛和鳞片，能过滤一部分阳光；有些植物体呈白色、银白色，叶片革质发亮，能反射一大部分阳光，使植物体免受热伤害；有些植物叶片垂直排列使叶缘向光，而有些植物在高温条件下折叠叶片，减少光的吸收面积；还有些植物的树干和根茎生有很厚的木栓层，具有绝热和保护作用。植物对高温的生理适应主要是降低细胞含水量，增加糖或盐的浓度，这有利于减缓代谢速率以抗高温。其次是靠旺盛的蒸腾作用避免植物体因过热受害。还有一些植物具有反射红外线的能力，夏季反射的红外线比冬季多，这也是避免植物体受到高温伤害的一种适应。动物对高温的适应多是适当放松恒温性，使体温有较大的变幅，或在洞穴中生活，以夏眠、昼伏夜出等方式来抵抗高温，如黄鼠（citellus）。

2.3.2.3 温度与生物的地理分布

温度是决定某种生物分布区的重要生态因子。温度制约着生物的生长发育，而每个地区又都生长繁衍着适应于该地区气候特点的生物。年平均温度、最冷月和最热月平均温度值是影响生物分布的重要指标。当然，极端温度（最高温度、最低温度）也是限制生物分布的最重要条件。例如，苹果和某些品种的梨不能在热带地区栽培，是受高温的限制；相反，橡胶、椰子、可可等只能在热带分布，是受低温的限制。

温度对动物的分布，有时可起到直接的限制作用。例如，各种昆虫的发育需要一定的总热量，若生存地区有效积温少于发育所需的积温时，这种昆虫就不能完成生活史。就北半球而言，动物分布的北界受低温限制，南界受高温限制。例如，海洋生物的分布与海水温度密切相关。按生物对分布区水温的适应能力，海洋上层的生物种群可分为：暖水种（warm-water species），一般生长、生殖适温高于20℃，自然分布区月平均水温高于15℃；温水种（temperate-water species），一般生长、生殖适温范围较广，为4～20℃，自然分布区月平均水温为0～25℃；冷水种（cold-water species），一般生长、生殖适温低于4℃，其自然分布区月平均水温不高于10℃。一般地说，暖和地区的生物种类多，寒冷地区的生物种类较少。

2.3.3 水因子的生态作用及生物的适应

2.3.3.1 水的生态作用

水是所有生命的基本要素，也是最重要的环境物质。水是生物体不可缺少的重要组成成分。植物体一般含水量60%～80%，而动物体含水量比植物体更高，如水母含水量高达95%，软体动物为80%～92%，鱼类为80%～85%，鸟类和兽类为70%～75%。水是很好的溶剂，对许多化合物有水解和电离作用，许多化学元素都是在水溶液的状态下被生物吸收和运转；水是生物新陈代谢的直接参与者；水是光合作用的原料。因此，水是生命现象的基础，没有水也就没有原生质的生命活动。此外，水有较大的比热容，当环境中温度剧烈变动时，它可以发挥缓和调节体温的作用。水还能维持细胞和组织的紧张度，使生物保持一定的状态，维持正常的生活。

水对植物的生长、发育、繁殖、分布等许多方面有重要影响。对植物来说，水量对植物的生长也有需水量的最高、最适和最低三个基点。低于最低点，植物因缺水而萎蔫；高于最高点，植物缺氧、窒息、烂根；只有处于最适范围内，才能维持植物的水分平衡。植物的许多生理活动也受水分控制。同样，水分对动物的生长发育也有重要影响。此外，水也影响动植物的分布。由于降水在地球上分布的不均匀性，使我国从东南至西北，可以分为三个不等雨量区，因而植被类型也分为三个区，即湿润森林区、干旱草原区及荒漠区。水分与动植物的种类和数量也存在着密切关系。在降水量最大的热带雨林中每 $100m^2$ 区域中的植物数量可达52种，而降水量较少的大兴安岭红松林群落中，每 $100m^2$ 仅有10种植物存在，荒漠区的单位面积物种数更少。

2.3.3.2 植物对水因子的适应

根据环境中水的多少、植物对水分的需求量和依赖程度，可把植物划分为水生植物和陆生植物两大类。

1. 水生植物

水生植物是所有生活在水中的植物的总称。水体和陆地环境有很大的差别。水体的主要特点是弱光、缺氧、密度大和粘性高，温度变化平缓以及能溶解各种无机盐类。因此，水生植物和陆生植物有本质的区别。首先，水生植物具有发达的通气组织，以保证各器官组织对氧的需要。例如荷花，从叶片气孔进入的空气，通过叶柄、茎进入地下茎和根部的气室，形成一个完整的通气组织，以保证植物体各部分对氧气的需要。其次，水生植物机械组织不发达甚至退化，增强了植物的弹性和抗扭曲能力，以适应水体流动。同时，水生植物在水的叶片多分裂成带状、线状，而且很薄，以增加阳光、无机盐和 O_2 的吸收面积。根据水生植物在水环境中分布的深浅，可将水生植物划分为漂浮植物、浮叶植物、沉水植物和挺水植物四类。

漂浮植物（floating macrophyte）的叶全部漂浮在水面，根悬垂在水中，不与土壤发生直接的关系。它们无固定的生长地点，随风浪水流漂泊，如浮萍、凤眼莲、满江红等。浮叶植物（emerging macrophyte）的叶浮在水面，根系扎在土壤里，如荷花、睡莲等。沉水植物（submergent plant）除了花序伸出水面外，全部植物体都沉没在水中，营固直立生活，如苦草、黑藻等。挺水植物（emergent macrophyte）的根系固定在水底泥土中，整个植物体分别处于土壤、水体和空气三种不同的环境中，茎叶的下半部沉没在水中，上半部分露出在空气中。这是水生植物界最复杂的一类，典型代表是芦苇、水葱和香蒲等。

2. 陆生植物

陆生植物指生长在陆地上的植物，包括湿生、中生和旱生三种类型。

湿生植物（hygrophyte）指在潮湿环境中生长，不能忍受较长时间的水分不足，即抗旱能力最弱的陆生植物。根据其环境特点，还可以再分为阴性湿生植物和阳性湿生植物两个亚类。

中生植物（mesophyte）指生长在水分条件适中的生境中的植物。该类植物具有一套完整的保持水分平衡的结构和功能，其根系和输导组织均比湿生植物发达。

旱生植物（xerophyte）生长在干旱环境中，能长期耐受干旱环境，且能维护水分平衡和三常的生长发育。这类植物在形态或生理上有多种多样的适应干旱环境的特征，多分布在热带草原区和荒漠区。旱生植物在形态结构上的特征，主要表现在两个方面：一方面是增加水分摄取；另一方面是减少水分丢失。发达的根系是增加水分摄取的重要途径。例如，生长在沙漠地区的骆驼刺的地上部分只有几厘米，而地下部分则可深达 15m，扩展的范围达 $623m^2$。为减少水分丢失，许多旱生植物的叶面积很小。例如，仙人掌科的许多植物，叶片化成刺状；松柏类植物叶片呈针状或鳞片状，且气孔下陷；夹竹桃叶表面有很厚的角质层或白色的绒毛，能反射光；许多单子叶植物，具有扇状的运动细胞，在缺水的情况下，可以收缩，使叶面卷曲，尽量减少水分的散失。另一类旱生植物则具有发达的贮水组织。例如，美洲沙漠中的仙人掌树，可贮水 2 吨左右；西非的猴面包树可贮水 4 吨之多。除以上形态适应外，还有一些旱生植物是从生理上去适应。旱生植物适应干旱环境的生理特征表现在它们的原生质渗透压特别高，高渗透压使植物根系能够从干旱的土壤中吸收水分，同时不至于发生反渗透现象使植物失水。

2.3.3.3 动物对水因子的适应

动物按栖息地划分同样可以分为水生和陆生两大类。水生动物的媒质是水，而陆生动物的媒质是大气。因此，它们的主要适应特征也有所不同。

水生动物体表通常具有渗透压调节和水分平衡的能力。不同类群的水生动物，有着各自不同的适应能力和调节机制。水生动物的分布、种群形成和数量变动都与水体的含盐量和动态特点密切相关。渗透压调节可以限制动物体表对盐类和水的通透性，通过逆浓度梯度主动地吸收或排出盐分和水分，改变所排出的尿和粪便的浓度和体积。

陆生动物的适应特征包括形态适应、行为适应和生理适应等方面：

1. 形态适应

不论是低等的无脊椎动物还是高等的脊椎动物，它们各自以不同的形态结构来适应环境湿度，保持生物体的水分平衡。昆虫具有几丁质的体壁，防止水分的过量蒸发；两栖类动物体表分泌粘液以保持湿润。爬行动物具有很厚的角质层，鸟类具有羽毛和尾脂腺，哺乳动物有皮脂腺和毛，这些结构都能防止体内水分过分蒸发，以保持体内水分平衡。

2. 行为适应

沙漠动物（如昆虫、爬行类、啮齿类等）白天躲在洞内，夜里出来活动，以减少身体水分蒸发，降低代谢速率。哺乳动物如地鼠和松鼠等在夏季高温、干燥的情况下进入夏眠状态。当动物进入夏眠时，其代谢率降低到原来的 60%，体温也会下降 5℃左右。此外，干旱地区的许多鸟类和兽类在水分缺乏、食物不足的时候，迁移到别处去，以避开不良的环境条件。在非洲大草原旱季到来时，大型草食动物往往开始迁徙。

3. 生理适应

许多动物在干旱的情况下具有生理上的适应特点。如骆驼可以 17 天不喝水，身体脱水达体重的 27%，仍然照常行走。它不仅具有能贮水的胃，驼峰中还储藏有丰富的脂肪，在消耗过程中产生大量水分，血液中具有特殊的脂肪和蛋白质，不易脱水。沙漠中的兔子，也可忍耐相当于体重的 50% 的失水而不致死。

2.3.4 土壤因子的生态作用及生物的适应

2.3.4.1 土壤因子的生态作用

土壤是陆地表面能够生长绿色植物的疏松表层。它是由矿物质、有机质（固相）、土壤水分（液相）和土壤空气（气体）组成的三相体系。土壤固相由一系列大小不同的无机和有机颗粒所组成，包括土壤矿物质、有机质和微生物体；土壤液相含有各种可溶性无机物和有机物；土壤气相主要由氮气、氧气、二氧化碳和某些微量气体组成。土壤中这些组分的质和量随土壤类型不同而差异很大。土壤中的这些组分相互联系、相互制约，构成一个统一体，使土壤具有特定的物理性质（土壤质地、结构性、水分性质、通气性、热学性、力学性质和耕性）、化学性质（吸附性能、阳离子交换性、表面活性、酸碱性、氧化还原性、缓冲作用等）以及生物与生物化学性质（土壤微生物多样性、酶活性、生物化学活性等）。土壤是生态系统中生物部分与无机环境部分相互作用的产物。

无论是动物还是植物，土壤都是重要的生态因子。绝大多数植物以土壤作为生活的基质，土壤提供了植物生活的空间、水分和必需的矿质元素。土壤也是许多生物栖居的场所，包括细菌、真菌、放线菌等土壤微生物以及藻类、原生动物、轮虫、线虫、软体动物和节肢动物等。植物和土壤之间有着频繁的能量和物质交换，是生态系统中物质循环与能量交换的重要场所，生态系统中很多重要的生态过程都是在土壤中进行的，特别是物质的分解作用、硝化作用、固氮作用等。土壤是污染物质转化和净化的重要场所，土壤中的微生物和土壤动物能对外来的各种污染物质进行分解和转化，在环境保护中起到重要作用。土壤通过它的物理、化学和生物学性质强烈地影响植物的生长与繁育，因此它能控制植物群落演替的过程和方向，进而控制陆地生态系统的稳定与变化。

土壤在形成发育过程中通过生物以及土壤中各种组分和它们之间的相互关系，形成土壤肥力。土壤肥力是生物正常生长发育的基础，不断提高土壤肥力是维持生态系统生产力的重要条件。人们试图在控制环境以获得更多的收成时，常发现不容易改变气候因素，但能改变土壤因素，这就凸显了研究土壤因子的重要性。

2.3.4.2　植物对土壤因子的适应

植物对于长期生活的土壤会产生一定的适应特性。因此，形成了各种以土壤为主导因素的植物生态类型。例如，根据植物对土壤酸碱度的反应，可以把植物划分为酸性土、中性土、碱性土植物生态类型；根据植物对土壤含盐量的反应，可划分出盐土和碱土植物；根据植物对风沙基质的关系，可将沙生植物划分为抗风蚀沙埋、耐沙割、抗日灼、耐干旱、耐贫瘠等一系列生态类型。

1. 酸性土植物

在我国南方存在大面积的酸性土壤，这些土壤中的矿物质营养淋溶强烈，常常发生铁、铝离子的毒害作用，土壤结构不良。一些植物在长期自然选择过程中形成了对酸性土壤环境的适应性。例如茶树、马尾松、杜鹃、铁芒萁等，这些植物只在酸性土中生长，成为酸性土的指示植物。据研究，茶树在 pH5.2～5.6 范围内生长得最好。

2. 盐土植物

盐土是指土体中含有大量可溶性盐（可溶性盐含量一般为 0.6%～2% 或更多）的土壤，主要分布在内陆干旱、半干旱地区和滨海地区。由于高盐分条件，大多数植物已不能生长，仅少数盐生和耐盐性强的植物能生长。例如，生长在内陆的旱生盐土植物（xerohalophytes）盐角草（*Salicornia herbacea*）、细枝盐爪爪（*Kalidium grcile*）、有叶盐爪爪（K. foliatum）、海韭菜（Triglochin maritinum），生长在滨海的湿生盐土植物（hygro-halophytes）盐蓬（Suaeda australis）、大米草（Speatinaanglica）、秋茄（Kandelia candel）等。这类植物具有一系列适应盐胁迫的形态和生理特性。

在形态上常表现为植物体干而硬；叶子不发达，蒸腾表面强烈缩小，气孔下陷；表皮具有厚的外壁，常具灰白色绒毛；在内部结构上，细胞间隙缩小，栅栏组织发达。有一些盐土植物枝叶具有肉质性，叶肉中有特殊的贮水细胞，使同化细胞不易受高浓度盐分的伤害，贮水细胞的大小还能随叶子年龄和植物体内盐分绝对含量的增加而增大。

在生理上，盐土植物具有一系列抗盐特性，根据它们对过量盐类的适应特点不同，可分为三类：一是聚盐性植物，它们能从土壤里吸收大量可溶性盐类，并把这些盐类积聚在体内而不受伤害；二是泌盐性植物，这类植物的根细胞能够将盐类吸收入体内，但是吸收进体内的盐分并不在体内积累，而由茎、叶表面上密布的盐腺，把所吸收的过多盐分排出体外，这种作用也称为泌盐作用；三是不透盐性植物，这类植物的根细胞对盐类的透过性非常小，所以它们虽然生长在盐土中，但几乎不吸收或很少吸收土壤中的盐类。

3. 沙生植物

沙生植物是指生长在沙丘上的旱生植物。由于沙丘的流动性、干旱性、养分缺乏、温度变幅大等特点，只允许沙生植物生长。沙生植物具有许多旱生植物的特征。其根系特别发达，水平根和根状茎有的可达几米甚至二十几米，使沙生植物具有固沙作用；沙生植物根细胞的渗透压一般都在40kPa以上，有的高达80kPa，以此加强吸水能力；许多沙生植物的根有一层很厚的皮层，当根露出地面时，能起保护作用，并减少蒸腾失水；沙生植物的叶子小，有的甚至没有叶子，因而利用枝条进行光合、蒸腾作用。有的沙生植物在表皮下有一层没有叶绿素的细胞，主要是为积累脂类，也可提高植物的抗热性。此外，沙生植物为适应被流沙淹没，能在被沙淹没的基干上长出不定根，在暴露的根系上长出不定芽。

2.4 生物圈进化

2.4.1 盖亚假说

20世纪60年代中期，詹姆士·洛夫洛克（James Lovelock）在美国国家航空航天局（NASA）任职一段时间后从工业界退休，回到了英格兰乡村的农舍里，开始从事第二职业。他贡献全部精力，从逻辑上和科学上对盖亚的概念进行了检验，还验证了一条被普遍认可的理论——生物不只是被动地适应自然环境，而且还积极地相互作用，改造和控制着生物圈的化学和物理条件。大约在其后的10年里，他研读了天文学、宇宙学、生物学及其他学科，用他自己的话来说，这些经历使得他“在探索盖亚的途中成就了一趟多学科交叉的旅行”。

马古利斯（Lynn Marygulis）是洛夫洛克的一位导师及同事，也是一位杰出的生命起源学说贡献者。他们一起发表了一系列文章，总结了物理环境的生物控制现象以及微生物在此控制中的重要作用。已故的雷德菲尔德（Alfred Redfield）（他在伍兹霍尔海洋研究所工作多年）也是一位多学科思想家，他在生物学及物理学上有极广博的专业知识，并做出了独立的贡献。1979 年，洛夫洛克出版了一本通俗易懂的小册子，名为《盖亚：地球生命的新观点》(*Gaia：A New Look at Life on Earth*)。

盖亚假说（Gaia hypothesis）认为“生物圈是一个可以自我调节的实体，它能通过控制化学及物理环境来维持我们星球的健康”。换句话说，地球是一个超级生态系统（但不是一个超级有机体，因为其发育并非由遗传控制），它具有无数相互作用和反馈环，可调节极端温度，保持大气化学成分和海洋的相对恒定。并且，这也是盖亚假说最有争议的部分——生物成分在生物圈内稳态中起着主要作用，以及在 30 多亿年以前最初的生命出现不久后生物就开始建立起控制作用。当然，相反的假说就是纯地质（非生物）过程产生适宜生命生存的条件，而生命只是适应这些条件。

然后，问题来了：是自然条件首先演化（变化），然后是生物演化，还是两者一起进化？许多科学家认为，原始的或最初的大气圈是由来自热地核的气体（如通过火山爆发）形成的，这个过程被地理学家称为放气。根据盖亚假说，当火山持续影响气候（虽然在较小规模上）的时候，我们现在的大气圈即次生大气圈是一种生物产物。可以说，次生大气圈的形成伴随着最初的生命起源，原始的微生物不需要氧气，它们是厌氧生物（anaerobe）。当绿色厌氧微生物开始向大气释放氧气时，需氧的动植物即好氧生物（aerobe）出现，而厌氧微生物就退居到土壤和沉积物中的无氧深层，它们在那里可以继续存活，而且在各种生态系统中起着重要的作用。另一重要途径可能是海洋生物通过形成石灰石，从大气中除去二氧化碳，导致了地球冷却。

地球大气圈与金星、火星的大气圈相比，后两者即使有生命也只限于厌氧微生物，这个结果为盖亚假说提供了有力的间接证据。如图 2－5 所示，地球的大气组成是低浓度的二氧化碳加上高浓度的氧气和氮气，与附近星球的大气状况截然不同。因为最初的生命出现后立即开始进化出光合作用，从大气中去除二氧化碳并释放氧气，又因为这种自养行为常超过呼吸作用中相反的气体交换过程（矿质燃料的沉积可以证实），且鉴于由石灰石形成对二氧化碳的持续去除，所以我们推论出，生物群落一直在对氧气的积累和二氧化碳的减少起着重要的作用。直到最近，许多地球化学家还都认为没有足够的直接证据可证明，我们的氧气只来自水蒸气的分解，而氢气逃逸进入太空，从而留下过多的氧气。我们也很难解释气态氮在没有生物存在的情况下是如何积累在大气圈中的。如果没有相反的生物转换过程，氮将以它最稳定的形式存在，即溶解在海洋里的硝酸盐离子。

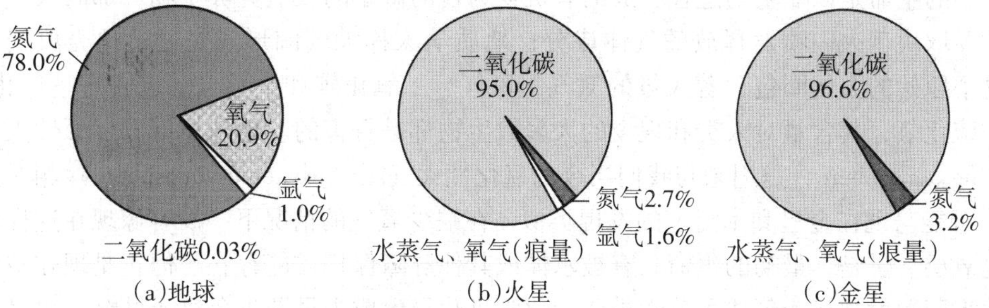

图 2－5　火星、金星与地球目前大气圈主要成分的比较

注：百分数表示分子数占比，而不是相对重量。那些没有百分比值的元素均以痕量计数。

从地球氮循环过程可以看出，生物群落不只是从大气中使用气体后而不加改变地将该气体释放回大气中去，而是以有利于生命的方式改变其化学组成。例如，若不是生物大量产生氨（一种氮氢化合物），那么，地球上的水体和土壤将是强酸性的，而当今地球上仅有极少数生物能在这种强酸性环境里生存。重要化合物在生物与非生物状态之间以有序的方式进行转换，在这个过程中，各种专性微生物（如固氮生物和脱氮生物）起着重要作用。根据洛夫洛克和马古利斯的理论，如果没有早期生命形式的关键性缓冲活动以及植物和微生物的持续协同活动以抑制物理因子的波动，地球环境将与如今金星上的情况一样：酷热无比，而且大气圈中缺乏氧气。

2.4.2 生物圈进化与蓝细菌

正如短期发育的情况一样，生物圈的长期进化是由地质和气候力量与生命成分活动中的自源过程相互作用形成的。图 2－6 显示了在大气层氧化方面的生物圈发育是与生物区系的进化联系在一起的。

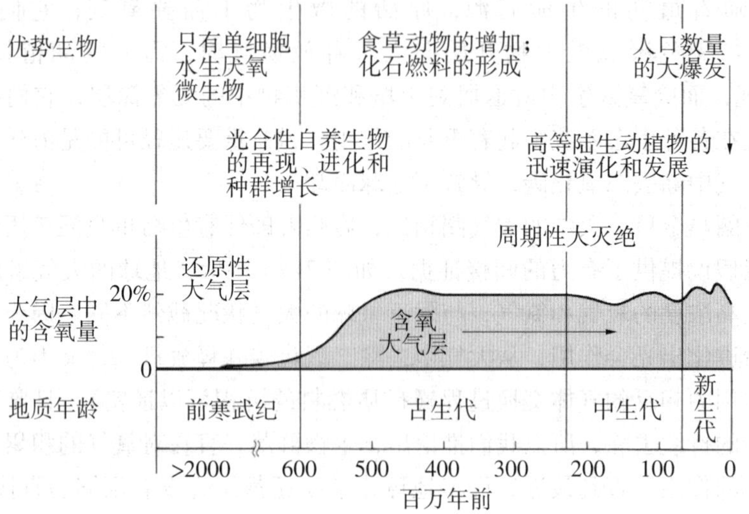

图 2－6 生物圈的进化及其对大气圈的影响

尽管我们可能从未确切地了解生命是如何在地球上开始的，但人们普遍接受的理论是，最早的生命是以非生物过程合成的有机物为食的微小的厌氧异养生物。那时大气圈的组成主要取决于火山喷发释放的气体成分；地质学家称大气圈形成是通过地壳放气实现的。这个原始的大气圈包含着大量的氮气、氢气、二氧化碳和水蒸气；也含有一氧化碳、氯气、硫化氢，其含量对人类和现今的大多数生物都是有害的。地球早期的还原性大气圈 [reducing atmosphere，是用来与我们当今的氧化性大气圈（oxygenic atmosphere）相对照的名词] 可能与现在金星和木星上的发现类似，在缺少氧气的情况下，没有像现在这样的保护性臭氧层。于是，最初的生命只有被水体或其他屏障保护才能存在。但正是现在被阻挡的短波太阳辐射被认为创造了化学进化，化学进化导致成为早期生命建造材料（也是早期生命的食物）的复杂有机物的出现。按照这一观点，以此方式从有机物创造生命的条件在地球上已不复存在，这种条件对现今的大多数生物来讲都是致命的。

蓝细菌的出现，是生命起源的第一次重大突破。在 10 亿年或更多的时间里，生命明显只维持在微小的立足点上，是一个生境和能源受到限制的极端物理世界。在至少 20 亿年前，蓝细菌［Cyanobacteria，也称为蓝绿藻（blue-green algae）］是一类最早营光合作用的微小生物，它的出现导致了地球大气巨大变化的开始。蓝细菌能利用太阳光能从简单的无机物中制造食物，并且释放副产物——氧气。随着氧气扩散进入大气圈，能量利用效率更高的需氧生物进化了，并且形成了臭氧保护层，它使生命向所有地区的扩散成为可能。接下来是日益复杂的多细胞生物的爆炸性发展。在漫长的时期内，生产超过呼吸（$P/R > 1$），以至在古生代氧气的增加和二氧化碳的降低达到了现在的水平。在生产大大超过呼吸的时期内，我们的化石燃料形成了，植物的残遗物在比今日覆盖大得多的浅海和湿地中变成化石。

当然，生命的摇篮仍然是在很深的厌氧生物沉积物里，并且和我们这些有氧呼吸者赖以生存的巨大的需氧生物世界很好地结合在一起。

大气圈变化如同一出戏剧。把人类对于环境中其他生物的绝对依赖编成剧本肯定比细述我们的大气圈是如何产生的要好得多。需要强调的是，大气圈的产生是由于微生物而不是人类，人类现在刚开始明白它是如何维持的以及我们大量的能量转化如何威胁其稳定性。

在整个地质历史中，尽管由于火山的剧烈变动和彗星与地球的撞击导致了周期性的大绝灭，但生物多样性仍然是增加的。每一次经历这样的事件以后，每一幸存物种的个体数量都迅速增加（以地质时期为参考），但是物种多样性的恢复需要更长的时间。当人类破坏了局部生境，无论是让其自然恢复还是采取积极的恢复措施，我们都会看到短期内的同样格局。

2.4.3　进化机制

进化（evolution）一词广泛用于时间的变化，即伴随时间而发生的变化。通常其内涵是指朝更好的方向变化（例如，从低级到高级，或从简单到更复杂的状态）。有机进化（organic evolution）指生物有机体随时间的变化，一般来说，它包括从简单到复杂或更好的适应状态的长期发展。正如达尔文在《物种起源》（*The Origin of Species*）中概括的那样，来自环境和竞争生物压力的自然选择（natural selection）是有机体和物种变化的主要原因。于是，能最好地生存并且产生最多后代的个体被自然“选择”以产生下一代，达尔文称之为“适者生存”。今天，“适应”一词用来指物种持续到下一代的能力，成为一个被广泛接受的概念，“最适者”不必是最大的和最强壮的，也不必是最好的战斗者或竞争者，这已被大家所理解；很多物种通过更微妙的方式（如伪装、合作）而长期生存。

尽管达尔文对非暴力的自然选择有较好的了解，但关于互助（互利共生）作为进化因子的重要性是克罗波特金（Peter Kropotkin）在 1902 年论述的。Kropotkin 也认为存在两种自然选择，或两方面的生存竞争，即有机体对有机体（其产生竞争）和有机体对环境（其导致互利共生）。一种生物为了生存，不能用与其他生物竞争的方式去同环境竞争，而是必须以协作的方式适应或者改变其环境和群落。

随着遗传学知识的进展，我们已经很明确，由常发性的突变（mutation，个体基因的变化）和遗传漂变（genetic drift，基因频率的随机变化）所产生的变化基因频率提供了自然选择赖以发生作用的变异。著名遗传学家赖特（S. Wright）1938 年首次指出了遗传漂变在进化中的重要作用。遗传漂变是遗传瓶颈（genetic bottleneck）或种群瓶颈（population bottleneck）的一个因素，当种群变得很小时，它可能导致灭绝。

有机进化作为事实而不是理论被科学家们所接受（尽管其机制有不明确和争议之处）。自达尔文以来，生物学家们普遍认为，进化变化是一个缓慢、渐进的过程，包括许多小突变和基因结构的变化，伴随着对生物个体有生存价值的那些遗传变化的连续自然选择。然而，化石记录上的断层和过渡形式（“缺失链”）的找寻失败导致很多古生物学家相信古尔德和埃尔德雷奇所说的点断平衡（punctuated equilibrium）。按照这一理论，物种在一种进化平衡中保持长期不变；然后，当小种群分裂并迅速进化成完全不同的物种，但过渡形式未能沉积在化石记录中，平衡就是这么时不时地被“中断”了。到目前为止，对于是什么可能引起“宏观进化”（macroevolution）的跳跃还没有人给出满意的解释。

物种又是如何生存和如何灭绝的？我们可以简单地说，物种生存有两种相对立的方式：①将大量能量投资在繁殖和迅速生长上，因此胜过竞争者、捕食者和/或疾病；②将大量能量投资于物理和/或化学的防卫上。换言之，这就是彼此对立的两种生存对策，一种适合先锋群落，另一种则适合拥挤的成熟群落。

再简化一下，我们可以说物种的绝灭存在两种方式：①允许死亡率超过繁殖率（确定性的）；②成为大规模灾难的牺牲者（随机的），就像在过去的地质时代物种所发生的情况。人类现在不是由于缺乏繁殖而有灭绝的危险，而是我们对于灾难是脆弱的——或许灾难来自过度的人口膨胀？

2.4.4 物种形成

物种形成（speciation）即新物种的形成和物种多样性的发展，发生在当共同库中基因流被隔离机制打断时。由来自共同祖先的种群通过地理分离而发生隔离时，就可能产生异域（不同的分布区）物种形成（allopatric speciation）。在同一地区通过生态或遗传方式发生隔离时就可能产生同域（同一分布区）物种形成（sympatric speciation）。

一般认为，异域物种形成是物种产生的主要机制。达尔文雀（Darwin's finches）是一个经典的例子，这是达尔文在随“贝格尔”号航行期间通过对厄瓜多尔海岸外的加拉帕戈斯群岛进行调查后首次描述的。从一个共同的祖先开始，几个物种在不同的岛屿上产生适应辐射（adaptive radiation），即它们通过变化以利用岛上各种不同的生境和生态位。如图 2-7 所示，现存的达尔文雀物种包括细长嘴的食虫者、地面和树上的取食者、大个体和小个体鸣雀以及像啄木鸟一样利用棘刺作工具从树皮里掏取昆虫的鸟类。

苔藓虫类（附着在岩石或其他水下表面、植物状的、大多数营海生的小型动物）的化石记录说明了“不平衡”或“间断”物种可能是如何形成的。正如杰克逊和奇塔姆 1994 年所指出的那样，在经历了长期的进化停滞后，这些动物的新种非常突然地出现了。发生这种情况的原因是什么？一个可能的解释就是一直在发生的小的随机突变无法增加其适应度；只有大的宏突变（发生频率很低）才有生存价值，并因此导致新物种的形成。

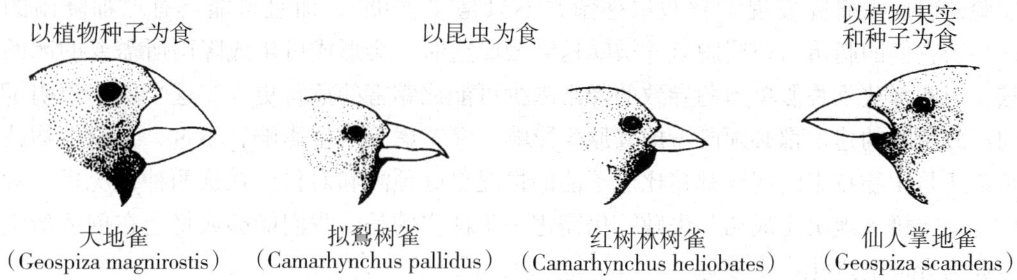

图 2－7　达尔文雀，图中的每一种雀都有适于其食物的独特形状的喙

陆地生物和淡水生物的隔离和随后的物种形成在大尺度上受到了众所周知的大陆漂移（continental drift）的影响，今日的大陆是从一块巨大的共同陆地分离而来的。在古生代的某个时候，北方大陆（北美、欧亚大陆）开始分离；然后，在中生代，南美和非洲分裂，澳大利亚从亚洲分离出来。大陆漂移理论现在已被大多数地质学家接受，并且得到了化石记录的支持。

越来越多的证据表明，严格的地理隔离不一定是物种形成所必需的条件，而同域物种形成可能比以前人们所认为的更普遍。由于定居、繁殖体的有限传播、无性繁殖、捕食等，同一地区种群之间可能在遗传上被隔离开。最后，足够的遗传差异在局部地区中积累以阻止互交。

2.4.5　人工选择和遗传工程

由人类进行选择以使植物和动物适应他们的需要称为人工选择（artificial selection，相对于自然选择）。驯化（从更广的意义上使用这一术语，既包括植物的栽培也包括动物的驯养）远不止包括改变物种的遗传性质，因为被驯化者和驯化者之间需要相互适应。正如我们依赖谷物，同样谷物也依赖我们。依赖谷物的社会发展出了与依赖牧牛的社会很不同的文化。驯化产生了特殊的共生形式，并创造了特殊的景观类型。

关于遗传物质（DNA）生化性质的突破性发现以及在细胞水平上添加、去除和修饰基因——基因剪接（gene splicing）技术的发展都使得人工选择得以飞速发展。众所周知的遗传工程（genetic engineering）或生物技术（biotechnology）正在发展成为一项主要的技术革命。

被改变了的生物被释放或逃入环境并有可能变成害虫，这一可能性是人们对未来关心的主要方面。我们现在与之做斗争的很多严重疾病和害虫都是在自然出现的生物被引入新环境后发生的。相应地，在允许释放经遗传改变的生物以前，在模拟自然界开放系统的条件下进行全面的实验是个谨慎的举动，还必须考虑许多法律和伦理问题。

关于释放经遗传改变的生物的提议，最初争议之一包括一种新型的冰成核细菌——丁香假单孢菌（pseudomonas syringae），它在加利福尼亚州加重了蔬菜和农作物的霜害。通过去除控制这些微生物产生脂蛋白外层的基因，能够消除它们的冰成核能力。人们提议把大量经改造的细菌（pseudomonas minus）释放到草莓叶面上，希望它们会长时间地取代自然形式（pseudomonas plus），以求在霜季减少霜害。这似乎是一个潜在环境危害较小的合理实验，但后来研究发现丁香假单孢菌并不只是“害虫”，而且可能具有增加降雨的作用——当它们的脂蛋白外层脱落并被吹送到云层里时，会形成可生成降雨所需要的冰的理想核。因此释放丁香假单孢菌导致的降雨减少可能比霜害的危害更大。这个例子说明了对任何释放生物的建议都必须既考虑其原生影响，又考虑其次生影响，不过，无论生物技术的承诺还是生物技术的问题都将比原子能的情况更好预测和对付。在这两种情况里，对环境的考虑将极大地决定成功与失败。仍需进一步证实的是，我们能够或将会在创造新生命并以此为导向的进化中走多远。

2.4.6 协同进化

协同进化（coevolution）涉及两类或更多类生物之间的相互自然选择，这些生物类群之间有密切的生态关系，但却没有遗传信息的交换（没有互交）。埃利希（P. R. Ehrlich）和雷文（P. H. Raven）于1964年首次提出这一概念，他们以蝴蝶幼虫和植物的研究为基础，提出了如下假说：植物通过偶然的突变或基因重组产生了对植物本身无害但对植食昆虫（如蝴蝶幼虫）有毒的化学物质，也许这种物质是作为代谢废物而产生的。现在，这种植物能保护自己免受植食昆虫之害，于是繁盛生长，并将有利突变传给下一代。然而昆虫也完全能够进化出耐受毒物的品种——对杀虫剂有免疫力的昆虫数量日渐增加戏剧性地表明了这一点。如果昆虫种群出现的突变和重组能让昆虫个体食用先前具有保护功能的植物，选择则有利于该遗传品系。换言之，植物和植食昆虫一起进化，在这种意义上，一种生物的进化依赖于另一种生物的进化。皮门特尔1968年用遗传反馈（genetic feedback）来表示这种进化。

人们认为协同进化在植物和动物、动物和微生物等之间的互利共生起源中发挥了作用。但是它没有解释在食物和资源需求上联系不密切的物种之间的协作。协作和复杂性的进化，可能是一个群体选择过程。

为了说明令人难以置信的生物圈多样性与复杂性以及物种之间为了相互利益的广泛协作，许多科学家假设，自然选择作用于个体和物种水平之上，也作用于协同进化之上。与之相对应，群体选择（group selection）被定义为存在于无须通过互利共生联系的生物群体之间的自然选择。从理论上讲，群体选择导致了这样一些特征的维持，即对整体的种群和群落有利，但可能对种群内的个体有选择性的不利。

有人认为群体选择大致如此：种群通常会进化从而促进或阻碍其适应性所依赖的其他种群。鉴于此，在进化的时间过程中，一种生物的适应性很大程度上是它对群落影响的反映和群落对那种生物存在的反应。如果这种反应足够强烈的话，只有对其群落有正效应的生物才能存留下来。

在进化理论里难以解释精致的协作和复杂的相互关系是怎样开始，并且在遗传上固定下来，因为当生物个体最初相互作用时，对每一个生物个体来讲，谋取私利几乎总是有利的，而不是协作。例如，当真菌遇到树根时，对真菌来讲尽力取食树根是有利的，对树根来讲排斥真菌则是有利的。那么，菌根系统（在该系统里两种生物由于相互利益而协作）是怎样进化出来的？国外提出了基于“囚徒困境游戏”的模型，在该模型里两个“玩手”根据瞬时利益决定是否协作。在第一回合里，不管另一个体怎么样，不合作的自私决定对每一个体产生最高奖赏。然而，如果双方不合作，其结果比双方进行合作更糟。如果个体继续相互作用（即“游戏”继续下去），其概率是协作可能在实验的基础上被选择，或者协作可能只是在随机的基础上发生。如果协作对双方有利，那么就会通过作用于个体水平的自然选择从而建立伙伴关系。

尽管很少有人怀疑群体选择的存在，但它在进化史上的重要性仍然是有争议的。然而，有机进化已经发生并且持续发生是毫无疑问的，我们确实仍然不了解所有关于其发生机理的错综复杂的问题。似乎长期进化就像短期生态演替那样，既有个体论成分又有整体论成分。换言之，自然选择可能发生在不止一个层次上。协同进化、群体选择和传统达尔文主义一起组成了等级进化学理论。

【思考题】

1. 什么叫环境和生态因子？为什么说人为作用也是重要的生态因子？
2. 何谓限制因子？说明 Liebig 最小因子定律和 Shelford 耐性定律的主要内容。
3. 说明生物对光强度和光周期的适应，其研究在生产上有何意义？
4. 极端温度对生物有何影响？举例说明生物对极端温度的适应。
5. 旱生植物是通过哪些机制适应干旱环境的？
6. 以土壤为主导因子的植物生态类型有哪些？
7. 蓝细菌在地球上的出现有什么重要意义？
8. 什么是协同进化？协作和复杂性的进化是一个什么样的过程？

第 3 章　生物种群

内容提要　本章介绍了生物种群的定义及其基本特征、种群的动态变化、种间相互作用和生态位。具体包括：种群在数量、空间分布和遗传等方面的基本特征；种群动态变化的估测方法及变化规律，种群统计学特征（出生率和死亡率、迁入和迁出、年龄、性别、生命表、存活曲线和增长模型等），种群的空间分布和调节学说；种间关系的类型及其作用机理；种间竞争和捕食作用模型。本章还对生态位、生态位宽度、生态位重叠、生态位分离的概念以及生态位理论的实际意义进行阐述。生物种群相关理论的应用对生物资源的保护和持续利用具有指导意义。

3.1　种群概述

3.1.1　种群的定义

种群（population）是生态学的重要概念之一，它是指在一定时间内分布于特定区域的同一种生物个体（或有机体）的集合。种群是由同种个体组成的，占有一定的领域，但它不是个体的简单相加，而是同种个体通过种内关系组成的一个统一体或系统。种群内部的个体可以自由交配，繁衍后代，从而与其他地区的种群在形态上和生态特征上存在一定的差异。

种群是物种存在的基本形式，或者说物种是以种群形式出现的而不是以个体的形式出现。种群是生态系统中组成生物群落的基本单位。任何一个种群在自然界中都不能孤立存在，而是与其他物种的种群一起形成群落，共同执行生态系统的能量转化、物质循环和保持稳态机制的功能。

组成种群的生物包括单体生物和构件生物。单体生物是指生物由一个受精卵直接发育而来，胚胎发育成熟后，其有机体各器官数量不再增加，各个体保持基本一致的形态结构，个体很清楚，如大多数动物属于单体生物。构件生物是指由一个合子发育而成，在其生长发育的各个阶段，其初生及次生组织的活动并未停止，基本构件单位反复形成。例如一株树有许多树枝，树枝可视为构件；一株稻形成许多分蘖，分蘖也是其构件。由此可见，各生物个体的构件数很不相同且各部分之间的连接可能会死亡和腐烂，同时构件还可以产生新构件。高等植物属于构件生物，营固着生活的珊瑚、苔藓等也属于构件生物。

种群生态学是研究种群的数量、分布以及与其栖息环境中的非生物因素和其他生物种群（例如，捕食者与猎物、寄生物和宿主等）相互作用的科学。种群生态学的核心内容是种群动态研究，即研究种群数量的时空变动规律以及变动原因（调节机制）。目前研究领域多集中于动物种群生态学和植物种群生态学。在动物种群生态学中，行为生态学的研究正在蓬勃发展，如觅食行为、领域行为、社群行为、利他行为以及通讯行为等，这些行为的表现形式、机制及其意义，不仅是生态学家一直关注的领域，而且现在正成为工程仿生学家感兴趣的研究热点；植物生态学中的种间关系也是目前的研究热点。因此，种群生态学的理论和实践，对合理地利用和保护生物资源、有效地控制病害虫以及人口问题都有重要指导意义。

3.1.2　种群的基本特征

种群由一定数量的同种个体组成，从而形成了生命组织层次的一个新水平，在整体上呈现出一种有组织、有结构的特性。种群基本特征主要体现在其数量、空间分布和遗传等方面。

1. 数量特征

这是所有种群的最基本特征。种群的数量越多，密度越高，种群就越大，种群的生态学作用也可能就越大。而种群数量大小受很多参数（如出生率、死亡率、年龄结构、性比等）的影响。了解种群的数量特征有助于理解种群的结构，分析种群动态。

2. 空间分布特征

种群内部的个体之间的紧密或松散的排布方式，可能是均匀分布、随机分布或是成群分布。一般而言，分布在小的地理范围内称为分布格局（distribution pattern），而在大的地理范围内称为地理分布（geographical distribution）。分布区受非生物因素（气候、水文、地质等）和生物因素（种间竞争、捕食、寄生等）的影响。

3. 遗传特征

种群由彼此可进行杂交的同种个体所组成，而每个个体都携带一定的基因组合，因此种群是一个基因库，有一定的遗传特征，以区别于其他物种。通过研究不同种群的基因库之间的不同，种群的基因频率如何从一个世代传递给另一个世代，种群在进化过程中如何改变基因频率以适应环境的不断改变，可以揭示物种的分化机制。

3.2　种群动态

3.2.1　种群的大小和密度

3.2.1.1　种群的大小

一个种群的大小（size），可以是一定区域内种群个体的数量，也可以是生物量或能量。种群的密度是单位面积、单位体积或单位生境中个体的数目，如潮间带每平方米岩石表面分布有5000个藤壶，池塘每亩水面有500kg鲤鱼等。

3.2.1.2　种群的密度

种群密度可分为绝对密度和相对密度，前者又称直接密度，后者又称间接密度。绝对密度指单位面积或空间上物种的全部个体数目，只有一个数值，需通过全面调查或抽样调查统计推断的方式获得。相对密度指用某种方法监测到的个体数量，用多少种方法即获得多少个数值，只具有比较意义，即相对密度可以用来比较哪个种群大，哪个种群小，或哪一个地方的生物多，哪一个地方的生物少。相对密度显示的生物数量虽不准确，但在难以对生物的数量进行准确测定时，也是常用的密度指标。例如，在两个地块各安置 100 个踩铗，一个地块日捕获 10 只黄鼠，即捕获率为 10%，另一个地块日捕获 20 只黄鼠，即捕获率为 20%，虽然不能确切地知道两个地块内黄鼠的真实数量和绝对密度，但可判定哪个地块的黄鼠种群更大。

种群密度会随着季节、气候条件、食物储量和其他因素而发生变化。自然环境中，种群密度的上限一般由生物的大小和该生物所处的营养级决定。生物越小，种群密度越大，例如，森林中，林姬鼠的密度就比鹿的密度大。生物所处的营养级越低，种群的密度也越大，例如，森林中，植物的密度比草食动物大，而草食动物的密度又比肉食动物大。从应用的角度出发，密度是最重要的种群参数之一。密度部分地决定着种群内部压力的大小、种群生产力的大小和可利用性。野生动物专家需要了解猎物的种群密度，以便对野生动物栖息地进行管理和调节捕猎活动，林学家要在树木密度调查的基础上进行林地质量评价和管理。

1. *种群密度的估测方法*

（1）林肯指数法。

林肯指数（Lincoln index）可以用来估测某特定空间内整个种群的密度（某物种的个体数目），是标记重捕法的一种。这种方法通过捕获和标记整个种群的部分个体来估测整个种群的密度。

以下方程可用于估测种群密度：

$$\frac{种群密度（x）}{t_1\ 时样本\ S_1\ 捕获和标记的动物的数量}=\frac{t_2\ 时样本\ S_2\ 捕获的动物的数量}{t_2\ 时样本\ S_2\ 标记的动物的数量}$$

以通过活体诱捕和标记法捕获小哺乳动物为例，知道方程 4 个量的其中 3 个量，就可以算出方程的 x（种群密度）。

此方法仅在下列假设成立的情况下才有效：

①标记技术对被标记个体的死亡率没有任何负面影响；

②被标记的个体在它们原来被捕获的地点被释放后能和种群内其他个体在自然行为上有所混杂；

③标记技术并不影响个体被重新捕获的概率；

④标记（例如耳标法的标记）不会丢失或不被注意；

⑤在 t_1 时和 t_2 时，没有大量的被标记或没有被标记的个体的迁徙或移居；

⑥在 t_1 时和 t_2 时，没有显著的死亡率或出生率变化。

不符合上述假设就会明显影响种群密度的估测。

（2）枚举法。

枚举法（minimum known alive，MKA）是另一种用来估测持续的一个时间段内种群密度的标记重捕法。该方法在最初时称为捕获日历法，每一个体都有一个捕获史（日历），隔段时间对日历进行更新直到研究结束。

(3) 其他方法。

①总量统计（total counts），一般用于大型的、易于发现的生物（例如开放平原的野牛或较大海域的鲸），或群聚生活的生物。

②样方法或横截面取样法（quadrat or transect sampling），通过选择大小和数目都适宜的样方或样线，计数单一物种的生物数，以获得取样地段的密度估计。这个方法多应用于从森林到海底范围内的多种陆生和水生生物物种。

③去除取样（removal sampling），是在调查面积上连续地取样，以相继每次取样去除的有机体数目为纵坐标，先前取样去除的总数目为横坐标作图。假如被捕的概率保持稳定，那么各点将沿着直线在图中下降，一直到达横坐标的零点，这一点表示从调查面积上 100% 去除的理论点。

④无样方法（plotless method），适用于树木等固定生活于某一区域的个体。例如四分法，即在四个分块中，测量一系列随机点与最近个体的距离，从这些平均距离就能估算出单位面积上的密度。

⑤重要比率值（importance percentage value）是一个群落中物种的相对密度、相对优势度和相对频度的总和。相对密度（relative density，A）等于一个物种密度除以所有物种的总密度再乘以 100。相对优势度（relative dominance，B）等于一个物种断面积除以所有物种的断面积再乘以 100。相对频度（relative frequency，C）是一块地上一个物种的频度（出现率）除以所有物种的总频度再乘以 100。这样，每一个物种的重要值等于相对密度、相对优势度和相对频度之和：$A+B+C$。考察某个物种在生境中的重要性和功能时，用密度、优势度以及发生的频度的联合指标比只是单单只用一个密度作为指标要好。每一个树种（胸径大于 3 英寸的树木）重要值的表格或总结为森林群落里某特定树种的排序提供了数据。

2. 阿利氏规律

种群的密度是种群生存的一个重要参数，它与种群中个体的生长、繁殖等特征有密切关系。外界环境条件对种群的数量（密度）有影响，而种群本身也具有调节其密度的机制，以响应外界环境的变化。很多研究表明，种群密度的增加，倘若是在一定水平内，常常能提高成活率、降低死亡率，其种群增长状况优于密度过低时的增长状况。但是，种群密度过高时，由于食物和空间等资源竞争的加剧、排泄物的毒害以及心理和生理反应，则会产生出生率降低、死亡率升高等不利影响，即所谓的拥挤效应（crowding effect）。相反，种群密度过低，雌雄个体相遇机会太少，也会导致种群的出生率下降，并因此产生一系列生态后果。因此，种群密度过低（undercrowding）和过密（overcrowding）对种群的生存与发展都是不利的，每一种生物种群都有自己的最适密度（optimum density），这就是阿利氏规律（Alle's law）。阿利氏规律对于濒临灭绝的珍稀动物的保护有指导意义。因此，要保护这些珍稀动物，首先要保证其具有一定的密度，若数量过少或密度过低，就可能导致保护失败。阿利氏规律对指导人类社会也是有意义的。显然，在城市化过程中，小规模的城市对人类生存有利，规模过大、人口过分集中、密度过高等，就可能产生有害因素。因此，对城市的最适大小问题，有必要作出客观的评价。图 3－1 概括了种群的集群与存活率或者其他生理效应的相互关系。在某些种群增长中，种群密度小时，存活率最高（图3－1a）；在另一些种群中，种群密度中等时最有利，在这种情况下，过疏和过密都是有害的（图3－1b）。

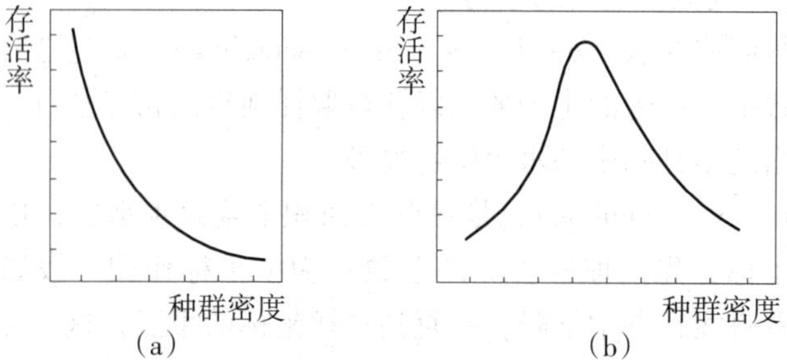

图3－1 阿利氏规律示意

3.2.2 种群的统计学特征

3.2.2.1 出生率和死亡率

1. 出生率

出生率（natality）是指单位时间内种群的出生个体数与种群个体总数的比值，可以作为种群增加的固有能力。出生率常分为最大出生率和实际出生率。最大出生率（maximum natality）是指种群处于理想条件下（即无任何生态限制因子，繁殖只受生理因素所限制），生理上能够达到的最大生殖能力，也称生理出生率（physiological natality）。对于特定种群来说，最大出生率是一个常数。种群在特定环境条件下表现出的出生率称为实际出生率（realized natality），也称生态出生率（ecological natality），它会随着种群的结构、密度大小和自然环境条件的变化而改变。因此，最大出生率只是理论上的，在自然条件下一般都不能达到。不同生物类群的出生率具有很大的差别，对于动物来讲，出生率的高低主要取决于动物的性成熟速度、每年的繁殖次数和每次产仔数等生物学特点。性成熟越早、每年的繁殖次数越多或每次产仔数越多，出生率也就越高。

2. 死亡率

所谓死亡率，是指一定时期内死亡的生物个体数与期内生物个体的平均数或期中生物的个体数之比。死亡率与出生率一样，有最低死亡率和实际死亡率之分。最低死亡率是指种群在最适环境条件下种群所表现出的死亡率，即生物都活到了生理寿命，种群中的个体都是由于自然衰老而死亡，也称生理死亡率。生理寿命是指处于最适条件下种群中个体的平均寿命，而不是某个特殊个体具有的最长寿命。实际死亡率也称生态死亡率，是指种群在特定环境条件下所表现出的死亡率，种群在特定环境条件下，很少能活到生理寿命，多数会因被捕食、饥饿、疾病、不良气候或意外事故等原因而死亡。生物的死亡率随着年龄而发生改变，因此，在实际工作中，人们常把实际死亡率和种群内部各特定年龄组相联系，以了解生命期望值和主要死亡原因。所谓生命期望值，是指某一年龄期的个体平均还能活多长时间的估计值，或称平均余生。

种群的数量变动首先取决于出生率和死亡率的对比关系。在单位时间内，出生率与死亡率之差称为增长率。当出生率超过死亡率，即增长率为正时，种群数量增加；当死亡率超过出生率，即增长率为负时，则种群数量减少；当出生率和死亡率相平衡，增长率接近于零时，种群数量将保持相对稳定状态。

3.2.2.2　种群的迁入和迁出

迁入指个体进入新时空中的种群，迁出指个体离开原来时空的种群。迁入与迁出是大多数动植物生活周期中的基本现象。而某种群中迁出或迁入的个体占该种群个体总数的比率，分别称为迁出率和迁入率。种群的迁入与迁出具有如下重要意义。

（1）调节或维持种群密度。一般地，大部分种群都会经常地输出个体，借此保证种群不过度膨胀以减小种群的生存压力，反过来，纯粹靠个体输入以维持的种群是难以长久的。

（2）扩展种群分布。事实上，那些输出的个体通常并未到业已存在的其他种群中去，而是另行发展新的种群。

（3）防止近亲繁殖。输入使得同一物种的不同种群间进行基因交流，从而防止近亲繁殖、维持和提高物种的生命力。

3.2.2.3　种群的年龄结构和性比

种群的年龄结构是指不同年龄级的个体数在种群中的比例和分布情况，因此年龄结构也称为年龄分布或年龄组成，它是种群的一个重要特征，影响着出生率和死亡率。年龄结构常用年龄锥体来表示，年龄锥体是用从下到上的一系列不同宽度的横柱组合而成的图，从下到上的横柱分别表示从幼年到老年的各个年龄组，图形的宽度表示各年龄组的个体数或其所占的百分比。年龄锥体可分为以下 3 种基本类型。

1. 增长型种群（图 3－2a）

锥体呈典型金字塔形，基部宽、顶部窄，表示种群中的幼体数量大而老年个体很少。这样的种群出生率大于死亡率，处于增长或继续发展的状态。

2. 稳定型种群（图 3－2b）

锥体呈钟形，种群中幼年、中年和老年个体数量大致相等，种群的出生率和死亡率大体平衡，种群处于相对稳定的状态。

3. 下降型种群（图 3－2c）

锥体呈壶形，基部窄、顶部宽，表示种群中幼体所占比例很小而老年个体比例较大，种群死亡率大于出生率，种群数量处于下降状态。

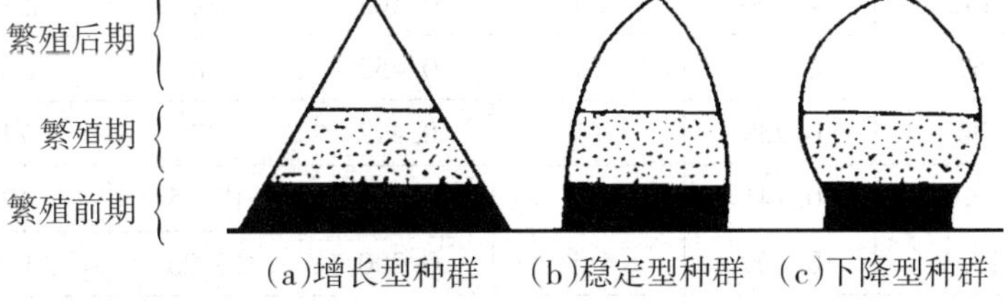

图 3－2　年龄锥体的三种基本类型

有时也将年龄锥体分为左右两半，左半部分表示雄体的各年龄组，右半部分代表雌体的各年龄组，这种年龄锥体称为年龄性别锥体。

性比是指种群中雄性和雌性个体数的比例。如果性比等于1，表示两性个体数相当。若性比大于1，表示雄性多于雌性。种群的性比会随着其个体发育阶段的变化而发生改变。例如，一些啮齿类动物出生时，性比为1，但3周后的性比则为1.4。因此，性比又常根据不同发育阶段，即配子、出生和性成熟3个时期，相应再分为初级性比、次级性比和三级性比。

性别是种群最基本、最重要的特征之一。以人类为例，种群性别构成直接影响出生率、生育率、死亡率、自然增长率以及结婚率。种群性别比例失调导致较低的出生率和结婚率。人类的性别构成与经济发展、劳动力供应、就业安排等也有密切关系，因不少行业具有较高的性别选择性。此外，性别比例平衡还是维持社会安定和正常运转的基本保证。

3.2.2.4 种群的生命表和存活曲线

1. 生命表特征与分析

生命表（life table）是用来描述种群数量减少过程的一种工具。它以列表的形式，详细地记载种群各年龄组的死亡个体数、平均死亡率和存活率，并且由此计算出平均死亡年龄和生命期望。生命表最早应用在人口统计学（human demography）上，用以估计人的期望寿命（life expectancy）。1921年，美国生态学家珀尔（R. Pearl）将生命表应用到动物种群的研究中。生命表有两种类型：①动态生命表（dynamic life table），是根据观察同一时期出生的生物的死亡或存活情况所得数据而编制的，又称为特定年龄生命表，适用于生命较短的物种，如藤壶（balanus glandula）的动态生命表；②静态生命表（static life table），是根据某一特定时间，对种群作年龄分布的调查而编制，所以又称为特定时间生命表，适用于生命较长的物种。

康内尔（Connell）1970年在对某岛屿固着在岩石上的所有藤壶进行了多年连续的存活观察的基础上编制了藤壶的生命表（表3-1）。表中各种符号的含义如下：x为年龄、年龄组或发育阶段；n_x为各年龄阶段开始时的存活数目；l_x为年龄组开始时的存活个体百分率；d_x为从x阶段到$x+1$阶段的死亡数目；q_x为从x阶段到$x+1$阶段的死亡率；L_x为从x阶段到$x+1$阶段的平均存活数目；T_x为进入x龄期的全部个体在进入该龄期以后的存活个体总年数；e_x为x期开始时的平均期望寿命。

表3-1　藤壶的生命表

x	n_x	l_x	d_x	q_x	L_x	T_x	e_x
0	142	1.000	80	0.563	102	224	1.58
1	62	0.437	28	0.452	48	122	1.97
2	34	0.239	14	0.412	27	74	2.18
3	20	0.141	4.5	0.225	17.75	47	2.35
4	15.5	0.109	4.5	0.290	13.25	29.25	1.89
5	11	0.077	4.5	0.409	8.75	16	1.45

续表 3 - 1

x	n_x	l_x	d_x	q_x	L_x	T_x	e_x
6	5.5	0.046	4.5	0.692	4.25	7.25	1.12
7	2	0.014	0	0.000	2	3	1.50
8	2	1.014	2	1.000	1	1	0.50
9	0	0	—	—	0	0	—

由该生命表可得到以下信息。

第一，存活曲线（survivorship curve），以 $\lg n_x$ 栏对 x 栏作图可以得到存活曲线。该曲线能直观地表达该同生群（cohort）的存活。藤壶种群内只有少数个体没有活到生理寿命。

第二，死亡率曲线，以 q_x 栏对 x 栏作图得到该曲线。藤壶在第一年死亡率很高，随后逐渐下降，接近生理寿命时死亡率迅速上升。

第三，生命期望，e_x 表示 x 时期开始时的平均期望寿命。

2. *存活曲线*

存活曲线（survivorship curve）也可以用来表示种群数量的减少过程，而且存活曲线还有更直观的优点。种群的存活曲线反映了种群生活史内各个时期的死亡率以及各年龄的存活率，它可归纳为三种类型（图 3 - 3）。

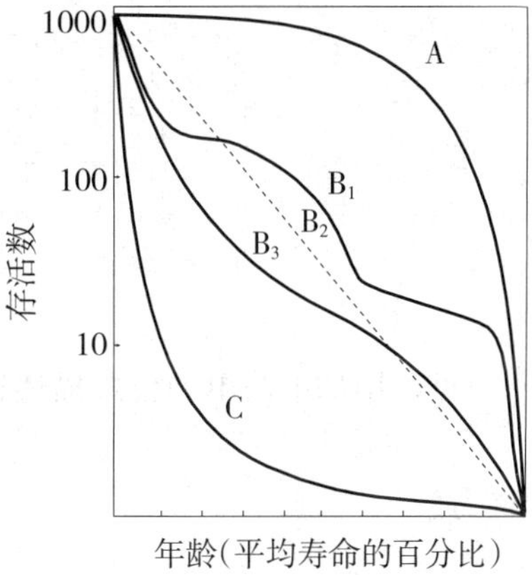

图 3 - 3　存活曲线的类型

A 型曲线——凸形（convex curve）的存活曲线。一般认为，这种种群在达到生理寿命之前只有少数个体死亡，大部分个体都能活到生理寿命，因此，在生命末期死亡率才升高。上述藤壶种类符合该型。人类和一些大型哺乳动物的存活曲线也属于此类。这类动物一生的产仔数范围为 10～20 只。

B 型曲线——对角线形（diagonal straight line）的存活曲线。B_2 型曲线：种群各年龄期的死亡率基本相似，如水螅。B_1 型曲线：即阶梯型，在生活史的各个时期，存活率相差很大，如具有完全变态的昆虫（如蝴蝶），曲线当中比较陡的几段分别是高死亡率的卵、孵化和成虫阶段，比较平滑的线段则是较低死亡率的幼虫和蛹时期。B_3 型曲线：即 S 型，幼年期的死亡率较高，而成年以后的死亡率则降低，如许多爬行类、鸟类和啮齿类。具有 B 型存活曲线的动物，其一生的产仔（卵）数为 10～100 只（个）。

C 型曲线——凹形（concave curve）的存活曲线。幼体的死亡率很高，只有极少数个体能够活到生理寿命。大多数鱼类、两栖类、海洋无脊椎动物和寄生虫的存活曲线属于这种类型。例如牡蛎，其自由游泳的幼体期死亡率极高，一旦固着到合适的基质，死亡率便很低。C 型曲线的动物，其一生的产卵数为 10～106 只（个）。

存活曲线的形状经常与亲代对后代的抚育程度或其他对后代的保护机制有关。因此，蜜蜂和鸲（它们保护其后代）的存活曲线比蝗虫和沙丁鱼（它们不保护其后代）的内凹程度更小。当然，后两种生物借助于高的产卵量得到一定补偿。

3.2.2.5 种群的增长模型

1. 种群在无限模式下的指数增长模型

种群在不受限制的环境（食物、空间等资源都较为充足）中生长，其增长率不随种群本身的密度变化而变化，这类增长通常呈指数式增长，可称为与密度无关的增长（density-independent growth）。与密度无关的增长分为两类。如果种群的各个世代彼此不重叠，如一年生植物和一年生殖一次的昆虫，其种群增长是不连续的、分步的，称为离散增长。如果种群的各个世代彼此重叠，如人和多数动物，则其增长是连续的。对于世代重叠和不重叠生物的种群增长模型，必须用不同的数学方程来处理。

（1）种群离散增长模型。

假设有一理想种群，开始时有 10 个雌体（记为 $N_0=10$），且每个个体一年繁殖一次，每次产生 2 个后代，则到第 2 代时，种群个体将上升为 20 个，以后每代增加一倍，依次为 40，80，160……即

$$N_0=10$$

$$N_1=N_0\times\lambda=10\times2=20$$

$$N_2=N_1\times\lambda=20\times2=40$$

$$N_3=N_2\times\lambda=40\times2=80$$

……

$$N_t=N_{t-1}\times\lambda$$

可以用如下简单的公式描述这一过程，即

$$N_t=N_{t-1}\times\lambda$$

或

$$N_t=N_0\lambda^t$$

式中，N_t 为时间 t 的种群大小；λ 是每经过一个世代（或一个单位时间）的增长倍数，称为周限增长率（finite rate of increase）。

根据以上模型可以计算世代不想重叠种群的增长情况。当 $\lambda>1$ 时，种群增长；$\lambda=1$ 时，种群稳定；$0<\lambda<1$ 时，种群下降；$\lambda=0$ 时，种群无繁殖现象，且在下一代死亡。

（2）种群连续增长模型。

在世代重叠情况下，种群的增长以连续的方式改变，则可以用微分方程来描述这种增长过程：

$$\frac{\mathrm{d}N}{\mathrm{d}t}=rN$$

积分后得

$$N_t=N_0\mathrm{e}^{rt}$$

式中，N 为种群数量；r 为瞬时增长率（instantaneous rate of increase）。瞬时增长率 r 和周限增长率 λ 有一定的关系：$\lambda=\mathrm{e}^r$，$r=\ln\lambda$。

上述种群的增长形式，称为几何级数式增长（geometric growth）或指数式增长（exponential growth）。以种群数量 N 与时间 t 作图，离散型种群指数增长曲线为台阶型的

“J”型，而连续型种群指数增长曲线为光滑的“J”型。所以，种群的指数增长模型又称“J”型增长模型（图 3－4a）。如以 lg$N$，对时间作图，则成为直线（图 3－4b）。具有指数增长特点的种群，其数量变化与 r 值关系密切。当 $r>0$ 时，种群数量指数上升；$r=0$ 时，种群数量不变；$r<0$ 时，种群数量指数下降。

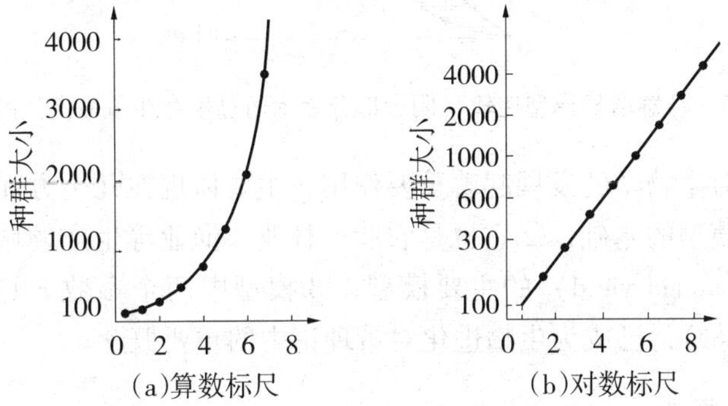

图 3－4　种群在无限环境下的增长模型示意

2. *种群在有限模式下的逻辑斯蒂指数增长*

费尔哈斯特（Verhulst）1838 年首次提出了逻辑斯蒂（Logistic）方程，其微分方程为

$$\frac{dN}{dt}=rN\left(1-\frac{N}{K}\right)$$

式中，dN/dt 为种群的瞬时增长量；r 为种群的内禀增长率；N 为种群数量；K 为环境容纳量。逻辑斯蒂方程和无限环境中种群的指数增长微分方程相比，增加了修正项 $\left(1-\frac{N}{K}\right)$。种群增长由“J”型变成了“S”型曲线，该曲线渐近于 K 值，并且曲线上升是平滑的。

模型中的 $\left(1-\frac{N}{K}\right)$ 所代表的生物学意义是未被个体占领的剩余空间。若种群数量（N）趋于零，则 $\left(1-\frac{N}{K}\right)$ 接近于 1，即全部 K 空间几乎未被占据和利用，这时种群呈现指数增长；若种群数量（N）趋向于 K，则 $\left(1-\frac{N}{K}\right)$ 逼近于零，全部空间几乎被占满，种群增长极缓慢直到停止；种群数量由零逐渐增加，直到 K 值，种群增长的剩余空间逐渐变小，种群数量每增加一个个体，抑制增长的作用就是产生 1K 的抵制效应，这种抑制性影响称为环境阻力，也有人称为拥挤效应。

逻辑斯蒂曲线（图 3－5）常划分为 5 个时期：①开始期，也可称为潜伏期，由于种群个体数很少，密度增长缓慢；②加速期，随个体数增加，密度增长逐渐加快；③转折期，当个体数达到饱和密度一半（即 $K/2$）时，密度增长最快；④减速期，个体数超过 $K/2$ 以后，密度增长逐渐变慢；⑤饱和期，种群个体数达到 K 值而饱和。

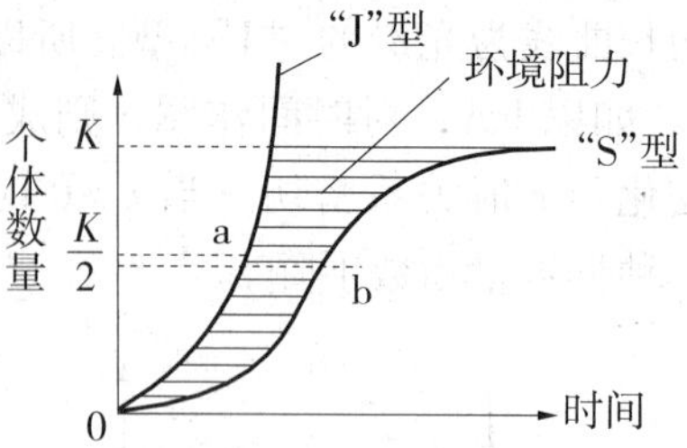

图3-5　种群增长模型比较（阴影部分表示通过生存斗争被淘汰的个体）

逻辑斯蒂方程对生物学的发展起着重要作用，主要体现在几个方面：①它是许多两个相互作用种群增长模型的基础；②它也是农业、林业、渔业等生产领域中，确定最大持续产量（maximum bustained yield）的主要模型；③模型中两个参数 r（物种的潜在增殖能力）、K（环境容纳量），已成为生物进化对策理论中的重要概念。

3.2.2.6　种群的暴发

具有不规则或周期性波动的生物都可能出现种群暴发。最常见的种群暴发是害虫和害鼠，以及近些年经常发生的赤潮。赤潮是指水体中一些浮游生物（如腰鞭毛虫、裸甲藻、棱角藻、夜光藻等）暴发性增殖引起水色异常和水质变劣的现象。发生在近海的赤潮又称红潮。赤潮是由有机污染，即水中氮、磷等营养物过多形成富营养化所致。其危害主要有：①藻类死体的分解，大量消耗水中溶解氧，使鱼类、贝类等窒息而死；②有些赤潮生物产生毒素，毒害鱼类、贝类，甚至距离海岸64km的人，也会受到由风带来毒素的危害，造成呼吸和皮肤的不适。

3.2.2.7　生态入侵

某种外来生物进入新分布区成功定居并得到迅速扩展的现象，称为生态入侵（ecological invasion）。欧洲的穴兔由英国引入澳大利亚南部，由于环境适宜和没有天敌，以112.6km/a速度向北扩展，数年后穴兔在澳大利亚东岸被发现，16年中向东推进了1770km。由于穴兔种群数量很大，与牛羊竞争牧场，成为一大危害。人们采用许多方法，耗资巨大，都未能有效控制。最后引入了类似其天敌的黏液瘤病毒，才遏制了其危害的蔓延。

3.2.2.8　种群的进化和选择

所有生物始终都处在进化与选择的压力之下，选择压力将使生物能够最有效地占据它们的特定生态位，这种压力来源于种间竞争、种内变异个体的竞争、捕食关系或者寄生关系等生物与其他生物的相互作用。只有在环境发生某些根本性的变化，选择才能促进生态系统产生实质性的改变。在生物进化上，繁殖方式应该是最基本的适应。

种群是生物进化的基础，因此在种群内出现个体的变异是一种普遍现象。这些变异中部分是由于生理调节，部分则是遗传引起的，其中有些变异可能是不利的，还有些变异是有利的或是中性的。通过进化，物种的不利变异遭到淘汰，有利的得到保留，加上时间的推移和隔离机制，最终导致了新的物种形成。导致物种发生进化变异的原因很多：种群中个体发生变异的过程中部分基因缺失；迁入和迁出可能会带来新的基因，也会导致部分基因缺失；种群中各随机交配的个体基因增加；当种群数量较少时，常常会发生基因缺失或是遗传漂变现象。因此物种通过自然选择得以进化。

3.2.3　种群的空间分布格局、扩散和迁移

1. 种群的空间分布格局

种群的空间特征指种群具有一定的分布区域和分布形式，一般把大的地理范围的分布称为地理分布，这一范围和边界本质上由该物种相应的生态耐受性及其与其他种群之间的生态关系所决定，同时还取决于生态条件、种群的移动性。历史上的气候因素以及人为破坏、干扰与利用等因素，表明种群分布区的形成是在进化尺度上的种群适应过程。种群在小范围内个体与个体之间的空间排布方式或相对位置称为分布格局。一般地，种群的分布特征可以分为如下三种：

(1) 均匀分布。个体之间保持一致的距离。这种分布格局一般仅出现在资源均匀分布或非常有限的情况下，因种内竞争而引起。例如荒漠地区极端旱生群落的优势物种常常表现为均匀分布格局。另外，人工群落中种群也多为均匀分布。

(2) 随机分布。每一个体在种群领域中各个点上出现的机会是相等的，并且某一个体的存在不影响其他个体的分布。随机分布在自然界中比较少见，只有在种群内个体之间没有彼此吸引或排斥的情况下，才易产生，如森林底层的某些无脊椎动物。

(3) 集群分布。这是最常见的分布格局，既可能因为种群个体有结群倾向而引起，也可能由资源分布和种子散布的限制或营养繁殖而留在亲体周围引起。动物的集群分布则反映了种群成员间有一定程度的相互关系，如利于求偶或保证成员的安全等，鱼群、鸟群、兽群都是集群分布的实例。

图3-6给出了种群分布的三种格局类型示意。

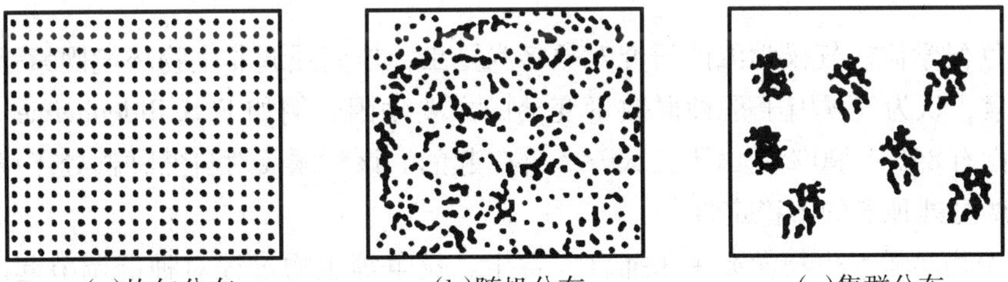

(a)均匀分布　(b)随机分布　(c)集群分布

图3-6　种群分布格局模式图

2. 扩散和迁移

种群中的个体或集群在空间位置上的变动状况表现为迁移和扩散，是种群内个体因某些原因从其分布区向其他区域移动的现象。前者多用于动物，后者多用于植物和微生物。迁移和扩散在自然界中是普遍的生物现象，引起这种迁移和扩散的原因有很多：种群密度过大，导致拥挤效应的出现以及社群压力和进洞行为的加强，这是迁移和扩散的主要原因；处于种群低等级的弱势个体被排挤，他们只好去寻找高等级未占有的、条件较差的栖

息地生存；幼体长大后，被亲代驱逐出去而引起的迁移等。

扩散与种群数量变动的关系因条件不同而表现差异。若种群数量稳定并接近环境容纳量，扩散过程对种群动态影响不大，但可能对种群年龄结构略有影响；当种群密度很高，而食物资源有限时，扩散就能降低种群数量，起到种内调节的作用，并对年龄结构产生很大影响，使未扩散而留居部分的种群出生率降低；对于密度低而处于迅速增长的种群，迁入则会促进种群的增长，提高种群繁殖能力；若种群处于衰退状态，迁入能增加繁殖性能的个体，从而使衰退种群得以恢复。

3.2.4 种群的调节

自然种群的数量处于不断变动中，但也有不同程度的相对稳定性，种群调节（population regulation）就是指当种群数量偏离平衡水平时，使种群数量返回平衡水平的一种作用。目前，常把种群数量调节的各种因素分为非密度制约（density-independent）因素和密度制约（density-dependent）因素两大类，也可将影响种群调节的因素分为外源性（exgenous）因素和内源性（endogenous）因素两大类。

非密度制约因素是指那些影响作用与种群本身密度大小无关的因素。对于陆域环境来说，这些因素包括温度、光照、风、降雨等非生物性的气候因素；对于水域环境则是水的物理、化学特性等一系列因素。食物来源也是影响种群数量的因素之一，当食物来源不足时，吃该食物的种群数量就会减少；反之，就增多。

密度制约因素的作用与种群密度相关。例如，随着密度的上升，死亡率增高，或生殖率下降，或迁出率升高。密度制约因素主要是生物性因素，如捕食、竞争以及动物社会行为等。实际上，这两类因素的作用是相互联系，难以分开的。至于哪一些因素相对较为重要，这是生态学家们长期争论的问题。生态学家们已经提出了许多学说，以探讨种群调节问题。

3.2.4.1 外源性因子调节学说

（1）气候学派。气候学派的研究对象多为昆虫，他们强调非生物环境因素是种群动态的决定因素，认为气候因子是种群数量变动的主要动因。例如 F. S. Bidenheimer 认为昆虫的早期死亡有85%～90%是由不良天气条件引起的。该学派反对自然种群处于稳定平衡的概念，强调野外种群的不稳定性。

（2）生物学派。生物学派主张捕食、寄生、竞争等生物过程对种群调节起决定作用，认为没有一个自然种群能无限制增长，因此，必然有许多限制种群增长的因素。从长期来说，种群有一个平衡密度，即种群具有相对稳定性。澳大利亚生物学家 A. J. Nicholson 认为理化环境因素只能改变种群的密度，但不能决定种群维持密度平衡状态的方法以及受限制的方式。生物学派的出发点是自然的平衡学说，他们认为调节种群密度的因素是竞争，即竞争食物、竞争生活场所及捕食者、寄生者的竞争等。

（3）折中学派。生物学派强调生物因子是决定种群数量变动的主要因子，气候学派强调气候因子是主要因子，两派发生激烈论战。有的学者就提出折中的观点，主张气候因子和生物因子都具有决定种群密度的作用，但视具体条件而异，该学派代表人物是 A. Milne。

该学派把种群数量动态分成三个区：极高数量、普通数量和极低数量。此外，生物学派也提出当物种处于最有利的环境中，密度制约因素决定种群的数量；而当物种处于不利环境，或当环境条件变动激烈的情况下，非密度制约因素决定种群数量。因而对分布在条件较好的分布区中心地带的种群，生物因子起决定作用，而对条件差的边缘地带的种群，气候因子起决定作用。折中学派认为气候学派和生物学派的争论反映了他们工作地区环境条件的不同，因此强调的重点不同。

（4）食物因素。强调食物因素的学者也可以归入生物学派。例如，英国的鸟类学家 Lack D 认为，就大多数脊椎动物而言，食物短缺是最重要的限制因子，松鼠和交嘴鸟的数量与球果产量的关系，猛禽与一些啮齿类动物数量的关系都能证明这一观点。

强调食物因素为决定性的还有 Pitelka 和 Schultz 于 1964 年提出的营养物恢复假说（图 3－7）。这一假说解释了冻原旅鼠的周期性数量变动，在旅鼠数量很高的年份，食物资源被大量消耗，植被量减少，食物的质和量（特别是含磷量）下降，幼鼠因营养条件恶化而大量死亡以至中青年数量减少。低种群密度使植被的质量逐步恢复，种群数量再度回升，这一过程周期大约 3～4 年。

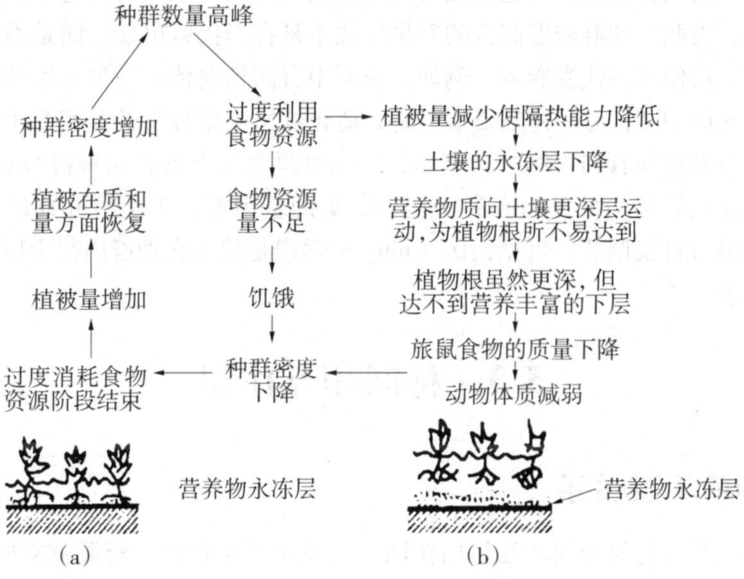

图 3－7　营养物恢复学说图解

3.2.4.2　内源性因子调节学说

内源性因子调节学说又称为自动调节学说，持这种学说的学者认为，种群有一平衡密度，且由种群内部的因素起决定性的调节作用，这些调节因子包括行为、内分泌和遗传，因而该类学说又可分为行为调节、内分泌调节和遗传调节学说。

（1）行为调节学说。该学说由英国生态学家 Wyune Edwards 于 1962 年提出。他认为动物社群行为是调节种群的一种机制，如社群等级和领域性。社群等级使社群中一些个体支配另一些个体，这种等级往往通过格斗、吓唬、威胁而固定下来；领域性是指一个（或一对、一家）动物在一段时间中保卫其所占特定地盘，当种群密度超过一定限度时，领域的占领者就不允许其他个体入侵。一种海鸟从周围海水中捕食鱼类，好像它们有“领海捕鱼权”似的。在这种情况下，只有占有地盘的鸟才能进行繁殖，这样就限制了该地区的鸟群数量。同样，在海滨生活的海豹，成年的个体占有一定区域，实行“一夫多妻制”，把“单身汉”排除在区域以外，使其不能在第一年繁殖。因此，只能有一定数量的老海豹占领海滨，这样就限制了种群的数量。

（2）内分泌调节学说。内分泌调节是指种群增长会因生理反馈而得到抑制或停止，从而降低社群压力的一种调节方式。该学说由美国学者 Christian 于 1950 年提出。他认为当种群数量上升时，种群内部个体经受的社群压力增加，加强了对动物神经内分泌系统的刺激，影响下垂体的功能，引起生长激素和促性腺激素分泌减少，而促肾上腺皮质激素分泌增加，结果导致出生率下降、死亡率上升，从而抑制了种群的增长。这样，种群增长因上述生理反馈机制而得到抑制或停止，从而降低了社群压力。该学说主要用于解释哺乳动物的种群调节。

（3）遗传调节学说。D. Chitty 提出一种解释种群数量变动的遗传调节模式。他认为个体遗传素质的不同是决定它们的适应能力以及死亡率的主要原因，而这种遗传素质是由亲代遗传下来的，因此，种群密度高低的后果往往不是在当代就出现，而是通过改变种群自身的遗传素质，再使下一代受影响。例如，种群中有两种遗传，一种是繁殖力低，适合高密度条件下的基因型 A；另一种是繁殖力高，适合低密度条件下的基因型 B。在低种群密度的条件下，自然选择有利于第一种基因，于是种群数量上升；当种群数量达到高峰时，自然选择不利于高繁殖力的，而有利于适应密集的基因型，于是种群数量又趋下降。这样，种群就可进行自我调节。可见，D. Chitty 的学说是建立在种群内行为以及生理和遗传变化基础之上的。

3.3 种间相互作用

3.3.1 种间相互关系

不同物种种群通过复杂的相互作用在同一生境中产生食物、资源及空间的相互关系，即种间关系（interspecific interaction）。种群之间的相互关系可以是间接的，也可以是直接的相互影响。这种影响可能是有害的，也可能是有利的。如果用“+”表示有利，“-”表示有害，“0”表示既无利又无害，则种群之间的关系可以总结如表 3-2。

表 3-2 种群之间的相互关系

关系类型	物种		主要特征
	A	B	
竞争	-	-	彼此相互抑制
捕食	+	-	A 杀死或吃掉 B
寄生	+	-	A 寄生于 B 并有害于 B

续表 3－2

关系类型	物种		主要特征
	A	B	
中性	0	0	彼此互不影响
共生	+	+	彼此相互有利，专性
互惠	+	+	彼此相互有利，共性
偏利	+	0	对 A 有利，对 B 无利无害
偏害	−	0	对 A 有害，对 B 无利无害

上述相互作用类型可以简单归为两大类：正相互作用（positive interaction）和负相互作用（negative interaction）。在生态系统的发展中，正相互作用趋向于促进或增加，从而加强两个作用种的存活；而负相互作用趋向于抑制或减少。

3.3.1.1　正相互作用

正相互作用可按其作用程度分为偏利共生、原始协作和互利共生三类。

1. 偏利共生

偏利共生（commensalism）指种间相互作用对一方没有影响，而对另一方有益。自然界中偏利共生的例子很多，附生植物与被附生植物之间就是一种典型的偏利共生，如地衣、苔藓等附生在树皮上，从空气中获得养分和水分。在热带森林中还有很多高等的附生植物，这些附生植物借助于被附生植物支撑自己，以获得更多的资源（如光、空间），但对被附生种群则无多大影响，如喜光的乔本植物为耐阴的灌木提供遮阴条件。另外动物与植物、动物与动物之间也存在偏利共生作用，如一些动物以树木作为掩蔽或筑巢用，对树木不造成伤害；一种色彩鲜艳的双锯鱼常在海葵的触手间游动，受到海葵的保护，而其他种类的小鱼若靠近海葵，就会被其触手抓住并被吃掉。

其数学模型可用下式表示：

$$\frac{dN_1}{dt} = r_1N_1\left(1 - \frac{N_1}{K_1 + \alpha N_2}\right)$$

$$\frac{dN_2}{dt} = r_2N_2\left(1 - \frac{N_2}{K_2}\right)$$

式中，N_1，N_2 分别为两个物种的种群数量；K_1，K_2 分别为两个物种种群的环境容纳量；r_1，r_2 分别为两个物种种群增长率；α 为种群 N_2 对种群 N_1 的偏利系数。

即当两个种群独立生存时，种群均按逻辑斯蒂曲线增长；当两个种群在一起时，由于 N_2 的存在，改进了 N_1 的环境，使 N_1 的种群生长更有利，而 N_1 对 N_2 的种群生长无影响。

2. 原始协作

原始协作（protocooperation）指两种生物种群生活在一起，彼此都有所得，但二者不存在依赖关系，可被认为是共生的另一种类型，但其协作是松散的，分离后双方仍能独立生存。例如蟹背上的腔肠动物的刺细胞对蟹起着伪装和保护作用，而腔肠动物附着在寄居蟹背上，当寄居蟹在海底爬行时，扩大了腔肠动物的觅食范围。某些鸟类啄食有蹄类动物身上的体外寄生虫，而当食肉动物来临之际，又能为这些有蹄类动物报警，这对共同防御天敌十分有利。又如在农业生产中，人们利用不同生活型植物的间作和套种。作物可以相互利用对方形成的有利环境条件，相得益彰，如豆科与禾本科间作有利于补充土壤氮元素的消耗。

3. 互利共生

互利共生（mutualism）是指两个生物种群长期共同生活在一起，彼此相互依赖，相互依存，并能直接进行物质交流的一种相互关系。共生的结果使得两个种群都向更好的方向发展，互利共生经常出现在生活需要极不相同的生物之间。例如异养生物完全依赖自养生物获得食物，而自养生物又依赖异养生物得到矿质营养或生命活动需要的其他功能。例如蜜蜂、蝴蝶等传粉动物与有花植物的互利共生。动物消化道内的互利共生如白蚁与肠道中的多鞭毛虫，反刍动物与其胃中的微生物。多鞭毛虫和微生物在帮助白蚁和反刍动物消化食物的同时自身也能够生存。高等植物与真菌互利共生如豆科作物和根瘤菌共生形成的根瘤，生活在动物组织或细胞内的共生体如蟑螂脂肪体中的共生细菌等。

美国生态学家梅（R. M. May）于 1976 年提出如下两种群共生的数学模型：

$$\frac{\mathrm{d}N_1}{\mathrm{d}t} = r_1 N_1 \left(1 - \frac{N_1}{K_1 + \alpha N_2}\right)$$

$$\frac{\mathrm{d}N_2}{\mathrm{d}t} = r_2 N_2 \left(1 - \frac{N_2}{K_2 + \beta N_1}\right)$$

即假设每个种群均遵从逻辑斯蒂方程，但每一种群的环境容纳量都因另一种群的存在而增大，因此，K_1变成了（$K_1 + \alpha N_2$），K_2变成了（$K_2 + \beta N_1$）。α 和 β 分别是种群之间的共生系数，但要求 α 和 β 小于 1，以限制互利共生作用，否则，种群将会无限增大。

3.3.1.2 负相互作用

负相互作用包括竞争、捕食、偏害和寄生等，前两者将在后面详细介绍。

1. 偏害

偏害（amemsalism）作用在自然界很常见。其主要特征为当两个物种在一起时，其中一个物种的存在可以对另一物种起抑制作用，而该物种自身却不受影响。异种抑制作用（又称为他感作用）和抗生素作用都属此类。异种抑制作用一般指植物能分泌一种化学物质（也称为克生物质）以抑制其他植物生长的现象。例如胡桃树（*Juglans nigra*）分泌一种叫做胡桃醌（juglone）的物质，它能抑制距离树干 25m 范围内其他植物的生长，彻底杀死许多植物；荷木对草类植物有偏害作用，导致其周围寸草不生。抗生素作用是一种微生物产生一种化学物质来抑制另一种微生物的过程，如青霉素就是青霉菌所产生的一种细菌抑制剂，也常称为抗生素。

其数学模型为：

$$\frac{dN_1}{dt} = r_1 N_1 \left(1 - \frac{N_1 + \alpha N_2}{K_1}\right)$$

$$\frac{dN_2}{dt} = r_2 N_2 \left(1 - \frac{N_2}{K_2}\right)$$

即当两个种群独立生存时，每个物种种群均按逻辑斯蒂曲线增长；当两个种群在一起时，对 N_1 仍按逻辑斯蒂曲线增长，而由于 N_2 的抑制作用，N_1 生长受到抑制。α 为种群 N_1 对 N_2 的抑制系数。

2. 寄生

寄生（parasitism）作用是指一个种（寄生者）寄居于另一个种（寄主）的体内或体表，从而摄取寄主养分以维持自身生活的现象。根据寄居在寄主身体位置的不同，寄生可分为体外寄生（寄生在寄主体表）与体内寄生（寄生在寄主体内）两类。由于寄生具有一定专性，因此寄生者和寄主往往是协同进化的。寄生物为适应他们的宿主表现出极大的多样性，其宿主可以是植物、动物或其他寄生物。例如病毒或噬菌体在致病细菌中生活，这种情况下可以称为超寄生（superparasitism）。在植物界，寄生性种子植物还可以分为全寄生和半寄生两类。全寄生植物从寄主那里摄取全部营养，如高等植物中的列当属（*Orobanche*）、菟丝子属（*Cuscuta*）和大花草（*Rafflesia alnoldii*）等；半寄生植物仅从宿主那里摄取无机盐类，它们自身能进行光合作用制造养分，如小米草（*Euphrasia pectinata*）、槲寄生（*Viscum colortum*）等。另外许多病菌也为全寄生，如动物体中的鞭毛虫、蛔虫、钩虫。

寄生者的密度越大，对寄主的影响亦越大，但寄生者不一定都有害，也有有益的和中性的。一般说来，寄生者在营寄生生活之初，其有害作用最强，当寄生者长期与它们对应的寄主伴生在一起后，其影响就缓和下来。例如，把家蝇和寄生蜂一起培养在有限的空间中，最初会出现剧烈波动，当在剧烈波动中存活两年的个体在新的培养中再建种群时，出现了生态内稳态，每一种群的数量都受压下降，并能在相当稳定的平衡中共存。

3.3.2　种间竞争

种间竞争（interspecific competition）是指两个或更多物种个体之间共同利用同样的有限资源时产生的相互竞争作用。生物种群愈丰富，种间竞争越激烈。竞争的能力取决于物种的生态习性、生活型和生态幅度等。具有相似生态习性的植物种群，在获取资源的过程中竞争十分激烈，尤其是密度大的种群。

3.3.2.1　竞争的类型及特点

一般情况下，竞争分为资源利用竞争和干扰竞争。利用竞争（exploitation competition）是指两种生物同时竞争利用同一种资源，由于资源短缺而引起的竞争，如蚂蚁、啮齿类动物和鸟类均以植物种子为食。干扰竞争（interference competition）是指两个物种的个体在获取资源的过程中，一种生物借助行为排斥另一种生物使其得不到资源，如动物为了竞争领域或事物进行的打斗，狮子会在较小的食肉动物杀死猎物后到来，并取代它。物理性打斗也在较小等级的物种间发生，许多姬蜂寄生蜂种类的幼体具有较大的下颚，它们会用下颚与进入其毛虫寄主内的其他幼体战斗到死。竞争者也可利用毒物来进行干扰，如一种小茧蜂寄生蜂寄生在蚜虫上，其从卵中孵化后即产生毒物，可杀死所有其他拟寄生卵。另外，不同营养层之间的物种还存在着似然竞争。似然竞争（apparent competition）是指一个种群个体数量的增加将会导致捕食者种群个体数量增加，从而加重了对另一物种的捕食

（妨碍）作用，反之亦然。由于通过共同捕食者而相互影响，两个物种都可不受资源短缺的限制，因此称似然竞争。

种间竞争具有两个共同特征。一是竞争结果的不对称性。不对称性是指某一个体的竞争代价常远高于另一个体，竞争杀死失败者或通过掠夺资源或干扰杀死竞争失败者，竞争对各方影响的大小和后果不同。如潮间带生长的藤壶与小藤壶（*Chthamalus*）的竞争。藤壶在其生长和增殖的过程中，常覆盖、挤压使小藤壶窒息，剥夺了小藤壶的生存；相反，小藤壶的生存对于藤壶的影响很小。但是藤壶对于缺水很敏感，干燥是限制藤壶在潮间带分布上限的主要因素。所以在潮间带上部易于经受干燥缺水的地方，小藤壶能生活得很好。二是对一种资源的竞争能影响对另外一种资源的竞争结果。以植物竞争为例，冠层中占优势的植物，减少了竞争对手进行光合作用所需要的太阳辐射。这种对阳光的竞争也影响植物根部吸收营养物质和水分的能力。这就是说，在植物的种间竞争中，根竞争与枝竞争具有相互作用。

不论种间竞争的作用基础如何，其结果可向两个方向发展：一是两个种群形成协调的平衡状态，或者一个种群取代另一个种群；二是一个种群将另一个种群赶到别的空间中去，从而改变原生态系统的生物种群结构。

3. 3. 2. 2 Lotka-Volterra 种间竞争模型

美国数学家 Lotka 和意大利数学家 Volterra 分别于 1925 年、1926 年提出了描述种间竞争的模型。假设有两个相互竞争的物种的增长均符合逻辑斯蒂增长规律，即物种 1 的增长模型：

$$\frac{dN_1}{dt}=r_1N_1\left(1-\frac{N_1}{K_1}\right)$$

物种 2 的增长模型：

$$\frac{dN_2}{dt}=r_2N_2\left(1-\frac{N_2}{K_2}\right)$$

式中，N_1，N_2 分别为两个物种的种群数量；K_1，K_2 分别为两个物种的种群环境容纳量；r_1，r_2 分别为两个物种种群增长率。

如果将两个物种放在一起，它们就要发生竞争，从而影响种群的增长。对物种 N_1 来说，它的饱和水平为 K_1，即它的环境承载力（设为资源量）仅能够维持 K_1 个个体的存在。N_2 个体由于使用同一资源，也要占去 N_1 中的一些个体的资源。但在大多数情况下，每一个 N_2 个体的所需资源量不等于每个 N_1 个体的资源需求量。设在物种 1 的环境中，每存在一个物种 2 的个体，对物种 1 种群的效应值为 α；在物种 2 的环境中，每存在一个物种 1 的个体，对物种 2 种群的效应值为 β，则物种 1 在竞争中的种群增长方程：

$$\frac{dN_1}{dt}=r_1N_1\left(1-\frac{N_1+\alpha N_2}{K_1}\right)$$

物种 2 在竞争中的种群增长方程：

$$\frac{dN_2}{dt}=r_2N_2\left(1-\frac{N_2+\beta N_1}{K_2}\right)$$

式中，α 和 β 分别是物种 1 对物种 2 和物种 2 对物种 1 的竞争系数（competition coefficient）。

用图解的方法来表示，则如图3－8a 所示，在有竞争的情况下物种 1 的$\frac{dN_1}{dt}=0$，也就是平衡时的条件，最极端的两种情况是：①全部“空间”都为物种 1 所利用，没有物种 2 的个体，即 $N_1=K_1$，$N_2=0$；②全部“空间”都为物种 2 的个体所利用，没有物种 1 的个体即 $N_1=0$，$N_2=K_1/\alpha$。这两种情况如图中对角线的两端所示，连接这两个端点的对角线，代表了所有的平衡条件。物种 1 的种群，如果在这个对角线内侧（如水平向右箭头所示）就会增大，即$\frac{dN_1}{dt}>0$（因为 K_1 空间尚未完全饱和）。在对角线以外（如水平向左箭头所示），物种 1 种群减少，即$\frac{dN_2}{dt}<0$（因为种群已超过 K_1 的容纳量）。同样，图3－8b 表示物种 2 平衡时的条件，即$\frac{dN_2}{dt}=0$ 时的条件。平衡的条件全部为物种 2，即 $N_2=K_2$，$N_1=0$，或者是全部为物种 1，即 $N_2=0$，$N_1=K_2/\beta$ 或者是对角线上任何点所表示的 N_2 与 N_1 的值。在对角线内侧，物种 2 的种群增大（如垂直向上箭头所示），而对角线外，物种 2 的种群减少（如垂直向下箭头所示）。

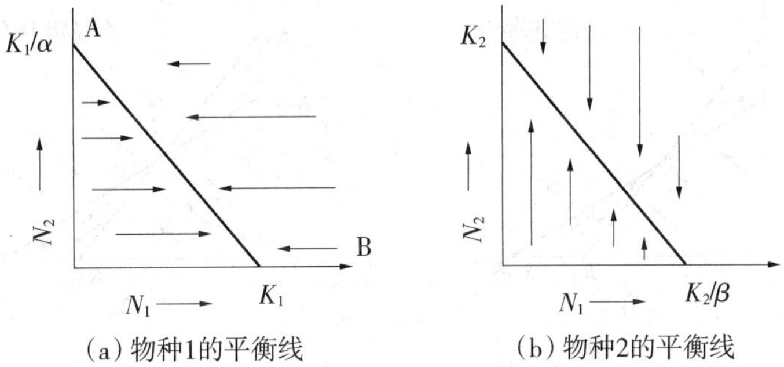

图3－8 物种 1 和物种 2 的平衡线［Begon（1996）；孙儒泳等（1993）］

两个物种竞争的结果有三种：①物种 1 和物种 2 共存；②物种 1 被挤掉，只有物种 2 生存下来；③物种 2 被挤掉，只有物种 1 生存下来。假如物种 1 对物种 2 的抑制性影响较强，那么物种 1 将取胜，物种 2 被挤掉；反之，物种 2 将取胜。这种结局可以通过数学方法估计，即解两个种群处于平衡的方程

$$\frac{dN_1}{dt}=0=\frac{dN_2}{dt}$$

将图3－8a 与图3－8b 互相叠合起来，那就可以得到四种不同的可能结果（图3－9）。其重叠后可能出现的结果，取决于 K_1，K_2，K_1/α 和 K_2/β 四个值的大小。

（1）当 $K_1>K_2/\beta$，$K_2<K_1/\alpha$ 时，由于在 K_2，K_2/β 右边这个面积内，种群2 已超过最大容纳量而不能增长，而种群 1 仍能继续增长，因此，种群 1 取胜，种群 2 被挤掉。

（2）当 $K_2>K_1/\alpha$，$K_1<K_2/\beta$ 时，在 K_2，K_1/α，K_1，K_2/β 这块面积内，种群 1 不能增长，而种群 2 能继续增长，因此，种群 2 取胜，种群 1 被挤掉。

(3) 当 $K_1 < K_2/\beta$，$K_2 < K_1/\alpha$ 时，两条对角线相交，其交点 E 即为平衡点。由于 $K_1 < K_2/\beta$，在三角形 K_1EK_2/β 中，种群 1 不能增长，而种群 2 继续增长，箭头向平衡点收敛。同样，因为 $K_2 < K_1/\alpha$，在三角形 $K_1/\alpha EK_2$ 中，种群 2 不能增长，而种群 1 增长，箭头也向平衡点收敛，从而形成稳定的平衡，两个物种共存。

(4) 当 $K_1 > K_2/\beta$，$K_2 > K_1/\alpha$ 时，两条对角线相交出现平衡点，但它是不稳定的。因为 $K_1 > K_2/\beta$，在三角形 $K_1E'K_2/\beta$ 中，种群 2 不能增长，种群 1 能增长，箭头不收敛。同样因为 $K_2 > K_1/\alpha$，在三角形 $K_2E'K_1/\alpha$ 中，种群 1 不能增长，种群 2 能增长，箭头也不收敛。因此，平衡是不稳定的。

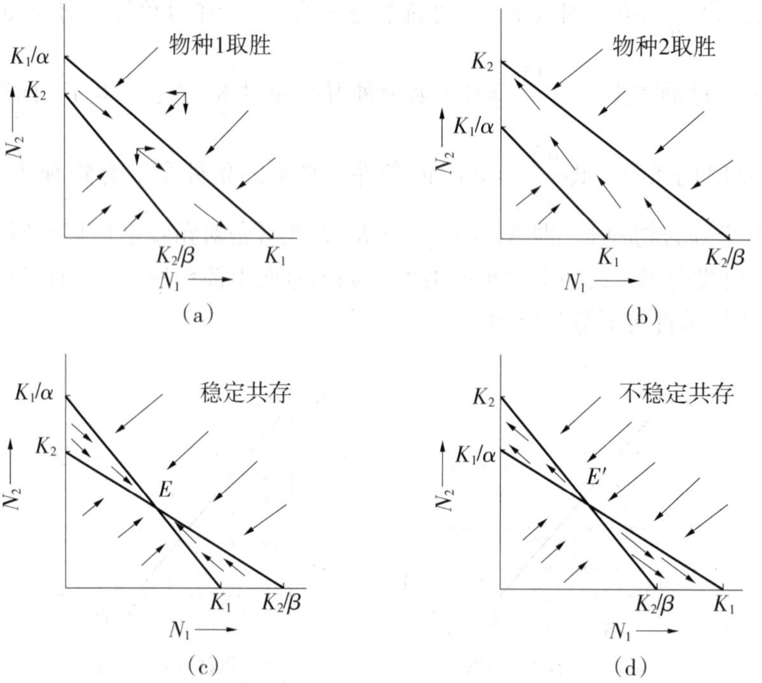

图 3－9　两物种之间竞争可能产生的四种结果

上述四种情况的生态学意义如下：

将 $1/K_1$ 和 $1/K_2$ 两个值，分别作为物种 1 和物种 2 的种内竞争强度指标。在一个空间内，如果容纳更多的同种个体（即 K_1 值越大），则其种内竞争就会相对越小（即 $1/K_1$ 越小）。同样，β/K_2 可以作为物种 1 对物种 2 的种间竞争强度；α/K_1 可以作为物种 2 对物种 1 的种间竞争强度。这样，竞争的结果取决于种间竞争和种内竞争的大小。

(1) $K_1 > K_2/\beta$，$K_2 < K_1/\alpha$，取其倒数：$1/K_1 < \beta/K_2$，$1/K_2 > \alpha/K_1$，这表示物种 1 的种内竞争小于它对物种 2 的种间竞争强度，而物种 2 的种内竞争却大于它对物种 1 的种间竞争，因此，结果是物种 1 取胜。

(2) $1/K_1 > \beta/K_2$，$1/K_2 < \alpha/K_1$，结果是物种 2 取胜。

(3) $1/K_1 > \beta/K_2$，$1/K_2 > \alpha/K_1$，两物种都是种内竞争强度大，种间竞争强度小，彼此都不能排挤掉对方，从而出现稳定的平衡，即共存的局面。

(4) $1/K_1 < \beta/K_2$，$1/K_2 < \alpha/K_1$，两物种都是种内竞争强度小，种间竞争强度大，都有

可能取胜，因而出现不稳定的平衡，而谁取胜的问题取决于两个种群的初始状态对谁更有利。

通过 Lotka-Volterra 种间竞争模型分析可以得出，在发展进化过程中，两个生态上接近的种类产生激烈竞争，竞争的结果可能是一个种完全排挤掉另一个种，或者在一定条件下两个物种形成平衡而共存。

3.3.3 捕食作用

3.3.3.1 捕食

捕食作用（predation）是指一种生物攻击、损伤或杀死另一种生物，并以其为食的现象，前者称为捕食者（predator），后者称为猎物（prey）。但是，广义的捕食是指高一营养级动物取食或伤害低一营养级的动物和植物的种间关系，包括四种类型：①典型捕食，食肉动物（camivore）捕食食草动物或其他动物（即狭义的捕食关系），如狮子吃斑马；②食草，食草动物取食绿色植物，如羊吃草；③昆虫拟寄生者（parasitiod），如寄生蜂，它们与拟寄生者的区别是，拟寄生者总是杀死其宿主，而真寄生者不杀死其宿主；④同类相食（cannibolism），即捕食者与被食者为同一物种。

1. Lotka-Volterra 捕食者－猎物数学模型

捕食者是控制被捕食者种群密度的重要因子，通常可以用 Lotka-Volterra 捕食者－猎物模型来描述这种关系，表示捕食者－猎物种群波动。

对于猎物，假设在没有捕食者的情况下，猎物种群是按指数式增长的：

$$\mathrm{d}N/\mathrm{d}t = r_1 N$$

式中，N 为猎物种群密度；t 为时间；r_1 为猎物种群内禀增长率。

对于捕食者，假设在没有猎物的情况下，捕食者是按指数式减少的：

$$\mathrm{d}P/\mathrm{d}t = -r_2 P$$

式中，P 为捕食者种群密度；r_2 为捕食者种群没有猎物的瞬时死亡率。

假设捕食者和猎物共存于一个有限的空间内，那么猎物的种群增长率就会随着捕食者的增加而降低，即有猎物种群方程：

$$\mathrm{d}N/\mathrm{d}t = r_1 N - \varepsilon PN$$

式中，ε 是猎物所受的被捕食压力系数，即平均每一捕食者捕食猎物的常数。ε 越大，表示猎物所受的压力越大；$\varepsilon = 0$，则 $-\varepsilon PN = 0$，表示猎物完全逃脱了捕食者的捕食。

同样，捕食者种群的增长率也将受到猎物种群密度的影响，即有捕食者种群方程：

$$\mathrm{d}P/\mathrm{d}t = -r_2 P + \varepsilon PN$$

式中，θ 是描述捕食者利用猎物而转变更多的捕食者效率的常数。θ 越大，捕食效率就越大，表示捕食者种群的增长也就越快。

那么，把猎物种群方程和捕食者种群方程联立起来就构成捕食者－猎物模型：

$$\begin{cases} \mathrm{d}N/\mathrm{d}t = r_1 N - \varepsilon PN \\ \mathrm{d}P/\mathrm{d}t = -r_2 P + \varepsilon PN \end{cases}$$

图 3－10a 表示猎物种群的零生长等斜线，捕食者的临界密度。猎物的零增长，即

$dN/dt=0$ 时，$r_1N=\varepsilon PN$ 或 $P=r_1/\varepsilon$。因为 r_1 和 ε 均为常数，所以猎物零增长线是一条直线。当捕食者种群超过该密度，则猎物种群由被捕食导致的死亡率超过出生率，N 减少，反之 N 增加。同样，图 3－10b 表示捕食者种群的零生长等斜线，这时 $N=r_2/\theta$，是临界猎物密度。

从理论上说，捕食者和猎物的种群数量变动是相关的。将以上两条等斜线与猎物和捕食者的数量变化综合起来，我们可以得到猎物和捕食者共同的瞬时数量变化关系（图 3－10c 和图 3－10d）：当捕食者密度增大时，猎物种群数量降低；而当猎物数量降低到一定水平后，必然又会影响到捕食者的数量，随着捕食者密度的下降，捕食压力的减少，猎物种群又会再次增加，这样就形成了一个双波动的种间数量变动特征。

在自然环境中，捕食者种群和猎物种群是受多种因素影响的，往往是多种捕食和多种猎物交叉着发生联系。当猎物数量增加时，非专性捕食者的数量一般随被捕食者密度上升而增加，也有可能捕食者密度没有变化或密度反而降低，这称为捕食者的数值反应。还有另一种可能：猎物数量较大时，每个捕食者比在正常情况下捕食更多的猎物，这称为捕食者的功能反应。总之，自然界中的捕食关系是非常复杂的，难以用一个简单的数学模型加以概括。

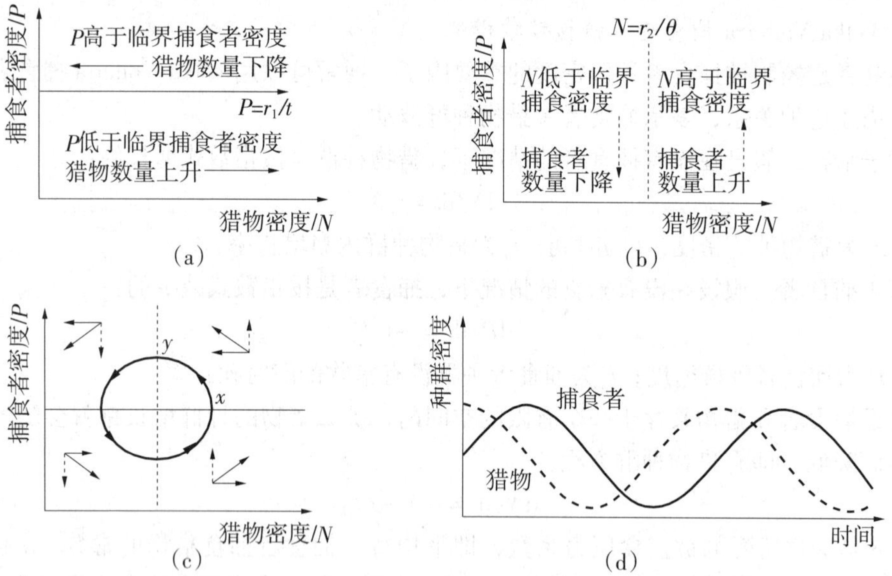

图 3－10　Lotka-Volterra 捕食者－猎物数学模型

2. 捕食者与猎物之间的协同进化

捕食者与猎物之间的相互作用是长期协同进化的结果。一方面，捕食者进化了一整套适应性特征如锐齿、利爪、尖喙、毒牙等工具，以及诱饵追击、集体围猎等方式，提高了捕食猎物的效率。另一方面，猎物也形成了一系列行为对策，如保护色、警戒色、拟态、假死、快跑、集体抵御等以逃避被捕食。自然选择对于捕食者是提高发现、捕获和取食猎物的效率，而对于猎物是提高逃避、防止被捕食的效率，显然这两种选择是对立的。在捕食者－猎物关系的进化过程中，常会见到一种重要倾向，即“负作用”倾向于减弱。在自然界中，捕食者将猎物种群捕食殆尽的事例很少。有学者提出了所谓“精明的捕食者”的观点，认为捕食者在进化过程中能够形成自我约束能力，对猎物不造成过捕。捕食者一般不捕食正当繁殖年龄的个体，而捕食将要死亡和生产力小的个体，如年老、体弱的个体，这些个体即使不因被捕食而死，也会因为其他原因死亡。如捕食者北美水貂（mustela vison）很少捕食具有繁殖领域的成年麝鼠（ondatra zibethicus），而被捕杀者多为受伤的、有病的、年老的、无家可归的个体。

捕食的方式通常分为追击和伏击两类。犬科兽类多为追击者，具细长四肢，善于奔跑，如猎豹奔跑速度100km/h。猫科兽类多为伏击者，有机动灵活的躯体和复杂的行为，潜伏隐蔽于暗处，伺机突然袭击。追击者多分布于草原、荒漠等开阔生境，而伏击者则多出现于森林等封闭生境。昆虫中石蝇是追击者，而一些半翅目昆虫为伏击者。

人们往往会憎恨捕食者（如狼），不易作出客观的评价。捕食者确实杀死不少猎物，但它对猎物种群的稳定效应易被忽视。美国亚利桑那州曾为保护黑尾鹿（odocoielus nemionus）而捕杀美洲狮和狼等捕食者，不到20年，由于鹿的数量过多而使草场严重破坏，大批鹿因饥饿和寒冷而死亡，久久不能恢复。挪威为了保护雷鸟，于19世纪末奖励捕杀以雷鸟为食的猛禽和兽类，结果球虫病和其他疾病在雷鸟种群中广泛传播，造成20世纪初雷鸟一次又一次地大量死亡。原来捕食者捕食的主要是有疾病的弱鸟。这些事实说明，捕食者与猎物的相互关系是生态系统长期进化过程中形成的复杂关系。

3.3.3.2 草食

草食是广义捕食的一种类型，被食者是植物，其特点是：①被食者只有部分机体受损害，通常捕食者只采食植物的某一部分，留下的部分能够再生；②植物本身没有逃脱食草动物的能力。

1. 食草对植物的危害

植物受食草动物“捕食”的危害程度随损害部位、植物发育阶段的不同而异。如吃叶、吮吸组织液、损伤分生组织、采花和果实、破坏根系等，其后果各不相同。例如树木在生长季早期枝叶被损害会大大减少木材产量，而在生长季较晚时叶子受损害对木材产量可能影响不大。也有植物受食草动物严重，甚至是致命性的伤害，例如19世纪60年代小蠹危害榆枝叶传播真菌，使北美大量榆树死亡；在19世纪70年代和80年代初英国南部的榆树几乎全部被毁。

2. 植物的补偿作用

植物并不是完全被动地受损害，而是发展了各种补偿机制。如植物的一些枝叶受损害后其自然落叶会减少，整株的光合率可能加强。如果在繁殖期受害，比如大豆，能以增加种子粒重来补偿豆荚的损失。受害植物可能利用贮存于各组织和器官中的糖类得到补偿，或改变光合产物的分布，以维持根/枝比的平衡。植物的受伤枝可能掉落，也可能将其糖类运输到未受伤害的枝叶而得到补偿。另外，动物啃食也可能刺激单位叶面积光合率的提高。因此，世界上大部分绿色植物没有被动物吃尽的原因有：①食草动物在进化中发展了自我调节机制，防止作为食物的植物都毁灭掉；②植物在进化过程中发展了防卫机制。因此，草食动物与植物之间在进化过程中出现了选择竞争。

3. 植物的防卫反应

草食动物的"捕食"还可能引起植物的防卫反应，如产生更多的刺（机械防御）或化学分泌物（化学防御）。植物的这些防卫反应被证明是有效的。例如，被牛啃食后悬钩子的皮刺较未啃食过的长而尖；遭过锯蜂和树蜂危害的松树改变酚代谢，产生新的化学物；受伤的马铃薯和番茄能增加蛋白酶抑制物。当落叶松受到松线小卷蛾（*Zeiraphera diniana*）损害后，小卷蛾由于吃生长延缓、变硬、纤维素含量增加和含氮量减少的叶子，其成虫存活率和出生率都明显地降低，这种后果可持续4～5年。荆豆顶枝在受到美洲兔的严重危害后，其枝条中会积累更多的毒素，变成兔所不可食的，这种化学保护可延续2～3年。一些人认为，这可能是美洲兔9～10年数量变动周期性的一个重要原因。

植物用于防卫的化学物，均属植物次生物质（plant secondary substance），是植物代谢过程的副产品，其主要类别及起源如图3－11所示，其中有许多是众所周知的，如尼古丁、咖啡因都是植物的生物碱，薄荷油和猫薄荷属类萜，丁香和肉桂香属苯丙烷。

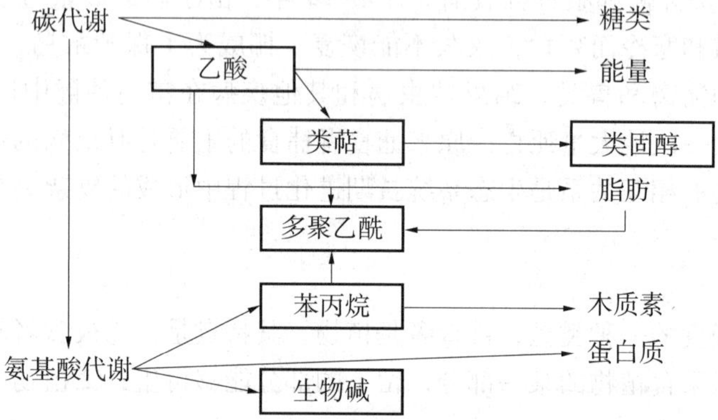

图3－11　主要植物次生物质的代谢关系

关于植物次生物质的功能，有两种不同的观点。一种认为这些物质主要是植物的代谢废物，在进化过程中转为有用的物质。其作用可分为两类，其一是植物把这些物质释放到周围环境中用以抑制别种植物，这种作用叫异种抑制效应（allelopathic effects），或称为他感效应；其二是植物把这些物质聚集在茎叶中，以此作为防卫的化学物。另一种观点认为，这些物质是植物在进化过程中发展的一种专门对付食草动物的特殊化学物，也包括代谢的副产物。这就是说，次生物质是植物主动产生的，其产生过程是要消耗能量的。因此，如果生物群落中没有动物，植物也就没有这些次生物质。从目前来看，后一种观点占了上风。有关次生化学物质在植物与食草动物相互关系中的功能是当代化学生态学研究的重要领域。

3.4　生态位

3.4.1　生态位概念的产生与发展

生态位（niche）是个既抽象而含义又十分广泛的生态学概念，主要是指自然生态系统中种群在时间、空间上的位置及其与相关种群之间的关系。生态位概念对正确认识物种在自然选择进化中的作用，以及运用生态位理论指导人工群落的物种配置等方面具有重要意义。

很多学者对生态位的概念进行阐述。Grinnell 于 1917 年最早提出生态位的概念，他把生态位看成是生物对栖息地再划分的室间单位，即生物场所的空间单位，指的是空间生态位（space niche）。后来 1927 年 Eiton 在《动物生态学》中首次把生态位概念的重点转到生物群落上来，认为生态位仅是动物的属性，强调物种在群落中的功能状况，认为“生态位的意思是要说它在生物环境中的位置，它的食物和敌害关系”。这种概念其实是营养关系，即营养生态位（tropical niche）。Gause 于 1934 年把生态位与种间竞争联系起来，提出排斥原则，“竞争的结果使两个相似的种极少占据相似的生态位”，发展成为竞争排斥原理。美国生态学家 Hutchinson 于 1957 年从空间、资源利用等多方面考虑，对生态位概念予以数学的抽象，发展了生态位概念，提出 n 维生态位（n-dimensional niche）的概念。他把生物群落中，理论上能够为某一物种所栖息的最大空间称为基础生态位（fundamental niche）。但是实际上很少有一个物种能占据基础生态位。当有竞争者时，必然使该物种只占据基础生态位的一部分，这一部分实际占有的生态位，称为实际生态位（realized niche）。

为了进一步说明 Hutchinson 的生态位概念，假定对一个单一的环境因素温度，一个物种只有一个明确的适合度，即这个种只有在一定的温度范围内才能生存和繁殖，这个温度范围就是这个种在一维上的生态位（图 3－12a），如果同时考虑这个种在湿度上适合的范围，生态位就成了二维的，并可用面积表示（图 3－12b）。假如加上第三个环境因子（如食物颗粒大小），那么生态位就成了三维的（图 3－12c）。显然，实际上有许多因子影响到物种的适合度，因此，生态位的维数将大大超过 3 个，形成 n 维适合度明确的超体积（hypervolume）。这就是 Hutchinson 的生态位概念。

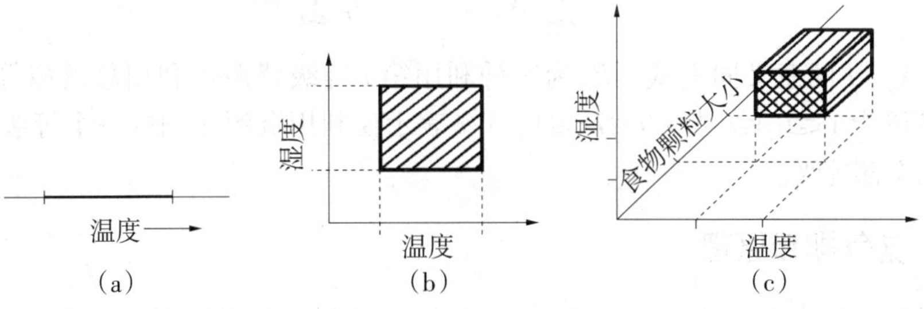

图 3－12　Hutchinson 的生态位模式图

美国学者 R. H. Whittaker 于 1970 年提出，生态位是每个种在一定生境的群落中都有不同于其他种的自己的时间、空间位置，也包括在生物群落中的功能地位。他还指出，生态位的概念与生境和分布区的概念是不同的。分布区是指种分布的地理范围，生境是指生物生存的周围环境，生态位则说明在一个生物群落中某个种群的功能地位。E. P. Odum 于 1971 年在前人的基础上提出有关生态位的概念，认为物种的生态位不仅决定于它们在哪里生活，亦决定于它们如何生活以及如何受到其他生物的约束。生态位概念不仅包括生物占有的物理空间，还包括它在群落中的功能作用以及它们在温度、湿度、土壤和其他生存条件的环境变化梯度中的位置。

3.4.2 生态位的理论

3.4.2.1 生态位宽度

在自然生态系统中，生态位的大小可以用生态位宽度（niche breadth）来衡量。生态位宽度是指在环境的现有资源谱（resource spectrum）中，某物种对资源开发利用的程度。生态位宽度与物种的耐受性有关。如果某种生物对事物、栖息地、资源的耐受范围较广，那么它的生态位宽度也较宽。仅能利用其中一小部分的生物称为狭生态位种；能利用较大部分的则称为广生态位种。

测定生态位宽度的方法有多种。首先要把资源分为若干等级，然后调查记录物种利用各个资源等级的数值。在此基础上应用以下公式计算生态位宽度。

1. 基于 Shannon-Wiener 多样性指数的生态位宽度

$$B_i = \frac{\lg \sum N_{ij} - (1/\sum N_{ij})(\sum N_{ij} \lg N_i)}{\lg r}$$

其中，B_i 为 i 物种的生态位宽度；N_{ij} 为物种 i 利用 j 资源等级的数值；r 为生态位资源等级数。

如果一个物种利用资源序列的全部等级，并且在每个等级上利用的资源相等（即 $N_i = N_2$），则该物种的生态位宽度最大，$B_{max} = 1$；如果该物种仅利用资源序列中的一个等级，则该物种的生态位宽度最小，$B_{min} = 0$。

2. Levins（1968）生态位宽度指数

$$B_i = \frac{(\sum_i N_{ij})^2}{\sum_i N_{ij}^2} \text{或} B_i = \frac{1}{\lg \sum P_i^2}$$

其中，B_i、N_{ij}、r 的意义同上式。P_i 为物种利用第 i 等级资源占利用总资源等级的比例。B_i 的变动范围为 $1 \leqslant B_i \leqslant r$ 或 $1/r \leqslant B_i \leqslant 1$。$1/r$ 表示仅利用资源序列的一个等级，1 表示等比例地利用全部等级。

3.4.2.2 竞争排斥原理

俄罗斯生态学家 G. F. Gause 于 1934 年在研究种间竞争的基础上，提出了高斯假说（Gause's hypothesis），后来发展为竞争排斥原理（competition exclusion principle），即由于竞争的排斥作用，生态位相似的两个物种不能在同一地方永久共存；如果它们能够在同一地方生活，那么，其生态位相似性必然是有限的，它们肯定在食性、栖息地或活动时间等某些方面有所不同。

Gause 以两种分类和生态位很接近的草履虫，双小核草履虫（*Paramecium aurelia*）和大草履虫（*Paramecium caudatum*）进行竞争实验。两种草履虫单独培养时都表现为"S"形增长；但是在混合培养时，两种草履虫开始都能增长，其中双小核草履虫增长较快，第

16 天以后，只有双小核草履虫存在，大草履虫则因被排斥而灭亡（图 3 - 13）。

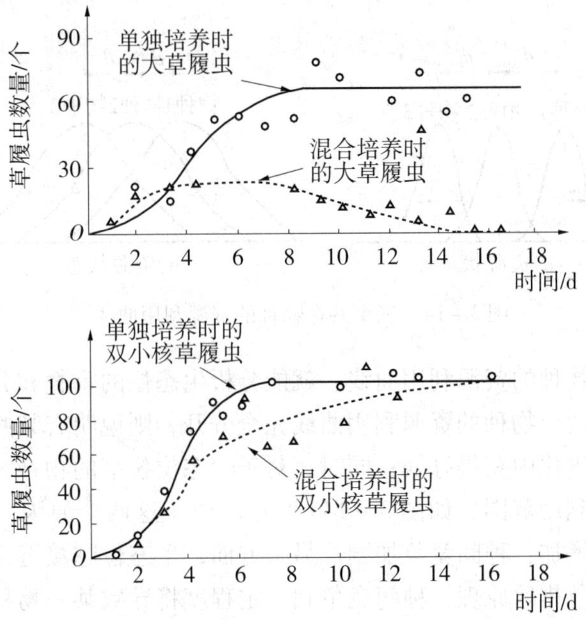

图 3 - 13　两种草履虫单独和混合培养时的种群动态

自然界中，有许多种群符合竞争排斥原理。如东美灰松鼠（sciurus carolinensis）进入英国后，原产于大不列颠岛及其周围大部分地区的栗松鼠（sciurus vulgaris）由于竞争而灭绝。这说明物种之间的生态位越接近，相互之间的竞争就越激烈。竞争排斥原理对于养殖业具有指导意义，如青鱼、草鱼、鲢、鳙四大家鱼由于相互之间的空间或食物生态位具有差别，因此可以混合养殖在同一水域，不会发生竞争而导致抑制产量和降低经济效益。在自然界中，大多数生态系统具有许多生态位不同的物种，这些生态位不同的物种避免了相互之间的竞争，同时由于提供了多条的能量流动和物质循环途径而有助于生态系统的稳定性。但是，许多动物之间因生态位重叠而具有部分竞争。

3.4.2.3　生态位重叠与竞争

当两个生物共用同一资源或共同占有其他环境变量时，就会出现生态位重叠现象（niche overlap）。在这种情况下，就会有一部分空间为两个生态位 n 维超体积所共占，从点集的角度说，就是有一部分点为两个生态位点集所共有。如果两个生物具有完全一样的生态位，就会发生百分之百的重叠，但通常生态位之间只发生部分重叠，即一部分资源是被共同利用的，其他部分则分别被各自所独占。

不同的生物种（如动物、植物）在生态系统中的营养与功能关系上各占据不同地位，由于环境条件的影响，它们的生态位也会出现重叠与分化。不同生物在某一生态位维度上的分布，可以用资源利用曲线来表示，该曲线常呈正态曲线（图 3 - 14），它表示物种具有的喜好位置及其散布在喜好位置周围的变异度。图 3 - 14 中 w 代表生态位宽度，d 表示物种在资源谱中喜好位置的距离。图 3 - 14a 中各物种的生态位狭窄，相互重叠少，$d > w$，表示物种之间的种间竞争小；图 3 – 14b 中各物种的生态位宽，相互重叠多，$d<w$，表示种间竞争激烈。

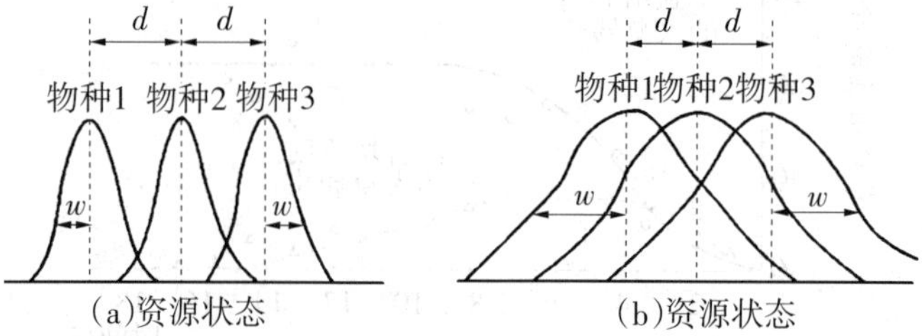

图 3 – 14　三个共存物种的资源利用曲线

比较两个或多个物种的资源利用曲线，就能分析生态位的重叠和分离情形，探讨竞争与进化的关系。如果两个物种的资源利用曲线完全分开，则说明有某些未利用资源。扩充利用范围的物种将在进化中获得好处；同时，对于生态位狭窄的物种，其激烈的种内竞争更将促使其扩展资源利用范围，如图 3 – 14a 所示。由于这两个原因，进化将导致两物种的生态位靠近，重叠增加，种间竞争加剧。另一方面，生态位越接近，重叠越多，种间竞争也就越激烈；按竞争排斥原理，种间竞争到一定程度将导致某一物种灭亡，或者通过生态位分化而得以共存。后一种情形是导致两物种的生态位分离。总之，种内竞争促使两物种的生态位接近，种间竞争又促使两物种的生态位分离。

具有不同分布区的种，其生态位往往是彼此分离的，彼此之间无竞争。生态上类似，且生活在同一地区的种，常常占据不同的群落生境，某近缘种就这样被分隔开来，从而减少了竞争。除了地理分隔与群落分隔之外，两个物种的生态位还会因营养的选择吸收、个体大小、根系深浅和物候期等的不同，而彼此分割开来，以减少竞争。

那么，在共存的竞争种之间，生态位的重叠极限有多大？或者说，种间竞争中竞争种类共存的极限相似性（limiting similarity）是多大？或相互竞争的物种究竟能有多么相似才能稳定地共同生活在一起？这里介绍几种生态位重叠的测度方法。

1. 基于 Levins 生态位宽度的生态位重叠指数

$$L_{ih} = B_i \sum_{j=1}^{S} P_{ij} P_{hj} = B_i \sum_{j=1}^{S} \frac{N_{ij}}{N_i} - \frac{N_{hj}}{N_h}$$

$$L_{hi} = B_h \sum_{j=1}^{S} P_{ij} P_{hj} = B_h \sum_{j=1}^{S} \frac{N_{ij}}{N_i} - \frac{N_{hj}}{N_h}$$

其中，L_{ih} 为 i 物种重叠 h 物种生态位重叠指数；L_{hi} 为 h 物种重叠 i 物种生态位重叠指数；B_i 为以 Levins 公式计算的 i 种生态位宽度；B_h 为以 Levins 公式计算的 h 种生态位宽度。

$$P_{ij} = \frac{N_{ij}}{N_i}$$

$$P_{hj} = \frac{N_{hj}}{N_h}$$

当两物种在任一资源等级上都不重叠时，L_{ih} 和 L_{hi} 都为 0；当两物种利用资源等级完全重叠时，i 种对 h 种的生态位重叠正好等于 i 种的生态位宽度（$L_{ih}=B_i$）；h 种对 i 种的生

态位重叠正好等于 h 种的生态位宽度（$L_{hi}=B_h$）。由式中可以看到，当 $B_i>B_h$ 时，虽然两物种生态位重叠部分的绝对值一样大，但 i 种对 h 种的重叠大于 h 种对 i 种的重叠。

2. Hutchinson（1978）的生态位重叠指数

Hutchinson 的生态位重叠指数考虑了在资源序列中资源不等价的情况，这对于某些性质的资源是十分重要的。例如以某种猎物为资源按其大小分为 0 ～10mm，11 ～20mm……四个等级。考虑到各个等级数量不相等，如果把各等级数量占可利用猎物总数量的比例考虑进去，是非常有意义的。

$$C_{ih}=C_{hi}=\sum_{j=1}^{S}\frac{P_{ij}P_{hj}}{P_j}$$

其中 C_{ih}，C_{hi} 为 i 种和 h 种之间的生态位重叠指数；j 为资源等级，S 为资源等级总数，P_{ij} 为 i 种 j 等级的资源利用比重，P_{hj} 为 h 种 j 等级的资源利用比重，P_j 为 j 等级的资源利用比重。

3. 基于 Shannon-Wiener 多样性指数的生态位重叠公式

$$C_{ih}=\frac{\sum[(N_{ij}+N_{hj})\lg(N_{ij}+N_{hj})]-\sum N_{ij}\lg N_{ij}-\sum N_{hi}\lg N_{hi}}{(N_i+N_h)\lg(N_i+N_h)-N_i\lg N_i-N_h\lg N_h}$$

其中符号意义与上同，C_{ih} 变动范围为 $0\leqslant C_{ih}\leqslant 1$。

3.4.2.4　生态位分离

在现实生态位的形成中，与种内种间竞争完全相反的作用力也发挥着重要作用。生活在同一群落中的各种生物所起的作用是明显不同的，而每一个物种的生态位都同其他物种的生态位明显分开，这种现象称为生态位分离（niche separation）。如图 3－14 所示，d 为平均分离度，表示相邻两个物种生态位之间的距离；w 为生态位宽度，表示每一物种散布在最适点周围的宽度。当 $d/w>1$ 时，表示种内竞争大于种间竞争，物种可以共存；当 $d/w<1$，表示种间竞争大于种内竞争，物种不能共存。

在自然界，具有不同分布区的种，其生态位是彼此分离的，彼此之间无竞争。分布在同一地区的种，往往是通过占据不同的群落生境来避免竞争。除此之外，物种还有多种生态位分化的方式，如食性的分化、生理的分化、体型的分化等，以降低竞争程度，从而形成平衡而共存。

根据 Gause 的排斥竞争原理和生态位概念，可以得到：①在同一生境中，不存在两个生态位完全相同的物种；②在一个稳定的群落中，没有任何两个物种是直接竞争者，不同或相似物种必然进行某种空间、时间、营养或年龄等生态位的分异和分离，以达到有序的平衡；③群落是一个相互起作用的、生态位分化的种群系统。群落中的种群有其一定的生态位，在它们对群落的空间、时间、资源的利用方面，以及相互作用的可能类型，都趋向于相互补充而不是直接竞争。因此，由多个种群组成的群落比单一种群的群落能更有效地利用环境资源，维持较高的生产力，具有更大的稳定性。

在很多生物占有同一特定环境的情况下，资源常常被这些生物以下述方式所瓜分，即全部资源将被充分利用并将容纳尽可能多的物种，同时还能使种间竞争减少到最低限度。1963 年，H. F. Lamprey 在坦桑尼亚的 Tarangire 自然保护区所进行的研究工作就是关于生态位分离的经典研究之一。那里只有 3 种基本生境类型：稀疏草原、稀疏林地和稠密森林，共生活着 14 种主要的食草动物。特别值得注意的是，其中有 8 种几乎生活在同一生境之中，这是研究者连续 4 年对食草动物的种类和数量进行观测所得出的结论。这 8 种食草动物是大羚羊、野牛、长颈鹿、高角羚、疣猪、犀牛、象和水羚。它们有 5%～10% 的时间生活在稀疏草原，有 75% 的时间生活在稀疏林地，有 10%～20% 的时间生活在稠密森林。虽然如此，但在各种动物之间，似乎并不发生利害冲突。据 Lamprey 研究，这是因为它们的生态位借助于以下几种方法而发生分离：①不同的食草动物吃不同种类的食物；②不同的食草动物吃同一种植物的不同部位；③不同的食草动物在距地面的不同高度上取食；④不同的食草动物出现在同一地区的时间（一天内）和季节不同；⑤在任一特定季节内，不同的食草动物分散在不同地点取食。1970 年，R. H. V. Bell 就上述几种生态位分离的方法中的一种方法（即取食同一种植物的不同部位）深入地研究了 4 种食草动物，分别是斑马（*Equus burchelli*）、转角牛羚（*Damaliscus korrigum*）、牛羚（*Connochaetes taurinus*）和汤姆森瞪羚（*Gazella thomsoni*），它们都栖息在矮草草原，以同一种草为食，但彼此不存在竞争关系。这是因为斑马啃食植物茎的上部（这部分蛋白质含量低，但斑马消化系统以很高的通过量适应于取食低质食物），转角牛羚则啃食植物茎的下部（蛋白质含量相对较高），牛羚主要吃植物的叶，而汤姆森瞪羚则吃新抽出的嫩茎叶，这些茎叶一般在其他动物吃过后的 1～2 天内长出来。此外，汤姆森瞪羚也啃食贴地面生长的双子叶植物，否则双子叶植物数量增加会影响单子叶植物的生长，给其他有蹄类动物带来不利。

生态位的研究与种间竞争物种多样性、群落的结构与功能等生态学理论问题密切相关。生态位的理论在生产实践上也有重要意义。例如，在引种方面，为了移植成功，要求引入适合当地"空生态位"的种类。农业生产中应该从分布、形态、行为、年龄、营养、时间、空间等多方面对农业生物的物种组成进行合理的组配，以期获得高的生态位效能，提高整个农业生态系统的生产力。通过利用不同作物种间在形态、生态习性、生理特征以及时间上的差异性，进行间套复种，组建合理的作物复合群体。在养殖生产方面，要充分利用水体立体空间和食物资源，合理配置养殖品种。

【思考题】

1. 种群的概念是什么？组成种群的生物分为哪几种？
2. 种群的绝对密度和相对密度有什么不同？种群密度的估测方法有哪些？
3. 从种群年龄结构判断我国处于哪种类型的年龄锥体，可以联系国家生育政策进行阐述，并提出对未来人口发展的建议。
4. 举例说明不同存活曲线对应的种群有哪些。
5. 举例说明种群爆发和生态入侵对生态环境造成的危害。
6. 种间相互作用的类型主要有哪几种？各自有什么特征？
7. 根据 Lotka-Volterra 种间竞争模型，试分析两物种竞争的结果及其生态学意义。
8. 什么是生态位？它在物种自然选择进化过程中发挥什么作用？
9. 竞争排斥原理是什么？对于实际生产生活有何指导意义？
10. 试分析生态位竞争、分离与物种资源利用的关系。

第4章　生物群落

内容提要　本章介绍了生物群落的概念及基本特征，分类和排序、主要类型、物种组成的性质分析和数量特征、物种多样性，群落的结构要素、垂直结构、水平结构、时间格局、交错区和边缘效应以及结构影响因素，群落演替的基本概念和演替理论、演替模式、演替顶级学说和演替制约因素。

4.1　生物群落的概念及基本特征

4.1.1　生物群落的概念

生物群落（biotic community）是指在特定空间或特定生境下，彼此影响、相互依存的一定种类的动物、植物、微生物种群构成的结构单元，具有一定的外貌结构，包括形态结构和营养结构，并具有特定功能的生物集合体。也可以说，生物群落就是一个生态系统中具有生命的部分。群落是种群的集合体，但这种集合不是简单地堆砌或累加，而是一个全新的集合体，它具有自身的特点。群落可以进行自我调节和自我更新，使各种群的相对丰度都维持在一定的范围内。群落中的种群不能独立存在，生物群落同其生存环境以及生物群落内不同种群生物之间不断进行着物质交换和能量流动，并处于互相作用和互相影响的动态平衡中。

4.1.2　群落基本特征

生物群落具有一系列特定而值得描述和研究的属性，这些属性不是群落中的每个物种所特有的，而是在群落总体水平上才有的一些特征。

1. *群落具有一定的种类组成*

任何一个生物群落都是由一定的动物、植物和微生物种群组成，不同的群落类型具有不同的种类组成。因此，物种组成是区别不同群落的首要特征。而一个群落中种类成分以及种群个体数量的多少，是衡量群落多样性的基本指标。

2. *群落中各物种之间存在相互联系*

虽然，生物群落是生物种群的集合体，但不是说一些种的任意组合便是一个群落，种群是否可以组合在一起构成群落，取决于两个条件：其一，必须同时适应它们所处的无机环境；其二，生物种群之间通过相互适应、相互竞争而达到的协调与平衡的状态。随着群落的不断发展，物种之间的相互关系也在不断发展和完善，群落中的物种有规律地相处，在有序状态下共存。

3. 群落可以影响和改变其生存环境

群落与其环境是不可分割的，在任何一个群落的形成过程中，生物不仅对环境具有适应作用，还对环境具有巨大的改造作用。随着群落发育到成熟阶段，群落的内部环境也发育成熟。群落内的环境，如温度、湿度、光照等都不同于群落外部。不同的群落，其群落环境存在明显的差异。

4. 群落具有一定的结构

群落的结构表现在空间上的成层性。例如，森林群落常可以划分为乔木层、灌木层、草木层、苔藓、地衣层等；在同一植物上各种昆虫的生态位有所不同。物种之间的营养结构、生态结构以及时间上的季相（群落季节性的外貌）变化等，群落类型不同，其结构也不同。

5. 群落具有一定的动态特征

生物群落是生态系统中具生命的部分，生命的特征是不停地运动，群落也是如此。其运动形式包括季节动态、年际动态演替与演化。温带落叶阔叶林的季相变化非常明显，春季万紫千红，夏季郁郁葱葱，秋季层林尽染，冬季万物凋零。群落的年际波动并不十分明显，一般群落内部的种群之间的竞争或者替代会造成群落结构要素年际波动，但是变化的方向并不确定。比如干旱水热条件的年际变化、昆虫种群的暴发都有可能导致植被群落外貌或者结构的波动，但是波动的结果和方向往往难以预料，反映了群落动态的复杂性。群落的演替与演化时刻都在发生，如废弃的耕地或者矿山，可能在很短时间内形成新的植物群落，而自然湖泊经过较短时间尺度的演化，可能演替成为沼泽地，进而形成森林群落。

6. 群落具有一定的分布范围

由于组成群落的物种不同，其所适应的环境因子也不同，所以每一生物群落都分布在特定的地段或特定的生境上，不同群落的生境和分布范围不同。无论从全球范围还是从区域角度讲，不同生物群落都是按着一定的规律分布。

4.2 群落的分类与组成

4.2.1 群落的分类与排序

对生物群落的认识及其分类方法，存在两种途径。早期的植物生态学家认为群落是自然单位，它们和有机体一样具有明确的边界，与其他群落是间断的、可分的。因此，群落可以像物种那样进行分类。这一途径被称为群丛单位理论（association unit theory）或机体论。

另外一种观点认为群落是连续的，没有明确的边界，它是不同种群的组合，而种群是独立的。大多数群落之间的界限是模糊不清和过渡的。不连续的间断情况仅仅出现在不连续的生境上，如地形、母质、土壤条件的突然改变，或砍伐、人为火烧等干扰。在通常的情况下，生境与群落都是连续的。该观点认为应采取生境梯度分析的方法，即排序（ordination）来研究连续群落变化，而不采取分类的方法。

实践证明，生物群落既有连续的一面，又有间断的一面。虽然排序适于揭示群落的连续性，分类适于揭示群落的间断性，但是如果排序的结果构成若干点集的话，也可达到分类的目的；如果分类允许重叠的话，也可以反映群落的连续性。因此两种方法都同样能反映群落的连续性或间断性，只不过是各自有所侧重。

4.2.1.1　群落分类

生物群落分类是生态学研究领域中争论最多的问题之一。由于不同国家或不同地区的研究对象、研究方法和对群落实体的看法不同，其分类原则和分类系统有很大差别，甚至成为不同学派的重要特色。

1. 植物群落分类的单位与类型

到目前为止，世界上没有一个完整的植物群落分类系统，各学派都拥有自己的系统，他们在分类原则上不同，因此导致在植物群落分类单位的理解和侧重点上有所差异。这里主要介绍我国的植物群落分类系统。

我国地域辽阔，植被复杂，从森林、草原到荒漠，从热带雨林到寒温带针叶林和山地苔原，以及青藏高原上的世界独一无二的大面积高寒植被。因此除赤道雨林外，地球上绝大多数的植被类型在我国均可以找到。这是任何其他国家所不能比拟的。所以从这一点上说，完成如此复杂的中国植被的分类工作，就是对世界植被研究的重要贡献。

我国生态学家在《中国植被》一书中，参照国外一些植物学派的分类原则和方法，采用了“群落生态”原则，即以群落本身的综合特征作为分类依据。群落的种类组成、外貌和结构、地理分布、动态演替、生态环境等特征在不同的分类等级中均做了相应的反映。所采用的主要分类单位分 3 级：植被型（高级单位）、群系（中级单位）和群丛（基本单位）。每一等级之上和之下又各设一个辅助单位和补充单位。高级单位的分类依据侧重于外貌、结构和生态地理特征，中级和中级以下的单位则侧重于种类组成。其分类系统组成如下：

（1）植被型组（vegetation type group）。建群种生活型相近而且群落外貌相似的植被型联合为植被型组。例如，针叶林、阔叶林、草地、荒漠等。

（2）植被型（vegetation type）。凡建群种生活型（一级或二级）相同或相似，同时对水热条件等生态关系一致的植物群落联合为植被型。例如，寒温性针叶林、落叶阔叶林、常绿阔叶林、草甸、沼泽和水生植被等。

（3）植被亚型（vegetation subtype）。在植被型内根据优势层片或指示层片的差异可划分植被亚型。例如，温带草原可分为三个亚型：草甸草原（半湿润）、典型草原（半干旱）和荒漠草原（干旱）。

（4）群系组（formation group）。建群种亲缘关系近似（同属或相近属）、生活型（三级和四级）近似或生境相近的群系可联合为群系组。例如，落叶栎林、丛生禾草草原、根茎禾草草原等。

（5）群系（formation）。凡是建群种或共建种相同的植物群落联合为群系。例如，以大针茅为建群种的任何群落都可归为大针茅群系。

（6）亚群系（subformation）。在生态幅度比较宽的群系内，根据次优势层片及其反映的生境条件的差异而划分亚群系。

（7）群丛组（association group）。凡是层片结构相似，而且优势层片与次优势层片的优势种或共优种相同的植物群丛联合为群丛组。

（8）群丛（association）。凡是层片结构相同，各层片的优势种或共优种相同的植物群落联合为群丛。群丛是植物群落分类的基本单位，犹如植物分类中的种。

（9）亚群丛（subassociation）。亚群丛就是用来反映种群丛内部的分化和差异的，是群丛内部的生态－动态变型。

根据上述系统，中国生态学家于1980年完成了《中国植被》一书和中国植被图的制作。中国植被分为10个植被型组、29个植被型、550多个群系、至少几千个群丛（表4－1）。

表4－1　中国植被类型简表

植被型组	植被型	植被型组	植被型
针叶林	寒温性针叶林 温性针叶林 温性针阔叶混交林 暖性针叶林 热性针叶林	灌丛和灌草丛	常绿针叶灌丛 常绿革叶灌丛 落叶阔叶灌丛 常绿阔叶灌丛 灌草丛
阔叶林	落叶阔叶林 常绿落叶阔叶混交林 常绿阔叶林 硬叶常绿阔叶林 季雨林 雨林 珊瑚岛常绿林 红树林 竹林	草原和稀树草原	草原 稀树草原
		荒漠（包括肉质灌丛）	荒漠 肉质灌丛
		冻原	高山冻原
		高山稀疏植被	高山蛰伏植被 高山砾石滩稀疏植被
		草甸	草甸
		沼泽	沼泽
		水生植被	水生植被

2. *植物群落的命名*

植物群落的命名，就是给表征每个群落分类单位的群落定以名称。精确的名称是非常重要和有意义的。凡是已确定的群丛应正式命名。

（1）我国的群落命名方法。

我国习惯采用联名法，即将各个层中的建群种或优势种和生态指示种的学名按顺序排列。在前面冠以 Ass.（association 的缩写），不同层之间的优势种以“－”相联。例如 Ass. Larix gmelini-Rhododendron dahurica-Pyrola incarnata，即兴安落叶松－杜鹃－红花鹿蹄草群丛。从该名称可知，该群丛乔木层、灌木层和草本层的优势种分别是兴安落叶松、杜鹃和红花鹿蹄草。有时某一层具共优种，这时用“＋”相连。例如 Ass. Larix gmelini-Rhododendron dahurica-Pyrola incarnata + Carer sp。

当最上层的植物不是群落的建群种，而是伴生种或景观植物，则用“＜”来表示层间关系（或用“‖”或“（）”）。例如 Ass. Caragana microphylla ＜（或‖）Stipa grandis-

Cleistogenes squarrosa 或 Ass.（Caragana microphylla）-Stipa grandis-Cleistogenes squarrosa。

在对草本植物群落命名时，习惯上用“+”来连接各亚层的优势种，而不用“-”。例如：Ass. caragana microphylla < Stipa grandis + Cleistogenes squarrosa + artemisia frigida。

（2）法瑞学派和英美学派的群落命名方法。

法瑞学派的分类系统原则建立在群落植物区系的亲缘关系的基础上，并考虑植物群落其他方面的特征。该学派的代表人物是 Braun-Blanquet，他于 1928 年提出了一个植物区系-结构分类系统（floristic-structural classification），被称为群落分类中的归并法。该系统的特点是以植物区系为基础，从基本分类单位到最高级单位，都是以群落的种类组成为依据。

该学派的分类过程是通过排列群丛表（association table）来实现的。首先在野外做大量的样方，样方数据一般只取多度、盖度和群集度，然后通过排表，找出特征种、区别种，从而达到分类的目的（表4-2）。

表4-2　Braun-Blanquet 分类系统的等级和命名

分类等级	字尾	举例	分类等级	字尾	举例
群丛门 division	-ea	Querco-Fagea	群丛 association	-etum	Fagetum
群丛纲 class	-etea	Querco-Fagetea	亚群丛 subassociation	-etosum	Allietosum
群丛目 order	-etalia	Fagetalia	群丛变型 variant	—	Athyrium-var
群丛属 alliance	-ion	Fagion	亚群丛变型 subvariant	—	Bromus-subvar
亚群丛属 suballiance	-enion（-esion）	Galio-Fagenion	群丛相 facies	—	Mercurialis-facies

英美学派在群落命名时，常常只列举优势种的属名，并在同一层两个以上优势种中间用“-”连接，而不是用“+”连接，这意味着同一层中的两个或两个以上的优势种在群落中的优势度大致相同。

英美学派是根据群落动态发生演替原则的概念来进行群落分类的，其代表人物是克莱门茨（F. E. Clements）和坦斯利（A. G. Tansley），该系统被称为动态分类系统（dynamic classification）。他们对演替的顶极群落和未达到顶极的演替系列群落，在分类时处理的方法是不同的，因此他们建立了两个平行的分类系统（顶极群落系统和演替系列系统），该系统也被称为双轨制分类系统（表4-3）。

表4-3　英美学派的分类系统

顶级群落（climax）系统	演替系列（series）系统	顶级群落（climax）系统	演替系列（series）系统
群系统（formationtype）	—	组合（society）	演替系列组合（socies）
群系（formation）	—	集团（clan）	集群（colony）
群丛（association）	演替系列群丛（associes）	季相（aspect）	季相（aspect）
单优种群丛（consociation）	演替系列单优种群丛（consocies）	层（layer）	层（layer）
群丛相（faciation）	演替系列群丛相（facies）		

4.2.2 群落的主要类型

1. 热带雨林

热带雨林分布在赤道两侧纬度20°范围内，主要分布在亚洲东南部、非洲中部和西部、澳大利亚东北部以及中美洲和南美洲的赤道附近，但主要集中在亚马孙河流域、东南亚和非洲的刚果盆地。这些地区年平均温度23～28℃，降水量高达2000～4500mm，全年分布均匀，相对湿度常达到90%。丰富的热量、季节分配均匀和充足的水分为生物的生存提供了优越条件。

热带雨林在外貌上具有许多独特的特点，具有茎花现象、板根现象、绞杀植物、粗大的木质藤本、丰富的附生有花植物等。树干高大、挺直、光滑，最高可达60～80m。群落结构复杂，乔木层通常有四五层之多。热带雨林生物种类非常丰富，组成热带雨林的高等植物就有45 000种以上，而且绝大部分是木本植物。

丰富的食物和适宜的环境条件养育着种类繁多的动物，尤以爬行类、两栖类和昆虫的数量与种类最多。此外，进行树栖生活的灵长目动物也比较多，而大型食草动物比较贫乏。热带雨林是所有陆地自然生态系统中生物生产力和生物量最高的，平均每天每平方米面积生产3～10g干物质。我国的热带雨林主要分布于台湾南部、海南岛和西双版纳等地，种类组成和结构比较简单，已属雨林的北部边缘类型。

2. 红树林

红树林主要由红树科的常绿种类组成，其次为马鞭草科、海桑科等的种类，共10余科，30多种。外貌终年常绿、林相整齐、结构简单，多为低矮性群落；具特殊的胎生现象，具支柱根或呼吸根以及旱生、盐生的形态和生理特点。红树林的分布大致可分为两类：一类为东方红树林，分布于太平洋和印度洋沿岸的热带、亚热带滨海地区；一类为西方红树林，分布于太平洋东岸和大西洋沿岸的热带、亚热带滨海地区。我国的红树林属东方红树林的一部分，主要分布于广东、福建、广西和台湾。

生活在红树林中的哺乳动物种类和数量都较少，分布较为广泛的是水獭；东南亚红树林中有吃树叶的各种猴子，如长鼻猴和天狗猴等。两栖动物大都避开这种咸淡水环境。鸟类以苍鹭、鸬鹚、翠鸟和鹗等较为常见，鱼类以弹涂鱼为最多。其他有多种蟹类、藤壶类、蚊类、蠔类等生活在其中。

3. 常绿阔叶林

常绿阔叶林也称为照叶林或樟栲林，主要分布于亚热带湿润气候地区。如非洲东南部、欧亚大陆东岸、美国东南部、大西洋中的加那利群岛等地也有少量分布。其中，我国的常绿阔叶林面积最大，发育最好。中国的常绿阔叶林从秦岭－淮河以南，一直分布到广东、广西中部，东至黄海、东海海岸，西达青藏高原东缘。

常绿阔叶林分布地区属于亚热带气候，在北半球受季风影响，夏季高温湿润，冬季干燥而寒冷。四季分明，年平均温度15～18℃。森林外貌上终年绿色，树木的叶子大多为中等大小，通常较硬，边缘无齿，叶面较光亮。

4. 落叶阔叶林

几百万年以前，落叶阔叶林几乎扩展到整个北半球温带。冰川和干旱把它们分割成现在的三个主要分布区：西欧、东亚和北美。在我国主要分布于华北地区。由于严酷的冰川作用，西欧落叶阔叶林的种类组成比较贫乏。温带落叶阔叶林分布区，气候四季分明，夏季炎热多雨，冬季寒冷干燥，最热月平均温度13～23℃，最冷月平均温度约 -6℃，年降水量500～1000mm。构成温带落叶阔叶林的主要树种是栎、山毛榉、槭、梣、椴、桦等。它们具有比较宽薄的叶片，秋冬落叶，春夏长叶，故这类森林又叫做夏绿林。群落的垂直结构一般具有四个非常清楚的层次：乔木层、灌木层、草本层和苔藓地衣层。藤本和附生植物极少。各层植物冬枯夏荣，季相变化十分鲜明，夏绿林中的消费者动物有鼠、松鼠、鹿、鸟类以及狐、狼和熊等。

目前，该类森林已残留无几，大部分地区为农业生态系统所代替，以产冬小麦、玉米、高粱、马铃薯、花生、棉和苹果、桃、杏、梨、李、枣、柿、核桃等为主。温带阔叶林地区也有针叶林分布，在我国多为油松林和侧柏林。

5. 北方针叶林

北方针叶林也被称为泰加林，我国称其为寒温性针叶林，分布于北纬45°～70°之间的寒温带地区，即从挪威向东伸延，经瑞典、芬兰、俄罗斯和西伯利亚，越过白令海峡到达阿拉斯加和加拿大，横贯欧亚大陆和北美的北部，形成一条完整的针叶林地带。

北方针叶林地区冬季严寒而漫长，夏季温凉而短促，降水量比较丰富，以降雪为主要形式。构成这类森林的植物区系比较贫乏，乔木以云杉、冷杉、松、落叶松等植物为主。除落叶松外都为常绿针叶树，其树干通直，树冠尖塔形或圆形，易与阔叶树作区别。森林的结构也较为简单，乔木层常由一两个树种构成纯林，林相整齐，林下有一个灌木层和一个草本层，而在林下由苔藓构成的地被层十分繁茂，呈连片分布，密布地表。因为其年平均温度较低，限制了细菌和真菌等分解者的活动，使北方针叶林下具有很厚的枯枝落叶层和腐殖质层，在有积水或湖泊的地方还有泥炭的积累。所以在这里物质循环比较缓慢，与热带和亚热带森林迥然不同。动物以麋、黑熊、鹿、貂和啮齿类为多，此外还有虎、驯鹿等。

上述各类生态系统均属于森林生态系统。它们与其他陆地生态系统相比，是生物种类最多、结构最复杂、能量转换和物质循环比较旺盛、生物生产力和现存量最大、稳定性程度较高和生态效益最强的生态系统。它具有抵御风沙、涵养水源、保持水土、调节气候、净化环境和保护周围其他生态系统等作用。因此，在维持自然界的生态平衡，改善人类生存环境方面，森林生态系统的作用是应予以首先考虑的重要因素。

6. 稀树草原

稀树草原也称萨王纳（Savanna），主要分布于热带半干旱地区。热带稀树草原的主要层是草本层，乔木和灌木散布于草本植物之上。这些乔木多半是矮生、多分枝，树冠典型的特点是伞状，边缘狭窄而上部平整，叶子多为羽状，小叶能自动排列在最能避免阳光损害的位置，旱季脱落。树皮厚，树干中有贮水组织。草本植物以禾本科占优势，高1～3m，叶子狭而直立。双子叶植物的叶，大都较小而坚硬，并常完全萎缩，而有的块茎也贮存着水分。稀树草原上的主要动物有野牛、斑马、角马、羚羊等。

7. 草原

草原指由低温、旱生、多年生草本植物组成的生态系统，主要分布在欧亚大陆温带，自多瑙河下游起向东经罗马尼亚、独联体和蒙古，直达我国东北和内蒙古等地，构成世界上最宽广的草原带。北美中部的草原带面积也较宽广。此外，南美阿根廷等地亦有分布。

草原地区属大陆性气候，降水量少，约为250～500mm，多集中于夏季，且年际变化大。夏季温和，冬季寒冷，年平均气温 -3～9℃。草原生态系统的植被主要由丛生禾草针茅、羊茅、须芒草、早熟禾等组成，混有多种双子叶杂类草如豆科、菊科植物。有的地方还有散生的矮小灌木。它们普遍有叶面积狭小、具绒毛、叶片内卷、气孔下陷、根系发达等旱生特征。群落结构简单，一般仅有1～2层，季相更替十分频繁而鲜明。

应该指出的是，必须把分布于较湿润环境（河漫滩、低阶地、森林采伐迹地、亚高山带等）的主要由中生杂类草或莎草科植物组成的草甸与草原区别开来。草甸在各种气候带都有分布，并不形成完整的水平植被带。

8. *冻原*

冻原（tundra）又叫做苔原，为典型的寒带生态系统，主要分布于欧亚大陆和北美大陆的北部边缘地带，形成一条大致连续的冻原地带。这里冬季寒冷漫长，夏季凉爽短促，降水量200～300mm，风力强劲，土壤下面常有永冻层存在。这种冷湿的环境常造成植物的生理性干旱。

植被的种类组成很贫乏，总共只有100～200种植物，主要是苔藓、地衣和莎草科、禾本科、毛莨科、十字花科的多年生草本植物，以及杨柳科、石楠科与桦木科的矮小灌木。它们多数紧贴地面生长，避免风寒。严寒和长时间的日照，使这里的植物多为多年生的常绿植物，并常具有大型和鲜艳的花朵。群落结构简单，通常仅为1～2层。苔藓地衣层特别繁茂，许多灌木、草本植物的根、根茎和更新芽隐藏其中并受到保护。

冻原地区动物种类贫乏，主要有驯鹿、麝牛、北极狐、北极熊、狼和旅鼠等。夏季多有候鸟迁徙于此。我国没有广大平坦的平地冻原，仅于长白山和阿尔泰山顶部有面积很小的山地冻原分布。

9. *荒漠*

荒漠（desert）是在降水稀少、蒸发强烈、极端干旱的条件下发育起来的植被类型，主要分布在亚热带和温带极端干燥少雨的地区，在北半球形成一条明显的荒漠地带。南半球的智利、澳大利亚和南非也有分布。

荒漠地区为极端大陆性气候，年降水量大都在200mm以下，有些地区还不足50mm，甚至终年无雨。由于雨量少，易溶性盐类很少淋溶，土壤表层有石膏累积。地表细土被风吹走，剩下粗粒，即石块，形成戈壁，而在风积区则形成沙漠。干旱的限制使荒漠生态系统的生产力很低。对于温带荒漠来说，除干旱缺水外，低温也是一个重要的限制因素。严酷的自然条件限制了许多植物的生存，只有为数不多的超旱生半乔木、半灌木、小半灌木和灌木或肉质的仙人掌类植物稀疏地分布。植物的生长仅限制在一个短促的时期里，就在这相对有利的时期里生产力也常小于0.5g/(m^2·d)，荒漠为地球上各类生态系统中生产力最低者之一。

由于食物资源比较单调和贫乏，动物的种类不多，数量也少，常见的有昆虫、蜥蜴、啮齿类和某些鸟类。许多动物具有高度适应干旱环境的特征，如夏眠、夜间活动、长期不饮水、不具汗腺和排放高浓度的尿液等。荒漠环境严酷、生物种类多样性低、群落结构简单、自动调节能力差，生态系统较为脆弱，所以在改造利用时应当慎重。

10. 淡水生物群落

淡水生态系统通常都具有明显的边界，为科学研究提供了很大的方便。根据水的运动分为流水与静水两个类型。

（1）流水。流水主要指陆地上的江河与溪流等。河流的上游多湍流于山区，比降大，流速急，曝气充分，水中溶氧量高，河床多以石砾垫底，水流清澈。在这样的水域环境里，第一性生产者以固着性藻类为主，如刚毛藻、丝藻和大量硅藻。消费者以水生蚊虫、蜻蜓、蜉蝣和小型鱼类为主，有些动物具有吸盘附着于水流急速的岩石表面上。上游一般受污染少，有机物含量不高，河水清洁，多系贫养型水体。

中游河段水量大，比降小，水流平缓，水温较高而含氧量低，河床性生产者除多为浮游性的绿藻、蓝藻和某些硅藻外，在河汊与岸滩的浅水处常有高等植物成片分布，还通过支流与渠道输入较多的有机碎屑，使下游河段中有机质含量多，食物丰富。消费者中有浮游动物的甲壳类和底栖穴居的水蚯蚓、蚊类幼虫等，有的地方还有螺、蚌等软体动物。

下游地区一般人口密集、工农业比较发达，排入河流中的污水量大，水中含丰富的N、P等元素，出现富养化现象。被有毒物质严重污染的河流，不仅可以改变水生生物的种群结构、有机体的生理、形态和繁殖，还会破坏鱼、虾、蟹的产卵场和切断其洄游路线，使水产资源减少，甚至影响人类健康。

（2）静水。静水群落大都是在盆状洼地中积水而成，由边缘向中心，水深逐渐增大，包括陆地上池塘、沼泽和湖泊等。依据类型不同，其物理、化学和生物学特性也极不相同。但每个静水群落都可以分为三个带，即沿岸带、湖沼带和深水带。

沿岸带从岸边开始，一直延伸到有根植物所能生长的边缘地区，其间要经过有根挺水植物生长区、有根浮叶植物生长区和有根沉水植物生长区等。栖息在沿岸带的动物有青蛙、蜗牛、蛇和各种昆虫。

湖沼带占有除沿岸带以外的全部水面，一直向下延伸到阳光所能穿透的最大深度（在较浅的静水群落中，阳光可一直照射到水底）。湖沼带生活着各种浮游植物和浮游动物，以及各种自游动物，如鱼类、两栖动物和比较大的昆虫。

深水带是指比湖沼带更深的水域，这个水域只存在于极深的大型湖泊和水库。深水带没有阳光，不能进行光合作用，因此深水带中的食物主要是来自湖沼带中生物死亡后沉降下来的遗体和有机碎屑。湖底生物主要是各种分解者。自游动物的种类依水温和营养条件的不同而不同。

11. 海洋生物群落

广阔的海洋由于各部分的深度、光照、盐分和生物种群结构不同，可进一步划分为海岸带、浅海带和远洋带等。

（1）海岸带位于陆地和海洋交界处，水深从几米到几十米，光照充足，含盐量、水温和地形变化较大，由河流带来的有机物质比较丰富，生物成分复杂多样。第一性生产者以浮游植物和大型固着生长的绿藻、褐藻及红树类植物为主；动物以近岸性浮游动物、鱼类和螺、蚌、牡蛎、蚶、贝、沙蚕等底栖生物为多。

（2）浅海带为水深不超过200m的大陆架部分。水中的光照仍然比较充足，来自陆地的有机物质也较丰富，有利于生物的生存。主要生产者为浮游硅藻、裸甲藻等，消费者除桡足类外，大都为滤食性鱼类如鳕、鲱等。由于水中营养物质丰富，藻类繁盛，鱼虾产量高，为世界上主要捕鱼区。

（3）远洋带指浅海带往外的大洋区，水面开阔，水深超过200m，最深达10 000m以上。浮游植物主要是硅藻和双鞭甲藻，浮游动物主要是桡足类和箭虫，自游动物有各种虾、水母和鲸等。

4.2.3 群落的物种组成

4.2.3.1 物种组成的性质分析

群落的物种组成是决定群落性质最重要的因素，也是鉴别不同群落类型的基本特征。一般来讲，组成群落的物种越丰富，单位面积的物种也越多。群落学研究一般都从分析物种组成开始，以了解群落是由哪些物种构成的，它们在群落中的地位与作用如何。不同的群落有着不同的物种组成，群落的物种组成情况在一定程度上能反映出群落的性质。以我国亚热带常绿阔叶林为例，群落乔木层的优势种类总是由壳斗科、槭树科、榆科、桦木科、椴树科等植物组成，在下层则由杜鹃花科、山茶科、冬青科等植物构成。又比如，分布在村庄、农舍周围的群落多半由藜科、苋科、菊科、荨麻科等组成，在高山的植物群落主要由虎耳草科、石竹科、龙胆科、十字花科、景天科的某些属中的种类构成。在植物群落研究中，根据各个种在群落中的作用而划分群落成员型。常见的群落成员可区分为优势种、建群种、常见种、稀有种、关键种和冗余种等。

1. 优势种、常见种和稀有种

在群落中地位作用比较突出，具有主要掌控权或统治权的种类或类群称为生态优势种（dominant species）。一个群落中常常只有比较少数的几个种或类群以个体数量多、盖度大、生物量高、生命力强来发挥其主要控制影响作用。优势种对生态系统的稳定起着举足轻重的作用，如果将群落中的优势种去除，群落将失去原来的特征，同时将导致群落性质和环境的变化。

群落的不同层次拥有各自的优势种，如在森林群落中，乔木层、灌木层、草本层和地被层分别存在各自的优势种，其中优势层起着构建群落的作用的优势种被称为建群种（constructive species）。而个体数量与作用都次于优势种，但在决定群落性质和控制群落环境方面起着一定作用的植物种称为亚优势种（subdominant species），在复层群落中，它通常居于较低的亚层。

常见种（common species）是指数量不占优势，但是生态调查中出现频率较高的物种。

稀有种，或偶见种（rare species）是指在群落中出现频率很低的物种，多半数量稀少。偶见种也包括偶然地被人们带入或随着某种条件的改变而进入群落中，造成生物入侵的物种。有些偶见种的出现具有生态指示意义，有的还可以作为地方性特征种来看待。

2. 关键种

各物种在群落中的地位是不同的，一些珍稀、特有、庞大的对其他物种具有不成比例影响的物种。在保护生物多样性和生态系统稳定性方面起着重要作用，其消失或削弱，可能会使整个生态系统发生根本性的变化，这样的物种称为关键种（keystone species）。关键种的丢失和消除可以导致一些物种的丧失，或者一些物种被另一些物种所替代。群落的改变既可能是由于关键种对其他物种的直接作用（如被捕食），也可能是间接作用所导致。关键种数量可能稀少，也可能很多。对动物而言，可能具有专一功能，也可能具有多种功能。

根据关键种的不同作用方式，可分为以下一些关键种的类型：①关键捕食者；②关键被捕食者；③关键植食动物；④关键竞争者；⑤关键互惠共生者；⑥关键病原体/寄生物；⑦关键改造者。

群落的关键种不同于优势种。优势种的主要识别特征是它们个体数量多，体积大或生物量高，生活能力强。而关键种的显著特点是：①它的存在对于维持群落的组成和多样性具有决定性作用；②与同群落中的其他物种相比，关键种无疑是很重要的，但又是相对的。许多实验表明，一些数量很少且通常被认为是关键种的种类强烈地影响着群落和生态系统。换句话说，所谓关键种是一个对它所在的群落或生态系统产生巨大影响，这种影响相对于多度而言是非常不成比例的物种。

关键种理论自提出以来，在生态学文献中被广泛引用，具有重要贡献。首先是概念上，即只有极少数物种具有能影响群落结构的强烈作用，它对群落结构的影响同其他物种相比是十分显著的。其次是对食物网理论的重要意义。在群落食物网中，物种相互作用的强度不同，关键种的研究已证实了它是许多系统中存在着强烈相互作用的物种。再有是关键种的作用方式。关键种可以通过诸如竞争、互惠共生、播种、传粉、病原体和改造等种间相互作用和过程发挥作用。最后还包括关键种在实践中的重要价值。关键种被看作为加强多样性保护的特定对象和优先保护种。有人提出将关键种的管理作为整个系统中群落管理的中心，围绕关键种形成生物保护的多种策略。从系统恢复角度来说，关键种对于重建并维持生态系统的结构和稳定是必不可少的。同时，关键种也是对人类干扰与环境变化比较敏感的物种。

3. 冗余种

冗余种（redundancy species）的概念近年来已被广泛地应用在生态系统、群落和保护生物学中。冗余意味着相对于需求有过多的剩余。在群落中，有些种是冗余的，这些物种的去除不会引起群落内其他物种的丢失，同时对整个群落和生态系统的结构和功能不会造成太大的影响。在生态系统中，有许多物种成群地结合在一起，扮演着相同的角色，这些物种中必然有一定数目的冗余种。

冗余仅应用于一部分群落和生态系统。因为一个物种在这个群落中可以有较高的冗余，但在另一些群落中则没有如此的冗余。冗余种可有以下标准：①保持原有物种成分，即该物种被去除后，其余物种都能存留，且也没有一个新种进入；②保持生态过程的稳定，即该物种被去除后，生态系统功能保持不变或接近正常状态；③较高的抵抗力，即移去这个物种，对群落中留下物种的多度没有影响；④盖度的保持，即去除该物种后，不是所有的物种都跟着消失，群落中一些植物的盖度应该维持不变。

由于保护生物多样性的重要性，系统内物种在该系统中所起的作用受到重视。沃克（B. H. Walker）于1992年首次提出物种冗余种假说（species redundancy hypothesis），认为物种在生态系统中的作用显著不同，某些物种在生态功能上有相当程度的重叠，因此其中某一物种的丢失并不会对生态功能产生大的影响。那些高冗余的物种对于保护生物学工作来说则有较低的优先权。但这并不意味着冗余种是不必要的，冗余是对于生态系统功能丧失的一种保险和缓冲。Walker 进一步强调指出，增加冗余种可以促进一个生态系统的灵活性。冗余种不但可以抵御不良环境，而且提供了未来进一步发展的机会。所以它是物种进化和生态系统继续进化的基础。从短时间看，冗余种似乎是多余的。但经过环境的长期变化和发展，那些次要种和冗余种可能在新的环境中变为优势种或关键种，从而改变和充实原来的生态系统。与此对应的，Ehrlich 提出的铆钉假说（rivet-popper hypothesis）认为生态系统中每个物种都具有同样重要的功能，并将生态系统中的每个物种比喻为一架飞机上的每颗铆钉，任何一个铆钉或一种物种的丢失，都会导致严重事故或系统的变化。

4.2.3.2 物种组成的数量特征

一份较为完整的群落生物种类名录，能说明群落中有哪些物种，若想进一步说明群落特征，还必须研究不同物种的数量关系。

1. 种的个体数量指标

密度（density），指单位面积或单位空间内物种的个体数。样地内某一物种的个体数占全部物种个体数之和的百分比称作相对密度（relative density）或相对多度（relative abundance）。

多度（abundance），是对物种个体数目多少的一种估测指标，多用于群落内草本植物的调查。多度的统计法，主要包括两种：一种是个体的直接计算法，即“记名计算法”；另一种是目测估计法。记名计算法是在一定面积的样方中，直接数出各种群的个体数目，然后算出某种植物与同一生活型的全部植物个体数目的比例。目测估计法是按预先确定的多度等级来估计单位面积上个体的多少。

在植物个体数量多而植物体形小的群落（如灌木、草本群落），或在概略性的考察中，常用目测估计法。而对树木种类，或在详细的群落研究中，常用记名计算法。表 4－4 是几种常用的多度表示方法和等级。

表 4－4　几种常用的多度等级

Drude	Clements	Braun-Blanquet
Soc.（Sociales）极多	Dominant 优势	5 非常多
Cop. 3（Corpiosae）很多	Abundant 丰盛	4 多
Cop. 2（Corpiosae）多	—	3 较多
Cop. 1（Corpiosae）尚多	Frequent 常见	2 较少
Sp.（Sparsae）少	Occasional 偶见	—
Sol.（Solitariae）稀少	Rare 稀少	1 少
Un.（Unicum）个别	Very rare 很少	+ 很少

盖度（cover degree 或 coverage），指植物地上部分垂直投影面积占样地面积的百分比，即投影盖度。后来又出现了“基盖度”的概念，即植物基部的覆盖面积。对于森林群落，以树木胸高 1.3m 处断面积计算；对于草原群落，则通常以离地面 2.54cm 处的断面积计算。

频度（frequency），指某个物种在调查范围内出现的频率，用包含该种个体的样方数占全部样方数的百分比来表示，即

$$频度 = \frac{某一种出现的样方数}{全部样方数} \times 100\%$$

高度（height）和长度（length），常作为测量植物体长的一个指标，可取自然高度或绝对高度，对于藤本植物则测其长度。

重量（weight），用于衡量种群生物量（biomass）或现存量（standing crop）多少的指标，可分为干重与鲜重，主要用于生态系统的能量流动与物质循环研究中。

体积（volume），指生物所占空间大小的度量。在森林植被研究中该指标特别重要。在森林经营中，通过体积的计算可以获得木材生产量（称为材积）。单株乔木的材积是胸高断面积 S、树高 h 和形数 f 三者的乘积，即 $V = S \cdot h \cdot f$。形数是树干体积与等高同底的圆柱体体积之比。因此在用断面积乘树高而获得圆柱体体积之后，必须按不同树种乘以该树种的形数（可以从森林调查表中查到），以获得一株乔木的体积。草本植物或小灌木体积的测定，可用排水法进行。

2. 种的综合数量指标

优势度（dominance），用以表示一个种在群落中的地位和作用，但其具体定义和计算方法各家意见不一。J. Braun-Blanquet 以盖度、所占空间大小或重量来表示优势度，并认为在不同的群落中应采用不同指标。苏联学者 B. H. Cykaqeb 提出，多度、体积或所占据的空间、利用和影响环境的特性、物候动态均应作为某个种优势度的指标。另一些学者认为应以盖度和密度为优势度的度量指标。也有的认为优势度即“盖度和多度的总和”或“重量、盖度和多度的乘积”等。

重要值（importance value），用来表示某个种在群落中的地位和作用的综合数量指标。在森林群落研究中，根据相对密度、相对频度和相对基盖度来确定森林群落中某一树种的相对重要性，即重要值。计算公式如下：

$$重要值 = 相对密度 + 相对频度 + 相对优势度（相对基盖度）$$

当研究对象为草原群落时，相对优势度可用相对盖度代替：

$$重要值 = 相对密度 + 相对频度 + 相对盖度$$

综合优势比（summed dominance ratio，SDR）是由日本学者召田真等提出的一种综合数量指标，分为两因素、三因素、四因素和五因素四种。常用的为两因素的综合优势比（SDR_2），即在密度比、盖度比、频度比、高度比和重量比这五项指标中取任意两项求其平均值再乘以 100%：

$$SDR_2 = [(密度比 + 盖度比)/2] \times 100\%$$

4.2.4 物种多样性

4.2.4.1 物种多样性的定义

物种多样性（species diversity）通常可从两方面进行衡量：①种的数目（number）或丰富度（species richness），即一个群落或生境中物种数目的多寡；②种的均匀度（species evenness 或 equitability），即一个群落或生境中全部物种个体数目的分配状况，它反映的是各物种个体数目分配的均匀程度，即群落的异质性（heterogeneity）。例如，A、B 两个群落各有 100 个个体，A 群落有两个种，每个种各有 50 个个体；B 群落也有两个种，个体数分别为 90 和 10。那么 A 群落的均匀度比 B 群落的高得多。由此可见，物种多样性的高低，取决于物种数和分布特征两个独立的变量。物种多样性的测度方法很多，常用的是一些多样性指数。

4.2.4.2 物种多样性指数

1. 丰富度指数（richness indices）

生态学上用的丰富度指数很多，如 Gleason 指数：

$$d_{G1}=\frac{S-1}{\ln A}$$

式中，A 为单位面积；S 为群落中物种数目。物种丰富度是最简单、最古老的物种多样性测定方法。它表明一定面积的生境内生物种类的数目。

Margalef 指数：

$$d_m=\frac{S-1}{\ln N}$$

式中，S 为群落中物种数目；N 为样方中观察到的个体总数（随样方大小而增减）。

2. 辛普森多样性指数（index of Simpson's diversity）

辛普森提出这样一个问题：在无限大小的群落中，随机地取得两个标本，它们属于同一种的概率是多少？如果从寒带森林随机地选取两株树，它们属于同一种的概率就很高。相反，如在热带雨林随机取样，两株树属同种的概率很低。他从这个想法出发得出一种多样性指数，即辛普森多样性指数。所以，辛普森多样性指数 = 随机取样的两个个体属于不同种的概率 = 1 - 随机取样的两个个体属于同种的概率。

设种 i 的个体数 n，占群落中总个体数 N 的比例为 P_i，那么，随机取种 i，两个个体的联合概率应为（P_i）（P_i），或（P_i）^{2}。如果将群落中全部种的概率相加，就得到辛普森多样性指数（D），即

$$D=1-\sum_{i=1}^{S}(P_i)^2$$

辛普森多样性指数的最低值是 0，最高值是（$1-1/S$）。前一种情况出现在全部个体均属于一个种的时候，后一种情况出现在每个个体分别属于不同种的时候。

假设有 A、B、C 三个群落，各由两个种组成，A 群落中两个种的个体数分别为 100 和 0，B 群落中两个种的个体数均为 50，C 群落中两个种的个体数分别为 99 和 1，按辛普

森多样性指数计算，则 A、B、C 三个群落的多样性指数分别为 0、0.5、0.02。造成这三个群落多样性差异的主要原因是种的不均匀性，从丰富度来看，三个群落是一样的，但均匀度不同。

3. 香农 – 威纳指数（Shannon-Wiener Index）

香农 – 威纳应用信息论原理提出的一个多样性指数公式：

$$H' = -\sum_{i=1}^{S} P_i \ln P_i$$

式中，H'为信息量（information content），即物种的多样性指数；S 为物种数目；P_i 为属于种 i 的个体数 n_i 在全部个体数 N 中的比例。信息量 H'越大，未确定性也越大，因而多样性也就越高。

在香农 – 威纳指数中包含了两个因素：物种的数目，即丰富度物种中个体分配上的平均性（equitability）或均匀性（evenness）。物种的数目多，可增加多样性；同样，物种之间个体分配的均匀性增加也会使多样性提高。

4. Pielou 均匀度指数（Pielou Evenness Index）

Pielou 把均匀度 J 定义为群落的实测多样性指数 H'与最大多样性指数 H'_{max}（即在给定物种数 S 下的完全均匀群落的多样性）之比，以香农 – 威纳指数 H'为基础的群落的均匀度：

$$J = \frac{H'}{\log_2 S}$$

当 S 个物种每一种恰好只有一个个体时，$P = 1/S$，信息量最大，即 $H'_{max} = \log_2 S$；当全部个体为一个物种时，则信息量最小，即多样性最小，$H' = 0$。因此，$J = H'/H'_{max} = H'/\log_2 S$。

4.2.4.3　物种多样性的分布格局

人们发现物种多样性有明显的梯度分布格局（gradient of species diversity），主要表现为：①物种多样性随纬度的变化，从热带到两极随纬度的增加，物种多样性有逐渐降低的趋势。张荣祖对我国的哺乳类动物做过统计，从热带、亚热带、温带到寒带，其种类数量明显地减少；李振基等以香农 – 威纳指数对比我国从东北到海南的阔叶林中木本植物的物种多样性发现也有类似规律。②物种多样性随海拔的变化，物种多样性随海拔增加而逐渐降低。③在海洋和淡水中物种多样性有随着深度增加而降低的趋势。

4.2.4.4　决定物种多样性的因素

为什么会存在上述物种多样性的梯度变化规律？这种规律是由什么因素决定的？生态学家提出许多理论进行了阐述，主要有以下理论。

1. 进化时间学说

进化时间学说（evolutionary time theory）认为多样性的变化与群落进化时间有关。进化时间长且环境条件稳定的热带群落，其群落的多样性高；而地质上比较年轻的且经常遭遇火变性气候的温带和极地群落，其群落的物种多样性低。

2. 生态时间学说

生态时间学说（ecological time theory）认为物种把分布区扩大到尚未占有的地区需要一定的时间。因此，温带地区相对于热带地区是尚未饱和的群落。从热带扩大到温带仍需漫长的时间，有的物种可能被障碍阻挡，其群落的物种多样性较低。

3. 空间异质性学说

空间异质性学说（spatial heterogeneity theory）认为面积越大，所包含的物理环境越复杂多样，空间异质性就越高，动植物区系就越丰富，群落的物种多样性也越高。例如在澳大利亚或北美，植物层次多样性往往决定着鸟类物种的多样性。

4. 气候稳定学说

气候稳定学说（climatic stability theory）认为，气候越稳定，变化越小，动植物种类越丰富，群落的物种多样性越高。

5. 竞争学说

竞争学说（competition theory）认为，在物理条件严酷的地区（极地），自然选择主要受物理条件的控制，但在气候温和、稳定的地区，物种之间的竞争是物种进化和生态位分离的动力，群落的物种多样性较高。

6. 捕食学说

捕食学说（predation theory）认为，热带捕食者较多，捕食者的捕食使猎物数量处于较低的水平，从而减少了猎物之间的相互竞争。竞争的减少允许有更多的猎物种出现，进而又支持了新的捕食动物，群落的物种多样性就较高。

7. 生产力学说

生产力学说（productivity theory）认为环境稳定性增加，需用于调节的能量就会减少，并将有更多的净生产力，又支持了更多的物种。有更多的种群，就有更大的遗传变异性，则物种的形成过程会更快，机会更多。即群落物种多样性生产的食物越多，通过食物网的能量越大，物种的多样性就越高。

上述时间、空间、气候、竞争、捕食、生产力对群落多样性的影响，不是孤立、分离的，这六种因素相互作用，在不同群落中产生不同的影响。

4.3 群落结构

4.3.1 群落的结构要素

群落的结构包括群落的物理结构和群落的生物结构两个方面。群落的物理结构是指外貌及其生活型、垂直和水平结构。群落的生物结构是指群落的物种组成、种间关系、多样性和演替等。群落的生物结构取决于物理结构。本节主要介绍群落的物理结构。

群落外貌（physiognomy）是指生物群落的外部形态或表相。它是群落中生物与生物间、生物与环境间相互作用的综合反映。陆地群落外貌主要取决于植被的特征，植物群落是植被的基本单元。水生群落外貌主要取决于水的深度和水流特征。陆地群落外貌由组成群落的优势生活型和层片结构所决定。群落外貌常随时间的推移而发生周期性变化，这是群落结构的另一重要特征。在一年内随着气候季节变化，群落呈现不同的外貌，这就是季相。

4.3.1.1 生活型

生活型（life form）是生物对外界环境适应的外部表现形式。关于生活型的划分，早期人们习惯根据植物的形状、大小、分支等外貌特征，同时考虑植物的生命期长短，把植物分为乔木、灌木、藤本植物、附生植物和草本植物等。目前广泛采用的是丹麦植物学家Raunkiaer的分类系统，他按休眠芽或复苏芽所处的位置高低和保护方式，把高等植物划分为五个生活型，在各类群之下，根据植物体的高度、芽有无芽鳞保护、落叶或常绿、茎的特点等特征，再细分为若干较小的类型（图4-1）。

（1）高位芽植物（phanerophyte）：休眠芽或顶端嫩枝位于离地面25cm以上的枝条上，如乔木、灌木等。其中根据体型的高矮又可分为大高位芽植（芽高度>30m）、中高位芽植物（高度8～30m）、小高位芽植物（高度2～8m）和矮高位芽植物（高度0.25～2m）等类型。

（2）地上芽植物（ehamaephyte）：植物的芽或顶端嫩枝位于地表土壤表面之上、25cm之下，受土表或残落物所保护，多为灌木、半灌木或草本植物。

（3）地面芽植物（hemicryptophyte）：植物在不利季节，其地上部分死亡，但被土壤和残落物保护的地下部分仍活着，更新芽位于近地面土层内，为多年生草本植物。

（4）隐芽植物（cryptophyte）：或称地下芽植物（geophyte），植物芽位于较深土层中，或位于水中，多为鳞茎类、块茎类或根茎类多年生草本植物或水生植物。

（5）一年生植物（therophyte）：该类植物只能在良好的季节中生长，它们以种子的形式度过不良季节。

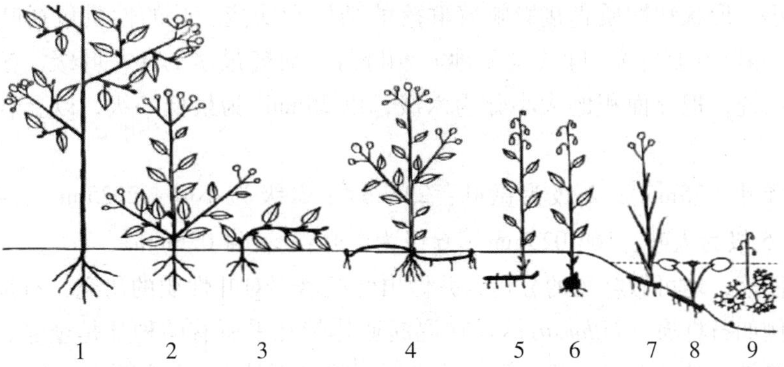

1—高位芽植物；2、3—地上芽植物；4—地面芽植物；5～9—隐芽植物

图4-1 Raunkiaer的生活型图解

上述生活型被认为是植物进化过程中对气候适应的结果。因此，它们可以作为某地区生物气候的标准。统计各个群落内各种生活型的数量对比关系称为生活型谱。群落类型不同，其生活型谱也不同。我国自然条件复杂，不同气候区域的主要群落类型中生活型的组成各有特点。

由表4-5可知，每一类植物群落都是由几种生活型的植物所组成，但其中有一类生物型占优势。高位芽植物占优势是温暖、潮湿气候地区的群落特征，如热带雨林群落；地面芽植物占优势的群落，反映了该地区具有较长的严寒季节，如温带针叶林、落叶林群落；地上芽植物占优势的群落，反映了该地区环境比较寒冷，如长白山寒温带暗针叶林；一年生植物占优势则是干旱气候的荒漠和草原地区的群落特征，如东北温带草原。

表4-5　中国几种群落类型的生活型组成

群落类型（区域）	生活型				
	高位芽植物（Ph.）/%	地上芽植物（Ch.）/%	地面芽植物（H.）/%	隐芽植物（Cr.）/%	一年生植物（Th.）/%
热带雨林（海南岛）	96.88（11.1）	0.77	0.42	0.98	0
热带山地雨林（海南岛）	87.63（63.87）	5.99	3.42	2.44	0
南亚热带季风常绿阔叶林（福建和溪）	63.0（19.0）	12.0	6.0	14.0	0
中亚热带常绿阔叶林（浙江）	76.1	1.0	13.1	7.8	2.0
暖温带落叶阔叶林（秦岭北坡）	52.0	5.0	38.0	3.7	1.3
寒温带暗针叶林（长白山）	25.4	4.4	39.6	26.4	3.2
温带草原（东北）	3.6	2.0	41.1	19.0	33.4

注：括号内的数字是指其中藤本植物的百分比。

4.3.1.2　叶的性质

叶的性质作为外貌特征之一，逐渐被更多的人重视。植物叶片是进行光合作用的主要器官，其大小、形状和性质直接影响着群落的结构和功能。叶的性质包括叶级（叶的面积）、叶型（单叶和复叶）、叶质（质地）和叶缘。研究最多的还是叶级。按拉恩基尔所创立的分类系统，把叶面积的大小分为六级，以 $25mm^2$ 为最低一级，以上各级均比下一级大近九倍。

1级为鳞叶：$25mm^2$；2级为微叶：$225mm^2$；3级为小叶：$2025mm^2$；4级为中叶：$18\ 225mm^2$；5级为大叶：$164\ 025mm^2$；6级为巨叶：$>164\ 025mm^2$。

对每一群落，均可做叶级的分析，并做出叶级谱。对叶性质的研究，有助于对群落的深入认识。例如石栎属（*Lithocarpus*）在湿润亚热带几乎所有的种都是全缘、革质、中型的单叶，与热带雨林的典型叶相一致。这表明了热带雨林和常绿阔叶林之间有一定联系。

叶面积指数（leaf area index，LAI）是指单位面积土地上单面叶的总面积，是群落结构的一个重要指标，与群落的功能有直接的关系：

$$\text{LAI} = \frac{\text{总叶面积（以单面叶计算）}}{\text{单位土地面积}}$$

表4-6列出了主要天然植物群落的叶面积指数，可以看出，叶面积指数与群落的光能利用率有直接的关系。

表4－6　主要天然植物群落类型的叶面积指数与光能利用率

群落类型	叶面积指数	光能利用率/%
热带雨林	10～11	1.5
落叶阔叶林	5～8	1.0
北方针叶林	9～11	0.75
草地	5～8	0.5
冻原	1～2	0.25
草原化荒漠	1	0.04
农作物	3～5	0.6

注：光能利用率为单位面积全年接受的有效光合辐射与该面积上的净生产量之比。

4.3.1.3　层片

层片（synusia）也是群落结构的基本单元之一，是由瑞典植物学家 H. Gams 提出的。层片是由同一生活型或者同一生态要求的不同植物构成的，有以下特征：①属于同一层片的植物是同一生活型类别，但只有当其个体数量相当多，而且相互之间存在一定联系才能组成层片；②每个层片在群落中均具有一定的小环境，不同层片小环境相互作用构成了群落里的环境；③每个层片在群落里都占据一定的空间和时间，层片的时空变化形成了群落的不同结构特征。层片是群落的三维结构，它与层有相同之处，但又有质的区别。例如，森林群落的乔木层在我国北方和在热带雨林中，可能有不同的层片。

4.3.2　群落的垂直结构

群落的垂直结构，主要指群落分层现象。一般来讲，温带夏绿阔叶林的地上成层现象最为明显，寒温带针叶林的成层结构简单，而热带森林的成层结构最为复杂。群落的成层性包括地上成层与地下成层，层（layer）的分化主要决定于植物的生活型，因为生活型决定了该种处于地面以上不同的高度和地面以下不同的深度；换句话说，陆生群落的成层结构是不同高度的植物或不同生活型的植物在空间上垂直排列的结果，水生群落的成层结构则在水面以下不同深度分层排列。植物群落的地下成层性是由不同植物的根系在土壤中达到的深度不同而形成的，最大的根系生物量集中在表层，土层越深，量越少。

在层次划分时，将不同高度的乔木幼苗划入实际所分布的层中，其他生活型的植物也是如此。另外，生活在乔木不同部位的地衣、藻类、藤本及攀缘植物（也叫层外植物）通常也归入相应的层中。

成层结构是自然选择的结果，它显著提高了植物利用环境资源的能力。陆生群落的地上部分分层，与光的利用有关。在发育成熟的森林群落中，上层乔木可以充分利用阳光，而林冠下被能有效地利用弱光的下木占据。穿过乔木层的光，有时仅占到达树冠的全光照的1/10，但林下灌木层却能利用这些微弱的光。在灌木层下的草本层能够利用更微弱的光，草本层往下还有更耐阴的苔藓层。由此可见，成层现象是表现植物群落与环境条件相互关系的一种特殊形式，环境条件越好，群落的层次就越多，层次的结果就越复杂；环境条件越差，层次就越少，层次结果就越简单。

生物群落中动物的分层现象也很普遍。动物之所以有分层现象，主要与食物有关，因为群落的不同层次提供不同的食物；其次还与不同层次的微气候条件有关。如在亚欧大陆北方针叶林区，在地被层和草本层中，栖息着两栖类、爬行类、鸟类（丘鹬、榛鸡）、兽类（黄鼬）和各种鼠形啮齿类；在森林的灌木层和幼树层中，栖息着莺、苇莺和花鼠等；在森林的中层栖息着山雀、啄木鸟、松鼠和貂等；而在树冠层则栖息着柳莺、交嘴和戴菊等。应指出的是，许多动物虽可同时利用几个不同层次，但总有一个最喜好的层次。

水域中，某些水生动物也有分层现象。比如，湖泊和海洋的浮游动物即表现出明显的垂直分层现象。影响浮游动物垂直分布的主要因素有光照、温度、食物和含氧量等。多数浮游动物一般是趋向弱光的，因此，它们白天多分布在较深的水层，而夜间则上升到表层活动。此外，在不同季节也会因光照条件的不同而引起垂直分布的变化。

4.3.3 群落的水平结构

群落结构的另一特征就是水平格局（horizonal pattern），其形成与构成群落的成员的分布状况有关。陆生群落的水平格局主要取决于植物的分布格局。对群落的结构进行观察时，经常可以发现，在一个群落某一地点，植物分布是不均匀的。均匀型分布的植物是少见的。如生长在沙漠中的灌木，由于植株间不可能太靠近，可能比较均匀，但大多数种类是成群型分布。在森林中，林下阴暗的地点，有些植物种类形成小型组合，而林下较明亮的地点则有另外一些植物种类形成的组合。在草原中也有同样的情况，在并不形成郁闭植被的草原群落，禾本科密草丛中有与其伴生的少数其他植物，草丛之间的空间，则被各种不同的其他杂草和双子叶杂草所占据。群落内部的这种小型组合可以称为小群落，它是整个群落的一小部分。它们的生产力和外貌特征不相同，在群落内形成不同的斑块。一个群落内出现多个斑块的现象称为群落的镶嵌性（mosaicism），是群落水平分化的一个结构部分。而且，小群落在形成的过程中依附其所在群落，因此，有人称之为从属群落。

形成这种水平方向上复杂的镶嵌性的主要原因有以下三个方面。

（1）亲代的扩散分布习性。如以风力传播的种子，分布可能广泛，而种子较明显地依靠无性繁殖的植物，则在母株周围呈群聚状。再如昆虫产卵的选择性，卵化出来的幼体经常集中在一些较适宜于生长的生境。

（2）环境的异质性。土壤的性质、结构和水分条件影响着植物的分布。一种明显水平成层性是成带现象（zonation），这主要是由气候或土壤条件的不同引起的。这些条件妨碍或阻止根生植被的发展。动物种群也因自身的生物学适应范围，随着生境布局而有相应的水平分布格局。

（3）种间相互关系的作用。植食性动物明显依赖于它所取食植物的分布，处在同营养级的动物，常因竞争食物而互相排斥。植物与植物之间，植物与动物之间，同样有这类互相吸引或互相排斥的相关关系。互相吸引而趋向于同时出现时，呈正关联（positive association）关系，排斥时则呈负关联（negative association）关系。

4.3.4 群落的时间格局

光、温度和湿度等很多环境因子有明显的时间节律（如昼夜节律、季节节律），受这些因子的影响，群落的组成与结构也随时间序列发生有规律的变化。这就是群落的时间格局（temporal pattern）。

气候四季分明的温带、亚热带地区，植被的季相是群落时间格局最明显的反映。这种四季季相的更替，既表现为群落外貌的变化，也显示了组成物种的改变。这种因季节更替而出现的外貌变化，称为季相。有人则把季相作为群落的动态来讨论。季相的一个明显特征，是变化呈周期性。一个群落的季相，在正常的情况下，可年复一年地出现。在四季分明的温带地区，群落的周期性外貌变化表现得最为明显。例如在温带夏绿阔叶林内，季相的变化是与乔木的放叶和落叶密切相关。在草原上，季相的更替则表现得更为明显。有时因种类组成复杂，或因环境条件多样，特别是降水的多寡，往往会出现更为复杂的季相更替，例如在苏联库尔斯克的斯特列勒茨克北方草原上，其季相可达 12 个。在亚热带，特别是在热带森林里，由于季节变化不如温带显著，所以季相的更替也并不十分明显。在我国的亚热带常绿阔叶林内，由于林冠终年常绿，所以作为森林优势层的季相，并没有明显变化，只是在乔木的花期或果期，才在外貌上略添景色。林下的灌木和草本植物，由于光照条件不同，不像夏绿林那样，表现出明显的季相更替，也不能对外貌起什么作用。在热带雨林里，由于各种乔木树种形成终年开花的特点，故在外貌上可出现一定的差异。在季雨林内，由于存在明显的干湿季，有一部分或全部乔木在旱季落叶，因而出现不同的季相。

群落中的动物组成，不仅同样有一年四季的变更，更有明显的昼夜节律。昆虫群落的时间节律是最明显的，各种昆虫年生活史、迁移、滞育、世代交替、多型现象等不同，构成了群落结构的年变化。夏日，当我们置身于亚热带森林时可以发现，黄莺、杜鹃、画眉等各种鸟的优美啼歌唤来每日的黎明。丰富多彩的一天开始了，山蚋、小蠓、粉虱等小虫在晨曦中成群飞舞，野兔纷纷出洞寻找嫩草取食，蜻蜓则迎着朝阳在空中滑翔觅食；随着阳光普照，彩蝶开始在花丛中飞来舞去，金花虫、瓢虫、蜘蛛等在地面叶间变得惹人注目，燕子、老鹰、隼出现在蓝天翱翔，双目炯炯地搜索着猎物，松鼠在树枝上跳来跳去；当夕阳西斜，夜幕徐徐来临，蛇出洞了，螃蟹也从石缝中爬出，夜行性动物替代了蝴蝶、老鹰的位置，狐狸、猫头鹰、老鼠以及各种蛾类昆虫等开始取食、交配。这些大量、明显的物种变更，使生物群落结构的昼夜相迥然不同。

4.3.5　群落的交错区和边缘效应

群落交错区（eotone）又称生态交错区或生态过渡带，是两个或多个群落之间（或生态地带之间）的过渡区域。如森林和草原之间森林草原地带，软海底和硬海底之间也存在过渡带，两个不同类型的森林之间或两个草本群落之间也都存在交错区。这种过渡带有的宽，有的窄；有的是逐渐过渡，有的变化突然。群落的边缘有的是持久性的，有的是不断变化的。

1987 年 1 月，在巴黎召开的一次国际会议上对群落交错区的定义是：“相邻生态系统之间的过渡带，其特征是由相邻生态系统之间相互作用的空间、时间及强度所决定的”。可以认为，群落交错区是一个交叉地带或种群竞争的紧张地带，在这里，群落中种的数目及一些种群密度比相邻群落大。群落交错区种的数目及一些种的密度增大的趋势称为边缘效应（edge efffect）。群落交错区往往包含两个重叠群落中所有的种以及交错区本身所特有的种，这种仅发生于交错区或原产于交错区的最丰富的物种，称为边缘种（edge species）。我国大兴安岭森林边缘，有呈狭带状分布的林缘草甸，每平方米的植物种数达30种以上，明显高于其内侧的森林群落与外侧的草原群落。美国伊利诺伊州森林内部的鸟仅登记14种，但在林缘地带达22种。出现这种效应的原因是群落交错区的环境条件比较复杂，能为不同生态类型的植物定居提供条件，从而为更多的动物提供食物、营巢和隐蔽条件。

在自然界中，边缘效应是比较普遍的，农作物的边缘生物量高于中心部位的生物量。人们利用群落交错区的边缘效应，用增加边缘长度和交错区面积的方法来提高野生动物的产量。在同样面积的土地上，种植同样量的植物，利用增加边缘长度的方法，可提高鹌鹑的饲养群数。我国南方在水网地区修造的桑基鱼塘，便是人类因地制宜建立的一种边缘效应，已有数百年的历史。对于自然形成的边缘效应，应很好地发掘利用。对于本不存在的边缘，也应努力去模拟塑造。随着科学技术的发展，广泛运用自然边缘效应所给予的启示，将有助于对资源的开发、保护与利用。

交错区形成的原因很多，如生物圈内生态系统的不均一，层次结构普遍存在于山区、水域及海陆之间，地形、地质结构与地带性的差异，气候等自然因素变化引起的自然演替、植被分割或景观切割，人类活动造成的隔离，森林、草原遭受破坏，湿地消失和土地沙化等，都是形成交错区的原因。因此，有人提出要重点研究生态系统边界对生物多样性、能流、物质流及信息流的影响，研究生态交错区对全球气候、土地利用、污染物的反应及敏感性，以及在变化的环境中怎样管理生态交错带等，联合国环境问题委员会（SCOPE）甚至制订了一项专门研究生态交错带的研究计划。

4.3.6 群落结构的影响因素

4.3.6.1 生物因素

1. 竞争对群落结构的影响

有不少研究表明，竞争在群落结构的形成过程中起着重要的作用。竞争引起种间生态位的分化，使群落中物种多样性增加。William D. Lack 通过在加拉帕戈斯（Galapagos）群岛上对达尔文莺的研究发现，同一起源的同种鸟类，鸟嘴的长度因对食物的适应性不同而呈现不同的长度，随食性分化而出现发生辐射演化的莺，并有更直接的生态位分化的证据：当岛上只有一种地面取食的鸟时，其嘴长约10mm，而在有两种或数种地面取食的鸟时，其最小的嘴平均长8mm，大一些的嘴平均长12mm。可见，物种之间的竞争，对群落的物种组成与分布有很大影响，进而影响群落结构。

2. 捕食对群落结构的影响

具选择性的捕食者对群落结构的影响与泛化捕食者的不同。如果捕食者喜食的是群落中的优势种，则捕食可以提高多样性；如果捕食者喜食的是竞争上占劣势的种类，则捕食会降低多样性。特化的捕食者，尤其是单食性的，它们多少与群落的其他部分在食物联系上是隔离的，所以很易控制被食物种，因此它们是进行生物防治时可供选择的理想对象。当被食种成为群落中的优势种时，引进这种特化捕食者能获得非常有效的生物防治效果。

例如仙人掌（opuntia）被引入澳大利亚后成为一大危害，大量有用土地被仙人掌所覆盖，1925 年引入其特化的捕食蛾（*Cactoblastic cactorum*）后才使危害得到控制。

4.3.6.2　干扰

干扰（disturbance，或扰动）现象在自然界中普遍存在，就其字面含义而言，是指平静的中断，正常过程的打扰或妨碍。生物群落不断经受着各种随机变化的事件的影响，正如 Clements 指出的，即使是最稳定的群丛也不完全处于平衡状态，凡是发生次生演替的地方都受到干扰的影响。有些学者认为干扰扰乱了顶极群落的稳定性，使演替离开了正常轨道。而近代多数生态学家认为干扰是一种有意义的生态现象，它引起群落的非平衡特性，强调了干扰在群落结构形成和动态中的作用。

1. 干扰与群落缺口

缺口（gaps）经常出现在连续的干扰中，森林中的缺口可能由大风、雷电、砍伐及火烧等引起；草地群落的干扰包括放牧、动物挖掘、践踏等。干扰造成群落的缺口以后，有的物种在没有继续干扰的条件下会逐渐恢复，但也可能被周围群落的任何一个种侵入和占有，并发展为优势种。

2. 抽彩式竞争

当缺口出现后，一个侵入种能否成为优势种是随机的，而这种随机性的竞争称为对缺口的抽彩式竞争（competitive lottery）。抽彩式竞争出现的条件为：①群落中具有许多入侵缺口；②有许多对缺口中物理环境适应能力相等的物种；③这些物种中任何一个种在其生活过程中能阻止后入侵的其他物种再入侵。

缺口的种间竞争结果完全取决于随机因素，即先入侵的物种取胜，至少在其一方中取胜。当缺口的占领者死亡后，缺口再次成为空白，后一种入侵和占有又是随机的。群落由于各种原因不断形成新的缺口，群落整体就有更多的物种可以共存，群落的多样性将明显提高。

3. 中度干扰假说

缺口形成的频率影响物种多样性，Connell 等提出中等程度的干扰水平能维持较高的多样性的假说，即中度干扰假说（intermediate disturbance hypothesis）。①一次干扰后少数先锋种入侵缺口，如果干扰频繁，先锋种不能发展到演替中期，因而多样性较低；②如果干扰间隔很长，演替过程能发展到顶极期，竞争排斥起到了排斥其他种的作用，多样性也不高；③中等干扰程度使多样性维持最高水平，它允许更多的物种入侵和定居。

中度干扰理论对应用领域有重要价值。如要保护自然界生物的多样性，就不可简单地排除干扰，因为中度干扰能增加多样性。同样，群落中不断地出现新层、新的演替、斑块状的镶嵌等，都可能是维持和产生生态多样性的有力手段。这样的思想应在自然保育、农业、林业和野生动物管理等方面起重要作用。

4.3.6.3　空间异质性

群落的环境不是均匀一致的，从而导致空间异质性（special heterogeneity）的产生。空间异质性指生态学过程和格局在空间分布上的不均匀性及其复杂性。空间异质性程度越高，意味着有更加多样的小生境，能允许更多的物种共存。

空间异质性分为非生物环境和生物环境空间异质性两种。在非生物环境空间异质性研究中，Harman 研究了淡水软体动物与空间异质性的相关性，他以水体底质的类型数作为空间异质性的指标，得到了正的相关关系：底质类型越多，淡水软体动物种数越多。植物群落研究中大量资料说明，在土壤和地形频繁变化的地段，群落含有更多的植物种，而平坦同质土壤的群落多样性低。在生物空间异质性中，MacArthur 等曾研究鸟类多样性与植物物种多样性和取食高度多样性之间的关系。取食高度多样性是对植物垂直分布中分层和均匀性的测度。结果发现，鸟类多样性与植物种数的相关性，不如与取食高度多样性的相关性显著。因此，根据森林层次和各层树叶茂盛程度来预测鸟类多样性是有可能的。对于鸟类生活，植被的分层结构比物种组成更为重要。

4.3.6.4　岛屿

岛屿与大陆相隔离，是一个相对独立的区域。生物学家常把岛屿作为研究进化论和生态学问题的天然实验室或微宇宙。

1. 岛屿的物种数目与面积的关系

岛屿中的物种数目与岛屿的面积有密切的关系。许多研究证实，岛屿的面积越大，物种数目就越多，这种关系可以用种数－面积方程（species-area curve）来描述：

$$S = cA^z$$

或者取对数

$$\lg S = \lg c + z\lg A$$

式中，S 为物种数目，A 为面积，c、z 为两个常数；z 表示回归方程的斜率，理论值为0.263，通常取0.18～0.35；c 表示单位面积物种数的常数。

岛屿的面积越大，种数越多，称为岛屿效应。通常认为这是由于面积越大，生境多样性越高，可以为更多生物提供生境。

2. MacArthur 的平衡假说

岛屿上的物种数取决于物种的迁入和灭亡的平衡，并且这是一种动态平衡，不断地有物种灭亡，也不断地有同种或别种的迁入来替代补偿灭亡的物种。平衡说可用图 4－2 说明。

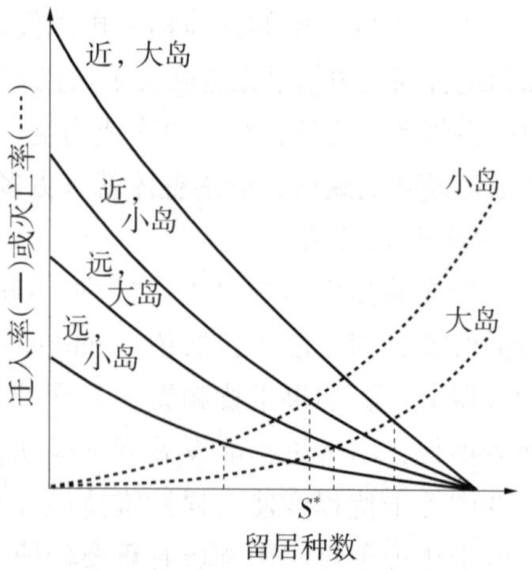

图 4－2　MacArthur 的岛屿生物地理平衡说——不同大小和远近的岛上的物种迁入率和灭亡率（S^* 为平衡种数）之间的关系

以迁入率曲线为例，当岛上无留居种时，任何迁入个体都是新的，因而迁入率高。随着留居种数加大，种的迁入率就下降。当种源库（大陆上的种）所有种在岛上都有时，迁入率为零。灭亡率则相反，留居种数越多，灭亡率也越高。当迁入物种的数目增加时，到达岛屿的迁入物种的数目会随着时间的推移而减少。相反当物种之间的竞争变强时，灭亡的速率会增加。当灭亡和迁入的速率达到相等时，物种的数目就处于平衡稳定状态。迁入率的大小还取决于岛的远近和大小，近而大的岛，其迁入率高；远而小的岛，迁入率低。同样，灭亡率也受岛的大小影响。

将迁入率曲线和灭亡率曲线叠在一起，其交叉点上的种数（S^*），即为该岛上预测的物种数。从图4－2中可以看出：面积越大且距离大陆越近的岛屿，其留居物种的数目最多；而面积越小且距离大陆越远的岛屿，其留居物种的数目最少。因此，根据平衡假说，可预测下列四点：①岛屿上的物种数不随时间而变化；②这是一种动态平衡，即灭亡种不断地被新迁入的种所替代；③大岛比小岛能“供养”更多的种；④随岛屿距大陆的距离由近到远，平衡点的物种数不断降低。

3. 岛屿生态与自然保护区

自然保护区可以看作是受周围生境的“海洋”所包围的岛屿，因此岛屿生态理论对自然保护区的设计具有指导意义。一般说来，保护区面积越大，越能支持和“供养”更多的物种数；面积越小，支持的种数也越少。但有两点要补充说明：①建立保护区意味着出现了边缘生境（如森林开发为农田后建立的森林保护区），适应于边缘生境的种类受到额外的支持；②对于某些种类而言，在小保护区可能比在大保护区生活得更好。在保护面积相同时，一个大保护区好还是若干小保护区好，这取决于以下几种情况：①若每一小保护区支持的都是相同的区系，那么大保护区能支持更多种；②从防止传播流行病而言，隔离的小保护区有更好地防止传播流行的作用；③如果在一相当异质的区域中建立保护区，多个小保护区能提高空间异质性，有利于保护物种多样性；④在保护密度低、增长率慢的大型动物时，为了保护其遗传特性，较大的保护区是必需的，保护区过小，种群数量过低，可能由于近亲交配使遗传特征退化，也易于因遗传漂变而丢失优良特征。

在各个小保护区之间的“通道”或走廊，对于保护是很有作用的，主要有以下原因：①能减少被保护物种灭亡的风险；②细长的保护区有利于物种的迁入。但在设计和建立保护区时，最重要的是深入了解和掌握被保护对象的生态学特征。

4.4 群落演替

4.4.1 演替的基本概念和演替理论

群落是一个动态系统，它是不断发生变化的，在这其中，生物不断地进行生命更迭，能量和营养物质也不停地在流动和循环。但是，大多数群落的外貌和物种成分却相当稳定。并且群落受到干扰和破坏（如森林遭砍伐、草原被烧荒和珊瑚礁遭台风破坏等）之后，会经历一个逐渐重建的过程：首先是先锋植物在遭到破坏的地方定居，后来又被其他种植物所取代，总是后来者占优，直到群落恢复原来的外貌和物种成分为止。在一个遭到破坏的群落地点发生的这一系列变化就是演替（succession），演替所达到的最终状态（物种组合达到稳定时）的群落就叫顶极群落（climax community）。

演替的概念主要是由植物学家瓦尔明（J. E. B. Warming）提出，他们曾研究过沙丘群落演替的各个阶段。后来，对演替的研究促使各种演替理论的出现。

最早和最经典的演替理论是由Clements提出来的，他认为群落是一个高度整合的超有机体，通过演替，群落只能发展为一个单一的气候顶极群落。演替的动力仅仅是生物之间的相互作用，最早定居的动物和植物改造了环境，从而更有利于新侵入的生物，这种情况一再发生，直到顶极群落产生为止。这个理论的一个重要前提条件是：物种之所以相互取代是因为在演替的每一个阶段，物种都把环境改造得对自身越来越不利，而对其他物种来说则越来越适宜定居。因此，演替是一个有序的、有一定方向的和可以预见的过程，这个理论又称为促进作用理论。

演替的第二个理论是由恩格莱（F. E. Egler）提出来的，他认为演替具有很强的异源性，因为在任何一个地点的演替都取决于谁首先到达那里。物种取代不一定是有序的，因为每一个物种都试图排挤和压制任何新来的定居者，使演替带有很强的个体性。并且由于演替并不总是朝着气候顶极群落的方向发展，演替也就更难以预测。该理论认为没有一个物种会比其他物种更占有竞争优势，首先定居的物种不管是谁，都将面临所有后来者的挑战。演替通常是由短命物种发展为长寿物种，但这不是一个有序的取代过程，这个理论又称为抑制作用理论。

演替的第三个重要理论是由康内尔（J. H. Connell）和斯拉切尔（R. O. Slatyer）提出的，称为忍耐作用理论。该理论认为，早期演替物种的存在并不重要，任何物种都可以开始演替，某些物种可能占有竞争优势，这些物种最终在顶极群落中有可能占有支配地位。较能忍受资源限制的物种将会取代其他物种，演替是靠这些物种的侵入或原来定居物种的逐渐减少而进行的，主要决定于初始条件（三种演替理论见图4－3）。

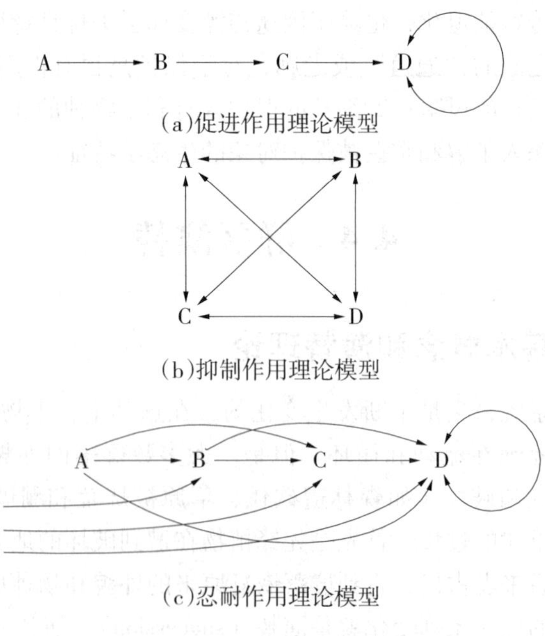

图4－3　演替的三种理论

注：A、B、C和D代表4个物种，箭头指示被取代。在Connell的理论中，后来物种可以取代先来物种，但当后者不存在时，前者也可侵入。在Egler的理论中，彼此都有可能取代，主要取决于谁先到达演替地点。

以上三种演替理论都一致预测：在一个演替过程中，先锋物种总是最早出现，因为这些物种有许多适于定居的特性，如生长速度快、种子产量高和具有极大的散布能力等。但这些定居物种通常都是短命和易消失的，因为它们总是使环境变得对自己不利。三种演替理论的主要区别在于物种取代的机制不同。在 Clements 的经典理论中，物种取代是受前一个演替阶段所促进的。在 Egler 的演替理论中，物种取代则受到已定居物种的抑制，直到这些定居物种受到损害或死亡为止。在 Connell 与 Slatyer 的理论中，物种取代则不受现存物种的影响。

4.4.2　演替模式

生物群落演替类型的划分根据不同的划分原则，演替名称也存在着相应的差异。

1. 按照演替的延续时间划分

（1）快速演替。延续几年或十几年。草原弃耕地的恢复演替可以作为快速演替的例子，但这以弃耕面积不大和种子传播来源就近为条件，否则仅耕地的恢复过程就可能延续几十年。

（2）长期演替。延续时间较长，达几十年或上百年。森林被采伐后的恢复演替可作为长期演替的实例。

（3）世纪演替。延续时间相当长久，一般以地质年代计算。其发生常伴随气候的历史变迁或地貌的大规模改造。

2. 按演替的起始条件划分

（1）原生演替。开始于完全没有植被并且也没有任何植物繁殖体存在的原生裸地或原生芜原的群落演替。

（2）次生演替。在原有生物群落被破坏后的次生裸地（如森林采伐迹地、弃耕地）上的群落演替。在这种情况下，演替过程不是从一无所有开始的，原来群落中的一些生物和有机质仍被保留下来，附近的有机体也很容易侵入。因此，次生演替比原生演替更为迅速。

3. 按基质的性质划分

（1）水生演替。演替开始于水生环境中，但一般都发展到陆地群落。例如池塘或湖泊中的水生群落向中生群落的转变过程。

（2）旱生演替。演替从干旱缺水的基质上开始，如裸露的岩石表面上生物群落的形成过程。

4. 按控制演替的主导因素划分

（1）内因性演替，是群落中生物的生命活动导致的演替。这类演替的一个显著特点是群落中生物生命活动的结果首先使它的生境得到改造，然后被改造的生境又反作用于群落本身，如此相互促进，使演替不断向前发展。一切源于外因的演替最终都是通过内因性演替来实现，内因性演替是群落演替的最基本和最普遍的形式。

（2）外因性演替，是由于外界环境因素的作用所引起的群落变化。其中包括气候发生演替、地貌发生演替、土壤发生演替、火成演替和人为发生演替。

5. 按群落代谢特征划分

（1）自养性演替。自养性演替中，光合作用所固定的生物量积累越来越多，群落中的能量和有机物逐渐增加。例如裸岩→地衣→草本→灌木→乔木的演替过程。

（2）异养性演替。如果异养性演替出现在有机污染的水体，由于细菌和真菌分解作用特别强，有机物质会随演替而减少。

4.4.3 群落演替的一般过程

早在1916年Clements就制定了有关群落演替过程的纲要。这个过程虽然是针对植物群落提出的，但对理解生物群落演替的一般过程具有重要意义。

1. 裸地形成

（1）原始裸地的产生。主要包括侵蚀（由水、风、重力或冰川所引起）、沉积（由上述的作用力加上钙华、泉华的硬化与沉淀）、陆地上升（产生贫瘠的地面）、陆地下沉（产生贫瘠的水面）和解冻作用（产生不稳定的粉砂或石质基质以及解冻的池塘）等过程。

（2）由气候现象产生大多数次生裸地。例如，干旱使定居植物中多数植物孱弱死亡，从而导致开阔地的形成；暴风推倒个别的或成群的林木；闪电、雷击产生毁灭性的火灾等。

（3）生物作用力形成次生裸地。例如，人类耕作、伐木、火烧植被、过度放牧以及昆虫、真菌、细菌等毁灭植被等。

2. 生物侵移、定居及繁殖

（1）侵移，是指生物有机体的繁殖结构进入栖境或裸地的过程。如果繁殖结构是借助空气或水进入分离单位的，则称这些繁殖结构为传播体；如果繁殖结构是穿过一层基质或越过表面延伸，并仍然与母体连接在一起的，则称为繁殖体。一般传播体的侵移，会导致在栖境上星散分布的个体外貌；繁殖体的侵移则导致裸地或栖境边缘的集群侵占。

（2）定居，是指侵移体生长发育至个体成熟阶段的过程。

（3）繁殖，是指侵移进来的物种增加其个体数量。这种初步建立起来的种群对以后环境的改造和其后相继侵入定居的同种或异种个体起着极其重要的奠基作用。

3. 环境变化

在演替中，生境内的非生命成分是同动植物并行变化的。环境变化主要受两方面的影响：一是自发的影响，即有机体本身活动的结果；二是异发的影响，即与植被覆盖无关的环境自身变化的结果。在正常情况下，这两种影响力量同时发挥作用。

4. 物种竞争

物种竞争指多种生物有机体对环境资源提出同样要求，或是一种有机体对另一种有机体直接或间接地造成危害的现象。竞争的结果形成和造就了群落中各物种成分的比例和优势种群，并使得各物种的分布区或适合的生态幅缩小，而呈现出物种沿环境而变化的梯度。

5. 群落水平上的相对稳定和平衡

各物种通过竞争平衡而进入协同进化，使自然资源的利用更为有效，群落结构更趋完善，整个群落及其与环境之间保持相对的稳定和平衡。

在以上群落演替的一般过程中，演替中物种的相互关系经历了以下四个阶段：

(1) 互不干扰 (non-interactive) 阶段。这是群落演替中物种从无到有的最初阶段，这时候物种数目少、种群密度低，在对自然资源的利用上没有什么竞争。对腐食性或寄生动物来说，此阶段还不存在开发利用这些猎物或寄主的问题。

(2) 相互干扰 (interactive) 阶段。这阶段主要是不同物种间的竞争。在竞争中有的物种侵入并定居下来进行繁殖，而另一些物种则被排斥而趋于灭绝。

(3) 共摊 (assortative) 阶段。在这个阶段那些能很好利用自然资源而又能在物种互相作用中共存下来的物种得到发展，它们从不同的角度利用自然资源，共摊自然资源。

(4) 进化 (evolutionary) 阶段。物种的协同进化使自然资源的利用更加合理和有效，群落结构更趋合理，物种组成及数量维持一定比例。

4.4.4　演替顶极学说

一般认为，演替是一个漫长的过程，但演替也不是永无尽头的，当演替达到最后阶段，演替与环境达到一种平衡状态，此时群落的结构最复杂、最稳定，只要不受干扰，这种状态将永远保持下去，此时的群落称为顶极群落 (climax)，简称顶极。有关顶极群落的假说较多，最经典的有三种。

4.4.4.1　单元顶极论

单元顶极论在 19 世纪末、20 世纪初就已经基本形成。这个学说的首创人是 H. C. Cowle 和 F. E. Clements，Clements 指出演替就是在地表上同一地段连续出现各种不同生物群落的时间过程。任何一类演替都经过迁移、定居、群聚、竞争、反应及稳定 6 个阶段。到达稳定阶段的群落，就是和当地气候条件保持协调和平衡的群落，这是演替的终点，这个终点就称为演替顶级 (climax)。在某一地段上从先锋群落到顶极群落按顺序发育着的那些群落，都可以称为演替系列 (sere)。Clements 认为，在同一气候区内，无论演替初期的条件多么不同，植被总是趋向于减轻极端情况而朝向顶极方向发展，从而使得生境适合于更多的生物生长。于是，旱生的生境逐渐变得中生，而水生的生境逐渐变得干燥。演替可以从千差万别的地境上开始，先锋群落可能极不相同，但在演替过程中群落间的差异会逐渐缩小，逐渐趋向一致。因而，无论水生型的生境，还是旱生型的生境最终都趋向于中生型的生境，并均会发展成为一个相对稳定的气候顶极 (climatic climax)。

在一个气候区内，除了气候顶极之外，还会出现由地形、土壤或人为等因素所决定的稳定群落。为了和气候顶极相区别，Clements 将后者统称为前顶极 (preclimax)，并划分了若干前顶极类型。

1. 亚顶极

亚顶极 (subclimax) 是持续演替但在即将到达气候顶极前形成的一个相对稳定的顶级群落。例如，内蒙古高原典型草原气候顶极是大针茅草原，但松厚土壤上的羊草草原是在大针茅草原之前出现的一个比较稳定的阶段，为亚顶极。

2. 偏途顶极

偏途顶极 (disturbance climax 或 disclimax) 也称为分顶极或干扰顶极。这是由一种强烈而频繁的干扰因素所引起的相对稳定的群落。例如，在美国东部的气候顶极是夏绿阔叶林，但因常受火烧而长期停留在松林阶段。再如，内蒙古高原的典型草原，由于过度放牧，长期停留在冷蒿阶段。

3. 前顶极

前顶极（preclimax）也称先顶极，是在一个特定的气候区域内，由于局部气候条件较差（热、干燥）而产生的稳定群落。例如，草原区内出现的荒漠植被片段。无论哪种形式的前顶极，按照 Clements 的观点，如果给予充分时间的话，都可能发展为气候顶极。

关于演替的方向，Clements 主张，在自然状态下，演替总是向前发展的，即进展演替（progressive succession），而不可能是后退的逆行演替（regressive 或 retrogressive succession）。单元顶极论提出以来，在世界各国特别是英美等国引起了强烈反响，得到了不少学者的支持。但也有人提出了批评意见甚至持否定态度。他们认为，只有排水良好、地形平坦、人为影响较小的地带性生境上才能出现气候顶极。另外，从地质年代来看，气候也并非永远不变的，极端气候的影响很大。例如，1930 年美国大平原大旱，引起群落的变更，直到现在还未完全恢复原来真正草原植被的面目。此外，植被群落的变化往往落后于气候的变化。例如，内蒙古毛乌素沙区的黑格兰灌丛就是由晚更新世早期的森林植被残遗下来的。

4.4.4.2 多元顶极论

多元顶极论由英国学者 Tansley 在 1954 年提出，这个学说认为，如果一个群落在某种生境中基本稳定，能自行繁殖并结束它的演替过程，就可看作顶极群落。在一个气候区域内，群落演替的最终结果，不一定都汇集于一个共同的气候顶极终点。除了气候顶极之外，还可有土壤顶极（edaphic climax）、地形顶极（topographic climax）、火烧顶极（fire climax）、动物顶极（zootic climax）；同时还可存在一些复合型的顶极，如地形-土壤顶极（tope-edaphic climax）和火烧-动物顶极（fire-zootic climax）等。一般在地带性生境上是气候顶极，在别的生境上可能是其他类型的顶极。这样一来，一个植物群落只要在某一种或几种环境因子的作用下，在较长时间内保持稳定状态，都可认为是顶极群落，它和环境之间达到了较好的协调。

由此可见，不论是单元顶极论还是多元顶极论，都承认顶极群落是经过单向变化而达到稳定状态的群落；而顶极群落在时间上的变化和空间上的分布，都是和生境相适应的。两者的不同点在于：①单元顶极论认为，只有气候才是演替的决定因素，其他因素都是第二位的，但可以阻止群落向气候顶极发展；多元顶极论则认为，除气候以外的其他因素，也可以决定顶极的形成。②单元顶极论认为，在一个气候区域内，所有群落的发展都有趋同性，最终形成气候顶极；多元顶极论不认为所有群落最后都会趋于一个顶极。

4.4.4.3 顶极格局假说

1953 年，由魏塔克（R. H. Whittaker）提出的顶极格局假说，实际是多元顶极的一个变型，也称种群格局顶极理论（population pattern climax theory）。该假说认为，在任何一个区域内，环境因子都是连续不断地变化的。随着环境梯度的变化，各种类型的顶极群落，如气候顶极、土壤顶极、地形顶极、火烧顶极等，不是截然呈离散状态，而是连续变化的，因而形成连续的顶极类型，构成一个顶极群落连续变化的格局。在这个格局中，分布最广泛且通常位于格局中心的顶极群落，叫做优势顶极（prevailing climax），它是最能反映该地区气候特征的顶极群落，相当于单元顶极论的气候顶极。

1974 年，Whittaker 还提出了识别顶极群落的方法。他认为一个顶极群落具有如下特征：①群落中的种群处于稳定状态；②达到演替趋向的最大值，即群落总呼吸量与第一性生产量的比值接近 1；③与生境的协同性高，相似的顶极群落分布在相似的生境中；④不同干扰形式和不同干扰时间所导致的不同演替系列都向类似的顶极群落汇聚；⑤在同一区域内具最大的中生性；⑥占有发育最成熟的土壤；⑦在一个气候区内最占优势。

4.4.5　生物群落演替的制约因素

生物群落演替是群落内部关系与外界环境中各种生态因子综合作用的结果。到目前为止，对于演替机制的了解还不足。要搞清演替过程中每一步发生的原因以及有效地预测演替的方向和速度，还有大量的工作要做。因此，下面列出的仅是部分原因。

1. 植物繁殖体的迁移、散布和动物的活动性

植物繁殖体的迁移和散布普遍而经常地发生着。任何一块地段，都有机会接受这些扩散的繁殖体。当植物繁殖体到达一个新环境时，就开始了定居过程。植物的定居包括发芽、生长和繁殖三个方面。我们经常可以观察到这样的情况：植物繁殖体虽到达了新的地点，但存在不能发芽，或不能生长和繁殖后代的情况。只有当一个种的个体在新的地点上繁殖时，定居才算成功。任何一块裸地上生物群落的形成和发展，或是任何新旧群落的更替，都必然包含有植物的定居过程。因此，植物繁殖体的迁移和散布是群落演替的先决条件。

对于动物来说，植物群落成为它们取食、营巢、繁殖的场所。当植物群落环境变得不适宜它们生存的时候，它们便迁移出去另找新的合适生境；同时，也会有一些动物从别的群落迁来找新栖居地。因此，每当植物群落的性质发生变化的时候，居住在其中的动物区系也在做适当的调整，使得整个生物群落内部的动物和植物又以新的联系方式统一起来。

2. 群落内部环境的变化

群落内部环境的变化是由群落本身的生命活动造成的，与外界环境条件的改变没有直接的关系；有些情况下，是群落内物种生命活动的结果，为自己创造了不良的居住环境，使原来的群落解体，为其他物种的生存提供有了有利条件，从而引起演替。

由于群落中植物种群特别是优势种的发育而导致的群落内光照温度、水分及土壤养分状况的改变，也可为演替创造条件。例如，在云杉采伐后的林间空旷地段，首先出现的是喜光草本植物。但当喜光的阔叶树种定居下来，并在草本层以上形成郁闭树冠时，喜光草本便被耐阴草本所取代。以后当云杉伸出于群落上层并郁闭时，原来发育很好的喜光阔叶林种便不能生产。这样，随着光照由强到弱及温度变化由不稳定到较稳定，群落内依次发生了喜光草本植物、阔叶树种阶段和云杉阶段的更替过程，也就是演替的过程。

3. 种内和种间关系的改变

组成一个群落的物种在其种群内部以及物种之间都存在特定的相互关系。这种关系随着外部环境条件和群落内环境的改变而不断地进行调整。当密度增加时，不但种群内部的

关系紧张化，而且竞争能力强的种群得以充分发展，竞争能力弱的种群则逐步缩小自己的地盘，甚至被排挤到群落之外。这种情形常见于尚未发育成熟的群落。

处于成熟、稳定状态的群落在接受外界条件刺激的情况下，也可能发生种间数量关系重新调整的现象，使群落特性或多或少地改变。

4. 外界环境条件的变化

虽然决定群落演替的根本原因存在于群落内部，但群落之外的环境条件诸如气候、地貌、土壤和火等也是引起演替的重要条件。气候的变化，无论是长期的还是短暂的，都会成为演替的诱发因素。气候决定着群落的外貌和群落的分布，也影响到群落的结构和生产力。地貌的改变会使水分热量等生态因子重新分配，反过来又影响到群落本身。大规模的地壳运动（冰山、地震、火山活动等）可使地球表面的生物部分或完全毁灭，因而使演替从头开始。小范围的地形形态变化（滑坡、洪水冲刷等）也可改造一个生物群落。

土壤的理化特性与置身于其中的植物、土壤动物和微生物的生活有密切关系，土壤性质的改变势必导致群落内部物种关系的重新调整。火是一个重要的诱发演替的因子，火烧可以造成大面积的次生裸地，演替可以从裸地上重新开始；火也是群落发育的一种刺激因素，它可使耐火的种类更旺盛地发育，而使不耐火的种类受到抑制。当然，影响演替的外部环境条件并不限于上述几种。凡是与群落发育有关的直接或间接的生态因子都可成为演替的外部因素。

5. 人类对生物群落演替的影响

人类对生物群落演替的影响远远超过其他所有的自然因子，因为人类生产活动通常是有意识、有目的地进行的，可以对自然环境中的生态关系起着促进、抑制、改造和重建的作用。放火烧山、砍伐森林、开垦土地等，都可使生物群落改变面貌。人还可以经营抚育森林、管理草原及治理沙漠，使群落演替按照不同于自然的道路进行。人甚至还可以建立人工群落，将演替的方向和速度置于人为控制之下。

【思考题】

1. 什么是生物群落？
2. 生物群落的主要类型？
3. 物种多样性的定义及衡量参数？
4. 群落的结构要素有哪些？
5. 影响群落结构的因素有哪些？
6. 群落演替的模式有哪些？一般过程是什么？
7. 影响群落演替的因素有哪些？

第 5 章　生态系统

内容提要　本章主要介绍了生态系统概念及其形成与发展，生态系统的非生物成分、生产者、消费者和分解者及其作用，生态系统的结构，食物链、食物网和生态金字塔的概念，生态系统的生物生产、物质循环、能量和信息流动、反馈调节与生态平衡，生态系统的主要类型，并运用生态系统生态学的基本理论，分析有关的生态环境问题。

5.1　生态系统的概念及其发展

5.1.1　生态系统的概念

早在古代，中国的哲学家就阐发了“天地与我并生，而万物与我为一”（《庄子·齐物论》）的重要的“天人合一”生态哲学思想。在自然界，任何生物群落都不是孤立存在的，它们总是通过能量和物质的交换与其生存的环境不可分割地相互联系、相互作用着，共同形成一个统一的整体，这样的整体就是生态系统（ecosystem）。因此，生态系统可以定义为，一定地区内生物和它们的非生物环境之间进行着连续的物质、信息及能量交换所形成的一个生态学功能单位。

按照生态系统的上述定义，我们既可以从类型上界定，例如森林、草原、荒漠、冻原、沼泽、河流、海洋、湖泊、农田和城市等，也可以从区域上理解，例如分布有森林、灌丛、草地和溪流的一个山地地区，或是包含着农田、人工林、草地、河流、池塘、村落与城镇的一片平原地区都是生态系统。整个地表便是由大大小小各种不同的生态系统镶嵌而成。生态系统是地理壳的基本组成单位，它的空间尺度、面积大小可以不同，生物圈（biosphere）可以看作是地球上最大的生态系统。

任何一个能够维持其机能正常运转的生态系统必须依赖外界环境提供输入（太阳辐射能和营养物质）和接受输出（热、排泄物等），其行为经常受到外部环境的影响，所以它是一个开放系统。但是生态系统并不是完全被动地接受环境的影响，在正常情况下即在一定限度内，其本身又具有反馈机能，使它能够自动调节，逐渐修复与调整因外界干扰而受到的损伤，维持正常的结构与功能，保持相对平衡状态。因此，它又是一个控制系统或反馈系统。

生态系统概念的提出，使我们对生命自然界的认识提高到更高一级的水平。它的研究为我们观察分析复杂的自然界提供了有力的手段，并且成为解决现代人类所面临的环境污染、人口增长和自然资源的利用与保护等重大问题的理论基础之一。

5.1.2 生态系统概念的形成与发展

生态系统（ecosystem）这一概念首先是由英国生态学家 A. G. Tansley 于 1935 年提出的。Tansley 通过对植物群落学的深入研究，发现土壤、气候和动物对植物的分布和丰度有明显的影响，于是提出生态系统这一概念，即居住在同一地区的动植物与其环境是紧密结合在一起的。他强调了生物和环境是不可分割的整体；生态系统内生物成分和非生物成分在功能上的统一，把生物成分与非生物成分当作一个统一的自然实体，这个自然实体即生态系统，被认为是生态学上的功能单位。

苏联植物生态学家 V. N. Sukachev，在深入研究植物群落中种间与种内竞争的基础上，于 1944 年提出了生物地理群落（biogeocoenosis）的概念。生物地理群落是指在地球表面上的一定地段内，动物、植物、微生物与其地理环境组成的功能单位。他强调了在一个空间内，生物群落中各个成员和自然地理环境因素之间是相互联系在一起的整体。正如 1965 年在丹麦哥本哈根召开的国际学术会议上认定的那样，生物地理群落和生态系统是同义语。

生态系统概念提出来以后，作为一种理论受到许多人的赞赏并得到进一步的发展，许多生态学家对生态系统的理论与实践做出了巨大贡献。在谈到生态系统概念的发展时，不能不提到的是 Odum 家族的工作。E. P. Odum 和 H. T. Odum 兄弟二人及 W. E. Odum 都是当代著名的生态学家，他们对生态系统概念的发展做出杰出的贡献。他们的著作甚为丰富，E. P. Odum 的《生态学基础》（*Fundamentals of Ecology*）不仅是一本现代生态学的教科书，而且是一部以生态系统为框架的很有新意的创作。他把研究对象划分为基因、细胞、器官、个体、种群和群落等几个层次，每个层次的生物成分和非生物成分的相互作用（能量和物质关系）产生了具有不同特征的功能系统。而 H. T. Odum 的《人和自然的能量基础》一书被誉为能量研究方面的经典著作。

我国生态学者在生态系统概念的形成与发展中也举足轻重，马世俊等于 1993 年在探讨人类生态学的基础上，提出了社会 - 经济 - 自然复合生态系统（social-economic-natural complex ecosystem，SENCE）模型。该模型反映了许多当代社会发展中的问题，或多或少关系到社会体制、经济发展状况和生态系统的真实情况。

综合前人研究，可以得到几点共识：①生态系统是客观存在的实体，有时间、空间的概念；②生态系统是以生物为主体，由生物和非生物成分组成的一个统一整体；③系统处于动态之中，其过程（process）就是系统的行为，体现了生态系统的多种功能；④系统对变动（干扰），无论来自系统内部还是外界的，都具有适应与调控的能力；⑤系统具有可持续发展的特性。

5.2 生态系统组成与结构

5.2.1 生态系统的基本组成

生态系统的基本组成可以概括为非生物成分与生物成分两大部分，或非生命的物质和能量、生产者、消费者和分解者四种基本成分（图 5－1）。

- 生态系统
  - 非生物成分（环境因子）
    - 能源：太阳能及其他能源
    - 气候因子：光照、温度、降水、风等
    - 基质和环境介质：岩石、土壤、水、空气等
    - 物质代谢原料：H_2O、CO_2、O_2、N_2 等；无机盐；碳水化合物、蛋白质、脂肪、腐殖质等
  - 生物成分
    - 生产者：绿色植物、光和细菌、化能自养菌
    - 消费者：食草动物（一级消费者）；食肉动物（二级、三级、四级消费者）；杂食动物（杂食者、腐食者）
    - 分解者：营腐生生活的细菌、真菌、放线菌，以及原生动物、小型无脊椎动物等异养生物

图 5－1　生态系统的基本组成成分

5.2.1.1　非生物环境

非生物环境（abiotic environment）是生态系统的生命支持系统，是生物生活的场所，提供生物生存所必需的物质条件，也是生物生活所需能量的源泉。主要包括驱动整个生态系统运转的能量和热量、生物生长的基质和介质、生物生长代谢所需的材料等三个方面。

5.2.1.2　生产者

生产者（producer）是指能利用简单的无机物制造有机物的自养生物（autotroph），包括植物和化能自养菌。这些生物利用无机物合成有机物，将外界能量以生物化学能的形式储存在生物有机体中。生产者这种固定能量的过程称为初级生产。生产者制造的有机物是地球上包括人类在内的其他一切异养生物（heterotroph）的生物来源，在生态系统的能量流动和物质循环中居首要地位，是生态系统最基础的部分。

5.2.1.3　消费者

消费者（consumer）是指不能利用无机物制造有机物，必须直接或间接以生产者制造的有机物为食的生物。根据其取食地位和食性的不同，消费者可分为草食动物、肉食动物和杂食动物等。

1. 草食动物（herbivore）

草食动物是专门摄食草本植物的动物，一般来说，就是以植物为主要食物来源的动物，如牛、羊、马、鹿、兔子、袋鼠等，通常被称为初级消费者（primary consumer）。

2. 肉食动物（carnivore）

肉食动物是以草食动物或其他动物为食的动物，也称为次级消费者（secondary consumer），包括纯肉食动物，如狮子、老虎等；杂食性肉食动物，如北极熊、棕熊等；肉食动物中的“素食者”，如大熊猫等。

3. 杂食动物（omnivore）

杂食动物也称为兼食性动物，是介于草食动物与肉食动物之间，既吃植物又捕食动物的生物。人类是典型的杂食动物，杂食动物主要存在于昆虫、鱼类、两栖类、爬行类、鸟

类、哺乳类中。所以，杂食特性与生物的进化程度无关，只与生物的生存环境相关，所有动物的杂食特性都是动物在生长繁殖的过程中为了扩大其物种生存能力所进化出的能力。

5.2.1.4 分解者

分解者（decomposer）都是异养生物，又称“还原者”。分解者在生态系统中将动植物遗体和动物的排遗物等所含的有机物质转换为简单的无机物，释放在环境中，供生产者再一次利用，其作用与生产者相反，主要包括营腐生生活的细菌、真菌，以及原生动物、小型无脊椎动物等异养生物。

分解者的作用在生态系统中的地位是极其重要的，如果没有分解者，动植物残体、排泄物等无法循环，物质将被固定在有机质中而不能被生产者利用，生态系统的物质循环终止，整个生态系统会崩溃。分解者的作用不是一类生物所能完成的，分解过程中不同物质的不同阶段需要不同的生物来完成。

以上生物成分与非生物成分紧密联系在一起，相互作用、相互联系，共同构成一个有机整体，称为生态系统。

5.2.2 生态系统的基本结构

生态系统各组成成分通过相互作用、相互联系形成一定的结构，构成统一的整体，具有一定的功能。生态系统的结构与功能相互依存，又相互制约、相互转化，二者密不可分。生态系统的结构稳定性是相对的，系统的结构不仅在量的方面可以逐渐发生变化，而且在一定条件下可以产生质的飞跃。不同生态系统从结构上来看，主要在物种组成、物种间的营养关系及时间和空间等方面上存在一定的差异。

5.2.2.1 生态系统的物种结构

生态系统物种结构是指生态系统中由不同生物类型或品种以及它们之间不同的数量组合关系所构成的系统结构。在生物群落的组分解析中主要讨论的是种类组成及各组分之间的量比关系，生物种群是构成生态系统的基本单元，不同物种（或类群）以及它们之间不同的量比关系，构成了生态系统的基本特征。例如，森林生态系统、草原生态系统，平原地区的“粮、猪、沼”系统和山区的“林、草、畜”系统，由于物种结构的不同，形成功能及特征各不相同的生态系统。即使物种类型相同，但各物种类型所占比重不同，也会产生不同的功能。

生物群落中介绍了优势种、建群种、伴生种及偶见种，根据不同物种在生态系统中的地位与作用，进一步将物种划分为关键种和冗余种。

1962—1964 年，美国华盛顿大学的潘恩（B. Paine）在木瓜（*Mukkaw*）海湾及加利福尼亚等地的岩石潮间带，进行了海洋生物群落的捕食关系及物种多样性研究。去除群落中的捕食者海星（*Pisaster ocbraceus*）后，原为被捕食者的贻贝（*Banlaus glandula*）随即占据了大部分领域，其空间占有率由 60% 增加到 80%。但 9 个月后，贻贝又被牡蛎（*Mytilus californianu*）和藤壶（*Mitella polimerus*）所排挤。底栖藻类、附生植物、软体动物由于缺乏适宜空间或食物而消失，群落系统组成由 15 个物种降至 8 个物种，营养关系变得简单化。

Paine 的实验表明，群落中单一物种（如这里的贻贝）对必要生存条件（如空间）的垄断往往受到捕食者（如海星）的阻止，这种阻止效率以及捕食者的数量影响着系统中的物种多样性。若捕食者缺失或实验性地移走，系统的多样性将降低。从这个意义上来说，位于食物链上端的捕食者的存在，有利于保持群落的稳定性和较高的物种多样性。

5.2.2.2 生态系统的营养结构

营养结构是指生态系统中生物与生物之间，生产者、消费者和分解者之间以食物营养为纽带所形成的食物链和食物网，它是构成物质循环和能量转化的主要途径。

1. 食物链

植物所固定的能量通过一系列的取食和被取食的关系在生态系统中传递，我们把生物之间存在的这种传递关系称为食物链。即所谓食物链，就是一种生物以另一种生物为食，彼此形成一个以食物连接起来的链锁营养关系。受能量传递效率的限制，食物链一般有4～5个环节，最少3个。但也有例外，比如我国的蛇岛，曾出现过包含7个环节的食物链——“花蜜—飞虫—蜻蜓—蜘蛛—小鸟—蝮蛇—老鹰”，但这种情况是极为特殊的。

食物链主要分为两类，一种是以活体为起点的，被称为牧食食物链；另一种是以死体为起点的，被称为碎屑食物链。

2. 食物网

在生态系统中，生物之间实际的取食与被取食的关系，并不像食物链所表达的那样简单，通常是一种生物被多种生物食用，同时也食用多种其他生物。这种情况下，生态系统中的生物成分之间通过能量传递关系，存在着一种错综复杂的普遍联系，这种联系像是一个无形的网，把所有的生物都包括在内，使它们彼此之间都有着某种直接或间接的关系。如图5－2，各种食物链互相交错，形成的就是食物网。

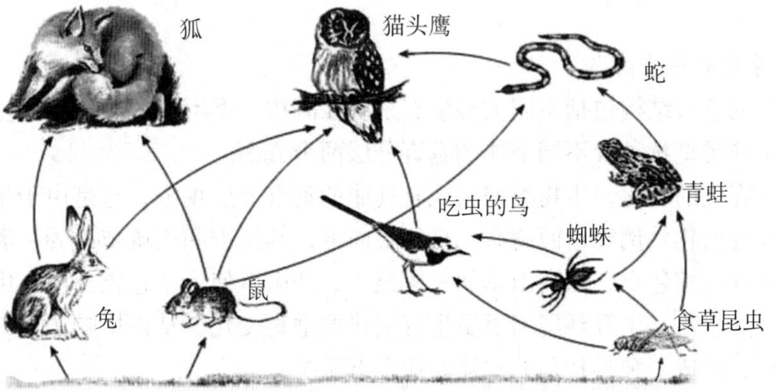

图5－2 草原生态系统食物网

一般来说，食物网越复杂，生态系统抵抗外力干扰的能力就会越强；反之越弱。例如，苔原生态系统是地球上最耐寒也最简单的生态系统之一，它是由“地衣—驯鹿—人”组成的食物链所构成的。但众所周知，地衣对大气二氧化硫的含量非常敏感，一旦地衣遭到破坏，苔原生态系统就会崩溃。可如果消失的地衣是存在于热带雨林生态系统中，那么即使会对生态系统的稳定性和功能造成一定的影响，也不会是毁灭性的。

综上所述，研究食物链和食物网的组成及其量的调节，是十分重要的。首先，可以带来很大的经济价值。例如，开展鱼类和野生动物的保护工作，必须先明确国家内动物、植物间的营养关系，而且还应注意食物链中量的调节，才能使项目内自然资源得以稳定和保存，否则会破坏自然界的平衡与协调，使该地区的生物群落发生改变，对社会经济产生严重影响。其次，物质流在食物链中有一个突出特性，即生物富集作用。某些自然界不能降解的重金属元素或其他有毒物质，在环境中的起始浓度并不高，但经过食物链逐渐富集并进入人体后，可能会提高数百倍甚至数百万倍。

5.2.2.3 生态系统的空间和时间结构

时空结构也称形态结构，是指各种生物成分或群落在空间上和时间上的不同配置和形态变化特征，包括水平分布上的镶嵌性、垂直分布上的成层性和时间上的发展演替特征，即水平结构、垂直结构和时间动态。

1. 生态系统的水平结构

生态系统的水平结构是指在一定生态区域内生物类群在水平空间上的组合与分布。在不同的地理环境条件下，受地形、水文、土壤、气候等环境因子的综合影响，植物在地面上的分布并非均匀的。有的植被盖度大的地段动物种类也相应多，反之则少。这种生物成分的区域分布差异性直接体现在景观类型的变化上，形成了所谓的带状分布、同心圆式分布或块状镶嵌分布等的景观格局。例如，地处北京西郊的百家疃村，其地貌类型为山前洪积扇，从山地到洪积扇中上部再到扇缘地带，随着土壤、水分等因素的梯度变化，农业生态系统的水平结构表现出规律性变化。山地以人工生态林为主，有油松、侧柏、元宝枫等；洪积扇上部为旱生灌草丛及零星分布的杏树、枣树。洪积扇中部为果园，有苹果、桃、樱桃等；洪积扇的下部为乡村居民点，洪积扇扇缘及交接洼地主要是蔬菜地、苗圃和水稻田。

2. 生态系统的垂直结构

生态系统的垂直结构包括不同类型生态系统在海拔高度不同的生境上的垂直分布和生态系统内部不同类型物种及不同个体的垂直分层两个方面。

随着海拔高度的变化，生物类型出现有规律的垂直分层现象，这是由于生物生存的生态环境因素发生变化。例如川西高原，自谷底向上，其植被和土壤依次为：灌丛草原 - 棕褐土，灌丛草甸 - 棕毡土，亚高山草甸 - 黑毡土，高山草甸 - 草毡土。由于山地海拔高度的不同，光、热、水、土等环境因子发生有规律的垂直变化，从而影响了农、林、牧各业的生产和布局，形成了独具特色的立体农业生态系统。

以农业生态系统为例，作物群体在垂直空间上的组合与分布，分为地上结构与地下结构两部分。地上部分主要包括作物复合群体茎枝叶在空间的合理分布，以求最大限度地利用光、热、水、大气资源；地下部分主要研究复合群体根系在土壤中的合理分布，以求获得土壤水分、养分的合理利用，达到种间互利的目的。

动物在空间的分布也有明显的分层现象。最上层是能飞行的鸟类与昆虫，下层是兔子和田鼠的活动场所，最下层是蚂蚁、蚯蚓、蝼蛄在土层中的活动。

池塘作为水域生态系统，其分层现象也很明显。大量的浮游植物聚集于水的表层，浮游动物和鱼、虾等多活动于水的中层，在底层的沉积物中有贝类及大量的细菌等微生物。

3. 生态系统的时间动态

生态系统的结构与外貌也会随时间不同而变化，从而反映出生态系统的时间动态。一般可以从三个时间量度上来考察。一是长时间量度，以生态系统进化为主要内容；二是中等时间量度，以群落演替为主要内容；三是以昼夜、季节和年份等为主要内容的短时间量度的周期性变化。

生态系统短时间结构的变化，反映了植物、动物等为适应环境因素的周期性变化而引起整个生态系统外貌上的变化，这种生态系统结构的短时间变化往往反映了环境质量高低的变化。所以，对生态系统结构的时间变化的研究具有重要的实践意义。

5.3 生态系统功能

5.3.1 生态系统的生物生产

5.3.1.1 初级生产

初级生产是指绿色植物的生产，即植物通过光合作用，吸收和固定太阳能，把无机物转化为储存能量的有机物的过程。初级生产可以用下列化学方程式表示：

$$6CO_2+12H_2O\xrightarrow[\text{叶绿素}]{\text{光能}\ 2.8\times10^6\ J}C_6H_{12}O_6+6O_2+6H_2O$$

即绿色植物以 CO_2 和 H_2O 为原料，利用光能，制造有机物，如葡萄糖、淀粉等，并释放氧气。

植物在单位面积、单位时间内，通过光合作用所固定太阳能的量，称为总初级生产量（gross primary production，GPP），单位为 $J/(m^2\cdot年)$ 或 $g/(m^2\cdot年)$。

植物的总初级生产量减去呼吸作用消耗（R），余下的有机物质的量为净初级生产量（net primary production，NPP）。总初级生产量（GPP）与净初级生产量（NPP）之间的关系，可以用下式表示：

$$GPP=NPP+R$$

则有

$$NPP=GPP-R$$

净初级生产量是可供生态系统中其他各种生物利用的能量。初级生产量也可称为初级生产力，其计算是一致的。但生产量与生物量（biomass）是两个不同的概念，生产量含有速率的概念，是指单位时间单位面积上的有机物质的生产量。而生物量是指在某一定时刻调查时，单位面积上积存的有机物质的量，其单位是 g/m^2（干重）或 J/m^2（所储存的能量）。

在陆地上，热带雨林是净初级生产量最高的生态系统，平均为 $2200g/(m^2\cdot年)$，这一生产量由热带雨林向温带常绿林、落叶林、北方针叶林、稀树草原、温带草原和荒漠依次减少；但沼泽和某些作物栽培地净初级生产量相对较高。占海洋面积最大的大洋区，其净初级生产量最低，平均仅为125 g/(m^2·年)，被称为海洋“荒漠”。在海洋中，由河口湾向大陆架到大洋区，净初级生产量和生物量有明显降低的趋势。

5.3.1.2 次级生产

次级生产也称为第二性生产（secondary production），它是指生态系统初级生产以外的生物有机体的生产，是消费者和分解者利用初级生产所制造的物质和贮存的能量进行新陈代谢，经过同化作用转化成自身物质和能量的过程。动物的肉、蛋、奶、体壁、骨骼等都是次级生产的产物。

从理论上讲，绿色植物的净初级生产量可以全部被异养生物所利用并转化为次级生产量。然而，任何一个生态系统中的净初级生产量总是有相当一部分不能被利用，在转化过程中要失去一定的能量。造成这一情况的原因很多，或为不可食用，或为种群密度过低而不易采食，还有很多植物生长在动物达不到的地方；即使是已摄食的，也还有一些不能被消化的部分。另外，呼吸代谢要消耗一大部分能量。因此，各级消费者所利用的能量仅仅是被食者生产量中的一部分。例如，蝗虫只能消化它吃进食物的30%，其余的70%以粪便的形式排出体外，供腐食动物和分解者利用。食物被消化的程度依动物种类的不同而大不相同。在被同化的能量中，有一部分用于动物的呼吸代谢和生命的维持，这一部分能量将以热的形式散失掉，剩下的那部分才能用于动物的生长和繁殖，这就是通常所说的次级生产量。次级生产的一般过程如图5－3所示。

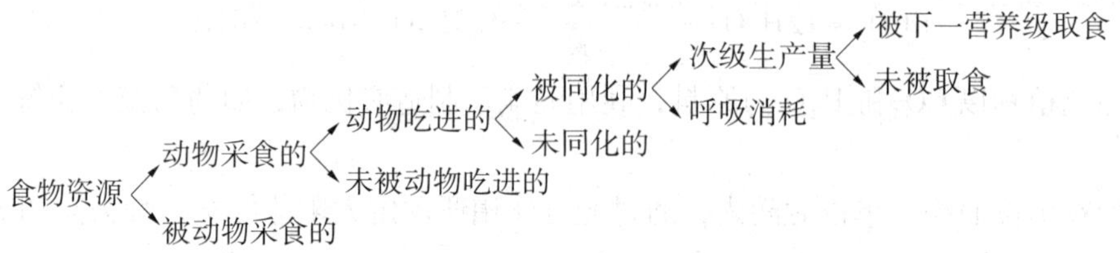

图5－3 次级生产的一般过程

以上是一个次级生产过程的普适模型。可以看出，能量从一个营养级传递到下一个营养级往往损失很大。对一个动物种群来说，其能量收支情况可以用下列公式来表示。

$$C = A + \mathrm{FU}$$

式中，C为动物从外界摄食的能量，J；A为被同化的能量，J；FU为粪、尿中的能量，J。

其中A又可分解为：

$$A = P + R$$

式中，P——次级生产量，J；R——呼吸量，J。

综合以上两式，可以得到：

$$P = C - \mathrm{FU} - R$$

次级生产是以现存的有机物为基础，初级生产的质和量对次级生产具有直接或间接的影响；在各类生态系统中，次级生产量总要比初级生产量少得多。Whittaker等在1973年依据NPP资料并参照不同地区动物摄食、消化的能力，列出了全球各类不同生态系统的次级生产量的估算值（表5-1）。

表5-1 全球各类生态系统的次级生产量

生态系统类型	初级生产量 /(10^9tC·a^{-1})	动物利用量 /%	植食动物取食量 /(10^6tC·a^{-1})	次级生产量 /(10^6tC·a^{-1})
热带雨林	15.3	7	1100	110
热带季雨林	5.1	6	300	30
温带常绿林	2.9	4	120	12
温带落叶林	3.8	5	190	19
北方针叶林	4.3	4	170	17
林地和灌丛	2.2	5	110	11
热带稀树草原	4.7	15	700	105
温带草原	2.0	10	200	30
苔原和高山	0.5	3	15	1.5
沙漠灌丛	0.6	3	18	2.7
岩面、冰面	0.04	2	0.1	0.01
农田	4.1	1	40	4
沼泽地	2.2	8	175	18
湖泊河流	0.6	20	120	12
陆地总计	48.3	7	3258	372
开阔海洋	18.9	40	7600	1140
海水上涌带	0.1	35	35	5
大陆架	4.3	30	1300	195
藻床和藻礁	0.4	15	75	11
河口	1.1	15	165	25
海洋总计	24.9	37	9175	1376
全球总计	73.2	17	12 433	1748

海洋生态系统中的植食动物有着较高的摄食效率，约相当于陆地动物的5倍。这样，虽然海洋的初级生产量约为陆地初级生产量的1/3，但海洋次级生产量总和却比陆地高得多。所以，对于人类未来发展而言，研究海洋的次级生产量具有重要意义。

5.3.2 生态系统的物质循环

5.3.2.1 物质循环的概念与特点

生命的维持依赖于地球上各种化学元素的供应与循环利用。生态系统从大气、水体和土壤等环境中获得营养物质，通过绿色植物吸收进入生态系统，被其他生物重复利用，最后再回归于环境中，称为生态系统的物质循环（cycle of material），又称生物地球化学循环（biogeochemical cycle）。在生态系统中能量不断流动，而物质不断循环。能量流动和物质循环是生态系统中的两个基本过程，正是这两个过程使生态系统各个营养级之间和各种成分（非生物和生物）之间组成一个完整的功能单位。

生态系统中的物质循环可以用库（pool）和流通（flow）两个概念加以概括。库是由存在于生态系统某些生物或非生物成分中一定数量的某种化合物所构成的。对于某一种元素而言，存在一个或多个不同的蓄库。物质在生态系统中的循环实际上是在库与库之间彼此流通的。在一个具体的水生生态系统中，磷在水体中的含量是一个库，在浮游生物体内的磷含量也是一个库，而在底泥中的磷含量又是一个库，磷在库与库之间的转移（浮游生物吸收水中磷以及死亡后残体下沉到水底，底泥中的磷又缓慢释放到水中）构成了该生态系统中的磷循环。

元素在单位时间、单位面积/体积的转移量称为流通率（flux rate）。流通率常用单位时间、单位面积内通过的营养物质的绝对值表示。一个特定的流通过程对有关库的相对重复性，用周转率（turnover rate）和周转时间（turnover time）来表示。

周转率就是出入一个库的流通率除以该库中的营养物质的总量；而周转时间就是库中的营养物质总量除以流通率。周转时间表达了移动库中全部营养物质所需要的时间。

在物质循环中，周转率越大，周转时间就越短。例如大气圈中二氧化碳的周转时间大约是1年（光合作用从大气圈中移走二氧化碳）；大气圈中分子氮的周转时间则需100万年（主要是生物的固氮作用将氮分子转化为氨氮为生物所利用）；而大气圈中水的周转时间约为10.5天。也就是说，大气圈中的水分一年要更新大约34次。在海洋中，硅的周转时间最短，约800年；钠最长，约2.06亿年。物质循环的速率在空间和时间上有很大的变化，影响物质循环速率最重要的因素有：

①循环元素的性质，即循环速率由循环元素的化学特性和被生物有机体利用的方式不同所决定；②生物的生长速率，这一因素影响着生物对物质的吸收速度，以及物质在食物和食物链中的运动速度；③有机物分解的速率，适宜的环境有利于分解者的生存，并使有机体很快分解，迅速将生物体内的物质释放出来，使其重新进入循环。

5.3.2.2 物质循环的类型

生物地球化学循环可分为三大类型，即水循环（water cycle）、气体型循环（gaseous cycle）和沉积型循环（sedimentary cycle），如图5-4所示。

生态系统中所有的物质循环都是在水循环的推动下完成的。因此，没有水的循环，也就没有生态系统的功能，生命也将难以维持。水循环是物质循环的核心。

在气体循环中，物质的主要储存库是大气和海洋，循环与大气和海洋密切相连，具有明显的全球性，循环性能最为完善。凡属于气体型循环的物质，其分子或某些化合物常以气体的形式参与循环过程。属于气体型循环的物质有氧、碳、氮、氯、溴和氟等。气体循环速度比较快，物质来源充沛，不会枯竭。

沉积型循环的主要储存库与岩石、土壤和水相联系，如磷、硫循环。沉积型循环速度比较慢，参与沉积型循环的物质，其分子或化合物主要是通过岩石的风化和沉积物的溶解转变为可被生物利用的营养物质，而海底沉积物转化为岩石圈成分则是一个相当长的、缓慢的、单向的物质转移过程，时间要以千年来计。这些沉积型循环物质的主要储存库在土

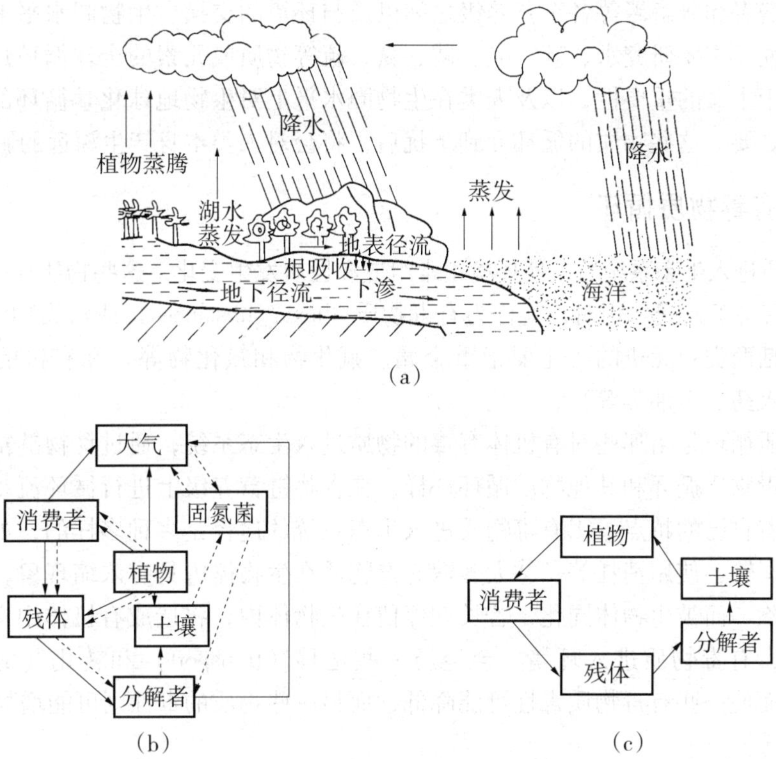

图5-4 水循环（a）、气体型循环（b）和沉积型循环（c）模型

壤、沉积物和岩石中，而无气体状态，因此这类物质循环的全球性不如气体型循环，循环性能也很不完善。属于沉积型循环的物质有磷、钙、钾、钠、镁、锰、铁、铜和硅等。其中磷是较典型的沉积型循环物质，它从岩石中释放出来，最终又沉积在海底，转化为新的岩石。

生态系统中的物质循环，在自然状态下，一般处于稳定的平衡状态。也就是说，对于某一种物质，在各主要库中的输入和输出量基本相等。由于有很大的大气蓄库，大多数气体型循环物质如碳、氧和氮的循环，对于短暂的变化能够进行迅速的自我调节。例如，燃烧化石燃料，使当地的二氧化碳浓度增加。通过空气的运动和绿色植物光合作用增加二氧化碳吸收量，使其浓度迅速降低到原来水平，重新达到平衡。一般情况下大气中的二氧化碳保持稳定的水平，但如果这种平衡被打破，将带来严重的后果。含有硫、磷等元素的沉积物循环则易受人为活动的影响，这是因为与大气相比，地壳中的硫、磷库比较稳定和迟钝，因此不易被调节。所以，如果在循环中这些物质流入储存库，它们将成为生物在很长时间内不能利用的物质。气体型循环和沉积型循环虽然各有特点，但都受能流的驱动，并都依赖于水循环。

生物地球化学循环的过程研究主要是在生态系统水平和生物圈水平上进行的。在局部的生态系统中，可选择一个特定的物种，研究它在某种营养物质循环中的作用。近年来，已有不少针对许多大量元素在整个生态系统中的循环的研究，重点是研究这些元素在整个生态系统中输入和输出以及在生态系统中主要生物和非生物成分之间的交换过程。例如在生产者、消费者和分解者等各个营养级之间以及与环境的交换。生物圈水平上的生物地球化学循环研究，主要研究水、碳、氧、磷、氮、硫等物质或元素的全球循环过程。这类物质或元素对于生命的重要性，以及人类在生物圈水平上对生物地球化学循环的影响，使这些研究更为必要。这些物质的循环受到干扰后，将会对人类本身产生深远的影响。

5.3.2.3 有毒物质循环

某种物质进入生态系统后，使环境正常组成和性质发生变化，这些物质在一定时间内直接或间接地有害于人或生物时，就称为有毒物质（toxic substances）或污染物（pollutants）。有毒物质包括两类：无机的（主要指重金属、氟化物和氰化物等）和有机的（主要有酚类、有机氯农药、石油类等）。

有毒物质循环是指那些对有机体有毒的物质进入生态系统，通过食物链富集或被分解的过程。有毒物质循环和其他物质循环一样，在食物链营养级上进行循环流动。但有毒物质循环也有着自己的特点：①有毒物质进入生态系统的途径是多种多样的，如采矿、加工生产、储存运输、使用消耗等；②大多数有毒物质在生物体内具有浓缩现象，在代谢过程中不能被排除，而被生物体同化，若长期停留在生物体内，将造成有机体中毒、死亡；③一般情况下，有毒物质进入环境，会经历一些迁移（transport）和转化（transformation）的过程，从而使一些有毒物质毒性可能降低，而另一些物质的毒性则可能增加（例如汞的生物甲基化等）。

5.3.3 生态系统的能量流动

5.3.3.1 生态系统能量流动遵循热力学规律

太阳能是生态系统的原动力，是一切生命活动的基础。一切生命活动都伴随能量的变化。没有能量的转化，也就没有生命和生态系统，能量流动是生态系统的重要功能之一。热力学就是研究能量传递规律和能量形式转换规律的科学，能量在生态系统内的传递和转化规律服从热力学的两个基本定律，即热力学第一定律和热力学第二定律。

依据热力学第一定律可知，一个体系的能量发生变化，环境的能量也必定发生相应的变化，如果体系的能量增加，环境的能量就要减少，反之亦然。对生态系统来说也是如此，例如，光合作用产物所含有的能量多于光合作用反应物所含有的能量，生态系统通过光合作用所增加的能量等于环境中太阳辐射所减少的能量；但总能量不变。所不同的是太阳能转化为化学潜能输入生态系统，表现为生态系统对太阳能的固定。

5.3.3.2 能量流动基本特点

1. 能量流动在生态系统中和在物理系统中不同

在非生命的物理系统中（电、热、机械等）能量流动是复杂的，但是从原则上说是有规律的，可以用直接的形式来表达，并且对一定的系统来说又是一个常数。例如，在一定的温度下，铜导线中的电流在每时每刻都是相同的。在生态系统中，能量流动是变化的，以“捕食者-被食者”为例，能量流动（假定为捕食者所消化并转化为新的生物量）取决于输入端的消化率和输出端捕食者的新生物量产生速度的因素。无论是短期行为，还是长期进化都是变动的。

2. 生态系统中能量流动是单向流

生态系统中能量的流动是单一方向的（one way flow of energy）。能量以光能的状态进入生态系统后，就不能再以光的形式存在，而是以热的形式不断地逸散于环境之中或以化学能的形态进行传递。热力学第二定律注意到宇宙在每一个地方都趋向于均匀的熵，它只能向自由能减少的方向进行而不能逆转，所以从宏观上看，熵总是增加。

能量流动在生态系统中流动，很大一部分被各个营养级的生物利用，同时，通过呼吸作用以热的形式散失。散失到空间的热能不能再回到生态系统中参与流动，因为至今未发现以热能作为能源合成有机物的生物。

能量流动的单一方向性主要表现在三个方面：①太阳的辐射能以光能的形式输入生态系统后，通过光合作用被植物所固定，此后不能再以光能的形式返回；②自养生物被异养生物摄食后，能量就由自养生物流到异养生物体内，不能再返回给自养生物；③从总的能量流动途径而言，能量只是一次性流经生态系统，是不可逆的。

3. 能量在生态系统内流动的过程是不断递减的过程

从太阳辐射能到被生产者固定，再经植食动物，到肉食动物，再到大型肉食动物，能量是逐级递减的过程。这是因为：①各营养级消费者不可能百分之百地利用前一营养级的生物量；②各营养级的同化作用也不是百分之百的，总有一部分不被同化；③生物在维持生命过程中进行新陈代谢总要消耗一部分能量。

4. 能量在流动中质量逐渐提高

生态系统中流动的能量除了有一部分以热能耗散外，另一部分的去向是把较多的低质量能转化成另一种较少的高质量能。在太阳能输入生态系统后的能量流动过程中，能量的质量是逐步提高的，如图5-5所示。

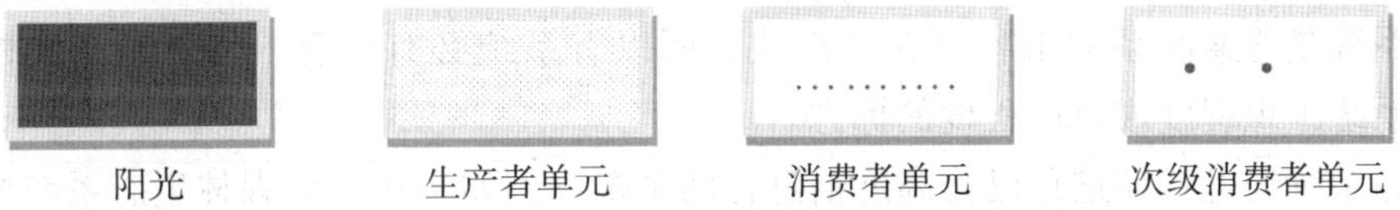

图5-5 生态系统能量的空间格局示意

美国生态学家 E. P. Odum 于1959年曾把生态系统的能量流动概括为一个普适的模型（图5-6）。从这个模型中我们可以看出外部能量的输入情况以及能量在生态系统中的流动路线及其归宿。各种研究表明：在生态系统能量流动过程中，能量从一个营养级到另一个营养级的转化效率为5%～30%。平均说来，从植物到植食动物的转化效率大约是10%。从植食动物到肉食动物的转化效率大约是15%。

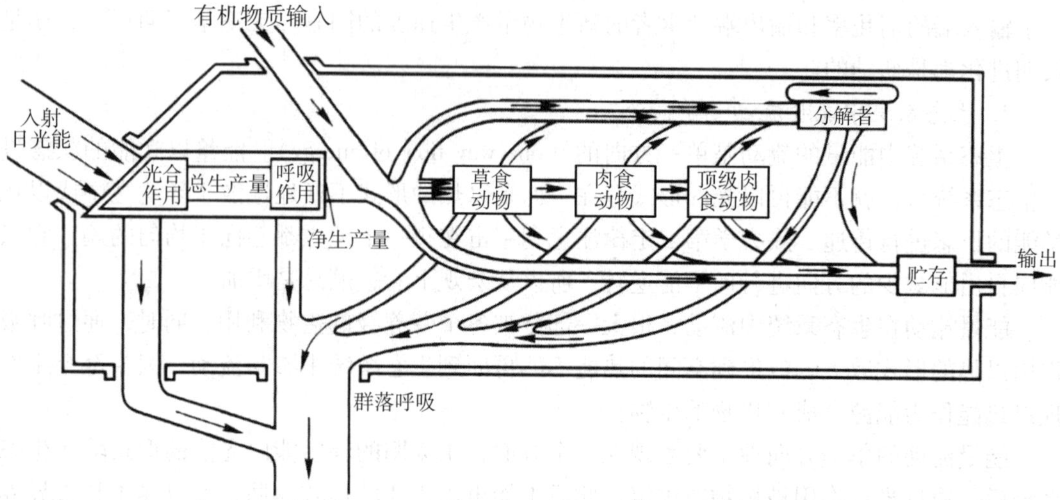

图 5－6　一个普适的生态系统能量流动模型

5.3.4　生态系统的信息流动

5.3.4.1　生态系统的信息概念

一般来说，信息是指由信息源发出的被使用者接受和理解的各种信号。作为一个社会概念，信息则是人类共享的一切知识以及从客观事物中提炼出来的各种消息之和。信息并非事物本身，而是表征事物并由事物发出的消息、情报、指令、数据、信号等组成。信息被认为是一种重要的资源。在人类社会中，信息往往以文字、图像、图形、语言、声音等形式表现出来。对信息有如下共识：信息是客观存在的；信息来源于物质，与能量亦有密切关系。但信息既不是物质本身，也不是能量。信息是现实世界物质客体间相互联系的形式，而系统是普遍联系的事物存在的形式，所以有系统必有信息，信息是系统控制的基础，是系统组织程度或有序程度的标志。

生态系统经过长期进化已是高度信息化的系统。例如，在一个森林生态系统中，射入的阳光给植物光合作用带来能量的同时也带进了信息（季节及昼夜日照变化）。流入森林的河流，河水的涨落滋润着土壤，带来外界的各种养分，同时水中养分的变化也给森林带来了信息。生物可根据环境信息的变化调整自己的生活及行为。因此，生态系统中，信息就是能引起生物生理、生化和行为变化的信号。

生态系统中各组分之间及其与环境之间不断进行着的物质、能量和信息的交换，通常叫做“流”。例如，物质的转化叫做物质流、能量的转化叫做能量流、信息的传递则称为信息流等。用“流”的概念可以定量地表示某个过程的强度。生态系统正是依靠这种交换来维系系统与环境、系统内部各组分之间的关系，形成一个动态的相对独立的体系，并且可以在某种过程发生变化时进行内部相应的改变，从而实现调控，以便维持系统的稳定。系统中的任何组分发生变化，一定会通过“流”的相应改变（路径、方向、强度和速率等），去影响其他组分，最终将波及整个系统，这种变化如果超出了生态系统本身的调节能力范围，将造成生态系统平衡的失调，甚至造成整个系统功能的丧失。

生态系统信息流，也就是信息的传递、交换和转化，是生态系统的基本功能之一，没有信息的生态系统是不可想象的。生态系统中生物与环境、生物与生物，通过一系列信息取得联系，生物在信息的影响下做出相应的反应及行为变化。生态系统各要素在信息影响下，各居其位，各司其职，使生态系统有条不紊，维持生态平衡。

信息存在于自然界，存在于人类社会，横贯物质与精神“两个世界”。这正是信息普遍性之所在，同时信息具有一些不同的性质和特征。

5.3.4.2　生态系统的信息类型

生态系统中的信息通常分为四类：物理信息、化学信息、行为信息和营养信息。

1. 物理信息

生态系统中以物理过程为传递形式的信息称为物理信息，生态系统中的各种光、颜色、声、热、电、磁等都是物理信息。例如，萤火虫通过闪光来识别它的同伴；植物通过花的五颜六色吸引昆虫前来传花授粉；青蛙的鸣声、鸟的啼声等可吸引异性个体。

（1）光信息。太阳是光信息的主要初级信源，它通过折射、贮存、再释放等过程，构成大量初级信源。动物有专门的光信息接收器官（视觉器官），因此动物对光信息的传递称为视觉通讯。高空的鹰通过视觉发现地面的兔子，这是一个光信息的传递过程。兔子是发出信息的信源，但它本身并不能发光，而是反射太阳光，所以是次级信源。但是，生态系统中的光信息，并不完全来自太阳或其派生出来的次级信息。例如有些候鸟的迁徙，在夜间是靠天空中的星座确定方位的，这就是借用了其他恒星所发出的光信息。光的强弱，即光质和光照时间的长短都是重要的光信息。

（2）声信息。声信息对于动物似乎具有更大的重要性。当深入研究森林动物时，就会发现听觉比视觉更为重要，动物更多的是靠声信息确定食物的位置或发现敌害的存在。生活在陆地上的蝙蝠和生活在水中的鲸类，其活动环境不是光线暗弱就是光线传播距离短，接收光信息的视觉系统不能很好地发挥作用，因此，它们主要靠的是声纳定位系统。

人们最熟悉的声音信号还是鸟类婉转多变的叫声。很多生活在一起的鸟类，其报警鸣叫声都趋于相似，这样每一种鸟都能从其他种类鸟的报警鸣叫中受益。但其他方面的叫声，各个物种却不相同。F. W. Peek 把一些领域雄鸟的红色肩羽涂黑，结果是其中一些雄鸟完全丧失了领域，如果使雄鸟致哑也能产生同样的后果。

（3）电信息。自然界中有许多放电现象，存在较多的是生物放电现象，特别是鱼类的生物放电现象，其中大约有300多种能产生0.2～2V的微弱电压，放出少量的电流，而电鳗产生的电压能高达600 V。动物对电很敏感，特别是鱼类、两栖类，其皮肤有很强的导电能力，其中组织内部的电传感器灵敏度更高。例如团扇鳐能感受到最低0.01 $\mu V/cm^2$ 的电场电压。整个鱼群的生物电场还能很好地与地球磁场相互作用，使鱼群能正确选择洄游路线。鳗鱼、鲑鱼等能按照洋流形成的地电流来选择方向和路线。有些鱼还能察觉海浪电信号的变化，预感风暴的来临，及时潜入海底。

植物跟动物一样，其组织与细胞存在着生物电现象，因为活细胞的膜都存在着静电位，任何外部刺激，包括电刺激都会引起动作电位的产生，形成电位差，引起电荷的传播。植物细胞就是电刺激的接收器。

(4) 磁信息。由于生物生活在太阳和地球的磁场内，都少不了要受到磁力的影响。生物对磁有不同的感受能力，称为生物的第六感觉。在浩瀚的大海里，很多鱼能遨游几千海里，来回迁徙于河海之间。在广阔的天空中候鸟成群结队南北长途往返飞行，且都能准确到达目的地，特别是信鸽千里传书而不误。在这些行为中动物主要是凭着自己身上带的电磁场与地球磁场的相互作用确定方向和方位。

许多研究证明了磁场对动物定向的重要作用。有人将训练过的 20 只信鸽同时放飞，其中 10 只翅膀上缚有铜片，另 10 只缚上小磁片；结果缚铜片的有 8 只返回，缚磁片的 4 天后仅 1 只返回。这说明磁片干扰了地球磁场与鸽子生物电磁场间的相互作用，使信鸽迷失了方向。

植物对磁场也有反应。据研究，在磁异常地区播种小麦、黑麦、玉米、向日葵及一年生牧草，其产量比正常地区低。即使在很弱的磁场中，蒲公英开花也要晚得多，在磁场中长期生长会死亡。

2. 化学信息

生态系统的各个层次都有生物次生代谢产物参与的化学传递信息，协调各种功能，这种传递信息的化学物质通称为信息素。生物产生的各种次生代谢产物，如生物碱、萜烯类物质、黄酮等，是生物传递信息的化学物质。生物释放的化学物质虽然数量不多，但影响到生物种群的食物、行为、生殖和进化，并进一步影响到群落和生态系统的结构与演替。生物之间以及生物和非生物环境之间化学联系的研究已经成为一门新兴的边缘学科——化学生态学。

化学信息是生态系统中信息流的重要组成部分。在个体内，通过激素或神经体液系统协调各器官的活动。在种群内部，通过种内信息素（又称外激素）协调个体之间的活动，以调节动物的发育、繁殖、行为，并可提供某些情报贮存在记忆中。某些生物自身产生的毒物或自我抑制物，以及动物密集时累积的废物，具有驱避或抑制作用，使种群数量不致过分拥挤。群落内部通过种间信息素（又称异种外激素）调节物种之间的活动。种间信息素在群落中有重要作用，已知结构的这类物质约为 30 000 种，主要是次生代谢物生物碱、萜类、黄酮类、非蛋白质有毒氨基酸，以及各种苷类、芳香族化合物等。

3. 行为信息

许多植物的异常表现和动物的异常行动传递了某种信息，可通称为行为信息。蜜蜂发现蜜源时，就有舞蹈动作的表现，以"告诉"其他蜜蜂去采蜜。"蜂舞"有各种形态和动作，来表示蜜源的远近和方向，如蜜源较近时，作圆舞姿态；蜜源较远时，作摆尾舞等。其他工蜂则以触觉来感觉舞蹈的步伐，得到关于正确飞翔方向的信息。一些哺乳动物通过尿液确定势力范围、一些雄性鸟类通过舞蹈吸引异性等，都展现了动物在生存过程中的重要行为信息。

4. 营养信息

在生态系统中，环境中的食物及营养状况会引起生物的生理、生化及行为的变化，如食物短缺会引起生物迁徙；植物叶色、果实的颜色是动物取食的信息；被捕食动物的体重、肥瘦、数量是捕食者取食的依据。因此，营养信息是指环境中的食物及营养状况。食物链就是一个生物的营养信息系统，各种生物通过营养信息关系联结成一个相互依存、相互制约的整体。食物链中的各级生物要求一定的比例关系，即生态金字塔规律。根据生态金字塔规律，养活一只草食动物需要几倍于它的植物；养活一只肉食动物需要几倍数量的草食动物。前一营养级的生物数量影响和决定后一营养级的生物数量。

5.3.4.3　生态系统信息流的人工控制

人们利用各种先进的实验手段，研究自然生态系统内生物个体之间、种群之间、生物与环境之间的信息传递及其作用，以便在生产实践中，应用各种信息化手段来控制系统内生物的活动，从而提高系统的生产力。

1. 光信息的人工控制

利用光信息可以调节和控制生物的生长发育。例如，利用各种昆虫的趋光性特点进行诱杀。昆虫都有趋光的特点，但不同昆虫对各种光波长的反应不完全相同。苹果蠹蛾好趋集于蓝色光或紫色光下，二化螟对紫光反应最强，松毛虫蛾在 530nm 光下反应最强。因此可用不同的光来诱杀害虫。

各种害虫活动时间不同，水稻二化螟、三化螟、玉米螟、棉红铃虫、梨小食心虫、小地蚕等，都在 22:30 至次日 4:30 活动频繁。草木蛾、桃褐斑夜蛾及葡萄实紫褐夜蛾，都在夜间飞入果园刺吸果汁，所以夜间点灯诱杀效果好。

根据各种植物的光周期特性和经济器官的不同，可通过人工控制光周期达到早熟高产。这一手段在花卉上应用很多，如短光照处理菊花使其在夏天开花供观赏。在育种上利用光照处理调节不同光周期的植物，在同一时间开花进行杂交，培育优良品种。利用作物光周期不同，采取相应措施提高产量，例如短日照作物黄麻，南种北移延长生长期，可提高麻皮产量；养鸡业在增加营养的基础上延长光照时间可以提高产蛋率。

2. 化学信息的人工控制

自然界生物的某种行为是由少量的化学物质的刺激引起的，如粘虫成虫具有趋化性，对蜡味特别敏感。生产上就利用这一点在杀菌剂中调以蜡类物以诱杀之。卡尔森（P. Karson）和卢斯彻（M. Lüscher）于 1959 年提议采用性外激素（pheromone）防治害虫，它是昆虫分泌到体外的一种挥发性的物质，是对同种昆虫的其他个体发出的化学信号，这种化学信号能影响它们的行为，故称为信息素。根据其化学结构，目前已人工合成 20 多种性外激素，用于防治害虫上，效果显著。研究动物的信息行为，为仿生学开辟了光辉的前景，例如科学家们已模仿苍蝇嗅觉器官制成灵敏度极高的“小型气体分析仪”，用于分析宇宙和船舱里的气体。

根据装有性外激素的诱捕器所诱捕的虫数，可以短期预报害虫的发生时期、虫口密度及危害范围，作为防治时间和面积的依据，以减少农药防治次数和喷药面积，达到减轻农药污染的目的。

国外应用“迷向法”防治森林大害虫舞毒蛾是比较成功的。我国曾进行“迷向法”防治棉红铃虫试验，虽然处理区中监测诱捕器的诱蛾上升 99% 以上，但其交配率和铃害均下降 20% 左右。

性引诱剂与粘虫胶、农药、化学绝育剂、病毒或黑光灯等结合使用，可消灭大量虫口。另外使用性外激素，促使害鼠及早发现并多取食毒饵，以提高灭鼠效果。在家畜饲养上应用性外激素调整母猪发情日期，治疗久配不孕症。此外，用性外激素可鉴定猪的发情日期，提供确切指标，以便适时进行人工授精，促使母猪多产仔猪，提高繁殖能力。

3. 声信息的人工控制

用一定频率的声波处理蔬菜、谷类作物及树木等种子，可以提高发芽率，获得增产。有报道说，法国园艺家用耳机套在番茄上，让它每天"欣赏"三小时的音乐，结果所收获的番茄个体重达2.5kg。

海豚和鲸等海洋哺乳动物拥有"水下声呐"，它们能产生一种十分确定的讯号以探寻食物和相互通信。多种鲸类用声来探测和通信的频率比海豚的低得多，作用距离也远得多。其他海洋哺乳动物，如海豹、海狮等也都会发射出声呐信号，进行探测。终身在极度黑暗的大洋深处生活的动物不得不采用声呐等各种手段来搜寻猎物和防避攻击，它们的声呐的性能是人类现代技术所远不能及的。解开这些动物声呐的谜，一直是现代声呐技术的重要研究课题。而我们人类发明的"声呐"就是通过鲸和海豚的原理发明的。

5.3.5 生态系统反馈调节与生态平衡

5.3.5.1 反馈调节

自然生态系统是一个开放系统，依赖于外界环境物质、能量与信息等的输入，同时也不断向外界输出。当输入、输出停止，系统也就失去了功能。开放系统如果具有调节功能反馈机制（feedback mechanism），该系统就成为控制系统。所谓反馈，就是系统的输出成为决定系统未来功能的输入；如果一个系统的输出能够反过来影响或决定输入，就说明它存在反馈机制。要使反馈系统起控制作用，系统应具有某个理想的状态或位置点，系统就能围绕该位置点而进行调节。反馈分为负反馈和正反馈。图5－7为反馈调节模式图。

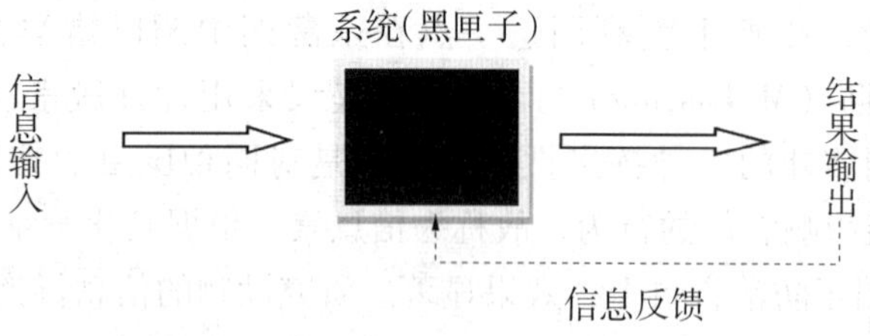

图5－7　反馈调节模式图

负反馈是比较常见的一种反馈，它的主要作用是使生态系统达到和保持平衡或稳态，反馈的结果是抑制和减弱最初发生变化的那种成分所发生的变化。例如，如果草原上的食草动物因为迁入而数量增加，植物就会因为受到过度啃食而减少；植物数量减少以后，反过来就会抑制动物种群的数量，造成动物数量减少。

正反馈即生态系统中某一成分的变化所引起的其他一系列的变化，反过来不是抑制而是加速最初发生变化的成分所发生的变化。因此正反馈的作用常常使生态系统远离平衡状态或稳态。例如，如果一个湖泊受到污染而造成富营养化，藻类的繁殖与死亡会造成鱼类的死亡和数量减少，鱼类死亡又会进一步加重水体污染并引起更多鱼类死亡。因此，由于正反馈的作用，污染会越来越重，鱼类的死亡速度也会越来越快。

负反馈控制可使系统保持稳定，正反馈使系统偏离加剧。正反馈是生物成长与存活所必需的。但是，正反馈不能维持稳态，要使系统维持稳态，只能通过负反馈控制。因为地球和生物圈是一个有限的系统，其空间、资源都是有限的，所以应该考虑用负反馈来管理生物圈及其资源，以保障生态系统资源的可持续发展与利用。

5.3.5.2　生态平衡

由于生态系统具有负反馈的自我调节机制，所以在通常情况下，生态系统会保持自身的生态平衡（ecological balance）。生态平衡是指生态系统通过发育和调节所达到的一种相对稳定状态，包括结构上的稳定、功能上的稳定和能量输入、输出的稳定。它是一种动态平衡，因为能量流动和物质循环总在不间断地进行，生物个体也在不断地进行更新。自然条件下，生态系统总是朝着物种多样化、结构复杂化和功能完善化的方向发展，直到使生态系统达到成熟的稳定状态。

当生态系统达到动态平衡的最稳定状态时，它能够自我调节和维持自己的正常功能，并能在很大程度上克服和消除外来干扰，保持自身的稳定性。有人把生态系统比喻为“弹簧”，它能忍受一定的外来压力；而压力一旦解除，就又恢复到原本的稳定状态，这实质上就是生态系统的反馈调节。

虽然生态系统具有自我调节功能，但是这种调节功能是有一定限度的。只有在某一限度内，生态系统才可以通过调节应对自然界或人类施加的干扰，以此维持相对平衡状态，这个限度就叫做“生态阈限”（ecological threshold）。当外界压力超过阈值限度时，生态系统的自我调节功能就会受到损害，甚至失去作用，从而引起生态功能失调，甚至造成生态系统的崩溃，具体表现为生态系统的营养结构被破坏、有机体的数量减少、生物量下降、能量流动和物质循环受阻等，甚至发生生态危机。

生态危机（ecological crisis）是指由于人类盲目生产开发活动而导致局部地区甚至整个生物圈的结构和功能失衡，从而威胁到人类生存。生态平衡失调的初期往往不容易被觉察，但一旦发展到出现生态危机，就很难在短期内恢复平衡。为了正确处理人和自然的关系，必须认识到整个人类赖以生存的自然界和生物圈是一个高度复杂的具有自我调节功能的生态系统，保持生态系统结构和功能的稳定是人类生存和发展的基础。

5.4　生态系统的主要类型

5.4.1　森林生态系统

森林生态系统（forest ecosystem）是以乔木为主体，具有一定面积与密度的植物群落与其所在的环境相互作用，具有一定结构和功能的自然综合体，是陆地生态系统的主干。它是陆地生态系统中面积最大、最重要的自然生态系统。世界上不同类型的森林生态系统，都是在一定气候、土壤条件下形成的。依据不同气候特征和相应的森林群落，可划分为热带雨林生态系统、常绿阔叶林生态系统、落叶阔叶林生态系统和针叶林生态系统等主要类型。

据专家估测，历史上森林生态系统的面积曾达到76亿 hm^2，覆盖着世界陆地面积的2/3，覆盖率达60%。在人类大规模砍伐之前，世界森林面积约为60亿 hm^2，占陆地面积的45.8%。《2020年全球森林资源评估》的数据显示，目前全球森林面积约为40.6亿 hm^2。至今，森林生态系统仍为地球上分布最广泛的系统。它在地球自然生态系统中占首要地位，在净化空气、调节气候和保护环境等方面起着重大作用。森林生态系统结构复杂，类型多样，但森林生态系统仍具有一些主要的共同特征。

5.4.1.1 物种繁多、结构复杂

世界上所有森林生态系统保持着最高的物种多样性，是世界上最丰富的生物资源和基因库，热带雨林生态系统就有200万～400万种生物。我国森林物种调查仍在进行中，新记录的物种不断增加。例如西双版纳面积只占全国的千分之二，据目前所知，仅陆栖脊椎动物就有500多种，约占全国同类物种种数的25%。又如我国长白山自然保护区植物种类亦很丰富，约占东北植物区系近3000种植物的1/2以上。

森林生态系统比其他生态系统复杂，具有多层次，有的多至7～8个层次。一般可分为乔木层、灌木层、草本层和地面层等四个基本层次。明显的层次结构，层与群纵横交织，显示系统复杂性。森林中还生存着大量的野生动物，有大象、野猪、羊、牛、啮齿类、昆虫和线虫等植食动物；有田鼠、蝙蝠、鸟类、蛙类、蜘蛛和捕食性昆虫等一级肉食动物；有狼、狐、鼬和蟾蜍等二级肉食动物；有狮、虎、豹、鹰和鹫等凶禽猛兽。此外还有杂食和寄生动物等。因此，以林木为主体的森林生态系统是个多物种、多层次、营养结构极为复杂的系统。

5.4.1.2 生态系统类型多样

森林生态系统在全球各地区都有分布，森林植被在气候条件和地形地貌的共同作用和影响下，既有明显的纬向水平分布带，又有山地的垂直分布带，是生态系统中类型最多的。例如我国云南省，从南到北依次出现热带北缘雨林、季节雨林带、南亚热带季风常绿阔叶林、思茅松林带、中亚热带和北亚热带半湿性常绿阔叶林、云南松林带和寒温性针叶林带等。在不同的森林植被带内有各自的山地森林分布的垂直带。

森林生态系统有许许多多类型，形成多种独特的生态环境。高大的乔木、宽大的树冠能保持温度均匀、变化缓慢；在密集树冠内，树干洞穴、树根隧洞等都是动物栖息场所和理想的避难所。许多鸟类在林中筑巢，森林生态系统的安逸环境有利于鸟类育雏和繁衍后代。

森林生态系统具有丰富多样性，多种多样的种子、果实、花粉、枝叶等都是林区哺乳动物和昆虫的食物，地球上种类繁多的野生动物绝大多数就生存在森林之中。古老稀有的大熊猫以箭竹为食物并居住在森林中；猴子在我国有20多种，20世纪50年代在海南岛热带林中还有数千只黑长臂猿，后来因森林的破坏变得无家可归，现仅有零星分布；素有“森林之王”称号的老虎现已难觅踪迹。

5.4.1.3　生态系统的稳定性高

森林生态系统经历了漫长的发展历史，系统内部物种丰富、群落结构复杂，各类生物群落与环境相协调。群落中各个成分之间、各成分与其环境之间相互依存和制约，保持着系统的稳态，并且具有很高的自行调控能力，能自行调节和维持系统的稳定结构与功能，保持着系统结构复杂、生物量大的属性。森林生态系统内部的能量、物质和物种的流动途径通畅，系统的生产潜力得到充分发挥，对外界的依赖程度很小，保持输入、存留和输出等各个生态过程。森林植物从环境中吸收其所需的营养物质。一部分保存在机体内进行新陈代谢活动，另一部分形成凋谢的枯枝落叶将其所积累的营养元素归还给环境。通过这种循环，森林生态系统内大部分营养元素得到收支平衡。

5.4.1.4　生产力高、现存量大，对环境贡献大

森林具有巨大的林冠，伸张在林地上空，似一顶屏障，使空气流动变小，气候变化也变小。森林生态系统是地球上生产力最高、现存量最大的生态系统；据统计，每公顷森林年生产干物质是 12.8t，而农田是 6.5t，草原是 6.3t。森林生态系统不仅单位面积的生物量最高，而且生物量总量约为 1.680×10^9t，占陆地生态系统总量（约 1.852×10^9t）的 90% 左右。

森林在全球环境中发挥着重要的作用：是维持生物多样性最重要的基地；可大量吸收二氧化碳；作为重要的经济资源，在防风沙、保水土、抗御水旱和风灾方面有重要生态作用等。森林在生态系统服务方面所发挥的作用也是无法替代的。

5.4.2　草原生态系统

草原与森林一样，是地球上最重要的陆地生态系统类型之一。草原以多年生草本植物占优势，辽阔无林，在原始状态下常有各种善于奔驰或营洞穴生活的草食动物栖居其上。

草原是内陆干旱到半湿润气候条件的产物，以旱生多年生禾草占绝对优势，多年生杂草及半灌木也或多或少起到重要作用。世界草原总面积约 $2.4\times10^7km^2$，为陆地总面积的六分之一，大部分地段作为天然放牧场。因此，草原不但是世界陆地生态系统的主要类型，而且是人类重要的畜牧业基地。

根据草原的组成和地理分布，草原可分为温带草原与热带草原两类。前者分布在南、北两半球的中纬度地带，如欧亚大陆草原（steppe）、北美大陆草原（prairie）和南美草原（pampas）等。这里夏季温和，冬季寒冷，春季或晚夏有一明显的干旱期。由于低温少雨，草较低，其地上部分高度多不超过 1m，以耐寒的旱生禾草为主，土壤以钙化过程与生草化过程为优势。后者分布在热带、亚热带，其特点是在高大禾草（常达 2～3m）的背景上常散生一些不高的乔木，故被称为稀树草原或萨王纳（savanna）。这里终年温暖，雨量常达 1000mm 以上。在高温多雨影响下，土壤强烈淋溶，以砖红壤化过程为优势，比较贫瘠。但一年中的一个到两个干旱期，加上频繁的野火，限制了森林的发育。

总观世界草原，虽然从温带分布到热带，但在气候坐标轴上却占据固定的位置，并与其他生态系统类型保持特定的联系。在寒温带，年降雨量 150～200mm 的地区已有大面积

草原分布，而在热带，这样的雨量下只有荒漠分布。水分与热量的组合状况是影响草原分布的决定因素，低温少雨与高温多雨的配合有着相似的生物学效果。概言之，草原处于湿润的森林区与干旱的荒漠区之间。

靠近森林一侧，气候半湿润，草群繁茂，种类丰富，并常出现岛状森林和灌丛。如北美洲的高草草原（tall grass praire）、南美大草原（pampas）、欧亚大陆的草甸草原（meadow steppe）以及非洲的高稀树草原（tall savanna）。靠近荒漠一侧，雨量减少，气候变干，草群低矮稀疏，种类组成简单，并常混生一些旱生小半灌木或肉质植物，如北美的矮草草原、我国的荒漠草原以及俄罗斯欧洲部分的半荒漠等。在上述两者之间为辽阔而典型的禾草草原。总的看来，因受水分条件的限制，草原动物区系的丰富程度及生物量均较森林低，但明显比荒漠高。值得指出的是，如与森林和荒漠比较，草原动植物种的个体数目及较小单位面积内种的饱和度是相对丰富的。

草原的净初级生产力变动较大。对温带草原而言，从荒漠草原的0.5t/(hm^2·a) 到草甸草原的15t/(hm^2·a)；热带稀树草原生产力高一些，变动于2t/(hm^2·a) 到20t/(hm^2·a) 之间，平均达7t/(hm^2·a)。在草原生物量中，地下部分常常大于地上部分，气候越干旱，地下部分所占比例越大。值得指出的是，土壤微生物的生物量常达很高数量，如当加拿大南部草原的植物生物量为438g/m^2 时，30cm 土层内土壤微生物量达254g/m^2；我国内蒙古草原土壤生物的取样分析结果也与之相近。

关于草原生态系统中能量沿食物链而流动的情况可用 F. B. Golley 于1959 年在美国密执安地区对禾草草原的研究例子说明。这是一个极简化的食物链，生产者为禾草，第一级消费者为田鼠及蝗虫，第二级为黄鼠狼。植物对太阳能的利用率约为1%（PN_1），田鼠消费植物总净初级生产力约2%（PN_2），由田鼠转移给黄鼠狼约2.5%（PN_3）。大部分能量损失于呼吸消耗。

在热带稀树草原上，植物组成的饲料价值不高，植物中含有大量纤维和二氧化硅，氮、磷含量很低，氮仅占0.3%～1%，磷仅占0.1%～0.2%。因此，虽然初级生产力量较高，但草原动物生物量仍很低。如非洲坦桑尼亚稀树草原上，主要草食动物为野牛、斑马、角马、羚羊与瞪羚，当植物量为24t/hm^2 时，草食动物量仅7.5kg/hm^2。

对于放牧生态系统，家畜代替了野生动物成为主要的消费者。家畜所需要的能量用于三个方面。一是维持生活，二是觅食活动，三是保证生产。它们食用的能量中用饲料单位（U. F）表示，1U. F 为1kg 大麦所具有的净能量，相当于1.25～1.30kg 高质量的干草或5.5kg 高质量的鲜草。牛、羊等家畜维持生活的能量 E_e/U. F = 0.75（P/100kg），式中 P 为家畜的毛重。用于觅食活动所需要的能量由活动量的大小而定，一头牛觅食所消耗的能量为0.75～3.0 U. F。平均生产1kg 肉所需能量为3.5～4.5 U. F，1L 牛奶需0.4 U. F。需要能量的同时，还需要一定数量的蛋白质，对肉牛来讲，每个饲料单位应有80kg 可消化蛋白质；奶牛则需150g。

P. Duvigneaud 引用了英国草地上饲养肉牛的例子来说明饲草转化效率。这里草地净初级生产力为干草16t/hm^2，饲养1.2 头350kg 的肉牛，只有29% 的草被牛吃掉，吃掉部分的4% 构成净次级生产量，其他以粪便形式和呼吸作用消耗掉。肉牛之外的其他消费者消耗33.6% 的植物物质。而分解者所消耗的能量要比上述数字高得多。

5.4.3　荒漠生态系统

5.4.3.1　荒漠生态系统的分布和基本特征

荒漠生态系统（desert ecosystem）是地球上最耐旱的，以旱生的小乔木、灌木和半灌木占优势的生物群落与其周围环境所组成的综合体。荒漠有石质、砾质和沙质之分。人们习惯称石质和砾质的荒漠为戈壁，沙质的荒漠为沙漠。在地球上，荒漠占有很大的面积，全球荒漠化土地面积有 $3.6\times10^{7}km^{2}$，占地球陆地总面积的28%。荒漠主要分布在亚热带干旱区，往北可延伸至温带干旱地区。

世界上最大的荒漠区在北半球，包括非洲北部的大西洋岸，往东的撒哈拉沙漠；亚洲的阿拉伯半岛，伊朗、印度和巴基斯坦的沙漠，中亚沙漠，中国西北地区和蒙古的沙漠等。南半球有澳大利亚中部沙漠、智利和南非的一些沙漠。

我国的荒漠生态系统以温带荒漠为主体，面积达 $3.327\times10^{6}km^{2}$，占国土面积的34%。我国的荒漠生态系统呈弧形带状分布，自西向东横跨50多个经度，分属于几个不同的自然地带，主要分布在新疆、甘肃、青海、宁夏和内蒙古等11个省和自治区，以新疆分布面积最广，占全国荒漠总面积的60%左右。

荒漠生态系统的生态环境十分严酷。全球荒漠共同气候特征为：①年降雨量低，且变率大，一般年平均降水量只有 50～150mm，少的不到 20mm，最多也不超出 200～300mm；②蒸发强烈，一般年蒸发量在2500～3000mm，超过降水的10倍、数十倍甚至上百倍；③气温变化大，日温差一般在10～20℃，高的可达40℃以上，最热月平均温度达40℃，最高温度达46～57℃；④日照充足，太阳辐射能丰富，有的全年日照时数在2500～3500h；⑤多风沙，沙暴和尘暴天气日数占全年的1/3～1/2。

5.4.3.2　荒漠生态系统的结构和功能

荒漠生态系统的生产者——绿色植物分布稀疏，以超旱生小乔木和半木本植物为优势物种。超旱生草本植物和短命植物也具有一定的季节优势，几乎全为旱生类型，种类较为贫乏，但植物的生态类型仍较为丰富，我国荒漠生态系统的植物区系超过91科，达420种以上。

为了适应干旱环境，荒漠植物具有一系列旱生的生理生态特性。

①叶的特殊形态有利于减少蒸腾。叶面有密的绒毛，以减少蒸腾作用，如蒿属（*Artemisia*）、滨藜属（*Atriplex*）；叶面积大大缩小，如驼绒藜属（*Ceratoides*）、沙拐枣属（*Calligonum*）；有的植物近于无叶，以绿色茎干营光合作用，如麻黄属（*Casuarina*）；叶面角质层加厚，气孔密度小而下陷，以减少蒸腾作用，如桉属（*Eacalyptus*）、沙冬青属（*Ammopiptanthus*）等。

②荒漠多年生植物有强大根系以增加对干旱土壤中水分的吸收。荒漠中土壤含水量仅为1%～3%。植物根系具有趋水特性。它们的侧根可向四方扩展，通常植物根深和根幅都比株高、株幅大几倍、几十倍。如骆驼刺地上部分只有几厘米，而地下部分可达15m。有些生长在盐化土壤上的植物，其叶、茎肉质化而含盐，可从盐度高的土壤中吸收水分，

如假木贼属（*Anabasis*）、猪毛菜属（*Salsola*）等盐生植物（*halophyte*）。还有许多植物的萌蘖性强，能耐风沙袭击。如柽柳被沙埋仍可生出不定根，生长得更加旺盛。沙漠中的苔藓、地衣，在缺水时能够缩成干枯状，一遇水便很快恢复生机。

③白天在强烈日照下，许多肉质植物的气孔完全关闭，到晚间才开放气孔吸收 CO_2，以特殊的景天酸代谢途径（CAM）进行光合作用。肉质植物主要分布在南美洲及非洲的荒漠中，如仙人掌科与百合科的一些种。

④短命植物与类短命植物，前者为一年生，后者系多年生，它们利用较湿润的季节迅速完成其生活周期，以种子或营养器官度过不利生长时期。

荒漠生态系统的消费者主要是蝗虫、爬行类、啮齿类以及鸟类等。它们如同植物一样，也以各种不同的方法适应水分的缺乏。一些抗旱动物，它们能一次饮水后，3～5 天甚至 7 天不饮水而能正常生活。骆驼、羚羊等都具有储藏和节约水的特殊能力，它们可凭灵敏的嗅觉闻到远处飘来的水汽去寻找水源。羚羊毛色在夏季变成白色，以反射阳光。一些耐旱动物，一生中很少喝水或不喝水，它们靠所采食的植物体或种子中所含的水分而生存。如更格卢科（*Hetetromyidae*）的啮齿类动物，能无限地以干种子为生而不需要饮水，也不需要用水调节体温，白天在洞穴内排出很浓的尿以形成一个局部具有较大湿度的小环境。例如舒密尼尔森（K. Schmidt Nielsen）于 1949 年研究发现，洞穴内的相对湿度为 30%～50%，而夜间荒漠地面上的相对湿度为 0%～15%，这样，这些动物夜间从洞穴里爬出来，荒漠地面相对湿度大致和夜间洞穴的湿度相等，白天则在洞穴内度过。

鼠类、蜥、蝎和蚁类等都各有其节水机制。如大沙鼠（*Rhombomys opimus*）能浓缩尿，尿的含盐量可达 23%，粪便极干燥。还有一些躲避干旱的动物，这类动物在白天高温时躲在荫蔽处或洞穴中，夜晚出来取食和活动。蛇类能用皮肤吸收夜间空气中的水汽以补充水分。爬行动物中最多的是沙蜥和麻蜥，它们有特殊的适应特征：身上没有汗腺，从来不会出汗；眼睛具有防风的眼帘；烈日下会爬上灌丛以躲避地面的高温。挖洞居住的啮齿类具有特长的后肢，足底有硬毛垫，适于在荒漠上跳跃，在漫长的冬季，它们则以冬眠的方式度过。

荒漠生态系统初级生产力取决于可利用的有效水量和植物利用水的效率。生产力与降雨量之间呈线性函数关系。一般荒漠生态系统初级生产量非常低。Noymier 于 1974 年分析了世界上各种荒漠生态系统的资料后认为，在干旱地带，地上植物的净初级生产量在 30～200g/(m^2·a)，地下根系的净初级生产量也很低，为 100～400g/(m^2·a)；在半干旱地带，地上植被则为 100～600g/(m^2·a)，地下根系则为 250～1000g/(m^2·a)。他还发现，积累的生物量总量和周转的速率（产量与生物量之比）常因植物类型而有不同：乔木、灌丛和仙人掌占优势的荒漠，每年的生产量是地上生物量 300～1000g/m^2 的 10%～20%；在有多年生植物的荒漠，每年的生产量是生物量 150～600g/m^2 的 20%～40%；而在一年生植物组成的荒漠，其周转率可达 100%，每年的生产量和最大生物量是一样的。地衣、绿藻和蓝藻能增加荒漠的初级生产量，它们在地表生存，数量很多。其中蓝藻是非常有益的植物，生物量可达 240kg/hm^2，这是因为它们的固氮速率非常高，可达 10～20g/(m^2·a)。

由于初级生产力低下，所以能量流动受到限制，致使生态系统结构简单。通常荒漠动物不是特化的捕食者，因为它们不能单靠一种类型的食物，必须寻觅可能利用的各种能量来源。荒漠生态系统中营养物质缺乏，因此物质循环的规模小。即使在最肥沃的地方，可利用的营养物质也只限于土壤表面 10cm 范围之内。由于许多植物生长缓慢，动物也多半具有较长的生活史，所以物质循环的速率很低。

荒漠中食肉动物都是广食性的。蜥蜴以蚂蚁为食，狐狸和狼吃野兔和爬行动物，而它们常以更杂的食物为食，包括叶子、果实；还有那些以昆虫为食的鸟类和啮齿类也大量取食植物性食物。这足以表明，荒漠生态系统中以杂食性动物为主，形成了一个较为复杂的食物网。

5.4.4 河流生态系统

河流生态系统（lotic ecosystem）是指那些水流流动湍急或较大的江河、溪涧和水渠等，贮水量大约占内陆水体总水量的 0.5%。

5.4.4.1 流水生态系统主要特点

（1）水流不停。这是流水生态系统的基本特征，河流中不同部分和不同时间的水流有很大的差异。同时，河流的不同部分（上、下游等）也分布着不同的生物。

（2）陆 - 水交换。河流的陆水连接表面的比例大，就是说，河流与周围的陆地有较多的联系。河流、溪涧等形成了一个较为开放的生态系统，成为联系陆地和海洋生态系统的纽带。

（3）氧气丰富。由于水经常处于流动状态，又因为河流深度小，和空气接触的面积大，致使河流中经常含有丰富的氧气。因而，河流生物对氧的需求较高，河流溶解氧通常作为河流水质的重要指标。

5.4.4.2 河流生物群落

河流生物群落一般分为两个主要类型：急流生物群落和缓流生物群落。在流水生态系统中河底的质地，如沙土、黏土和砾石等，对生物群落的性质、优势种和种群的密度等的影响较大。

急流生物群落是河流的典型生物代表，它们一般都具有流线型的身体，以使在流水中产生最小的摩擦力；或者许多急流动物具有非常扁平的身体，使它们能在石下和缝隙中得到栖息。此外，它们还有其他一些重要的适应性特征。

（1）持久地附着在固定的物体上。如附着的绿藻、刚毛藻（*Cladaphora*）；少数动物也是营固着生活的，如淡水海绵（*Spongia*）以及把壳和石块黏在一起的石蚕等。

（2）具有钩和吸盘等附着器，以使它们能紧附在物体的表面。如双翅目的蚋（*Simulium*）和网蚊（*Blepharocera*）的幼虫。蚋不仅有吸盘，还有丝线缠住。

（3）黏着的下表面。如扁形动物涡虫（*Turbellaria*）等动物能以它们黏着的下表面黏附在河底石块的表面。

（4）趋触性。有些河流动物具有使身体紧贴其他物体表面的行为。如河流中石蝇幼虫在水中总是和树枝、石块或其他任何物体接触。如果没有可利用的物体，它们就彼此抱附在一起。

5.4.4.3 河流污染

河流是人类的宝贵资源，它在灌溉、航运、发电、水产和供水等方面有着重要的作用。但是人类活动也对河流产生了巨大的影响。水库、电站的修建和城市建设改变了河流的水文特征，如对泥沙的输移、洪峰的流量和时间控制等。而大量工业废水和生活污水的排入则改变了天然水体的物理、化学及生物学特性。特别是含有大量有机物质和氮、磷等营养元素的污水，以及含有某些有毒物质的工业废水的排入，当其数量超过河流本身净化能力时，易造成富营养化现象或危害水生生物的生存，直至危及人的身体健康，这就是河流的污染。

根据我国水利部对532条河流的监测表明，有436条河流受到不同程度的污染；7大河流流经的15个主要城市河段中，有13个河段的水质污染严重，占87%。我国湖泊受污染达到高营养化水平的已占全部湖泊的63.6%，我国人口密集地区的湖泊、水库几乎全部受到污染。据2019年公布的《2018中国生态环境状况公报》，近几年水污染事故每年都在1700起以上；在监测的集中式饮用水水源地，即自来水主要水源地，2018年全年水质合格率在80%以上的占83.5%，这意味着还有16.5%的自来水水源全年水质不合格！

5.4.5 湖泊生态系统

5.4.5.1 湖泊生态系统的基本特征

1. 边界明显

一般说湖泊、池塘的边界明显，远比陆地生态系统易于划定，在能量流、物质流过程中属于半封闭状态，所以，常作为生态系统功能研究之用。

2. 面积较小

世界湖泊主要分布在北半球的温带和北极地区，除了少数湖泊具有较大的面积（如苏必利尔湖、维尔多利亚湖）或深度（如贝加尔湖、坦噶尼喀湖）之外，大多数都是规模较小的湖泊。我国湖泊面积在50km^{2}以上的并不多，绝大多数湖泊的面积均不足50km^2。按照湖泊的成因不同，可以分为构造湖、火山湖、河成湖、风成湖、海湾湖等。不同成因的湖泊其轮廓是不同的，它们各自具有不同的形态。

3. 湖泊的分层现象

北温带湖泊存在的热分层现象非常明显。湖泊水的表层为湖上层，底层为湖下层，两层之间形成一个温度急剧变化的层次，为变温层（thermocline）。湖泊系统的温度和含氧量的功能，随地区和季节而变动，以温带地区湖泊为例，春季气温升高，湖水解冻后，水的各层温度平均都在4℃，其含氧量除表面略高和底部略低外，均接近13mL/L。当进入夏季，湖面吸收热量，湖上层温度上升，可达25℃左右，但这时湖下层温度仍保持在4℃，而在上、下层之间的变温层的温度则不断发生急剧变化。

当从夏季转入秋季，湖上层温度下降，直至表层与深水层温度相等，最终湖下层与湖上层的温度倒转过来。当温度继续下降到冰点，湖上层水温反比湖下层水温低。这时，湖上层有一层冰覆盖。湖泊这种生态系统内部的循环有明显的规律性，对于湖泊生态系统正常生态过程的维持具有重要意义。

4. 水量变化较大

湖泊水位变化的主要原因是进出湖泊水量的变化。生态调查常依据湖泊水位的年变化，多定为3次取样。我国一年中最高水位常出现在多雨的7～9月，称丰水期；而最低水位常出现在少雨的冬季，称枯水期；其他时期，水量居中，称平水期。水位变幅大，湖泊的面积和水量的变化就大，常出现“枯水一线，洪水一片”的自然景象。

5. 演替、发育缓慢

淡水生态系统发育的基本模式，是从贫营养到富营养和由水体到陆地长期的、逐步发展演替的过程。

5.4.5.2　湖泊生物群落

湖泊生物群落具有成带现象的特征，可以按区域划分为三个明显的带：沿岸带、敞水带和深水带生物群落。

1. 沿岸带生物群落（community in littoral zone）

沿岸带是光线能透射到的浅水区。

（1）生产者。

沿岸的生产者主要有两大类：有根的或底栖植物和浮游或漂浮植物。沿岸带内典型的有根水生植物形成同心圆带并随着水的深度而变化，一个类群取代另一个类群，顺序为：挺水植物带 - 漂浮植物带 - 沉水植物带。

挺水植物（emergent macrophyte）主要是有根植物。光合作用的大部分叶面伸出在水面之上，如芦苇（*Phragmites communis*）、莲（*Nelumbo mucifera*）等。

漂浮植物（floating-leaved macrophyte）中的植物叶子掩蔽在水面上，如睡莲（*Nymphaes tetragona*）和菱（*Trapa bispinosa*）。

沉水植物（submergent macrophyte）是有根或固生的植物，它们完全或主要是沉在水中，如眼子菜（*Potamogeton*）、金鱼藻（*Ceratophyllum*）和苦草（*Vallisneria*）等。

浮游藻类（floating alga），主要类型是硅藻、绿藻和蓝藻。其中有些种类是完全漂浮性的，而另一些种类，则附着于有根植物或者和有根植物有密切的联系。

（2）消费者。

沿岸带的动物种类较多，所有淡水中有代表性的动物都分布于这一带，附生生物类型中，一般有螺类、蜉蝣和蜻蜓稚虫、轮虫、扁虫、苔藓虫和水螅等。

自游生物（necton）中种类和数量较多的是昆虫纲的昆虫。龙虱属（*Dytiscus*）是水中的强悍者，常捕食小鱼，吸其体液。蝎蝽科（Nepidae）用镰刀形的前足来捕捉水中小生物。仰泳蝽科（Notonectidae）亦是肉食者。而牙虫科（Hydrophilidae）、沼梭科（Haliplidae）甲虫和划蝽科（Corixidae）至少有一部分是草食性或腐食性的。两栖类及爬行类脊椎动物蛙、龟、水蛇等亦是沿岸带的主要成员。鱼类则是沿岸带和敞水带的优势类群。

水中的浮游动物一般为数量较大、浮性较差的甲壳类，在不主动游泳、活动时它们的附肢常缠附在植物上或栖息于底部。沿岸带常见浮游动物的种类有蚤属、介形类以及轮虫等。

2. 敞水带生物群落（community in the limnetic zone）

开阔水面的浮游植物生产者主要是硅藻、绿藻和蓝藻。大多数种类是微小的，它们单位面积的生产量有时超过了有根植物。这些类群中有突起或其他对漂浮的适应性结构。这一带浮游植物种群数量具有明显的季节性变化。

开阔水面浮游动物由少数几类动物组成，但其个体数量相当多。桡足类（Copepada）、枝角类（Cladoceran）和轮虫类（Rotifer）在其中占重要位置。我国人工养殖的水体中，鱼类（青鱼、草鱼、鲢和鳙）已成为优势种群。

3. 深水带生物群落（community in the profundal zone）

这一水域基本上没有光线，生物主要从沿岸带和湖沼带获取食物。深水带生物群落主要由水和淤泥中间的细菌、真菌和无脊椎动物组成。主要无脊椎动物有摇蚊属（*Chironomus*）的幼虫、环节动物颤蚓（*Tubificids*）、小型蛤类和幽蚊（*Chaoborus*）幼虫等。这些生物都有在缺氧环境下生活的能力。

5.4.6 海洋生态系统

5.4.6.1 海洋环境的主要特点

海洋蓄积了地球上97.6%的水，其面积为$362\times10^6km^2$，约占地球面积的71%，平均深度为3800m，最深处超过11 000m。海洋的空间总体积达$1370\times10^6km^2$，比陆地和淡水中生命存在空间大300倍。

海洋环境的主要特点包括：①面积巨大，它覆盖71%左右的地球表面。②海洋深度大，生物扩大至所有深度，虽然海洋中还没有明显的无生命区，但在大陆和岛屿边缘的生命较多。③所有海洋都是相连的，对自由运动的海洋生物，温度、盐度和深度是限制其自由运动的主要因素。④海洋有连续和周期的循环。海洋产生一定的洋流，总的说，它在北半球，以顺时针方向流动，而在南半球，则以逆时针方向流动。海洋有潮汐，潮汐的周期性大约是12.5h；潮汐在海洋生物特别稠密而繁多的沿岸带特别重要，潮汐使这些海洋生物群落形成明显的周期性。⑤海水含有较高的盐分，海水的平均盐度为3.5%，其中以NaCl为主，约占78%；镁、钙和钾盐等共占22%。⑥海洋是一个容纳热量的“大水库”，夏天海水把热量储存起来，到了冬天，海水又把热量释放出来。所以，海洋对整个大气圈具有重要的调节作用。

5.4.6.2 海洋生态系统（marine ecosystem）的主要特征

1. 生产者大部分为小型

生产者主要由体型极小（2～25μm）、数量极大、种类繁多的浮游植物和一些微生物所组成。之所以以小型浮游生物（microplankton）组成的食物网为基础，主要因为：①海水的密度使得植物没有必要发育良好的支持结构，这有利于小型植物而不利于大型个体；②海水在不断地相对地运动，任何一个自由漂浮植物必须依赖于水中的分子扩散来获取营养物质和排出废物，在这种情况下，体型小和自主运动就很有利，而一群细胞集成的一个大的结构比同样一些细胞单独开来要更具劣势；③海洋中大规模环流不断地把漂浮的植物冲出它们最适宜的区域，同时又常带回来一些个体以更新这些种群，对于小型植物来说，完成这一必要的返回机制比大型植物有利得多。同时小型单细胞植物还能够随水下的逆流，暂时地摄食食物颗粒，或以溶解的有机物质为营养。

2. 海洋为消费者提供了广阔的活动场所

海洋动物比海洋植物更加多种多样，更加丰富。这是因为①海洋面积大，为海洋动物提供了宽广的活动场所；②海洋中有大量的营养物质，是海洋动物吃不完的食料；③海洋环境条件复杂，有浅有深，有冷有暖，在多样的生活环境下，形成了种类各异、数量繁多的海洋动物。

3. 生产者转化为初级消费者的物质循环效率高

在海洋上层浮游植物和浮游动物的生物量大约为同一数量级。浮游植物的生产量几乎全部为浮游动物所消费，运转速度很快。但海洋生态系统的生产力远低于陆地生态系统的生产力。消费者，特别是初级消费者，有许多是杂食性种类，在数量的调节上起着一定的作用。

4. 生物分布的范围很广

海洋面积很大，而且是连续的，生态环境多样，几乎到处都有生物的分布。

5.4.6.3 海洋生物类群

海洋生物分为浮游、游泳和底栖三大生态类群，海洋生物种类十分丰富。

1. 浮游生物

海洋中的浮游生物（plankton）多指在水流运动的作用下，被动地漂浮于水层中的生物类群，一般体积微小、种类多、分布广，遍布于整个海洋的上层。浮游生物根据其营养的方式可分为浮游植物（phytoplankton）和浮游动物（zooplankton）。浮游植物是海洋中的生产者，种类组成较复杂，主要包括原核生物的细菌和蓝藻；真核生物的单细胞藻类，如硅藻、甲藻、绿藻、金藻和黄藻等。

赤潮（redtide）是海水赤潮生物大量繁殖而污染变色的一种现象，这种污染使海洋多呈红色斑块状或条带状。由于赤潮中生物种类和数量的不同，赤潮的颜色也有差异。例如夜光藻所形成的赤潮呈桃红色，而大多数甲藻所形成的赤潮呈褐色或黄色。据统计，赤潮生物的种类已有150种之多，我国亦已发现40多种。常见的赤潮生物有裸甲藻、短裸甲藻（*Gymnodinium breve*）、海洋原甲藻、骨条藻、卵形隐藻（*Cryptornonas ovata*）和夜光藻等。大部分赤潮生物是无毒的，但有的赤潮生物可在海水中释放毒素。所以，赤潮不仅严重危害渔业资源，而且也威胁着人类的生命安全。

海洋浮游动物指多种营异养性生活的浮游生物，它们在食物网中参与几个营养阶层，有植食的，有肉食的，还有食碎屑的和杂食性的，等等。浮游动物的种类比浮游植物复杂得多，主要成员是节肢动物的桡足类（copepoda）和磷虾类（euphausids）。这些动物虽然会自己运动，但动作很缓慢，它们常聚集成群，浮在海水表层，随波逐流。

2. 游泳生物

游泳生物（nekton）是一些具有发达运动器官和游泳能力很强的动物。海洋中的鱼类、大型甲壳动物、龟类、哺乳类（鲸、海豹等）和海洋鸟类等属于游泳动物。这个类群组成食物链的第二级和第三级消费者。海洋中游泳动物的种类与数量都非常多，个体一般都比较大，游泳速度亦很快。如须鲸（*mystacocet*）最大个体体长达 30m 以上，体重约 150t；海豚（*dolphin*）的游泳速度每小时可达到 90km 以上。

鱼类是游泳动物中的主要成员，在汪洋大海上、中、下层都有鱼类生活，甚至在 10000m 的深海里，也还有鱼类存在。鱼类的种类（约有 2000 多种）或个体数量都远远超过了其他游泳动物。游泳生物中还有各种虾类，它们虽然常年栖息在海底，但都行动敏捷，善于游泳。头足纲（Cephalopoda）的乌贼，还有鱿鱼（*Loligo japonica*）和章鱼（*Octopus sp.*）都是中国海上常见的动物。

3. 底栖生物

海洋底栖生物是一个很大的水生生态类群。种类很多，包括了一些较原始的多细胞动物，如白枝海绵（*Leucosolenia*）和海百合（*Metarinus*）。根据生活方式可将底栖生物分为固着生活的种类、底埋生活的种类、穴居生活的种类和钻蚀生活的种类等。

5.4.7 湿地生态系统

湿地生态系统（wetland ecosystem）是指地表过湿或常年积水，生长着湿地植物的地区。湿地生态系统广泛分布在世界各地，是地球上生物多样性丰富、生产量很高的生态系统。它对一个地区、一个国家乃至全球的经济发展和人类生态环境都有重要意义。因此，对于湿地生态系统的保护和利用已成为当今国际社会关注的一个热点。1971 年全球政府间的湿地保护公约《关于特别是作为水禽栖息地的国际重要湿地公约》（简称《国际湿地公约》）诞生，至今已有 172 个国家和地区加入了《国际湿地公约》，中国于 1992 年正式成为公约缔约国。

《国际湿地公约》指出“湿地是不论其天然或人工、永久或暂时的沼泽地、湿原、泥炭地或水域地带，带有静止或流动、咸水或淡水、半碱水或碱水水体者，包括低潮时水深不过 6m 的水域。”此外还包括河流、湖泊、水库、稻田以及退潮时水深不超过 6m 的沿岸带水区。

湿地是开放水域与陆地之间过渡性的生态系统，它兼有水域和陆地生态系统的特点，具有独特的结构和功能。全世界湿地约有 5.14 亿 hm^2，约占陆地总面积的 6%。湿地在世界上的分布，北半球多于南半球，多分布在北半球的欧亚大陆和北美洲的亚北极带、寒带和温带地区。南半球湿地面积小，主要分布在热带和部分温带地区。加拿大湿地面积居世界之首，约为 1.27 亿 hm^2，约占世界湿地面积的 24%；其次是美国，湿地面积为 1.11 亿 hm^2；再次是俄罗斯、中国、印度等。中国湿地面积约占世界湿地面积的 11.9%，居亚洲第一位，世界第四位。

5.4.7.1 湿地生态系统的类型

湿地生态系统分布广泛，形成不同类型，有以优势植物命名的，如芦苇沼泽、苔草沼泽、红树林沼泽等。湿地环境有机物难以分解，故有较多泥炭的积累，湿地常呈现一定的发育过程：随着泥炭的逐渐积累，矿质营养由多而少。因此根据矿质营养的多少湿地又分为富养（低位）沼泽、中养（中位）沼泽和贫养（高位）沼泽。

富养沼泽是沼泽发育的最初阶段。水源补给主要是地下水，水流带来大量矿物质，营养较为丰富。植物主要是苔草、芦苇、蒿草、柳、落叶松和水松等。

中养沼泽营养状态中等，既有富养沼泽植物，也有贫养沼泽植物。苔藓植物较多，但未形成藓丘，地表形态平坦。

贫养沼泽往往是沼泽发育的最后阶段。由于泥发层的增厚，沼泽中部隆起，高于周围，故称为高位沼泽。水源补给仅靠大气降水，营养贫乏。植物主要是苔藓植物和小灌木，尤以泥炭藓为优势，形成高大藓丘，所以这类沼泽又称泥炭藓沼泽。

5.4.7.2　湿地水文条件

湿地水文条件为湿地生态系统区别于陆地生态系统和深水生态系统的独特属性，包括输入、输出、水深、水流方式、淹水持续期和淹水频率。水的输入来自降水、地表径流、地下水、泛滥河水及潮汐（海岸湿地）。水的输出包括蒸散作用、地表外流、注入地下水等。湿地水周期是其水位的季节变化，保证了水文的稳定性。由于湿地处于水、陆生态系统之间，对于水运动和滞留等水文的变化特别敏感。水文条件决定了湿地的物理、化学性质；水的流入总是给湿地注入营养物质；水的流出又经常从湿地带走生物的、非生物的物质。这种水的交流不断地影响和改变着湿地生态系统。

水文条件导致独特植物的组成并限制或增加种的多度。静水湿地和连续深水湿地的生产力都不高。一般而言，具有高的穿水流和营养物的湿地生产力最高。湿地有机物在无氧条件下的分解作用进行缓慢。由于湿地生态系统生产力高，分解得慢而输出又少，有机物质便积累下来。湿地生物群落可以通过多种机制影响水文条件，包括泥炭的形成、沉积物获取、蒸腾作用、降低侵蚀和阻断水流等。

5.4.7.3　湿地特征

1. 湿地土壤

湿地土壤是湿地的又一主要特征，通常称为水成土，即在淹水或水饱和条件下形成的无氧条件的土壤。湿地土壤中有机物质的有氧呼吸生物降解受到条件的制约，主要通过无氧过程来降解有机碳。由厌氧菌进行的发酵作用，是为其他厌氧菌提供底物的中心作用。它将高分子质量的糖类分解成低分子质量的可溶性有机化合物，供其他微生物利用。

在水的过饱和状态下，动植物残体不易分解，土壤中有机质含量很高。泥炭沼泽土的有机质含量可高达 60%～90%。其草根层的潜育沼泽持水能力为 200%～400%；泥炭沼泽较强，草本泥炭在 400%～800%，藓类泥炭一般都超过 1000%。

2. 过渡性

湿地生态系统另一个特点是过渡性。湿地生态系统位于水陆交错的界面具有显著的边际效应（或称边缘效应，edge effect）。所谓边际效应是指在两类（水、陆）生态系统的过渡带或两种环境的结合部，由于远离系统中心，所以经常出现一些特殊适应的生物物种，构成这类地带具有丰富物种的现象。

湿地有一般水生生物所不能适应的周期性干旱；湿地也有一般陆地植物所不能忍受的长期淹水。湿地生态系统的边际效应不仅表现在物种多样性上，还表现在生态系统结构上，无论其无机环境还是生物群落都反映这种过渡性。湿地生物群落就是湿地特殊生境选择的结果，其组成和结构复杂多样，生态学特征差异大，这主要由于湿地生态条件变幅很大，不同类型的湿地生境条件存在很大差异。许多湿生植物具有适应于半水半陆生境的特征。例如通气组织发达，根系浅，以不定根方式繁殖等；湿生动物也以两栖类和涉禽占优势。涉禽具有长嘴、长颈、长腿，以适应湿地的过渡性生态环境。

5.4.8 城市生态系统

5.4.8.1 城市生态系统的结构和功能

城市生态系统（urban ecosystem）是城市中人类与周围生物和非生物环境相互作用而形成的一类具有特定功能兼具生态、社会与经济属性的统一体，也是人类在改造和适应自然环境的基础上建立起来的特殊的人工生态系统。城市生态系统不仅是一个自然地理实体，也是一个社会事理实体，其边际包括空间边界、时间边界和事理边界。

1. 城市生态系统的结构

城市生态系统在结构上可分为三个亚系统，即社会生态亚系统、经济生态亚系统和自然生态亚系统，它们交织在一起，相辅相成，形成了一个复杂的综合体。自然生态亚系统以生物结构和物理结构为主线，包括植物、动物、微生物、人工设施和自然环境等。它以生物与环境的协同共生及环境对城市活动的支持、容纳、缓冲及净化为特征。在城市生态系统中，其生态金字塔呈倒立状。经济生态亚系统以资源为核心，由工业、农业、建筑交通、贸易、金融、信息和科教等系统组成。它以物资从分散向集中的高密度运转、能量从低质向高质的高强度集聚、信息从低序向高序的连续积累为特征。社会生态亚系统以人口为中心，包括基本人口、服务人口、抚养人口和流动人口等。该系统以满足城市居民的就业、居住、交通、供应、文娱、医疗、教育及生活环境等需求为目标，为经济系统提供劳动力和智力。它以高密度的人口和高强度的生活消费为特征。

2. 城市生态系统的功能

城市生态系统的功能也有三方面内容，它们是生产、生活和还原。

在生产上，城市为社会提供丰富的物资和信息产品，包括第一性生产、第二性生产、流通服务及信息生产四大类。城市活动的特点是空间利用率很高，能流、物流高强度密集，系统输入量、输出量大，主要消耗不可再生性能源，且利用率低。系统的总生产量与自我消耗量之比大于1，食物链呈线状而不是网状，系统对外界依赖性较大。

在生活上，系统为人们提供方便的生活条件和舒适的栖息环境。一方面满足居民基本物质和能量及空间需要，保证人体新陈代谢的正常进行和人类种群的持续繁衍；另一方面满足居民丰富的精神、信息和时间需求，让人们从繁重的体力和脑力劳动中解放出来。

其还原功能保证了城乡自然资源的可持续利用和社会、经济、环境的平衡发展，一方面必须具备消除和缓冲自身发展给自然造成不良影响的能力；另一方面在自然界发生不良变化时，能尽快使其恢复到良好状态，包括自然净化和人工调节两类还原功能。

城市生态系统的功能是靠其中连续的物流、人流、信息流及货币流来维持的，它们将城市的生产与生活、资源与环境、时间与空间、结构与功能，以人为中心串连起来。弄清了这些流的动力学机制和控制方法，就能基本掌握城市这个复合体中复杂的生态关系。

5.4.8.2　关于城市生态系统的几种观点

由于城市生态系统是一个高度复杂的复合系统，许多人从不同的学科对该系统进行了多方面的综合研究。当人们从不同的角度进行研究时，就产生了对城市生态系统的不同认识和观点。这些观点主要包括自然生态观、经济生态观、社会生态观和复合生态观。

1. 自然生态观

这种观点把城市看成是以生物为主体，包括非生物环境的自然生态系统，它受人类活动干扰并反作用于人类。该观点聚焦于这类特殊栖息环境中动物、植物、微生物等生物群体以及景观、气候、水文、大气和土地等物理环境的演变过程及其对人类的影响，以及城市人类活动对区域生态系统乃至整个生物圈的影响。城市自然生态观的研究中最活跃的主题有以下几个：一为城市人类活动与城市气候关系的研究；二为城市化过程对植物的影响及其功效和规划研究；三为城市及工业区自然环境容量、自持能力及生态规划研究。

2. 经济生态观

这种观点把城市看成是一个以高强度能流物流为特征，不断进行新陈代谢，经历着发生、发展、兴旺和衰亡等演替过程的人工生态系统。通过对城市各种生产、生活活动中，物质代谢、能量转换、水循环和货币流通等过程的研究，探讨城市复合体的动力学机制、功能原理、生态经济效益和调控办法。有关城市物质代谢的研究重点在两方面：其一为资源，包括水、食物、原材料的来源、利用、分配和管理；其二为废物，包括废热、废水、废气和废渣等的排放、扩散、处理和再生等内容，其中也包括承载能力、环境容量、营养物质和污染物质的流动规律及对人和物理环境的影响等问题。总之，流经城市生态系统的物质除少数转变为生物量或为生物所利用外，大多数以产品和废品的形式输出。因而，其物质流通量远比自然生态系统的要大得多。

3. 社会生态观

这种观点从社会学的角度探讨了城市生态系统，认为城市是人类集聚的结果，集中探讨了人的生物特征、行为特征和社会特征在城市过程中的地位和作用，如对人口密度、分布、生殖率、死亡率、人口流动、职业、文化和生活水平等都有大量研究，其中对城市人口密度的研究数量最多，包括个体生理学模型、行为模型、健康状况模型、心理学模型、拥挤度模型、人口发展史模型、系统生态学模型、经济效益模型及运输形式模型等。对城市生态系统中城市社会质量的研究是社会生态观各项研究中的一个热门话题，但由于衡量城市生活水平牵扯到人的价值观念、生活方式等社会文化因素，所以，这是一个复杂而有争议的问题。

4. 复合生态观

城市生态系统既有自然地理属性也有社会与文化属性，这是一类复杂的人工生态系统。马世骏等（1987）将城市看作是社会－经济－自然的复合生态系统，认为城市的自然及物理组分是其赖以生存的基础；城市各部门的经济活动和代谢过程是城市生存发展的活力和命脉；而城市人的社会行为及文化观念则是城市演替与进化的动力源泉。社会－经济－自然复合生态系统不是社会、经济和自然三者之间的简单加和，而是融合与综合，是自然科学与社会科学的交叉，是空间和时间的交叉。城市复合生态研究应以物质能量高效率利用，社会、自然的协调发展和系统动态的自我调节为城市生态调控的目标。

5.5 生态系统服务

5.5.1 什么是生态系统服务

地球生态系统被誉为生命之舟，它给人类社会、经济和文化生活提供了许许多多不可或缺的物质资源和良好的生存条件。这些由自然系统的生境、物种、生物学状态、性质和生态过程所生产的物质及其所维持的良好生活环境对人类的服务性能称为生态系统服务（ecosystem service）。

显然，生态系统服务的内容广泛而丰富，自 Holdren 和 Ehrlich 于 1974 年首次提出以来，已引起生态学界的重视，Costanza 等（1997）先后发表文章加以论述。生态系统服务一般是指生命支持功能（如净化、循环、再生等），而不包括生态系统功能和生态系统提供的产品。但服务、功能与产品三者是紧密相关的。生态系统功能是构建生物有机体生理功能的过程，乃是持续为人类提供各种产品和服务的基础。

生态系统功能的多样性对于持续地提供产品的生产和服务是至关重要的。产品是指在市场上用货币表现的商品。生态系统服务是不能够在市场上买卖的，但它是有重要价值的。诚然，生态系统是我们获得自然资源的源泉，也是人类赖以生存的环境条件。一种生态系统服务可以是两种或多种生态系统功能共同产生的；在某种情况下，一种生态功能也可提供两种或多种服务。近年来，以 Daily 主编的《生态系统服务：人类社会对自然生态系统的依赖性》（1997）一书为标志，研究生态系统服务的热潮正在兴起。

随着市场经济的发展，更多人主张生态系统服务应包容产品。Costanza 等把生态系统提供的商品和服务统称为生态系统服务（表 5－2）。

表 5－2 生态系统服务项目一览表

序号	生态系统服务	生态系统功能	举例
1	气体调节	大气化学成分调节	CO_2/O_2 平衡，O_3 防紫外线，SO_x 水平
2	气候调节	全球温度、降水及其他由生物媒介的全球及地区性气候调节	温室气体调节，影响云形成的 DMS 产物
3	干扰调节	生态系统对环境波动的容量、衰减和综合反应	风暴防止、洪水控制、干旱恢复等生境对主要受植被结构控制的环境变化的反应
4	水调节	水文流动调节	为农业、工业和运输提供用水
5	水供应	水的贮存和保持	向集水区、水库和含水岩层供水
6	控制侵蚀和保持沉积物	生态系统内的土壤保持	防止土壤被风、水侵蚀，把淤泥保存在湖泊和湿地中

续表 5－2

序号	生态系统服务	生态系统功能	举例
7	土壤形成	土壤形成过程	岩石风化和有机质积累
8	养分循环	养分的贮存、内循环和获取	固氮；N，P 和其他元素及养分循环
9	废物处理	易流失养分的再获取，过多或外来养分、化合物的去除或降解	废物处理，污染控制，解除毒性
10	传粉	有花植物配子的运动	提供传粉者以便植物种群繁殖
11	生物防治	生物种群的营养动力学控制	关键捕食者控制被食者种群，顶位捕食者使食草动物减少
12	避难所	为常居和迁徙种群提供生境	育雏地、迁徙动物栖息地、当地收获物种
13	食物生产	总初级生产中可用为食物的部分	通过渔、猎、采集和农耕收获的鱼、鸟兽、作物、坚果、水果等
14	原材料	总初级生产中可用为原材料的部分	木材、燃料和饲料产品
15	基因资源	独一无二的生物材料和产品的来源	医药、材料科学产品，用于农作物抗病和抗虫的基因，家养物种（宠物和植物栽培品种
16	休闲娱乐	提供休闲旅游活动机会	生态旅游、钓鱼运动及其他户外游乐活动
17	文化	提供非商业性用途的机会	生态系统的美学、艺术、教育、精神及科学价值

5.5.2　自然生态系统服务的基本原则及价值特征

5.5.2.1　自然生态系统服务的基本原则

（1）自然生态系统服务是客观存在的，不依赖于评价的主体。正如 Wilson 所指出那样，“它们并不需要人类，而人类却需要它们”，自然生态系统服务不是随着人们对它的评价而表现出来。尽管自然系统服务的性能和功益（benefit）可以被人和有感觉能力的动物感觉到，但不能说感觉不到的自然服务功益就不存在，就没有意义。在人类出现之前，自然系统早就存在。在人类出现之后，自然生态系统服务就与人类的利益相联系。

（2）系统服务与生态过程密不可分地结合在一起，它们都是自然生态系统的属性。自然生态系统中植物群落和动物群落、自养生物和异养生物的协同关系，以水为核心的物质循环，地球上各种生态系统的共同进化和发展等，都体现了生态过程，也就产生了生态系统的功益。

（3）自然生态系统作为进化的整体，是生产服务性功益的源泉。自然生态系统是在不断进化和发展中产生更加完善的物种，演化出更加完善的生态系统，这个系统是有价值的，能产生许许多多功益性能。自然生态系统在进化过程中维护着它产生出来的性能，并不断促进这些性能的进一步完善。其潜力是非常强大的，它趋向更高、更复杂、更多功益的方向运动。

(4) 自然生态系统是多种性能的转换器。自然进化的过程中，产生了越来越丰富的内在功能。个体、种群的功能是与生物群落共同体相联系的，又使它自身的性能转变成集合性能。例如，当绿色植物被植食动物取食，植食动物又被肉食动物所吃。动植物死后又被分解者分解，最后进入土壤里。虽然这些个体生命不存在了，但其物质和能量转变成别的动物或者在土壤中贮存起来，经过自然网络转换器的这种作用来回在全球的部分和整体中运动。

显然，自然生态系统服务具有十分重要的意义。离开了这种生命支持系统的服务，全人类的生存就会受到严重威胁，全球经济的运行将会停滞。所以，从一定意义上说，生态系统服务的总价值是无限大的。全人类的生存依赖于生态系统服务；反过来，人类社会经济活动又会对整个自然生态系统产生影响（图5-8）。人工生态系统与自然生态系统提供的生态系统服务是不同的。人工生态系统通常仅在一个较小尺度和有限时段内更为有效地提供一种生态系统服务。

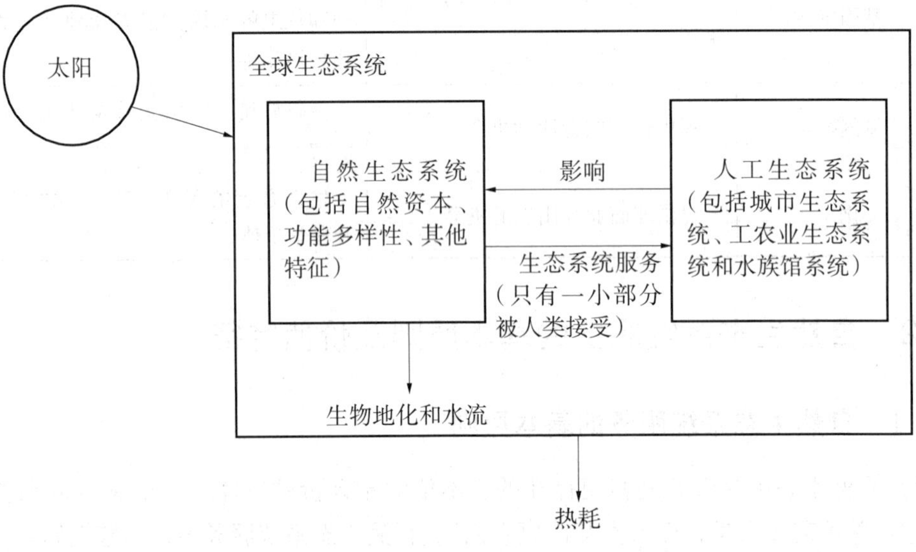

图5-8　自然生态系统与人类为主的生态系统之间关系

5.5.2.2　自然生态系统服务的价值特征

生态系统不仅生产粮食、果品、畜禽、水产品和林木等产品，提供使用价值，而且其所表现出来的生态效益，如水土保持、调节气候、防风固沙和娱乐休息等对社会和人民生活也起着非常重要的作用，这是由生物资源和环境资源结合起来形成的一种生态效益，具有如下特征。

（1）整体有用性。

生态资源的使用价值不是单个或部分要素对人类社会的有用性，而是各组成要素综合成生态系统之后，表现出来的有用性，这与那些单个要素直接或间接地转化为商品的有用性完全不同。如森林生态系统，其使用价值表现在改良土壤、涵养水源、调节气候、净化大气和美化环境等方面，这是森林中林木、野生动物和土壤微生物等综合为一个有机的森林生态系统之后所表现出来的，而绝非单个要素所能表现出来的。

（2）空间固定性。

生态系统是在某个特定地域形成的，因而生态资源都具有一定的地域性，其使用价值只能在相应地域及其可涉及的范围内发生作用，具有地域性，或称空间固定性，而一般商品则不受空间和位置的限制。

（3）用途多样性。

一般而言，商品的使用价值比较单一，如一根木材作燃料后就不能再作其他用途。而生态资源的使用价值则具有多样性，例如森林生态系统在提供木材产品的同时，还具有调节气候、保持水土、固定二氧化碳和观赏旅游等多种用途。

（4）持续有用性。

一般商品的使用价值在经过人们一定时期的消费后便会丧失，如一根木材作为燃料燃烧后，它的使用价值就被消耗了，而生态资源则不同，只要利用适度，其多种使用价值可以长期存在和永续使用。

（5）共享性。

生态资源使用价值的生产者与非生产者、所有者与非所有者都可共享生态资源的使用价值。首先，生产者和所有者的生产活动必须在一定地域的生态环境中进行，不能离开具体的生态系统；其次，生态资源的使用价值，可以超出一定的空间，发挥其有用性，而生产者和所有者对它的经营范围和所有范围的控制力是有限的。因此，不管所有者是否同意，非所有者和所有者都可以共享其使用价值，而一般商品的使用价值则不能共享。

5.5.3 生态系统服务价值类型

5.5.3.1 直接价值

直接价值的产品形式可分为显著实物型直接价值和非显著实物型直接价值。

（1）显著实物型直接价值。

此类价值以生物资源提供给人类的直接产品形式出现。McNeely 等根据生物资源产品的市场流通情况，将实物型直接价值又细分为消耗性使用价值和生产性使用价值。消耗性使用价值是指没有经过市场而被当地居民直接消耗的生物资源产品的价值，如薪柴和野味等。这对于生活在偏远地区的土著居民来说是十分普遍的，在许多发展中国家的经济中具有一定的位置。例如，在博茨瓦纳的一些地区，自然的生物资源产品占当地居民饮食的40%；在加纳，75%的人口依赖于传统的野外来源的动物性蛋白；在尼日利亚，野味品构成了乡村地区人们年均动物蛋白消耗的20%。消耗性利用价值很少在国家收益账目上反映，但这并非办不到，可以通过市场价值机制来估计其假定在市场上出售的价值，因而可以将其视为一定量的经济价值。

生产性使用价值是指经过市场交易的那部分生物资源产品的商品价值，如木材、药材、薪材、野味、鱼、动物毛皮、饲料、食用菌以及粮食、蔬菜、果品等，这些产品对国民经济具有重要影响。特别是对于发展中国家，野生生物资源对国家经济的贡献率远大于工业化国家。例如，印度尼西亚的森林木材采伐是仅次于石油的第二大创汇产业。许多热带国家都把经济建立在森林收益上，包括木材和森林非木材产品。生产性使用价值可以反映在国家收益账目上，这是反映生物资源价值的仅有途径，可通过测算消费者对消耗资源数量的意图而进行估算，亦可直接从市场对消耗资源的需求曲线而求得。

（2）非显著实物型直接价值。

此类价值体现在生物多样性为人类所提供的服务，虽然是无实物形式，但仍然是可以被感觉且能够为个人直接消费的价值。由于生物资源与人类生活紧密相关，生物多样性与人类文化有着悠久的历史渊源。生物多样性在为人类提供直接消费物品的同时，还能为人类提供直接的非消耗性利用方面的服务，如生态旅游、参观动植物园和观看动物表演，或以文学作品、舞台艺术、影视图片为载体的生物多样性的文化享受，或作为研究对象提供给科学家进行生物、遗传、生态和地理等多学科的研究，或作为一种知识，丰富人类的文化宝库和提高人类的知识水平。由于其服务范围包罗万象，服务形式多种多样，因此服务价值也难以估算和货币化。

5.5.3.2　间接价值

间接价值主要指生态系统的功能价值，或环境的服务价值，国外常称之为“环境的公益效能”。然而环境公益效能的范畴很广，常常包括选择价值、遗产价值和存在价值，因此，这里的环境效能主要指生命支持系统相关的生态服务，如光合作用与有机物的合成、CO_2 固定、保护水源、维持营养物质循环、污染物的吸收与降解，等等。

生态系统的功能价值趋向于对地方社区或全社会提供服务，而不仅仅是对某一个人或法人实体的价值反映，因此，其生态效益的价值计算起来往往很高，常高于直接价值。由于是一种非实物性和非消耗性价值，生态系统的间接经济价值往往不能反映在国家的收益账目中。

生态系统的间接价值与直接价值之间有直接的依赖关系，直接价值经常由间接价值衍生出来，因为收获的植物和动物的生长必须得到它们所在环境提供的服务支持，非消耗性或非生产性使用价值的物种在生态系统中可能起着支持那些消耗性或生产性使用价值物种的作用。例如，美国国家海洋渔业局估计，1954—1978 年美国沿岸河口的破坏使国家每年在商业性方面的收益损失 2 亿美元以上。这里，沿岸河口生态系统提供非消耗性的间接价值，而商业性渔业提供生产性利用价值，钓鱼业提供消耗性利用价值。2 亿美元损失正是沿岸生态系统在未被破坏情况下所能提供的间接价值。

5.5.3.3　选择价值

选择价值是指个人和社会对生物资源和生物多样性潜在用途的将来利用，这种利用包括直接利用、间接利用、选择利用和潜在利用。如果使用货币来计量选择价值，则相当于人们为确保自己或别人将来能利用某种资源或获得某种效益而预先支付一笔保险金。例如，人们为确保将来能利用某一森林在涵养水源、保护土壤、净化大气、固定 CO_2、释放 O_2、生态旅游以及野生生物娱乐等方面的效益而愿意现在支付一定的保护费用，这种支付意愿（WTP）的数值则相当于某一森林的选择价值。选择价值的特点在于某一资源不是现在被使用，而是有可能在将来被使用，它类似于为保证一种资源和服务的供应所支付的保险费，然而这种供应是不确定的。选择价值不一定都是正的，但如果对某一资产（如某一森林）的未来需求是确定的，而供应是不确定的，则可以预期该资产的选择价值是正的。生物资源和自然环境的未来需求是确定的，所以对生物多样性而言，其选择价值肯定是正的。

选择价值的支付愿望可分为下列三种情况：为自己将来利用；为自己子孙后代将来利用（有人称这为遗产价值）；为别人将来利用（有人称之为替代消费）。国外一些学者提出的准选择价值是一种对未来效益的认知价值，是做出保护或开发选择之后的信息价值。例如，对某一森林，既可以选择进行保护，也可以选择现在开发。如现在选择保护，那么下一阶段的选择既可能是保护也可能是开发；如果现在选择开发，则下一阶段只能选择开发（因为发生了不可逆转的变化）。在这两个阶段之间可能会出现信息，如森林的保护价值提高或某种生物有新的科学发现，这样，如果现在选择开发，这种未来效益将遭受损失，评估其损失的效益可理解为对准选择价值的评估。当对遗传基因缺乏研究而对森林的经济价值尚不了解或知之甚少时，可利用准选择价值对森林砍伐进行评价。准选择价值与选择价值概念相异，因此两种价值不能叠加。由于准选择价值评价比较复杂，经济学家们常常将此忽略。

5.5.3.4　遗产价值

遗产价值是指当代人为把将来某种资源保留给子孙后代而自愿支付的费用。有许多当代人可能希望他们的子女或后代将来可从某些资源（如热带森林或珍稀物种）的存在得到一些利益，如观光等。为此，他们现在愿意支付一定数量的钱物用于对这些资源的保护。遗产价值还体现在当代人为他们的后代将来能受益于某种资源存在的知识而自愿支付其保护费用。例如，他们为使后代知道海洋拥有鲸、喜马拉雅山拥有雪豹、中国拥有大熊猫以及亚马孙河拥有大量热带雨林等自愿捐献钱物。

遗产价值反映了代际间利他主义动机和遗产动机，可表述为代际间“替代消费”和代际间利他主义。由于遗产价值涉及到后代人的利用，因此有人认为遗产价值应属于选择价值范畴；但亦有人认为遗产动机是确保某种资源的永续存在，仅作为一种资源和知识遗产保留下来，不涉及将来利用与否，因此，它应属于存在价值范畴。而现在较多的文献将其单独列出，与选择价值和存在价值并列。

5.5.3.5　存在价值

存在价值亦被称为内在价值，是指人们为确保某种资源继续存在（包括其知识存在）而自愿支付的费用。存在价值是资源本身具有的一种经济价值，是与人类利用（包括现在利用、将来利用和选择利用）无关的经济价值，也与人类存在与否无关，即使人类不存在，资源的存在价值仍然在现实生活中确实存在。例如，许多人（特别是在工业化国家）为了确保热带雨林或某些珍稀濒危动物的永续存在而自愿捐献钱物，而自己并不打算将来到这些热带雨林观光或利用这些野生动物，所以存在价值似乎与伦理的准则和环境保护的责任有关。存在价值的计量方法之一为估算工业化国家和私人对全世界自然保护事业的大量自愿捐献。例如，世界自然基金会（WWF）每年收到来自全世界的捐献达1亿美元。

存在价值是位于经济学家研究的经济价值和环境学家研究的生态价值之间的一种过渡性价值，它为经济学家和生态学家提供了共同的价值观，也是目前众多国际环境保护机构和金融机构所关注的焦点。它将是现代自然保护运动的源泉之一。

【思考题】

1. Tansley、Odum 家族和马世骏等对生态系统概念的发展各有哪些贡献？
2. 生态系统有哪些主要组成成分，各有什么作用和地位？
3. 食物链有哪些类型？在生态系统中有什么意义？
4. 举例说明反馈、正反馈、负反馈在生态系统中各起什么作用，生态系统是如何通过反馈机制维持稳态的？
5. 生态危机的主要原因是什么？如何维护生态平衡？
6. 生态系统类型是如何划分的？生态系统有哪些主要类型？
7. 列表比较陆地生态系统和水域生态系统的生物种类、数量和生物量。
8. 什么是生态系统服务？其价值特征包括哪些方面？
9. 生态系统服务价值类型体现在哪些方面？

第 6 章　生态系统退化与生态恢复

内容提要　本章主要介绍了退化生态系统特征与成因、生态系统退化与生物多样性丧失、生态恢复等。具体包括：退化生态系统定义、退化生态系统特征与主要类型、退化生态系统成因；生物多样性的概念、生物多样性丧失的原因、外来种入侵；生态恢复与恢复生态学的定义、恢复生态学的基本理论、退化生态系统恢复与重建的方法及对策等。

6.1　退化生态系统概述

6.1.1　退化生态系统定义

长期以来，人类对生态环境资源进行不适当的、过度的开发，引起了生态系统的退化与破坏，使其丧失了正常的良性循环状态。退化生态系统（degraded ecosystem）是指在一定的时空背景下，在自然因素、人为因素，或两者的共同干扰下，导致生态要素和生态系统整体发生的不利于生物和人类生存的量变和质变，生态系统的结构和功能发生与其原有的平衡状态或进化方向相反的变化过程，从而使其成为一类“病态”的生态系统。具体表现为生态系统的结构和功能发生变化和出现障碍，生物多样性下降，系统稳定性和抗逆能力减弱，系统生产力下降等。这类生态系统也被称为受害或受损生态系统（damaged ecosystem）。退化生态系统是相对于健康生态系统（healthy ecosystem）而言的。

6.1.2　退化生态系统特征与主要类型

6.1.2.1　退化生态系统特征

与健康的自然生态系统比较，退化生态系统的特征主要表现为：

（1）结构失衡。退化生态系统的种类组成、群落或系统结构改变，生物多样性、结构多样性和空间异质性降低，系统组成不稳定，生物间的相互关系改变，一些物种丧失或优势种、建群种的优势度降低。

（2）功能衰退。退化生态系统的能量转化效率降低；系统贮存的能量低；能量交换水平下降；食物链缩短，甚至呈直线状；食物网结构破坏。

（3）物质循环受阻。退化生态系统中的总有机质贮存减少，生产者子系统的物质积累降低，无机营养物质多贮存于环境库中，而较少地贮存于生物库中。

（4）稳定性降低。由于退化生态系统的组成和结构单一，生态联系和生态学过程简单，退化生态系统对外界的干扰显得敏感，系统的抗逆能力和自我恢复能力低，系统变得十分脆弱。

（5）土壤和小环境的变化。植被受到干扰和破坏的生态系统，最容易发生水土流失，使原来结构良好、肥力较强的土壤被冲走，土壤有机质含量逐步减少。土壤的这种损失对以后生态环境的恢复甚至区域整体环境的影响是极其深远的。退化生态系统的大面积出现，还可能影响小气候，甚至区域性气候。如沼泽地的排水开垦，会导致小区域空气湿度下降。退化生态系统内小环境变化的重要作用是影响群落的演替过程和方向。

（6）生物之间生态关系的变化。生态系统受干扰破坏后，最本质和最深刻的变化无疑是生态系统内部生物之间生态关系的变动，包括动物与动物、动物与植物、植物与植物以及与微生物之间的关系。如退化的草地，常出现大量的蒿类植物，与优良牧草的生长形成竞争。尔后，还有许多有毒的植物不断增加，这种演替影响着动物区系甚至草原牧业的发展。退化生态系统因地上植被的改变，还能影响到土壤的水、肥和光照条件，影响着微生物区系的组成，进而又将对生态系统中的能量和物质流动产生影响。

6.1.2.2 退化生态系统类型

根据生态系统退化过程及生态学特征，退化生态系统可分为不同的类型。有学者将退化生态系统分为裸地（包括原生裸地和次生裸地）、森林采伐迹地、弃耕地、沙漠化地、采矿废弃地和垃圾堆放场六种类型。显然这种分类主要适用于陆地生态系统。实际上生态退化还包括水生生态系统的退化（如水体富营养化、干涸等）。

根据生态系统的不同层次与尺度，有的学者把退化生态系统划分为局部退化生态系统、中尺度的区域退化生态系统和全球退化生态系统。实际上，在研究生态退化时，应把人类自身纳入生态系统加以考虑，研究人类－自然－经济复合生态系统的结构、功能、演替及其发展环境的恶化，比如经济贫困、社会动荡、文化落后等，因为这些都是人类－自然－经济复合生态系统退化的重要诊断特征。

综合来看，常见的退化生态系统类型有以下七种：

（1）裸地（barren land）。裸地或称为光板地，其成因通常是极端的环境条件，如较为潮湿，或较为干旱，或盐渍化程度较深，或缺乏有机质甚至无有机质，或基质移动性强等。裸地可分为原生裸地（primary barren land）和次生裸地（secondary barren land）两种。原生裸地主要是自然干扰所形成的，而次生裸地则多是人为干扰所造成的。

（2）森林采伐迹地（logging slash）。森林采伐迹地是人为干扰形成的退化类型，其退化状态随采伐强度和频度而异。据世界粮农组织的调查，1980—1990 年全球森林每年以 1100万～1500 万 hm^2 的速度在消失。联合国和欧洲、芬兰等有关机构通过联合调查研究后预测，1990—2025 年，全球森林每年将以 1600 万～2000 万 hm^2 的速度消失。与最后一季冰川期结束后相比，原始森林覆盖面积的减少百分比分别为：亚太地区 88%，欧洲 62%，非洲 45%，拉丁美洲 41%，北美 39%；七个森林大国中，巴西、中国、印尼和刚果（金）的森林面积每年以 0.1%～1% 的速度递减，俄罗斯、加拿大和美国每年以 0.1%

～0.3%的速度递增。世界资源研究所（World Resources Institute）发布的一项研究显示，2021年全球热带雨林消失的速度依然极高，全球有约1110万hm^2热带雨林消失了。其中包括375万hm^2热带原始森林。平均每分钟就有一个足球场大小面积的热带雨林消失。

（3）弃耕地（abandoned land）。弃耕地或称撂荒地，是因人类农耕方式而产生的一种退化类型。这种退化类型也是相对于自然生态状态而言的，从生态系统演替意义上讲，这类退化生态系统具有双重性：一方面，它的可恢复性强，如不再干扰，会按照群落演替规律逐步恢复到顶极群落；另一方面，在农业生产水平发展到一定程度后，弃耕地的增多是积极的，它为区域整体生态环境的改善提供了基本条件。

（4）沙漠化及荒漠化生态系统（desert ecosystem）。沙漠可因自然干扰或人为干扰而形成。这里讲的沙漠化，是指在人为干扰下，原来非沙漠的土地沙漠化的现象，主要是指一些干旱地区，由于人为干扰所出现的沙漠化或原沙漠区向非沙漠区的推进。沙漠化是世界性的环境问题。所谓荒漠化，是指在干旱、半干旱地区和一些半湿润地区，生态环境遭到破坏，造成土地生产力衰退或丧失而形成荒漠或类似荒漠的过程。按照现在的发展速度，未来20年内全世界将有1/3的耕地会因沙漠化或荒漠化而消失。根据1991年的统计，全球荒漠化土地面积达3600万km^2，占陆地面积的1/4，并以每年15万km^2的速度扩展（比整个美国纽约州还大），有100多个国家和地区的12亿多人已受到荒漠化的威胁，36亿hm^2土地受到荒漠化的影响，每年造成直接经济损失高达420多亿美元。据中国、加拿大、美国三方合作项目的研究结果，1998年中国荒漠化灾害造成的直接经济损失约为541亿元人民币。

（5）采矿废弃地（mine derelict）。采矿废弃地是指因采矿活动被破坏、不经治理而无法使用的土地。主要分为四种类型：①由剥离表土、开采的废石及低品位矿石堆积所形成的废石堆废弃地；②随着矿物的开采而形成的大量采空区域，即开采坑形式的废弃地；③由各种分选方法选出精矿后的剩余物的排放而形成的尾矿渣废弃地；④开采石料而形成的采石矿废弃地。根据地矿部门的初步统计，到1996年为止，我国共有近万座大中型国有矿山，30余万座乡镇经营和个人开采的矿山，总计已形成200多万hm^2的废弃地，现在每年还以约2.5万hm^2的增长速度继续扩大。大面积的矿山废弃地不仅毁坏了大片森林、草地和农田，还将生产性用地变成非生产性用地。而且，废弃地还造成区域的水土流失，也是巨大的污染源。因此，废弃地的整治在退化生态系统的恢复与重建中具有重要的地位，随着近年来我国生态修复项目的实施，大部分采矿废弃地已得到整治与修复。

（6）垃圾堆放场（wastes stack bank）。垃圾堆放场或堆埋场，主要是家庭、城市、工业等垃圾或遗弃废物堆积的地方，对生态环境的影响不仅仅是对耕地的占用，更为严重的是对生活环境的污染，包括对大气、地下水等的污染，以及生态环境的严重破坏。

（7）污染水域（polluted water body）。主要是将未经处理的生活和工业污水，直接排放到自然水域中而造成的人为干扰，其结果是使水源的质量下降，水域的功能降低。包括对水中生物生长、发育和繁殖的危害，生态系统受到严重破坏，甚至使水域丧失饮用水源的功能。

6.1.3 退化生态系统成因

6.1.3.1 生态干扰

干扰（disturbance）是自然界一个重要而又普遍存在的现象。早期的文献只是把干扰看成生物群落向着平衡状态演替进程的一个重要调整机制，在经典生态学中，干扰被认为是影响群落结构和演替的重要因素。20 世纪 70 年代开始，把干扰作为一个有生态学意义的现象来深入研究。干扰被定义为：群落外部不连续存在、间断发生的因子的突然作用，或连续存在因子超正常范围的波动，这种作用或波动能引起有机体、种群或群落发生全部或部分明显变化，使其结构和功能受到损害或发生改变。每一种干扰都有其特性，如干扰强度、作用频率、干扰范围和作用时间等。

生态系统退化的原因是多方面的，自然干扰和人为干扰是生态系统退化的两大触发因子。自然干扰指由一些天文因素变异而引起的全球环境变化（如冰期、间冰期的气候冷暖波动），以及地球自身的地质地貌过程（如火山爆发、地震、滑坡和泥石流等自然灾害）和区域气候变异（如大气环境、洋流及水分模式的改变等）；人为干扰主要包括人类社会中所发生的一系列社会、经济、文化活动或过程（如工农业活动、城市化、商业、旅游和战争等）。

人为干扰往往叠加在自然干扰之上，共同加速生态系统的退化。干扰对生态系统的影响，表现在生态系统动态的各个方面。首先，某些干扰（如人口过度增长、人口流动等）对生态系统或环境不仅会形成静态压力，而且会产生动态压力；其次，干扰还能通过对个体的综合影响，引起种群的年龄结构、大小、遗传结构以及群落的丰富度、优势度与结构的改变；另外，干扰可直接破坏或毁灭环境和生态系统中的某些组分，造成系统资源短缺和某些生态学过程或生态链的断裂，最终导致整个生态系统的崩溃。

干扰的类型、强度和频度在很大程度上决定着生态系统退化的方向与程度。自然干扰总是使生态系统返回到生态演替的早期状态。某些周期性的自然干扰在生态系统演替过程中起着反馈的作用，使生态系统处于一种稳态平衡状态，但一些剧变或突变性的自然干扰（火山爆发、洪水等）往往会导致生态系统的彻底毁坏。人为干扰可直接或间接地加速、减缓和改变生态系统退化的方向与过程。在某些地区，人为干扰对生态退化起着主要作用，并常造成生态系统的逆向演替，以及不可逆变化和不可预料的生态后果，如土地荒漠化、生物多样性丧失和全球气候变化等。

6.1.3.2 环境污染

人类向自然环境排放了大量的生活垃圾、工业垃圾、农药以及各种对环境有毒害性的污染物，这是人类社会不断发展后，对自然生态系统的另一种最主要的干扰方式。工业废水的直接排放使许多水域被污染、水质下降甚至丧失饮用水的价值，水体生态系统受到严重破坏；大量化石燃料的使用以及向大气排放的各种污染物，不仅使空气受到污染，而且进入大气的硫氧化物、氮氧化物，与水蒸气结合后形成极易电离的硫酸和硝酸，导致大气酸度增加，有的地区甚至酸雨成灾，对生态系统和土壤等带来了灾难性的影响。这方面的干扰及其危害相当广泛和严重，曾经在欧洲与我国西南地区随处可见。随着清洁能源的使用及脱硫技术的实施，酸雨在国内外已逐步得到控制。

以云南滇池为例，由于污染和人类活动对湖泊生态系统的加剧干扰，云南滇池生态系统种群组成、结构和功能受到较大的影响，表现为生态系统结构简单，一些功能退化甚至丧失。

滇池的水生植被在 20 世纪 60 年代至 80 年代初期发生了急剧变化，主要表现在：①种类数和物种多样性减少，一些不耐污的种类甚至完全消失；②分布面积迅速减少，生物量下降，建群种趋于单一，耐污染、抗风浪的高体型沉水植物篦齿眼子菜（*Potamogeton pectinatus*）成为优势种群。20 世纪五六十年代，滇池水生植被覆盖度大约占湖面面积的 90%，水生植物物种丰富，水深 4m 以内的湖体都有水草生长，特别是草海部分，是百草繁茂的沼泽化水域。全湖以适宜清水环境生长的海菜花（*Ottelia acuminata*）和轮藻（*Chara*）为全湖的优势种类，滇池北岸及东岸芦苇呈条带状分布。20 世纪 70 年代后，滇池水生植被在短短的 10 年间发生了剧烈的变化：① 随着史上最大规模的围海造田的开展，滇池水生植被面积大幅度减少，水生植被所占面积由 20 世纪五十六年代的 90% 突然降到不足 20%；②优势群落变化显著，原来占绝对优势的高原湖泊特有物种海菜花，到了 20 世纪七八十年代已渺无踪迹，马来眼子菜、轮藻等沉水植被也很难再看到，取而代之的是狐尾藻群落成为优势群落，具有完整演替序列的东、南岸带，原本连片分布的芦苇群落也大面积消失；③同时还表现出植物种群密度下降、生物产量大大下降等特点。20 世纪 80 年代，昆明城市经济快速发展、人口不断增加，但工业废水及城市污水收集处理措施严重滞后，使得处于下游的滇池接纳了大量的工、农业及生活废水，滇池水体富营养化日益严重，水体透明度显著下降，水生植物的分布范围进一步减少，沉水植物逐渐向湖滨浅水区迁移，仅有占湖泊面积 2. 05% 的水域有水生植被分布。

6. 2　生物多样性的影响及保护

生态系统受到干扰与破坏后，造成生态系统退化，一方面造成生态系统内部生物之间生态关系的变动，包括植物与植物、动物与植物、动物与动物以及微生物之间的关系；另一方面造成生态系统内部土壤、水及光照条件等环境因子的改变，从而造成生物多样性的影响及外来种入侵。

6. 2. 1　什么是生物多样性

生物多样性（biodiversity）是当前生物学和生态学研究的热点问题。美国技术评估局对生物多样性的定义是：生命有机体及其赖以生存的生态综合体的多样性（variety）和变异性（variability）。即生物多样性是指生命形式的多样性（从类病毒、病毒、细菌、支原体、真菌到动物界与植物界），各种生命形式之间及其环境之间的多种相互作用，以及各种生物群落、生态系统及生境与生态过程的复杂性。生物多样性是地球上生命经过 35 亿年发展进化的结果，是人类赖以生存和发展的基础。

生物多样性包括多个层次，一般是指遗传多样性、物种多样性、生态系统多样性与景观多样性四个层次。

遗传多样性（genetic diversity）又称基因多样性，是指所有生物个体中所包含的各种遗传物质和遗传信息，既包括了不同种群间的同一种基因的变异，也包括了同一种群内的基因差异。遗传多样性的表现形式是多层次的。在分子水平，可表现为核酸、蛋白质、多糖等生物大分子的多样性；在细胞水平，可体现在染色体结构的多样性以及细胞结构与功能的多样性；在个体水平，可表现为生理代谢差异、形态发育差异以及行为习性的差异等。遗传多样性对任何物种维持生命和繁衍、适应环境、抵抗不良环境与灾害都是十分必要的。遗传变异是生物进化的内在源泉，因而遗传多样性及其演变规律是生物多样性及进化生物学研究中的核心问题之一。

物种多样性（species diversity）是指物种水平上的生物多样性。它是用一定空间范围内物种的数量和分布特征来衡量的。对一个地区内物种的多样性，可以从分类学、系统学和生物地理学角度进行研究。研究物种多样性的现状、形成、演化及维持机制等是物种多样性的主要研究内容。物种是物种多样性的核心概念，同时也是生物分类学的基本分类单位。目前，对地球上物种的数目还没有确切的掌握。估计其变化幅度可能在500万～3000万种，也可能为200万～1亿种。即使是目前已定名或描述的物种数目也不是十分清楚，一种估计为140万种，另一种估计为170万种。据威尔逊（O. Wilson）于1992年的统计，全球已记录的生物为140万余种，其中昆虫约75万种，脊椎动物4.1万种，高等植物25万种，其他为无脊椎动物、真菌和微生物、藻类等。物种是遗传信息的载体，是生态系统中最主要的成分，因此，物种多样性在生物多样性研究中占有举足轻重的地位。遗传多样性的丧失常常是人们不易察觉的，而物种的灭绝，特别是大型动物的灭绝，常会引起人们的警觉，唤起公众的关心。对物种多样性的编目是十分艰巨而有待加强的工作。另外，生物区系特点、物种的濒危和受威胁的状况、灭绝速率的变动及其机制、物种的保护等都是物种多样性研究的重要内容。

生态系统多样性（ecosystem diversity）是指生物圈内生境、生物群落和生态过程的多样化以及生态系统内生境差异、生态过程变化的多样性。生境的多样性主要指无机环境，如地貌、气候、土壤、水文等。生境的多样性是生物群落多样性甚至是整个生物多样性形成的基本条件。生物群落的多样性主要指群落的组成、结构和动态方面的多样化。生态过程主要是指生态系统的组成、结构和功能在时间、空间上的变化以及生态系统的生物组分之间及其与环境之间的相互作用。

景观多样性（landscape diversity）是指不同类型的景观在空间结构、功能机制和时间动态方面的多样性和变异性。景观是一个大尺度的宏观系统，是由相互作用的景观要素组成的具有高度空间异质性的区域。景观要素是组成景观的基本单元，相当于一个生态系统。景观要素可分为嵌块（patchness）、廊道（corridor）和基质（matrix）。嵌块是景观尺度上最小的均质单元，其起源、大小、形状和数量等对景观多样性的形成具有重要意义。廊道是具有通道或屏障功能的线状或带状的景观要素，是联系嵌块的桥梁和纽带。基质是景观中面积较大、连续性高的部分，往往形成景观的背景。由于能量、物质和物种在不同的景观要素中呈异质分布，加上景观要素在大小、形状、数目和外貌上的变化，使得景观在空间结构上呈现高度异质性。地球表面的景观多样性是人类和自然因素综合作用的结果。

生物多样性需在上述四个层次上都得到保护。保护的重点应是生态系统的完整性和珍稀濒危物种。生态系统多样性既是物种和遗传多样性的保证，又是景观多样性的基础，生态系统的稳定是物种进化和种内遗传变异的保证。

6.2.2　物种灭绝

6.2.2.1　生物多样性面临的威胁

地球上的生物多样性是 30 亿年进化的结果，是人类宝贵的财富。然而，全球的生态系统正在发生退化和受到破坏，生物多样性面临着严重的威胁。自 17 世纪以来，已有 2.1% 的哺乳动物、1.3% 的鸟类灭绝。据报告，目前世界上每小时有 1 ～ 3 种植物灭绝，每天有 1 种动物灭绝，远远高于自然界的本底灭绝速率，而且灭绝的速度越来越快。以鸟类为例，在 3500 万年前到 100 万年前之间，平均每 300 年有 1 种灭绝；从 100 万年前到现代，平均每 50 年有 1 种灭绝；最近 300 年间，平均每 2 年就有 1 种灭绝；进入 20 世纪，几乎每年灭绝一种。据国际自然和自然资源保护同盟的统计，目前全球濒临灭绝危险的动物有 1000 多种，其中鱼类 193 种、两栖和爬行动物 138 种、鸟类 400 多种、哺乳动物 305 种。农作物品种的消失也十分严重。1949 年在中国种植的 1 万个小麦品种到 20 世纪 70 年代初只剩下 1000 种。在过去的 100 年中，美国的西红柿品种丧失 81%，玉米品种丧失 91%。

联合国粮食及农业组织（FAO）警告说，农作物的均匀化趋势以及生物多样性的丧失将对养活世界上迅速增长的人口构成威胁。中国是生物多样性特别丰富的国家之一，有高等植物 30 000 多种，占世界的 10%；有脊椎动物 6347 种，占世界的 14%。但目前我国生物多样性受到严重威胁：被子植物有珍稀濒危种 1000 种，极危种 28 种，已灭绝或可能灭绝 7 种；裸子植物有珍稀濒危和受威胁种 63 种，极危种 14 种，灭绝 1 种；脊椎动物受威胁 433 种，灭绝或可能灭绝 10 种。

6.2.2.2　物种灭绝的原因

生物多样性丧失的直接原因主要是栖息地的丧失和片断化、外来种的入侵、生物资源的过度开发、环境污染以及全球气候变化等。有人将生境的破坏、资源过度开发、环境质量恶化、物种的入侵称为物种灭绝的“灾害四重奏”。但归根结底，人类活动是造成生物多样性以空前速度丧失的根本原因。

栖息地丧失和片断化（fragmentation）是对生物多样性最大的威胁。生境的丧失对现今物种的灭绝起了主要作用。近百年内，森林面积大幅度减少，湿地被排干，许多物种失去了相依为命、赖以为生的家——生态环境。例如孟加拉国 94%、斯里兰卡 83%、印度

80%，以及我国香港地区97%的野生生境已不复存在，许多动物无家可归，特别是迁徙能力弱的动物。目前的生物种类一半以上生存在热带雨林。但是由于人类活动，地球上的原始森林已从19世纪的55亿hm^2减少到现在的不足28亿hm^2，而每年减少的2000万hm^2原始森林中就有1100hm^2是热带雨林。生境片断化是一个面积大而连续的生境被分割成两个或更多小块残片并逐渐缩小的过程。多种人类活动都可能导致生境片断化，如铁路、公路、水沟、电线网络、树篱、防火道、农田、房屋建筑以及其他可能限制生物自由活动的分隔物。片断化的生境在几何形状上与原生境有两个主要的差别：①片断化生境具有更大的边缘面；②各个残片的中心距边缘更近。正是片断化生境的这两个特征极大地影响了其生物多样性。

对生物资源的过度经济开发导致生物多样性的下降。许多生物资源对人类有直接经济价值。随着人口激增和全球商业体系的建立和迅速发展，人类对这类生物资源的需求也随之迅速上升。在濒临灭绝的脊椎动物中，有37%的物种受到过度开发的威胁。许多野生动物因具有“皮可穿、毛可用、肉可食、器官可入药”的价值而遭灭顶之灾，如象牙、犀牛角、虎皮、熊胆、鸟羽、藏羚绒等。过度开发对生物多样性影响的典型事例是人类对海洋鲸类和非洲大象的猎捕活动。据报道，1940—1986年，商业性捕鲸者捕杀了大约50万头鲸。非洲象的数量在1981—1987年间从120万头下降到76.4万头。

外来种的入侵是引起生物多样性危机的另一个原因。全球经济活动促进了贸易和交通系统的发展，也带来了外来种入侵的问题。生物入侵将对当地原有生物群落和生态系统造成极大威胁，导致群落结构变化、生境退化，进而导致生物多样性下降。例如小花假泽兰（*Mikania micrantha*）原产于热带美洲，20世纪70年代入侵香港，80年代传入广东南部。在深圳内伶仃岛，该种植物像瘟疫般滋生，攀上树冠，使大量树木因失去阳光而枯萎，从而危及岛上600只猕猴的生存。福建沿海在20世纪80年代引进互花米草（*Spartina alterniflora*）作为海滩护堤植被和牧草，但由于互花米草在新的环境中繁殖力极强，迅速蔓延，结果严重破坏了海滩养殖业和生物群落。

环境污染对物种的影响是一种复杂的、积累的、缓慢的、致生物于死地的“软刀子”。农药的大量使用造成一些物种的濒危或灭绝，尤其是位于食物链顶端的猛禽受影响最严重。据统计，目前全世界已有2/3的鸟类生殖力下降，栖息地污染无疑是造成这一现象的重要原因。

全球性的气候变化有可能导致更多物种灭绝。如对未来气候变暖趋势与全球生物分布变化的模拟研究表明，北温带和南温带气候区将向两极扩展。北美东北落叶阔叶林的物种将会向北迁移500～1000km，许多物种可能不能以如此高的迁移速度跟上气候变化速度。人类活动造成的生境片断化可能会使物种迁移速度降低，使它们难以到达适于自身生存的生境。所以，许多地方的特有种或扩散能力差的物种在迁移过程中无疑会走向灭绝。

6.2.3 外来种入侵

6.2.3.1 外来种入侵的概念

生物可以借助气流、风暴和海流等自然因素或人为作用，将植物种子、昆虫、微小生物及多种动物带入新的生态系统。在适宜气候、丰富食物营养供应和缺乏天敌抑制的条件下，生物得以迅速增殖，在新的生境下一代代繁衍，对本地种形成生存威胁，这种现象称为外来种入侵或“生物入侵”（biological invasion）。

生物的入侵现象自古以来就存在，到近代就更为频繁。特别是国际贸易、移民以及战争等使得生物入侵加剧。国内、国际旅游事业蓬勃发展，交通工具更加先进，一些高山、大海和沙漠等过去曾是阻止物种扩散的天然屏障，现在变得越来越小。越来越多的物种正在跨越屏障，生物入侵变得更加容易成功。

在美国已有4500余种生物入侵成功，仅夏威夷州就有2000余种外来生物定居，而且每年仍有20～30种不断侵入。中国近年来新的物种侵入也屡见报道。如广东一带正在蔓延的松突圆蚧（*Hemiberlesia pitysophila*）和湿地松粉蚧（*Oracella acuta*）是20世纪80年代初侵入的；随着南方菜果的引入，1995年上海出现了危险性害虫——美洲斑潜蝇（*Liriomyza sativae*），危及10～20种蔬菜。

豚草（*Ambrosia artemisifolia*）约在20世纪30年代传入中国东南沿海地区，是世界性恶性害草，原产于北美。滋生之处形成密集的单优群落，使原有植被结构和生物多样性遭到严重破坏。由于豚草适应性广，生命力强，种子具有二次休眠特性，在东北、华北和华东等地迅速蔓延至我国15个省市和许多地区，危及农牧业生产。其花粉又是引起人类花粉过敏症的主要致病原。豚草已成为我国的重要害草。

薇甘菊（*Mikania micrantha*），也称小花蔓泽兰，为菊科多年生攀缘藤本。原产于南美洲和中美洲，现已广泛传播到亚洲热带地区，已成为当今世界热带、亚热带地区危害最严重的杂草之一。大约在1919年薇甘菊作为杂草在中国香港出现，1984年在深圳发现，2008年来已广泛分布在珠江三角洲地区。该种已被列入世界上最有害的100种外来入侵物种，也被列入中国首批外来入侵物种。

清道夫（*Pterygoplichthys multiradiatus*），部分地区俗称壮腰龙、琵琶鼠、垃圾鱼等，又名吸盘鱼、吸口鲶，学名叫甲鲶。清道夫因喜食水族箱的残饵、污物而起到净化水质的作用，故而得名。原产于南美洲的河流中，在中美洲也经常可以看到。最初因具有适应性强、易饲养、杂食性、耐低氧、起捕率高等特点，受到养殖者的欢迎。但这种鱼在国内没有天敌，而且极易存活，并且大量繁殖，挤占本土鱼类生存空间。

河鲈（*Perca fluviatilis*）是生活在欧洲和我国额尔齐斯河水系的肉食性鱼类。但当入侵新疆南部的博斯腾湖之后，由于缺乏天敌，河鲈大量繁殖并大肆掠食其他鱼类，导致该湖特有的名贵鱼类——新疆大头鱼（*Aspiorhynchus laticeps*）和原来湖中生活的鲤鱼等鱼类绝迹。

外来种入侵以后，就会乘机扎根、繁殖，不断扩张，对本地种构成威胁。地球上大多数江河、湖泊，大多数沿海地区，几乎所有岛屿都受到物种入侵的困扰。物种入侵有可能打乱全球的物种本地化，会损害地球上的生物多样性。

6.2.3.2 入侵物种的特征

入侵的成功与否与多方面的因素有关：物种自身的生态生理特点；入侵地的气候；食物和荫蔽场所的状况；侵入时造成的后果及其引起人们关注程度的大小等等。

入侵是一个复杂的生态过程，可分为四个阶段：①侵入（introduction），是指生物离开原生存的生态系统到达一个新环境；②定居（colonization），是指生物到达入侵地后，经过当地生态条件的驯化，能够生长、发育并进行了繁殖，至少完成了一个世代；③适应（naturalization），是指入侵生物已繁殖了几代，由于入侵时间短、个体基数小，所以种群增长不快，但每一代对新环境的适应能力都有所增强；④扩展（spread），是指入侵生物已基本适应新的生态系统、种群已经发展到一定数量，具有合理的年龄结构和性比，并且有快速增长和扩散的能力。

入侵生物要获得成功必须经过以上四个阶段。显然，不是每个物种都能成功，因此研究入侵成功物种的特点就具有重要的理论和实践意义。

成功入侵的物种存在一些共性，主要包括以下基本特征：①所有物种必须保持一定的数量，其种群数量是高的，具有向外扩散的潜能；②物种具有扩张的能力，扩张到另一个生态系统的能力较强；③物种具有一定抗干扰能力，适应性强。但动植物间也存在一定差异。

对于植物而言，作为一个理想的入侵者具有如下一些生态、生理的特征：

（1）种子的萌发不需要特殊条件；种子具有长命且能自控中止萌发的能力。

（2）实生苗生长迅速，开花前只有一个短暂的营养生长期。

（3）可自花授粉，但不是专性的自花授粉；在异花授粉时，可借助于风和其他授粉者的帮助。

（4）在新的生境中能产生大量、适应于广泛条件下生存的种子，对于长距离、短距离的扩散都有特定的适应，并能忍受极端气候和能在不同质地的土壤中存活。

（5）具有特殊的竞争方法：丛生群系（rosett formation）、干死生长（choking growth）和他感作用（allelopathy）等。

（6）如是多年生植物，具有旺盛的无性繁殖；在低位节处有刺毛或根状茎，在根状茎的不同部位具有再生能力。

就动物而言，作为一个理想的入侵者具有如下一些生态、生理的特征：

（1）雌雄同体和孤雌生殖的种类入侵成功的概率要比雌雄异体的种类大。因为雌雄个体同时入侵的机会相对要少。

（2）活动力强，寻找食物或寄主的能力和竞争能力强，并具有较强的扩散能力。

（3）繁殖力和内禀增殖力高，属于 r 对策的生物。

（4）遗传性变异和表现型较宽适应的物种。

（5）广泛寄生种类（generalist）入侵成功的机会比寄主专一性的种类多。

值得注意的是，一个成功的入侵者不需要具有以上所有特性。

6.2.3.3 入侵物种的防治对策

动植物检疫（quarantine）是阻断入侵生物入侵的有效措施，能够防止或限制危险性害虫、病菌、杂草和带病的苗木、种子、家禽、家畜等的传入（出），或者在传入后限制它们的传播、防止它们向其他地区蔓延。

对于已经入境的有害生物，要采取措施，尽量予以根除（eradication）。根除就是全部种群治理（total pest management，TPM）。对于新入侵但尚未大面积扩散的物种，要采取根除措施。如美国加利福尼亚州对新入侵的地中海蜡实蝇（*Ceratitis capitata*）、柑橘小实蝇（*Strumeta ferruginea*）和瓜实蝇（*Dacus cucurbitae*）等及时采取一系列防治措施：喷洒农药，释放不育成虫，以及诱捕等，将这些刚入侵的害虫予以歼灭。

生物防治（biological control）措施用于防治入侵生物已有很多成功事例。1888 年美国从澳大利亚引进澳洲瓢虫（*Rodolia cardinalis*）防治吹绵蚧（*Icerya purchasi*），到 1889 年底就彻底清除了吹绵蚧的灾害，挽救了加州年轻的柑橘业。从入侵有害生物原产地引进天敌防治有害生物具有成本低、效果持久、对环境安全等优点。1978—1985 年间，我国引进天敌 182 种次，成效显著，如引进的丽蚜小蜂（*Encarsia formosa*）用于防治温室白粉虱（*Trialeurodes vaporariorum*），取得良好效果；引进的豚草条纹叶甲（*Zygogramma suturalis*）对豚草有较强控制作用，阻止豚草的扩散蔓延。近年来，广东省引进的花角蚜小蜂（*Coccobius azumai*）防治松突圆蚧面积达 6 万 hm^2，是我国生物防治又一成功事例。

对入侵生物防治的策略，应该是“预防为主，综合防治”。要杜绝盲目引种和违法引种。对已入侵生物应因地制宜，积极合理利用农业、化学、生物、物理等一切有效的方法防止其扩大、蔓延。

6.2.4　生物多样性意义及保护

6.2.4.1　生物多样性意义

生物多样性不仅提供人类所需的各种食品、药物和工业原料，同时还具有保护人类生存环境的功能。如果没有生物多样性，地球上也不可能有人类。1997 年 *Nature* 杂志显示，生物多样性每年为人类创造约 33×10^4 亿美元的巨大价值，美国约为 3×10^4 亿美元，中国约为 4.6×10^4 亿美元。《生物多样性公约》明确生物多样性像其他资源一样为所在国所有。

1. 提供人类所需的食品、药物和工业原料

从资源价值（直接使用价值）角度，人类从生物多样性中得到了所需的全部食物、许多医药和各种工业原料。在食用方面，目前有 5000 多种植物作为人类的食物，其中 30 多种成为人们广泛种植的粮食作物，如小麦、水稻、玉米等。所有的作物都是从野生种开始，经过逐步驯化而成为广泛栽培的品种，这里遗传多样性和物种多样性就起着重要作用。而动物提供了人类所需大约 1/3 的蛋白质。

生物多样性还为人类提供了药物资源。世界上的许多药物是从植物、动物或微生物中提取加工的。有许多动物可以直接作为药物，如发展中国家 80% 的人口使用传统医药。世界上现有药品配方的一半来自野生生物。美国所有处方中 1/4 药品的有效成分从植物中提取，商业价值每年在 140 亿美元以上。生物多样性也是今后开发新药的基础。

在工农业原料方面，生物多样性为我们提供了许多原料。有植物提供的木材、橡胶、油脂、蜡、纤维等，动物提供的毛皮、丝、羽毛、动物油脂等。植物还为人类提供能源和燃料，如石油、煤炭和天然气是地质历史上植物埋藏后形成的。可以说，人类靠生物多样性为生，没有生物，特别是植物，人类就无法生存。

2. 维持人类生存环境

生物多样性的生态价值还表现在以下几个方面：①植物的光合作用生产有机物质，成为整个地球的生命支持系统；②维持全球气体平衡；③涵养水源，维持水循环，缓解、减少自然灾害；④调节气候，保护农田，保护人类健康；⑤促进土壤形成，保持水土；⑥吸收、分解污染物质，净化环境；⑦美学、娱乐价值等等。

3. 生物多样性的其他功能

根据经济合作与发展组织（OECD）1995 年出版的《环境项目和政策的经济评价指南》，生物多样性的非使用价值。首先是对生物多样性潜在用途的将来利用。例如昆虫学家为了防治某种害虫，可以到大自然中去寻找它的天敌；微生物学家寻找能帮助进行生物化学制造过程的细菌；药物学家试图从野生植物中寻找抗癌的物质等。生物多样性的存在价值是指人们对野生动物、植物的关注，并愿意捐献大笔的经费以确保它们的存在。例如，某些特殊的物种，如大熊猫、狮子、大象等，被称为有超凡魅力的动物，人们喜爱它们，通过参加捐助方式，以一种直接的方式来表达对它们的关爱之情。在西方每年有几十亿美元捐献给环境和野生动物保护组织，这表明了物种和群落的存在价值——人们愿意付出，以避免物种灭绝和生境被破坏。

生物多样性还有旅游、科研和教育等多方面服务人类的价值。生态旅游（ecotourism）正在成为一个迅速发展的行业，生态旅游业的基础就是生物多样性，包括自然生态系统、自然保护区以及自然博物馆、水族馆等。这些生态旅游基地也是进行生物多样性研究的基地，科学工作者可以从中进行从基因到生态系统的各个层次的研究。

随着时间的推移，生物多样性的未知潜力将为人类的生存和发展显示出不可估量的前景。人类要想维持生存和发展，就必须保护自然界自身的繁荣，保护生物多样性。

6.2.4.2 生物多样性保护措施

1. 保护现存生物多样性

生物多样性对人类生存与社会发展有重要的意义，如何保护生物多样性是当今人类面临的重大任务之一。由于生物多样性面临的威胁主要来自于人类本身，因此，正确处理人与自然的关系是保护生物多样性的关键。这要求人们做到：①树立正确的生态观，建立人与自然和谐共存的生态系统；②树立可持续发展的观点，实现对环境与资源的合理开发利用；③采取有效措施制止损害生物多样性的人类行为与活动，以保护基因、物种、生态系统和景观多样性。目前，加强自然保护，防止重要生态系统退化是挽救和保护生物多样性的重要措施。

自然保护主要是保护人类赖以生存的自然环境和自然资源使其免遭破坏，为人类自身创造最适宜的生活、工作和生产条件，以保证经济的持续发展和社会的繁荣进步。自然保护要求人类在合理利用和改造自然的过程中进行保护，以免造成生态失调或出现生态危机。自然保护的目的就是要预测人类活动对自然的直接或间接的、近期或长远的影响，以便进行调节和控制，使自然环境和自然资源的开发和利用向着利于人类的方向发展。

1992 年 6 月在巴西召开的联合国环境与发展大会上通过的《生物多样性公约》（简称为《公约》）是生物多样性保护的一个里程碑。我国作为《公约》的缔约国之一，对《公约》承担了相应的义务：①将制定在国界范围内保护植物、动物和微生物及其栖息环境的战略；②制定并实施对濒危物种施行保护的法律；③扩大生物物种的自然保护区；④努力恢复已遭到损害的动植物种群；⑤提高公众对自然保护和维护生物资源必要性的认识。生物多样性保护已成为全人类的共同使命。

2. 建立自然保护区

自然保护区（nature reserve）是为了保护各种重要的生态系统及其环境，拯救濒临灭绝的物种，保护自然历史遗产而划定的进行保护和管理的特定区域。建立自然保护区是生物多样性保护的一项重要措施。截止到2000年底，我国已建立自然保护区1276个，总面积$1.23\times10^8 hm^2$，约占国土面积的12.44%；其中，国家级自然保护区155个，面积$5751.5\times10^4 hm^2$。

保护生物多样性的最佳途径是保护自然群落及其生境，在这种自然条件下，才可能使种群有足够多的数量以避免出现遗传漂变。同时在自然生态系统中物种可以与其他物种及其环境相互作用继续其进化过程，以适应不断变化的环境。建立自然保护区是一种动态的就地保护（in situ preservation），对保护生物多样性有重大的战略意义。

自然保护区的作用是：①为人类提供生态系统的天然本底，成为活的自然博物馆，也可为以后评价人类活动的后果提供比照标准，为建立合理的、高效率的人工生态系统指明途径；②野生生物物种的天然贮存库，能为大量物种提供栖息、生存和保持生物进化过程的良好条件，有效地保护生物物种多样性，尤其是保护珍稀、濒危的物种，以便人类可以持续利用；③保护天然植被及其生态系统，改善区域生态环境，特别是在生态系统比较脆弱的地域建立自然保护区，对于改善环境维持生态平衡的作用更大；④保留自然历史纪念物，如瀑布、火山口、陨石、地层剖面、山洞、古生物化石以及古老树木等；⑤科学研究的天然实验室，文化教育和旅游活动的基地。

3. 开展生物多样性研究

研究生物多样性是保护生物多样性的基础。

第一，做好濒危物种现状调查。要保护物种必须首先掌握各物种的分布、生境、数量、濒危原因、利用状况和已采取或拟采取的保护措施等，并建立濒危物种的档案资料。根据物种濒危程度划分为绝迹、濒危、易危、稀有、未定、正常等不同等级，并汇编濒危物种名录和红皮书，制定濒危物种拯救保护计划，根据物种濒危程度分轻重缓急，有计划地开展科学研究，采取有效的保护措施。

第二，制定狩猎、野生动物贸易等相关的法律法规，以法律形式保护野生动植物。加强生物多样性保护的宣传教育和科学普及工作，使人人都懂得保护野生生物的重要意义，只有这样才能使生物多样性得到真正的保护和利用。

第三，人工饲养和繁殖濒危野生动植物。对于数量已经下降到仅仅靠采取保护栖息地的措施已难以避免其绝灭这种程度的动物，必须采取其他更为有效的迁地保护措施（off-site preservation），其措施之一就是建立野生动物库，即靠人工饲养和繁殖来保护濒危的野生动物，并在适当时机恢复其野生种群。

生物多样性的研究已得到世界各国的普遍关注。早在20世纪80年代就已开始，最初唤起人们警觉的是那些大型的濒危动物，当时世界自然保护联盟（IUCN）提出的保护都是针对这些大型动物的。后来人们逐渐认识到保护一个物种，首先要保护它的栖息地和它所在的生态系统，于是保护的重点逐渐由单纯保护物种转移到保护关键地区的生态系统。

1991 年国际生物多样性科学研究规划（DIVERSITAS）成立，并于 1996 年 7 月 6 日提出了具体项目实施计划，包括 5 个核心研究计划和 5 个特殊研究领域。其中 5 个核心研究计划（core element）是：①生物多样性的生态系统功能；②生物多样性的起源、维持和变化；③生物多样性的编目和分类；④生物多样性的监测；⑤生物多样性的保护、恢复和可持续利用。5 个特殊研究领域（special target area of research）是：①土壤和沉积物的生物多样性；②海洋生物多样性；③微生物生物多样性；④淡水生物多样性；⑤人类对生物多样性的影响。

6.3 生态恢复

6.3.1 生态恢复与恢复生态学

6.3.1.1 生态恢复的概念

生态恢复是根据生态学原理，通过一定的生物、生态以及工程的技术与方法，人为地改变和切断生态系统退化的主导因子或过程，调整、配置和优化系统内部及其与外界的物质、能量和信息的流动过程以及时空秩序，使生态系统的结构、功能和生态学潜力尽快地、成功地恢复到正常的或原有的乃至更高的水平。

生态恢复过程一般是人工设计和进行的，并且在生态系统这个整体层次上进行的。在实际工作中，生态恢复和重建可根据生态系统退化的程度和类型采取不同的恢复方式，主要有恢复、重建和改建等类型。恢复（restoration）着眼于建立环境自然稳定机制，使退化生态系统向着与现实环境相适应的自然稳定生态系统发展；重建（reconstruction）是将退化生态系统进行人工生态设计，增加人类所期望的某些特点，压低人类不希望的某些自然特点，使生态系统进一步远离它的初始状态；改建（rehabitation）是将恢复和重建措施有机地结合起来，并使退化状态得到改造。

生态恢复的目的是提高生态系统的生产力或服务功能，保护、改善和恢复良好的生态环境，为社会经济发展提供持续的资源和环境基础。因此，无论对什么类型的退化生态系统，生态恢复与重建的基本目标或要求是：①实现生态系统的地表基底稳定性，因为地表基底（地质地貌）是生态系统发育与存在的载体，基底不稳定，就不可能保证生态系统的持续演替与健康发展；②恢复植被和土壤，保证一定的植被覆盖率和土壤肥力；③合理优化配置动植物物种，增加生态系统的种类组成和生物多样性；④实现生物群落的恢复，提高生态系统的生产力和自我维持能力；⑤减少或控制环境污染，防止因污染引起的生态系统退化；⑥增加视觉和美学享受。

6.3.1.2 恢复生态学的概念

如何保护与合理开发利用现有的自然生态资源，综合整治与恢复因人类干扰而退化的生态系统，依据生态学原理设计和建设一些可持续利用的人工生态系统，已成为摆在人类面前亟待解决的重要课题。在这种背景之下，恢复生态学（restoration ecology）应运而生，并在20世纪80年代后得以迅猛发展，现已成为世界各国的研究热点。1996年美国生态学的年会把恢复生态学作为应用生态学重点关注的五大研究领域之一。

恢复生态学的学科任务是致力于研究在自然灾变和人类活动压力条件下，受到破坏的自然生态景观的恢复和重建问题。由于这种恢复和重建在相当程度上离不开人的参与，所以一些生态学家曾根据其方法学和工艺特点又将其称为“synthetic ecology”，根据“synthetic”的中文之意，译为“合成生态学”或“综合生态学”。

恢复生态学是一门实践性很强的学科，但理论研究也是学科的重要组成部分和基础。理论研究的内容包括：①生态系统结构（包括生物空间组成结构、不同地理单元与要素的空间组成结构及营养结构等）、功能（包括生物功能；地理单元与要素的组成结构对生态系统的影响与作用，能流、物流与信息流的循环过程与平衡机制等），以及生态系统内在的生态学过程与相互作用机制；②生态系统的稳定性、多样性、抗逆力、生产力、恢复力与可持续性研究；③先锋群落与顶极群落的发生、发展机理与演替规律研究；④不同干扰条件下生态系统的受损过程及其响应机制研究；⑤生态系统退化的诊断及其评价指标体系研究；⑥生态系统退化过程的动态监测、模拟、预警及预测研究。

恢复生态学应用技术研究的内容主要包括：①退化生态系统的恢复与重建的关键技术体系研究；②生态系统结构与功能的优化配置及其调控技术研究；③物种与生物多样性的恢复与维持技术；④生态工程设计与实施技术；⑤环境规划与景观生态规划技术；⑥典型退化生态系统恢复的优化模式试验示范与推广研究。

恢复生态学不同于传统的应用生态学，它不是基于单一的物种层次和种群层次，而是从群落或更高的生态系统组织层次考虑、设计和解决生态破坏问题。鉴于此，恢复生态学又可概括为生态系统的恢复和重建。恢复（restoration）与重建（reconstruction）有语义学的区别。恢复是指原貌或原先功能的再现，重建则包括在不可能或不需要再现原貌的情况下营造一个与过去不完全相同的甚至是全新的自然生态系统。有必要进一步指出的是，将一个受损的生态系统恢复到原貌，在实践中往往是困难的，甚至是不可能的。所以有的学者认为，把恢复“restoration”改成“修复（remediation）”可能更确切。

恢复生态学是生态学的新分支，它吸纳了生态学内众多分支（生态遗传学、种群生态学、群落生态学、生态系统生态学和景观生态学等）的知识内容，也与许多生态学相关学科（如地理学、地质学、土壤学、生物气象学、环境化学、工程学，甚至经济学等）有着密切的交叉与融合。随着恢复生态学研究领域在广度与深度的不断发展，学科的这一特点将会更加明显。作为一门新的应用性分支，它已广泛应用于各类受损生态系统的恢复与重建，成为人类进行自然景观设计、自然资源保护和生态系统管理的重要工具，成为人类对退化生态系统、各类废弃地和污染水域进行生态治理的科学技术基础。

6.3.1.3 恢复生态学的研究进展

恢复生态学的研究，可追溯到20世纪20年代，当时的研究工作侧重于采矿业和地下水开采所造成的各种受损环境及其生态恢复方面。1973年3月，在美国弗吉尼亚多种技术研究所和州立大学召开了题为“受损生态系统的恢复”的国际会议，这是第一次专门系统地讨论受损生态系统恢复和重建等许多重要生态学问题的学术会议。1985 年，在 Aber 和 Jordan 首次提出“恢复生态学”这个科学概念后，恢复生态学的研究得到了迅速的发展，国际社会及各国都相继开展了有关恢复生态学的研究。联合国教科文组织人与生物圈计划（MAB）的中心议题，就是运用生态学的方法，研究人与环境的关系，特别是人类活动对生态系统的影响，以及人类参与下的资源管理、利用与恢复。美国的生物圈持续发展计划（The Sustainable Biosphere Initiative）将恢复生态学列为主要研究内容。国际地球生物圈计划（IGBP）、全球变化的人类因素研究计划（IHDP）、全球环境监测系统（GEMS）等国际大型计划也都包含恢复生态学的内容。英国、德国、荷兰、澳大利亚和中国等国家也都开展了有关恢复生态学的研究。1996 年在北京召开的生态恢复国际会议的主题之一就是“退化生态系统的生态恢复”。1996 年在美国召开了恢复生态学国际会议，标志着恢复生态学的研究和实践已步入了新的阶段。

恢复生态学形成与发展的历史不长，理论和方法上都还有待完善和成熟。今后尤需在不同类型退化生态系统的定位观测试验、退化机理、变化规律等方面深入研究，获取更丰富的生态学参数，建立相应的基础数据库，系统地总结、完善和发展恢复生态学有关的理论、原则、方法、生态工程设计、恢复与重建的操作程序、风险效益评价等内容，特别要重视和加强对退化生态系统的恢复与重建技术的研究。此外，恢复生态学中还存在不少制约学科发展的重要理论和实践问题，主要有：①生态系统恢复的不可确定性，虽然已提出了许多关于生态系统恢复的标准，但对于生态系统服务功能的恢复程度及其评价，研究得还很不够深入；②生态系统恢复要求综合考虑生态、经济和社会因素，但对时间、空间上存在异质性的生态系统而言，很难恢复到理想状态，在有持续干扰情况下尤其如此；③由于生态系统的复杂性，对生态系统退化程度和干扰因子很难概括出一些易测定、又能反映实质的具体指标；④生态系统恢复和群落的自然演替是一个动态的过程，在研究实践中，常常难以区分两者；⑤生态系统恢复的时间到底要持续多久，这需要进行可重复的和长期的试验及观测，短时间尺度的研究不能准确回答这个问题；⑥生态系统恢复的机理还不清楚，尤其是重新引进当地消失的物种在恢复中的作用与角色还难以正确判断。

6.3.2 恢复生态学的基本理论

退化生态系统的恢复与重建是在遵循自然规律的基础上，通过人类的作用，根据生态上健康、技术上适当、经济上可行、社会能够接受的原则，使受害或退化生态系统重新获得健康并有益于人类生存与生活的生态系统重构或再生的过程。生态恢复与重建的原理和原则一般包括自然生态原理、社会经济技术原则、美学原则三个方面（图 6 - 1）。自然生态原理是生态恢复和重建的基本原则，强调的是将生态工程学原理应用于系统功能的恢复，最终达到系统的自我维持（maintenance）。社会经济技术原则是生态恢复和重建的基础，在一定程度上制约恢复重建的可能性、水平和深度。美学原则则是指退化生态系统的恢复和重建应给人以美的享受。

- 生态恢复与重建的基本原理和原则
  - 自然生态原理
    - 地学原理：区域性、差异性、地带性原则
    - 生态学原理
      - 主导因子原理
      - 限制因子与耐受定律
      - 能量流动与物质循环原理
      - 种群密度制约原理
      - 边缘效应与干扰原理
      - 生态演替原理
      - 生物多样性原理
      - 食物链、食物网原理
      - 空间异质性原理
      - 时空尺度与等级原理
    - 系统学原则
      - 整体性原则
      - 协同作用原则
      - 耗散结构与开放性原则
      - 可控性原则
  - 社会经济技术原则
    - 经济可行性与可承受原则
    - 技术可操作性原则
    - 社会可接受性原则
    - 无害化原则
    - 最小风险原则
    - 生态与工程技术相结合原则
    - 效益原则
    - 可持续发展原则
  - 美学原则
    - 景观美学原则
    - 健康原则
    - 精神文化愉悦原则

图 6－1　退化生态系统恢复与重建的基本定律、原理和原则

6.3.3　退化生态系统恢复与重建

6.3.3.1　退化生态系统的恢复和重建汲取的理论

退化生态系统的恢复和重建汲取了生态学、系统工程学和经济学等多学科的理论，但其中主要的还是生态学理论。主要有以下理论。

（1）整体性原理。生态恢复研究作为一个有机整体的生态系统或社会－经济－自然复合系统，以整体观为指导，在系统水平上研究，以整体调控为处理手段。在整体观指导下统筹兼顾，统一协调和维护当前与长远、局部与整体、开发利用与环境和自然资源之间的和谐关系，以保障生态系统的相对稳定性。

（2）物质循环与再生原理。实行有计划的物质迁移、能量转化工作，并研究其自净效力及环境容量，通过充分发挥各种物质的生产潜力来增产节约，以促进物质的良性循环与再生利用。

（3）生态位原理。每个种群在一个生态系统中都有自己的生态位。生态位反映了种群对资源的占有程度以及种群的生态适应特征。自然群落一般由多个种群组成，它们的生态位是不同的，但也有部分重叠，这有利于相互补充，充分利用各种资源，以达到最大的种群生产力。在植物引种中，要避免引进生态位相同的物种，尽可能使各物种的生态位错开，使各种群在群落中具有各自的生态位，避免种群之间的直接竞争，以保证群落的稳定。在退化生态系统重建中，要考虑各种群的生态位，选取最佳的植物组合，如“乔、灌、草”结合，就是按照不同植物种群地上地下部分的分层布局，充分利用多层次空间生态位，使有限的光、气、热、水、肥等资源得到合理利用，同时又可演化出供动物、低等生物生存和生活的适宜生态位，最大限度地减少资源浪费，增加生物产量，从而形成一个完整稳定的复合生态系统。

（4）物种共生原理。一个完整的生态系统中，生物之间存在着各种以食物、空间等资源为核心的种间关系。如何选择并匹配好这种关系，发挥生物种群间的互利机制，使生物复合群体“共存共荣”，是生态工程中人工生态系统建造的一个关键。

（5）食物链原理。食物链原理是生态恢复要遵循的重要原理，合理使用可以实现：①使一种生物产品通过食物链环节转化为另一种类型的生物产品；②使低能量的生物产品通过食物链的浓集作用变成高能量的生物产品；③通过食物链的作用可使一些低价值的生物产品变成高价值的生物产品；④通过食物链某些环节的增加与减少，使得其中的另一个环节增加或减少。在人工生态系统中，通过食物链的人工代换，可以改变物质、能量的转移途径和富集方式。加强食物链原理在运用上的应用研究与实践是十分重要的。

（6）物种多样性原理。复杂的生态系统是相对稳定的，主要特征就是生物组成种类繁多而均衡，食物网纵横交织。其中一个种群偶然增加或减少，其他种群就可以及时抑制或补偿，从而保证系统具有很强的自组织能力。相反，处于演替初级阶段或人工生态系统的生物种类单一，其稳定性就差。为了保证人工生态系统的稳定和提高系统的效应，必须投入大量的能量和物质来维持。自然生态系统由于其具有生物多样性，往往具有较强的稳定性和较高的生产力。因此，在生态工程设计过程中，必须充分考虑人工生物群落的生物多样性问题。

（7）耗散结构原理。生态系统是一种耗散结构系统，外力干扰会使系统内部产生相当的变化，对于一定限度的外力干扰，系统可以进行自我调整。而当外力干扰超过一定限度时，系统就会从一个有序状态向新的无序状态转变。生态工程的目的是建造一个有序的生态系统结构，通过系统的自组织和抗干扰能力实现其有序性。

（8）最小风险与最大效益原理。由于生态系统的复杂性以及某些环境要素的突变性，加上人们对生态过程及其内在运行机制认识的局限性，人们往往不可能对生态恢复与重建的后果以及生态最终演替方向进行准确的估计和把握。因此，在某种意义上，退化生态系统的恢复与重建具有一定的风险性。这就需要认真、透彻地研究被恢复对象和所要达到的恢复目标，经过综合地分析评价、论证，将恢复与重建的风险降到最低限度。同时，生态恢复往往又是一个高成本投入工程，在考虑当前经济的承受能力的同时，必须要考虑生态恢复的经济效益和收益周期，保证最小风险并获得最大效益，这是实现生态效益、经济效益和社会效益完美统一的必然要求。因此，在生态工程设计与实施过程中，必须在优先考虑经济效益或者社会效益的前提下，同时充分考虑生态环境效益的提高。

6.3.3.2　退化生态系统恢复与重建的基本方法

由于生态系统具有一定的自我调节能力，如果外部的干扰作用小于生态系统的自我调节能力，那么，生态系统就可以通过自我调节能力恢复和保持稳定的状态。如果外部的干扰超过生态系统的最大抗干扰能力，生态系统就会发生逆向演替或退化，这时就很难恢复。生态系统的自我恢复能力往往十分缓慢，而人为恢复和重建可在一定程度上改变和控制生态演替的进程和速度，缩短恢复时间。因此，对于退化生态系统实施人工恢复与重建是十分必要的。

Daily 于 1995 年进一步指出，基于以下四个原因人类进行生态恢复是非常必要和重要的：需要增加作物产量满足人类需求；人类活动已对地球的大气循环和能量流动产生了严重的影响；生物多样性依赖于人类保护和恢复生境；土地退化限制了国民经济的发展。

植被恢复是重建生物群落的第一步，也是许多退化（受损）生态环境修复的主要措施。不同的退化生态系统，包括同类生态系统而受损程度不同时，其恢复技术与步骤往往是不同的，但是，共性是都需要遵循生态学原理和群落演替规律来规划和设计。

在生态恢复实践中需要确定一些指导生态恢复和重建的基本程序。目前在实践中采用的基本程序包括：①确定恢复对象的时空范围；②评价和鉴定导致生态系统退化的原因和过程；③找出控制和减缓退化的方法；④根据生态、社会、经济和文化条件决定恢复与重建的生态系统结构、功能目标；⑤制定易于测量的成功标准；⑥发展并推广在大尺度情况下完成有关目标的实践技术；⑦恢复实践；⑧与土地规划、管理部门交流有关理论和方法；⑨监测恢复中的关键变量与过程，并根据出现的新问题做出适当的调整。

上述程序可列成如下基本步骤：①接受恢复项目，明确被恢复对象、确定系统边界；②诊断生态系统退化的原因、类型、过程、阶段、强度等；③制定恢复方案，确定恢复的目标、生态工程的具体项目、技术关键、可行性论证、生态经济、风险评估、优化方案等；④实地试验、示范与推广，定期现场调查研究其恢复的效果，并依此进行调整与改进；⑤进行恢复后的监测与效果评价以及建立管理措施。

恢复与重建技术是恢复生态学的重要内容，但目前是一个薄弱环节。由于不同退化生态系统存在地域差异性，加上外部干扰类型和强度的不同，导致生态系统所表现出来的退化类型、阶段、过程及其响应机理也不同。因此，在不同退化生态系统中应用的关键技术是不同的。主要的生态恢复技术包括：①非生物或环境要素（包括土壤、水体、大气）的恢复技术；②生物因素（包括物种、种群和群落）的恢复技术；③生态系统（包括结构与功能）的总体规划、设计与组装技术。在实际工作中，生物措施应是恢复和重建的最主要措施，包括农业群落、混农林业群落、森林、草地、灌丛等人工植物群落的建设。生物措施又分为三类：第一类是自然恢复，第二类是人工生物恢复，第三类是两者的结合。此外，工程措施和管理措施等也是必要的。对严重退化的系统必须辅以工程措施，改善环境。

总之，生态恢复中必须综合考虑实际情况，充分利用各种技术，通过研究和实践，尽快恢复生态系统的结构，进而恢复其功能，实现生态、经济、社会和美学效益的统一。

6.3.3.3 生态恢复的标准

生态恢复和重建成功与否的判断标准，既是恢复生态学的重要理论问题，也是生态恢复的实践需要。凯恩斯（J. Cairns）于 1977 年提出，恢复成功至少是被公众社会感觉到的，并被确认恢复到可用程度，恢复到初始的结构和功能条件（尽管组成这个结构的元素可能与初始状态明显不同）。布拉德肖（A. D. Bradsaw）于 1987 年提出，可以用五个标准来判断生态恢复。

（1）可持续性（可自然更新）。指生物群落自身的代谢能力。新陈代谢是生命的本质特征之一，所以它也是生物群落生命力和演替发展能力的本质所在。

（2）不可入侵性（像自然群落一样能抵御入侵）。这是生物群落稳定性的重要标志，它反映的是生物群落内不同物种之间生态关系的和谐和稳定。不可入侵性强，表明生态恢复过程中，群落结构设计合理、演替顺利。

（3）生产力高（达到自然群落一样的水平）。从现象上看，这是人类的愿望与要求，但从生态学意义看，它既是系统健康的标志，也是生态系统发育阶段的标志。高的生产力又是生物群落与环境和谐的必然结果。

（4）营养保持力。这是衡量生态系统是否实现良性循环的重要指标。它的生态学意义是生物群落自身是否在结构和功能上具有维持能力。

（5）具有生物间的相互作用。这里的生物包括植物、动物和微生物，相互作用包含物种间的竞争、相互依存及协同进化。将这一条作为生态恢复的标准，其生态学意义强调的是群落生态关系的整体性和生态功能的完整性。

6.3.3.4 退化生态系统恢复工程实例

1. 沙漠化土地生态恢复与重建工程技术

我国有沙漠化土地 $2\times10^5 km^2$，潜在沙漠化土地持续扩大。国内外实践证明，以生物治沙措施为主是固定流沙、阻截流沙和防治土地沙漠化的基本措施，包括：①建立人工植被或恢复天然植被以固定流沙；②营造大型防沙阻沙林带，以阻截流沙对绿洲、交通沿线、城镇居民点及其他经济设施的侵袭；③营造防护林网，以控制耕地风蚀和牧场退化；④保护封育天然植被，以防止固定沙丘、半固定沙丘和沙质草原的沙漠化危害。我国西北绿洲地区大力营造防风阻沙林带、护田林网并建立人工固沙植被，同时把“封沙育草，保护天然植被”作为防沙治沙的重要措施之一，并且取得了卓越的成效。随着生物治沙而发展起来的机械沙障（人工沙障）和化学固沙制剂，则为稳定沙面、在沙丘和风蚀地上建立人工植被或天然植被创造稳定的生态环境。工程措施中以各种材料（如麦草、芦苇、黏土和砾石等）做成不同规格的格状或带状沙障的应用较为广泛。化学固沙是有机或无机、天然或人工合成的胶结物质，喷洒于沙面并渗入沙层孔隙，经固化后形成防风蚀保护壳，但由于成本高，目前仅用于风沙危害严重、造成重大损失的地区，如机场、交通线、军事设施等。

这里以陕西榆林沙漠化土地生态恢复工程为例。榆林市位于陕西省北部，毛乌素沙漠的东南部，年降水量为 414.6mm，春季干旱，冬季风沙严重，是陕北一个遭受严重沙害的地区。该市的沙漠化土地生态恢复措施是：

（1）对沙质沙漠化所造成的沙害和沙丘前移埋压农田及居民点等的危害，建立以“带、片、网”相结合为主的防风沙体系，利用沙区内部丘间低地潜水位较高、水分条件较为优越的条件，采取丘间营造片林，沙丘表面设置沙障，障内栽植固沙植物如油蒿、中间锦鸡儿等相结合的方法固定流沙，同时加强对固定沙丘、半固定沙丘的封育与天然植被的保护，使流沙处于各种绿色屏障的分割包围之中。

（2）对分布于河谷阶地、湖盆滩地中处于沙丘包围下的农田，建立以窄林带小网格为主的护田林网，并与滩地边缘固定沙丘、半固定沙丘的封育，草灌结合固定流沙等措施组成一个农田防护林体系。同时与滩地内的开发利用地下水、发展灌溉农业、改良低产土壤和挖渠排水等水利工程等措施相配合，组成沙质荒漠化地区内的新“绿洲”建设体系。这种新绿洲生态系统散布于沙丘之间的丘间低地，从而使沙质荒漠化土地受到分割与包围，削弱其危害的强度。

（3）对面积较大、高大起伏密集的流动沙丘地区，采取飞播固沙植物和人工封育相结合的方法，其保存率一般为40%～50%，最高可达70%，3～5年以后，即可使流动沙丘固定，并逐步形成以花棒、羊柴为主的优质灌丛草场。

（4）在地表水资源较为丰富的地区，主要通过引水拉沙，改良土壤。利用河流、湖泊或水库作水源，采用自流引水、机械抽水，借流水的冲力拉平沙丘，之后拦蓄洪水、引洪漫淤、垫土压沙，将起伏的流动沙丘改造成为农田及城市新区。

经过治理，大面积的沙丘处于绿色生态屏障的条条分割和块块包围之中，沙生植被和林木覆盖率由原来的18%提高到1994年的37.6%，固定的流沙约3400km^2，受沙质荒漠化危害的1000km^{2}农田已实现了林网化，沙区中新发展的农田超过660km^2，利用丘间滩地海子（湖泊）或水库发展养鱼水面106km^2，恢复和改良草场1530km^2，取得了生态与经济上的良好效益。

2. *矿山废弃土地生态恢复与重建工程技术*

矿山废弃土地是指采矿剥离土、废矿坑、尾矿、矸石、洗矿废水沉淀物等占用的土地。这类土地的共同特点是土壤表层被剥离、堆占，土壤结构被破坏，重金属污染严重，土壤养分流失，植被丧失或废弃长久而杂草丛生，即原来的生态景观消失，代之以裸地或次生灌、草丛生态系统。据统计，我国历年采矿占用的土地面积约2×10^6hm^2，并以每年2×10^4hm^{2}的速度递增。目前每年由于采矿而废弃土地3×10^4 hm^2。因此在废弃矿山进行复垦，恢复和保护土地功能，对土地资源并不富有的我国的可持续发展十分重要。在我国，矿山土地复垦技术的研究和实施工程已有几十年历史，大规模的复垦工程也已经普遍展开，并在施工技术、土壤改造、现场管理等方面取得了重大成果和经验。其中最主要的是以恢复生态学为基础的复垦技术，通过该技术建立了多种矿山废弃地土地复垦模式和自维持生态系统。

矿山废弃地的复垦首先要对废弃矿复垦土壤的结构与成分进行分析，根据矿区土壤受到干扰的程度、类型，筛选具有抗性的植物种类，确定复垦的模式，根据群落演替规律恢复植被，并进行复垦系统的能流、物流分析，同时应根据实际情况不断修改复垦模式，以提高生态效率。耕作层土壤理化性质是否适合植物的生长是决定矿山废弃地生态复垦成败的关键因素之一。赤峰市元宝山煤矿区位于北方干旱、半干旱地区，年平均气温6～7℃，无霜期140d，大于等于10℃的积温3100℃，年降水量40～50mm。矿区因开矿、排土占压耕地5500hm²，复垦率只有2%，按开采计划，每年平均将占耕地333 hm²。1989年开始矿区废弃土地生态恢复的试验研究（李玉臣等，1989）。

该矿区的废弃地主要是：①露天煤矿分层剥离排土形成的排土场，这些排土场经过大规模的环境扰动，土层破坏，土质瘠薄，植物稀疏；②塌陷地，为地下采煤形成的块状、带状的塌陷地面，地表破碎，起伏不平，水土流失严重；植被覆盖度25%～35.9%，草层高15～23cm，干草产量仅为1.73～3.39kg/hm²；③矿区闲置荒草坡，分布于大小煤矿之间的石质和土石质丘陵坡地的废弃地，土体紧实，透水性差，坡度较大，侵蚀严重，有机质含量只有0.78%，植被覆盖度15%，干草产量仅0.8kg/hm²。

废弃地的植被恢复工程，选择工程措施与生物措施相结合的方法，通过围栏、排石整地、植树造林、补插牧草、人工种植优良牧草等一系列技术措施，对三类废弃地进行整治。在排土场人工堆积物上通过移土盆栽和实地引种的方法对十几种优良牧草进行栽培实验，从中筛选出生态幅度宽、抗逆性强、耐贫瘠的多年生牧草沙打旺（*Astragalus adsurgens*）作为植被恢复的主要品种，其次为改良土壤效果好的2年生牧草草木樨（*Melilotus suaveolens*）。排土段植被重建工程包括：①林网人工草地，对于起伏不平的排土段先用大型推土机平地、排石整地、建立草、灌、乔结合的林网草地；②补播半人工草地，对于土层较厚、地势平坦的排土段，采取清石整地、补播草木樨、沙打旺等草籽，建立半人工草地；③林草间作，对含腐殖酸和有机质较高的排土段，营造速生杨，林间播种沙打旺，形成林草间作的林网草田。3年后土壤养分状况得到明显改善，植被覆盖度增加，产量达到了天然草地的5～10倍。

对新形成的塌陷地采用机械平地、填沟等工程措施，防止漏水和发生新的塌陷。选择较平坦的地段，播种沙打旺和紫花苜蓿（*Medicago sativa*），建立人工草地。对于相对稳定的老塌陷地，直接用机械平地，播种沙打旺，建立人工草地。平整过的塌陷地人工草地的生产力为对照地的7倍多。

矿区闲置草坡植被的重建，在坡度大、土层薄的山坡上，采用沿等高线开挖鱼鳞坑或水平沟的方法，在坑内种油松、杂交杨，林带间播种沙打旺。在坡度较缓、土质较好的废弃地上，翻耕整地，建立林网草地，沿等高线开沟营造油松林，带间播种沙打旺。上述措施不仅增强了水土保持能力，改善了生态环境，而且提高了土壤肥力，促进了油松的正常生长，林带间有沙打旺的地方幼树生长旺盛，比对照地高出35～85cm，幼树成活率均在90%以上。沙打旺产量为对照地产量的14.6倍。

矿区废弃地的生态恢复不仅是环境工程，而且是一项生态经济工程。在矿区废弃地上建立人工草地，可以改善环境、发展牧草加工业和丰富城镇居民的“菜篮子”。1989—1992年共建立人工、半人工草地750 hm²，年产优质牧草4000t以上，促进了养殖业的发展。

3. 热带季雨林的生态恢复实例

（1）森林生态恢复样地概况。

热带季雨林的恢复实验地位于广东电白县的沿海台地上（11°54′18″E，21°27′49″N），属热带北缘地区。年均温度约 23℃，最高温度 36.5℃，最低温度 4.7℃。年降雨量约 1600mm，有明显的干湿季，其中干季 10 月至次年 4 月的雨量占全年的 28%，湿季 5 月至 9 月的雨量占 72%。地带性土壤为砖红壤，地带性植被是热带季雨林。由于近百年的砍伐和开垦，当地原始林已基本消失，水土流失严重，生态环境恶劣。自 1959 年起，研究人员建立了一个模拟当地地带性植被群落结构的人工阔叶混交林。

（2）森林恢复的方法与步骤。

试验地及其周围 $50km^2$ 内水土流失非常严重，土壤极度贫瘠。自 1959 年起，采用工程措施和生物措施分两步进行整治和森林重建。

重建先锋群落（1959—1964 年）：在光板地上，采取工程措施与生物措施相结合但以生物措施为主的综合治理方法。工程措施包括开截流沟和筑拦沙坝等；生物措施是选用速生、耐旱、耐瘠的桉树、松树和相思树重建先锋群落。通过这一阶段改善恶劣的环境并利于后来植物的生长。在营林措施上采取了丛状密植、留床苗植等方法，提高造林成活率。

配置多层多种阔叶混交林（1964—1979 年）：在 $20hm^2$ 的先锋群落迹地上，模拟热带天然林群落的结构特点，从天然次生林中引入了桫椤、藜蒴、铁刀木、白格、黑格、白木香、麻楝等乡土树种和大叶相思、新银合欢等豆科外来种。混交方式有小块状、带状和行混等。树种配置考虑了阳性与阴性、深根与浅根、速生与慢生、常绿与落叶、豆科与非豆科的种类搭配问题。用小苗定植提高成活率，通过挖大穴、施基肥保证成林，幼林成林后要封山育林，避免人为干扰。

（3）森林恢复后的群落结构。

在森林恢复过程中，先后引种了 320 种植物，分属 230 属、70 个科。数量较多的种类有桫樱、竹节树、藜萌、铁刀木、白格、黑格、白木香、麻楝、大叶相思、新银合欢等树种。后续的群落调查发现，在 $1400m^2$ 的样地中新出现 72 个树种。群落外貌浓绿，高度达 12m。乔木层覆盖度达 80%，主要种类有红车、樟树、山杜英、鸭脚木、猴耳环、竹节树、黑嘴蒲桃、降真香等。灌木层以九节、黄栀子等占优势，还有鸭脚木、猴耳环等乔木小树，覆盖度为 40%。草本层有弓果黍等草本植物，还有一些乔灌木的小苗。鸭脚木、红车、降真香等种类不仅在乔木层生长较好，个体较多，在灌木层和草本层中也有较多的个体。而大叶相思、黑格、桫椤等种类在林下没有更新。因此，在群落的进一步发育过程中，会发生一些种类的更替，红车等适生种类逐步取代原来种植的大叶相思等而成为群落乔木层的优势种类。

研究结果表明，群落在发育过程中，对生态环境有相似需要的种类会逐步生长于同一个高度，从而形成群落的分层。群落层次的形成使群落生境进一步分化，从而为适应群落生境的新的种类入侵和发展创造了条件，群落利用资源更加充分，群落可以获得更高的生产力，从而使群落向着地带性植被类型方向发展。群落乔木层、灌木层和草本层的多样性指数分别为 2.18、3.01 和 4.12，均匀度分别为 0.64、0.77 和 0.79，生态优势度分别为 0.12、0.10 和 0.13。研究发现，一个较成熟的群落往往具有较高的物种多样性、较高的均匀度和较低的生态优势度。广东境内的亚热带区域在自然条件下形成的常绿阔叶林的物种多样性指数为 4～5，均匀度为 0.7～0.8，生态优势度为 0.08～0.12。上述数据表明，这个人工混交林经过一段时间的发育，虽为不成熟的群落，但已处于向顶极群落演替的过程中。

【思考题】

1. 什么是退化生态系统？有哪些主要特征？
2. 退化生态系统有哪些主要类型？
3. 什么是生物多样性？可以分为哪几个层次？
4. 什么是生物入侵？常见外来入侵种有哪些？
5. 如何实施对生物多样性的保护？
6. 什么是生态恢复？生态恢复与重建的基本目标是什么？
7. 生态恢复应遵循哪些基本原理？
8. 退化生态系统恢复与重建包括哪些基本程序？

第7章　环境污染及其生态效应

内容提要　本章主要介绍了污染物及其迁移转化规律、污染物的毒害作用及其机理、污染物的生态效应与生物适应。具体包括：环境污染物种类和性质、污染物的生物吸收和摄取过程、污染物在生态系统中的转化过程、污染物的生物富集与放大；污染物的生物毒害及其机理、复合污染效应；生物对污染的适应、生物多样性的丧失、污染条件下生物的遗传分化与微进化等。

7.1　污染物及其迁移转化规律

7.1.1　环境污染物的定义、种类和性质

环境污染物种类复杂多样，其来源与转化途径也千差万别。污染物进入环境后，在不同环境条件下发生各种迁移转化过程，它们或发生物理化学反应，或被生物吸收富集，或被生物降解转化。

7.1.1.1　污染物的概念

污染物（pollutants）一般是指进入环境后能够直接或者间接危害人类健康的物质。污染物种类多种多样，进入环境中将首先对环境本身造成影响，同时造成生物与生态系统的干扰与破坏。因而，污染物可以进一步定义为：进入环境后使环境的正常组成发生变化，直接或者间接有害于生物生长、发育和繁殖，对生态系统造成干扰与破坏，并直接或间接危害人类健康的物质。

7.1.1.2　污染物的种类和性质

环境污染物有些由自然过程产生，如火山爆发等自然灾害产生的火山灰、二氧化硫、砷、汞等污染物；但目前环境污染物更多是由人类活动产生与排放。污染物分类方法有多种，按照《中国大百科全书·环境科学卷》的方法分类如下：

（1）按污染物的来源，可分为自然来源和人为来源污染物。

（2）按受污染物影响的环境介质，可分为大气、水体和土壤污染物。

（3）按污染物的形态，可分为气体、液体和固体污染物。

（4）按污染物的性质，可分为化学、物理和生物污染物。化学污染物又可分为无机和有机污染物；物理污染物又可分为噪声、辐射、放射性污染物等；生物污染物又可分为病原体、变应原污染物等。

污染物并非天然就是污染物，一种物质成为污染物，必须在特定环境中达到一定的数量或浓度，并且持续一定的时间。污染物本身可能是生产生活中有用的物质，甚至是人和生物必需的营养元素，但若这些物质排放量过大，超过环境的承受负荷，超过生命活动过程所需的正常范围，并对生命活动或生态过程产生危害，就会成为污染物。

同时污染物在环境中会发生转化，具有易变性。污染物进入环境中后，并非一成不变，它们会在环境中发生一系列复杂的物理、化学或生物反应，在环境中被去除或毒性降低；也可能形成危害性更大的新物质，造成二次污染。如汞在环境中转化为甲基汞或亚甲基汞而毒性增强，人体吸收的过量硝酸盐会转化为具有致癌作用的亚硝酸盐等。另外，不同污染物共存时形成复合污染，相互间可能发生加和、协同、拮抗等效应，使污染物毒性增大或降低。

7.1.2 污染物的生物吸收和摄取过程

7.1.2.1 植物叶片对污染物的吸收

1. 植物对大气污染物的吸收

污染物通过叶片进入植物体一般有三种途径：①直接的喷射过程，如农药；②随大气颗粒沉降累积于叶片表面后进入植物体；③叶片可以通过气孔从周围大气介质中随着叶片的呼吸作用吸收污染物。污染物的蒸汽压对植物吸收很重要，主要决定了污染物通过叶片吸收进入植物体的能力。

受污染的大气中充斥着各种有害、有毒污染物，如 SO_2、氮氧化物（NO_x）、光化学烟雾、飘尘等。植物体能黏附和吸收气态污染物。植物黏附污染物的数量，主要取决于植物表面积的大小和粗糙程度、植物分泌物等。杨梅、榆树、木槿、草莓等叶表面粗糙、表面积大，具有很强的吸滞粉尘的能力；而加拿大杨叶面光滑、叶片下垂，滞尘能力较弱；云杉、侧柏、马尾松等枝叶能分泌油脂、黏液，因而也具有较强的粉尘吸滞能力。

气孔是叶片吸收大气污染物的主要部位。氟化物是一种积累性大气污染物，能通过叶片气孔或茎部皮孔进入植物体。SO_2 伤害植物的过程首先是通过气孔进入叶片后，被叶肉吸收，高浓度的 SO_2 可能导致植物气孔张开和关闭的机能瘫痪。光化学烟雾的主要成分之一为臭氧，能进入气孔伤害叶片的栅栏组织。

2. 植物根系对污染物的吸收

植物根系吸收是化学污染物进入植物体最主要的途径之一。迁移至根系表面的污染物并不能全部进入植物体，它们首先要面对的是根系表皮的选择性吸收作用，污染物的理化性质决定其能否通过表皮进入根系内部。水溶液中的污染物首先通过根系表层及其外层组织的自由空间到达内皮层，污染物必须通过根相应的硬组织才能穿越内皮层到达管胞和导管组织。由于硬组织的疏水性，污染物能否通过内皮层上的小孔取决于它们的理化性质。污染物的溶解性越强，辛醇－水分配系数越低，其通过硬组织的能力越弱；反之越强。如胡萝卜的根部可以吸收大量的艾氏剂和七氯，而多氯联苯（PCBs）却只能存在于胡萝卜的表皮。

化学污染物在植物体内主要经导管运输，以叶片蒸腾作用为主要动力，从而到达植物体的不同组织。进入内皮层以后的污染物从根系向上迁移的能力则与通过硬组织的能力刚好相反，溶解性高、辛醇－水分配系数低的污染物，相对于溶解性低、辛醇－水分配系数高的污染物更容易随植物体内的蒸腾流和植物汁液迁移。这也是有的污染物根系残留浓度高，而有的污染物更倾向于向地上部分迁移的原因。

污染物进入植物体后是否发生转化或累积取决于化学污染物的极性和分子结构。部分污染物可能被吸附于内皮层即逐渐被消化；而有些污染物最后可通过气孔排入大气中。

7.1.2.2　动物及人体对污染物的吸收

1. 经皮肤吸收

皮肤是动物或人体的一道较好的脂质屏障，将机体与外界环境隔离，使外界污染物不易穿透。但是有些外来化学物质还是可以通过皮肤吸收，进入体内。例如，四氯化碳可以通过皮肤吸收最后进入肝脏，引起肝损害；某些有机磷农药也可经皮肤吸收而引起中毒。

2. 经呼吸道吸收

环境污染物经呼吸道的吸收以肺为主。肺泡的上皮细胞层极薄，表面积大，而且毛细血管丰富，血流速度快，所以气体、挥发性液体和气溶胶在肺泡的吸收速度快，特别是气体、小颗粒气溶胶和脂水分配系数高的物质。经肺吸收的外来化学物质会直接进入血液循环而分布至全身。

3. 经消化道吸收

消化道是环境污染物最主要的吸收途径，饮水和食物中的污染物均可经消化道吸收。环境污染物在消化道中主要以简单扩散的方式通过细胞膜而被吸收。哺乳动物胃肠道还以特殊的转运系统吸收环境污染物，但是否吸收取决于污染物浓度和性质。通常脂溶性物质较易被吸收，水溶性易离解的物质不易被吸收。

7.1.2.3　微生物对污染物的吸收

微生物在生态系统中种类多、分布广、繁殖快、生存能力强，对污染物有着很强的吸收和分解能力，在环境污染治理与修复中具有很好的潜力与前景。如能吸附铅的微生物有蕈状芽孢杆菌（*Bacillus mycoides*）、小刺青霉（*Penicillium spinulosum*）、长链木霉（*Streptomyces longwoodenis*）等。

大多数微生物细胞都具有结合污染物的细胞壁，细胞壁吸附固定污染物的性质和能力与其化学成分和结构有关。污染物结合到微生物的细胞壁主要有三种作用机制：离子交换反应、沉淀作用和络合作用。例如，革兰氏阳性菌的细胞壁有一层很厚的、网状的肽聚糖结构，存在磷壁酸连接在肽聚糖网状结构上，使细胞壁带负电，具有离子交换的性质，能与溶液中带正电荷的离子进行交换反应；革兰氏阴性菌的细胞壁中肽聚糖结构很薄，因而其固定污染物的量比较低。

另外，细胞的能量转移系统在物质转移过程中不能区分电荷相同的物质是否为代谢所需物质，所以一些污染物可能随代谢必需物进入微生物细胞。有研究发现，芽枝状枝孢在最适 pH 值和温度下，具有对 Au^{3+} 的最大吸附量 140mg/g（干细胞）。电镜观察表明，Au^{3+} 在细胞壁的表面慢慢还原为不溶的元素金（Au^0），并沉积在细胞壁和菌丝的横隔上。

影响微生物对污染物的吸收的因素很多，比如微生物生长时间、污染物浓度、pH 值、环境温度等。

7.1.3 污染物在生态系统中的转化过程

7.1.3.1 重金属的烷基化过程

生态系统中的许多重金属污染物在一定条件下可转化为金属有机化合物，这一转化过程可能使重金属的生物毒性得以加剧。例如，金属汞的甲基化过程就是一个非常有害的重金属转化过程。

在土壤介质中，一些微生物参与汞的烷基化过程，包括氯化汞（$HgCl_2$）转化为甲基汞（CH_3Hg），再由甲基汞转化为二甲基汞（C_2H_6Hg）。这一过程无论在好氧条件下还是在厌氧条件下均可进行。一般来说，土壤中汞的生物甲基化作用强度在厌氧条件下比在好氧条件下更高。在这一过程中，甲基钴氨素（CH_3CoB_{12}）起了重要作用，其反应过程如下：

$$CH_3CoB_{12} + HgCl_2 + H_2O \rightarrow CH_3HgCl + H_2OCoB_{12}Cl$$

$$CH_3CoB_{12} + CH_3HgCl + H_2O \rightarrow CH_3HgCH_3 + H_2OCoB_{12}Cl$$

另外，汞的生物甲基化作用还需要有特异性酶（例如甲硫氨酸合成酶、乙酸合成酶和甲烷合成酶等）的参与，在厌氧条件下，必须有这些特异性酶的催化，才能使无机汞转化为甲基汞，以及甲基汞转化为二甲基汞。甲基汞为水溶性的物质，在土壤溶液中能稳定存在，并易于被生物吸收进入食物链。而二甲基汞则是非水溶性物质，易于挥发，可由土壤挥发至大气中。

土壤中的汞生物甲基化作用是形成甲基汞还是二甲基汞，主要取决于土壤 pH 值。据报道，合成甲基汞的最佳 pH 值为 4.5；而在较高的 pH 条件下，甲基汞易转化为二甲基汞。土壤中汞的甲基化作用还与土壤质地有关。一般来说，质地黏重的土壤，由于水分多，E_h 值较低，参与甲基化作用的微生物较多，形成的甲基汞含量较高；相反，在砂性的土壤中，水分少，形成的甲基汞也难以吸附固定于土壤中，因而使甲基汞含量较低。

7.1.3.2 化学污染物的生物降解过程

在微生物、酶或植物分泌物的作用下，进入水或土壤介质中的化学污染物会发生降解作用，彻底分解或转化为毒性不同的其他化学物质。

1. 一般有机污染物的生物降解过程

一般有机污染物主要指淀粉、蛋白质、脂肪等天然化合物，主要存在于生活污水中，大部分是食物的遗弃物、残余物或排泄物。它们在水解酶的作用下，首先降解为低分子的糖、氨基酸、脂肪酸和甘油等。在好氧条件下进一步分解为二氧化碳、水和无机盐类；在厌氧条件下，转化为有机酸、醇和各种还原性气体。

2. 碳氢化合物的生物降解过程

碳氢化合物包括烷烃、烯烃、环烷烃和芳香烃等。在水或土壤中，烷烃的降解通常是最末的烷烃受到微生物的攻击，首先形成脂肪酸或醇，然后进一步降解为二氧化碳和水。

烯烃降解过程包括：①碳链破裂，发生β-氧化作用，形成脂肪酸；②在甲基上发生氧化作用，形成烯酸；③在不饱和酸端发生反应，有一氧化合物酶参与，形成过氧化物，再氧化为二醇化合物。环烷烃的降解作用多在相邻碳原子上发生双羟基化作用，从而形成顺1,2-二醇，但一般不容易进行。苯在细菌作用下，首先发生双羟基化作用，形成茶儿酚；茶儿酚在二氧酶的作用下进一步降解形成乙醛和丙酮酸，或转化为乙酰 CoA 和琥珀酸。菲和萘等芳香烃的降解，首先转化为水杨酸，然后转化为茶儿酸，再转化为乙醛和丙酮酸。

3. 邻苯二甲酸酯类化合物的生物降解过程

邻苯二甲酸酯（PAEs）又称酞酸酯，是邻苯二甲酸形成的酯的统称，常被用作塑料增塑剂。其生物降解反应首先由微生物酯酶作用水解形成邻苯二甲酸单酯，再生成邻苯二甲酸和相应的醇。

在好氧条件下，邻苯二甲酸在加氧酶的作用下，生成3,4-二羟基邻苯二甲酸，或4,5-二羟基邻苯二甲酸后，形成原儿茶酸等双酚化合物，芳香环开裂形成相应的有机酸，进而转化为丙酮酸、琥珀酸等进入三羧酸循环，最终转化为二氧化碳、水和无机盐类。实验表明，低分子量的邻苯二甲酸酯类化合物一周内的生物降解率可达到90%；而多数高分子量的邻苯二甲酸酯类化合物要在12天后，其生物降解率才达到90%。

在厌氧条件下，邻苯二甲酸酯类化合物首先降解为邻苯二甲酸单酯和邻苯二甲酸，进一步转化为苯甲酸。不过，厌氧条件下，邻苯二甲酸酯类化合物的生物降解率很低，不容易发生。

4. 化学农药的生物降解

有机氯农药的生物降解并不容易。有实验表明，在厌氧条件下，一些微生物可使 DDT 转化为 DDD。在产气杆菌和极毛杆菌属的共同作用下，DDT 经过脱氢、脱氯、水解、还原、羟基化和环破裂等过程后，可转化为对氯苯酸或对氯苯乙酸。

有机磷农药相对容易被生物降解。如马拉硫磷在绿色木霉和极毛杆菌属等细菌作用下，首先降解为二烷苯基磷酸盐，进一步降解为磷酸、硫酸和碳酸盐。据报道，多种藻类能以甲基对硫磷为磷源和氮源，降解产物为β-硝基苯酚。

5. 共代谢降解

微生物通常不只利用一种碳源，而是可以同时利用多种碳源。微生物从其他底物获取大部分或全部碳源和能源后将同一介质中有机化合物降解的过程，称为共代谢。这是一种在有其他碳源和能源存在的条件下，微生物酶活性增强，降解非生长基质的效率提高的现象。一些难降解复杂有机物单独存在时往往难以被降解，当有类似但易降解化合物存在时，会让其同时得到降解。共代谢过程已作为一种生物技术在芳香族化合物生物降解修复中得到广泛应用。影响共代谢的主要因素有关键酶的诱导、毒性抑制、自我恢复与能量供应，其机理研究有待进一步深入。

7.1.4　化学污染物的生物富集和放大过程

生物富集（bio-accumulation）是指生物从环境介质（水、土壤、沉积物和大气等）和食物中摄取污染物，使得生物体内污染物的含量超过环境介质中该污染物含量的过程。水生生物仅从水中而非食物途径富集污染物的过程称为生物浓缩（bio-concentration）。生物富集通常随着食物链的延伸而急剧增大。污染物在生物体内的富集能力通常用生物富集因子（BAF）和生物浓缩因子（BCF）等参数来评估。BAF 或 BCF 是生物体内某污染物的浓度和环境介质中该污染物浓度的比值。其中，BCF 通常只能在实验室条件下测得。

7.1.4.1 重金属的食物链积累与放大

环境中重金属污染具有沿食物链积累与放大的特征，高营养级的生物体内积累的污染物含量大于低营养级的生物。重金属中，汞、镉、锌、铜、铅沿食物链的积累与放大现象明显。其中汞和镉的食物链富集、积累对人类健康的威胁最大。汞污染对河流水生生物的影响研究表明，汞在鱼及贝类体内可能大量累积，其中甲基汞含量占总汞量的70%以上，严重影响食用价值。几个地区水环境中食物链积累汞的趋势十分相似，鱼类对汞的富集系数约为 3.0×10^3（表 7－1）。

表 7－1　不同营养级生物体内汞、DDT 和六六六的含量　　单位：mg/kg

营养等级	汞		DDT		六六六
	天津蓟运河	波韦尔湖	纽约长岛	天津蓟运河	天津蓟运河
水	0.000 5	0.001	0.000 05	0.000 06	0.001 8
浮游生物	0.35	0.32	0.04	1.63	0.56
无脊椎动物	0.48	0.19	0.16～0.42	1.56	0.83
草食性鱼类	0.90	0.99	—	1.07	0.74
杂食性鱼类	1.30	1.28	0.94～1.28	5.87	1.04
肉食性鱼类	1.70	2.57	2.07	4.22	0.44
水鸟	3.30	—	3.15～26.4	2.63	11.54

研究显示，镉污染在水生态系统中可沿食物链不断浓缩放大，非污染区贝类镉含量为 0.05mg/kg，而污染带贝类和墨鱼肝中镉含量达到 420mg/kg，浓缩倍数约为 8400。海产品浓缩的镉可比海水高 4500 倍。土壤环境中的镉污染也是通过食物链造成镉污染毒害的主要来源，由于镉污染土壤中作物的生长对镉的积累，镉含量可达 0.5～1.0mg/kg。

试验研究表明，作物能够积累土壤中的硒。土壤含硒量越高，水稻积累硒的量越大，积累作用在水稻全生育期逐渐增强，成熟期达到高峰，有 60% 的硒是在水稻生育后期 40% 的生长时间内累积的；植株的各个器官均有硒累积，且随器官的发育成熟而增加。

7.1.4.2 农药的食物链积累与放大

20 世纪 60 年代，科学家发现野生动物和鱼体内的 DDT、DDD 残留量很高，由于其化学性质稳定，有机氯农药能够在环境中长期残留。有机氯农药具有很高的脂水分配系数，可以从水和食物链途径积累于生物体，并且沿食物链逐级放大。尽管 DDT、六六六等有机氯农药在当时已停止使用 20 多年，美国沿海贝类体内仍然能够检测出 DDT 的代谢产物。此外，尽管我国自 20 世纪 80 年代中期就开始禁止生产、销售和使用有机氯农药，但近年来，科研工作者对我国不同地区水体中的 DDT 和六六六为代表的有机氯农药进行测定，仍能检出。如江苏省主要水源地（未检出～51ng/L）、广东西江（1.99～4.76 ng/L）、珠江三角洲地区（0.35～8.00 ng/L）、乌江（3.97～42.89 ng/L）等地均检出 DDT 和六六六。

20 世纪 70 年代中期，天津蓟运河汉沽后端受到汞、DDT、六六六的严重污染。河水和底泥中的汞、DDT、六六六通过不同途径进入生物体内，并沿着食物链迁移和放大。特别是 DDT 的生物浓缩与放大现象十分明显。可能由于底泥污染的影响，底层杂食性鱼类（鲤和鲫）肌肉的 DDT 含量最高，达到 5.87mg/kg（湿重），生物浓缩系数达到 9 万倍以上，大大超过了食用卫生标准。六六六也明显积累，污染严重时，鱼体内甚至可以明显闻出六六六粉的气味。

不同种类的鱼从污水中直接富集农药的能力具有较大差异。鳟鱼在 DDD 质量分数为 10×10^{-12} 的污水中生长，20 天后富集系数达到 2000 倍，而食蚊鱼完成这一浓缩过程只需要 24 小时。同时一些实验也指出，鱼类不同龄期的富集能力也有差异。

与水生植物从污水中吸收农药的能力相比，污染土壤中的作物对农药的吸收要低得多。作物从土壤中吸收残留农药的能力，也有种类上的差异。试验表明，几种作物相比较而言，一般最容易从土壤中吸收农药的作物是胡萝卜，其次是草莓、菠菜、萝卜、马铃薯、甘蔗等；而番茄、茄子、圆辣椒、卷心菜、白菜等，不易吸收土壤中的农药。总的来说，根菜、薯类吸收土壤中残存农药的能力是较强的，而叶菜类、果菜类相对较弱。

从形成食品中农药残留的原因来看，生物富集与食物链传递是一个非常重要的因素。一般肉、乳品中含有残留的农药，主要是禽畜取食了被农药污染的饲料，造成农药在有机体内的蓄积，尤其积累在动物的脂肪、肝、肾等组织中。在动物体内的农药，有些随乳汁排出，有些转移至卵、蛋中。

7.1.4.3　全氟化合物的食物链积累与放大

全氟化合物（perfluorinated compounds，PFCs）具有良好的表面活性和很高的化学稳定性，并具有疏油、疏水特性，被广泛应用于纺织、造纸、包装、农药、地毯、皮革、地板打磨、电镀、灭火泡沫和洗发香波等领域。其中，全氟辛磺酸（PFOS）和全氟辛酸（PFOA）是两种最主要的 PFCs。研究表明，高于 7 个氟代碳原子的 PFCs 在生物体内具有生物富集效应，而低于 7 个氟代碳原子的 PFCs 的生物富集效应很低。影响 PFCs 生物富集的因素很多，其中 PFCs 的理化性质（碳链长度、碳链末端基团类型和是否含有支链等）、生物的种类及其生理生化参数（体长、体重和性别等）、环境条件（生态系统的组成、水温和污染物含量等）等因素都影响这些污染物在生物体内的富集和食物链上的传递。

综观国内外研究成果，PFCs 在食物链（网）上生物放大效应的研究主要集中于极地地区海洋食物链，应加强其他区域（特别是典型污染区域）、各种类型食物链（如淡水食物链和陆生食物链）上 PFCs 的生物富集效应研究，全面评估 PFCs 的生态风险。由于 PFCs 的理化性质不同于其他传统憎水性 POPs，影响憎水性 POPs 生物富集的因素（如化合物的水－正辛醇分配系数、生物体内的分配、代谢以及暴露途径等）可能不完全适合 PFCs，所以应加强 PFCs 生物富集的影响因素研究，评估这些污染物的生态风险，从而制定相应的控制措施。

7.2 污染物的毒害作用及其机理

7.2.1 污染物的生物毒害作用

7.2.1.1 污染物（以重金属为例）对植物的影响

随着工农业的迅速发展，环境污染日益严重，污染物种类多样，特别是重金属在环境中的释放严重污染了土壤、水体和大气，并且可通过食物链进入生物体，危害人类健康。因此，重金属污染已成为世界性的重大环境问题。重金属的来源有多种途径，除采矿区的尾矿、矿渣、冶炼、有毒气体的排放之外，还有城市垃圾、金属电镀、汽车尾气排放、工业企业向环境排放的“三废”、化工产品在农业中的不合理使用、农田的污水灌溉等等，这些途径都将导致环境的重金属污染。通常植物在受到重金属污染时都会出现生长迟缓、植株矮小、根系伸长受抑制直至停止、叶片褪绿、出现褐斑等症状，严重时甚至导致作物产量降低和植物死亡。多年来，人们就重金属对植物的毒害作用做了大量的研究工作。

1. 影响植物根系对营养物质的吸收

重金属能影响植物根系对土壤中营养元素的吸收，其主要原因是影响了土壤微生物的活性、酶活性。研究发现，盆栽水稻分蘖期土壤酶（蛋白酶、蔗糖酶、β－葡萄糖苷酶、淀粉酶等）活性与添加铅浓度呈显著负相关。由于土壤微生物、酶活性的降低，影响土壤中某些元素的释放和有效态的数量。镉能明显影响玉米对 N、P、K、Ca、Mg、Fe、Mn、Zn、Cu 的吸收。

此外，重金属与某些元素之间有拮抗作用，也可能会影响植物对某些元素的吸收。例如，Zn、Ni、Co 等元素能严重妨碍植物对磷的吸收；As 影响植物对 K 的吸收；Pb 使 P 难以溶解，所以 Pb 在根表面或培养基会影响 P 的吸收。由于 As 的化学行为与 P 相似，所以能妨碍 ADP 的磷酸化，抑制 ATP 的生成，从而使 K 的吸收也受到抑制。研究表明，As 可直接毒害根系，抑制根系生长，甚至腐烂，影响根系对营养元素的吸收，阻碍水分运输，干扰酶促反应，直接影响植物的生长和产量。

2. 引起植物细胞超微结构的改变

植物受到重金属毒害但未出现可见症状之前，在细胞内部已有亚细胞结构的变化，导致这些细胞器参与的生理生化功能丧失和抑制。研究结果表明，当重金属污染较轻时，细胞核、线粒体、叶绿体等细胞器没有明显变化，这时植株外部形态也不会表现出很明显的受害症状。而污染严重时，细胞核、线粒体、叶绿体等细胞器的结构均被破坏，此时，植株外部形态会表现出叶片褪绿、萎蔫、根生长受抑制，乃至植株死亡。例如：以玉米为材料，当 Pb 含量为 100μg/g 处理 5d 时，细胞核变化明显，线粒体无明显受害症状，叶绿体基粒片层稀疏，层次减少，分布不均匀；而当 Pb 含量为 500μg/g 处理 5d 时，细胞核明显变形、肿胀，线粒体高度肿胀，腔内出现絮状沉淀物，叶绿体基粒基质很少，许多前质体破裂；当 Pb 含量为 1000μg/g 处理 5d 时，细胞核处于解体边缘，核仁正在分解，核膜破裂，核质颗粒渗透出膜，线粒体肿胀成巨型线粒体，内腔中的各种物质已经解体为空泡，此时在电镜下已见不到叶绿体的类囊体膜系统排列，膜系统已开始溃解，叶绿体功能完全被破坏。

此外，已有研究表明，重金属处理可引起根尖细胞有丝分裂异常，染色体畸变率显著提高。Hg^{2+}、Cd^{2+}、Pb^{2+}在所有含量均表现出对根尖细胞分裂的抑制。研究也表明，重金属元素影响种子萌发时籽苗根尖细胞的有丝分裂，使分裂速度减慢，生物量减少。

3. 影响植物细胞膜透性

重金属能影响植物细胞膜透性。研究表明，水生植物叶组织外渗液的电导度和钾离子浓度与水中的Cd浓度呈非常显著的正相关，说明Cd对植物细胞膜有严重的破坏作用，造成质膜的选择透性减弱，结构破坏，功能改变或丧失。有关Pb、Cd、Zn对芦苇幼苗质膜的影响的研究表明，Cd、Zn和Pb对芦苇幼苗根系和叶片的电解质渗漏影响显著，且随处理浓度的增加和处理时间的延长而加剧，其中Cd和Zn的作用更明显。研究也表明，Cd污染可增加风眼莲膜脂过氧化，并使其细胞膜透性增加，且伤害程度与Cd浓度呈正相关，而且膜脂过氧化的发生要早于膜透性的改变。植物细胞膜组分中含有大量的不饱和脂肪酸，在重金属污染条件下，植物可产生过量的自由基，这些自由基能损伤细胞膜中的不饱和脂肪酸和蛋白质，使细胞膜结构松散，细胞内的一些物质外流，细胞失水，从而导致细胞功能的减弱甚至丧失，并使重金属更易进入细胞内，引起更严重的毒害作用。目前，细胞膜透性被广泛地用作评定植物对重金属反应的方法之一。

4. 影响植物光合作用与呼吸作用

关于重金属对植物光合作用的影响研究比较广泛。研究表明，重金属对光合作用的影响是植物受害的主要原因，其研究主要集中于光合系统伤害机制。许多研究说明，重金属Cd^{2+}可使高等植物的叶绿体含量明显降低，原因是重金属离子直接干扰了叶绿素的生物合成。在大麦幼苗中Cd^{2+}通过影响原叶绿素酸酯还原酶的活性以抑制叶绿素的合成。

另有研究表明，Cd^{2+}、Pb^{2+}和Zn^{2+}等重金属离子对高等植物叶绿体的光合电子传递有抑制作用，而且通常光系统Ⅱ的活性对重金属离子更为敏感。叶绿体的光合电子传递是由多个步骤组成的，不同的重金属离子可能作用于不同的传递部位，甚至相同的重金属离子不同浓度或作用于不同植物对叶绿体的光合电子传递的抑制作用也不完全相同。所以，重金属离子对叶绿体的光合电子传递的抑制作用是非常复杂的。这些研究均表明，重金属对光合作用的抑制是同时对光合器官结构的破坏以及对叶绿素合成有关酶系统和电子传递的影响造成的。

重金属可影响植物呼吸酶的活性，从而影响植物的呼吸作用。低浓度Cd^{2+}可刺激呼吸酶活性，从而刺激三羧酸循环以产生能量。但当Cd^{2+}浓度增加到一定程度时，呼吸酶活性受抑制，呼吸作用下降。Cd^{2+}对高等水生植物根系脱氢酶活性有明显影响，随Cd浓度升高根系脱氢酶活性明显下降，即表现出对呼吸作用的抑制，但对不同植物根系的影响有所不同。

5. 影响植物代谢而引起植物化学组分的变化

重金属污染可影响到植物的物质代谢，从而引起植物体中各种营养成分的变化。首先，重金属污染可影响植物体中氨基酸含量的变化，如Cd^{2+}在蚕豆种子中微量存在时，可刺激必需氨基酸含量的增加；但超过一定含量后，必需氨基酸含量低于对照，表现为显著负相关。不同氨基酸的敏感程度不同，其中变化最剧烈的为脯氨酸。Cd^{2+}浓度低时，脯氨酸含量增加，直至高出对照102.5%，而当Cd^{2+}大量积累时脯氨酸含量又迅速减少。脯氨酸含量的这种变化可能具有某种生理意义，通常把脯氨酸看作是植物体内的氨基酸库，当植物受到环境胁迫时，体内氨基酸含量发生很大变化。因此，可把脯氨酸含量变化作为植物体内氨基酸代谢是否发生障碍的指标。重金属可影响蛋白质含量，其作用机理尚不十分清楚，可能与干扰蛋白质合成系统的Mg^{2+}和K^{+}有关；也可能直接以DNA为靶子，干扰基因表达，从而影响蛋白质合成。重金属污染对植物体的糖代谢也有明显影响。对凤眼莲和紫背萍的研究结果说明，Cd对高等水生植物可溶性糖的影响表现为可溶性糖含量随水中镉浓度升高而增加，而总糖减少。其原因可能是光合产物的合成运输受阻，或不溶性糖的降解。而淀粉含量减少的原因则可能是Cd^{2+}阻碍了蔗糖向ADP－G或UDP－G的转化，从而抑制了淀粉的合成。但也有相关报道表明，不同重金属对不同植物的影响有所不同，其规律性也不完全一致。

6. 重金属导致产生大量自由基，引起膜脂过氧化

许多研究认为，重金属对植物的伤害与自由基的产生有关。自由基是指含有未配对电子的原子、原子团或特殊状态的分子，其中以氧自由基（oxygen free radical，OFR）对生物体的危害最大。OFR包括超氧阴离子自由基（O^{-2}）、羟自由基（OH^{-}）等。自由基是生物体的正常代谢产物，由于生物体存在防御系统，所以正常情况下危害不大。生物体主要通过抗氧化酶系统防御自由基损伤，此酶系统包括超氧化物歧化酶（super oxide dismutase，SOD）、过氧化氢酶（catalase，CAT）、过氧化物酶（peroxidase，POD）、抗坏血酸过氧化物酶（APX）和谷胱甘肽还原酶（GR）等。此外，一些抗氧化剂如维生素E、维生素C、β－胡萝卜素、还原型谷胱甘肽（GSH）、CoQ10等也在自由基损伤防御系统中起作用。

当植物受到重金属污染时会产生大量自由基，引起膜组分不饱和脂肪酸的过氧化，从而影响细胞膜的结构和功能，进而引起DNA损伤，改变RNA从细胞核向细胞质的运输。另一方面，重金属的积累直接破坏了防御系统中酶的活性，降低了防御酶清除自由基的功能，加剧了膜脂过氧化作用，造成细胞器不可逆损伤，破坏了植物正常生命活动的结构基础。

另外，活性氧自由基的累积可引发并加剧膜脂过氧化作用，膜脂过氧化的最终产物是丙二醛（MDA），MDA可与质膜内的氨基酸、蛋白质、不饱和脂肪酸等生物大分子发生反应，阻止新脂类的合成，使膜受到损伤，破坏膜的结构。所以，膜脂过氧化作用既会引起DNA损伤，改变RNA从细胞核向细胞质的运输，同时也会影响细胞膜的结构和功能。因此，常把MDA含量作为反映脂质过氧化作用强弱的一个指标。

7.2.1.2 污染物对动物和人体健康的影响

1. 对动物的影响

重金属元素能严重影响和破坏鱼类的呼吸器官，导致呼吸机能减弱。首先，这些重金属能黏附在鱼鳃的表面，造成鳃的上皮和黏液细胞的营养失调和贫血，从而影响对氧的吸收，降低血液输送氧的能力。重金属还能降低血液中呼吸色素的浓度，使红细胞减少。例

如，当鱼类受到铅、汞、锌的毒害时，鱼类血红蛋白的合成受到抑制，使氧和血红蛋白分离曲线发生改变，影响鱼类血液输送氧的能力。用亚致死剂量的镉处理鲽鱼，能造成其明显的贫血反应。有人提出用溶血性贫血和不成熟红细胞数目的增加作为指标来监测鱼的铅中毒。

三种有机氯农药（二嗪农、甲基硫磷、乐果）能使鲶鱼的红血球和血红蛋白下降；甲基硫磷和乐果还能使红血球和核的直径减少。

污染物对动物内脏的破坏作用明显。用 $CdCl_2$ 处理印度囊鳃鲶（*Heterophenstes fossilis*）30 天后，其肝脏大面积受损，胃壁腐蚀，肠上皮退化。农药对鱼的肝脏也有明显破坏作用，如氯丹可使湖鳟肝脏退化；DDT 可使鳟鱼鱼苗肝脏出现空泡；一定浓度的林丹可使鳟鱼肝门三角受损。

某些污染物还能使动物的骨骼变形。例如，在受重金属铅、镉污染的水体中生活的鱼类会出现脊椎弯曲。

有机氯农药污染对鱼类、水鸟和哺乳动物的繁殖会造成严重影响。0.02～0.05mg/kg 的丙体六六六可使阔尾鳟鱼卵母细胞萎缩，抑制卵黄形成，抑制 LH 激素对排卵的诱导作用，卵中胚胎发育受阻。有机氯农药能使许多鸟类的蛋壳变薄。

动物行为是长期适应环境的结果，任何改变动物行为的因素都有可能严重影响动物的生存。研究发现，越来越多环境污染物对动物行为造成影响。例如，在含有一定浓度 DDT 的水中生长的鲑鱼，对低温非常敏感，它被迫改变产卵区，把卵产在鱼苗不能成活的温度偏高的水中。有机氯农药污染环境条件下，成鸟捕食与喂食活动减少，导致幼鸟死亡。

2. 对人体健康的影响

环境污染对人体健康危害的进程主要有三个方面：①急性危害，指污染物浓度很高，或者几种污染物联合进入体内，在短时间就可以对人体健康造成危害；②慢性危害，主要指小剂量的污染物持续地作用于人体，造成人体健康缓慢受损；③长期危害，指环境污染对人体的危害经过一段较长的潜伏期后才表现出来，如环境因素的致癌作用等。环境中致癌因素主要有物理、生物学和化学因素：①物理因素，如放射线体外照射或吸入放射性物质引起的白血病、肺癌等；②生物学因素，如热带性恶性淋巴瘤，已经证明是由吸血昆虫传播的一种病毒引起的；③化学因素，动物实验证明，有致癌性的化学物质达 1100 余种。另外，污染物对遗传有很大影响。一切生物都具有遗传变异的特性，环境污染对人体遗传的危害，主要表现在致突变和致畸作用。

污染物作用时间不同，对人体造成危害的靶器官或临界器官也不同。短时间吸入高浓度镉，临界器官是肺，主要症状是肺水肿；长期吸入低浓度镉，临界器官是肾和肺，主要症状是肾功能损害，特别是出现低分子蛋白尿和肺水肿；长期食用被镉污染的食物时，临界器官是肾和骨骼，主要症状是低分子蛋白尿，骨质软化，出现骨痛病。

根据来源，环境污染物主要划分为大气污染、水体污染、土壤污染。这些污染通过不同的环境介质对人类的健康产生不良的影响，甚至危及生命。

（1）大气污染对人体健康的危害。大气污染可以通过呼吸系统进入人体，也可以通过接触皮肤、眼睛等部位危害人体。大气污染物复杂，有害物质的特性也有很大差异，其危害性包括急性中毒、慢性呼吸系统疾病、重要机能障碍以及其他系统疾病。此外，全球气候变暖对人类健康也有直接或间接的影响。例如，随着气温升高，“城市热岛”效应和空气污染更为显著，给许多疾病的产生、传播提供了更为适宜的温床。

（2）水体污染对人类健康的危害。水是人类赖以生存的物质基础。当污染物进入河流、湖泊、海洋或地下水等水体且含量超过了水体的自净能力后，水体的水质和水体底质的物理、化学性质或生物群落组成会发生变化，水体的使用价值和使用功能也会降低，这种现象被称作水体污染。水体病原体污染可以导致传染病的暴发，引发传染病的病原体主要来自城市污水、医院污水及屠宰、制革、洗毛、生物制品等工业废水和牲畜污水。水体的严重污染直接或间接危害人体的健康。

（3）土壤污染对人类健康的危害。土壤是一切植物生长的载体，是人类赖以生存和发展的基础，没有一个安全的土壤环境，就等于毁灭人类自己。土壤是各种污染物的最终“宿营地”，世界上90%的污染物最终都滞留在土壤内，并且直接影响农作物的生长，并通过食物链发生进一步的传播，间接危及人体健康。土壤主要通过以下几个方面对人体健康产生影响：①生物性传染病的危害。如儿童游戏、土建、农田作业等感染；也可间接接触，如使用污染后的蔬菜、瓜果等感染。②重金属对人体健康的影响。重金属进入人体后，不易排泄，逐渐蓄积，当超过人体的生理负荷时，就会引起生理功能改变，导致急慢性疾病或产生远期危害。③残留农药对人体健康的影响。农药直接喷洒在农作物枝叶上，或农作物从土壤中吸收农药，在根、茎、叶、果实和种子中积累，通过食物食用危害人体的健康。大量含有机物氯或有机磷的农药，都具有降解难、无害化难的问题，其他持久性难降解的有机污染物也已成为食品生产的安全隐患。

7.2.2 重金属毒害作用机理

1. 重金属与生物大分子的活性位点结合

生物体的许多功能是由酶等生物大分子来完成的，而生物大分子中具有生物活性的基团和物质与其功能密切相关，这个结构部分称为生物活性位点，例如酶的活性中心。许多酶含有金属离子，它们与酶的蛋白质部分的必需基团组成酶的活性中心。例如细胞色素C是含有Fe离子的金属酶，碳酸酐酶是含Zn的金属酶，还有羧肽酶、碱性磷酸酶等都属于金属酶。这些金属离子通常结合在生物大分子的活性位点上，许多生化过程都需要金属离子及其酶催化。重金属离子可取代酶活性中心的金属离子，结合在活性位点，使酶的活性被改变。例如碳酸酐酶活性位点上的Zn被某些重金属离子取代后，其活性被抑制。因此，有毒金属取代酶分子等生物大分子活性部位的有益金属，破坏了生物大分子的正常生理代谢功能，造成生物的病变。

另外，很多酶的活性中心（或非活性部位）含有巯基（-SH），重金属离子还可与酶蛋白中的巯基结合，使其变性失活。伊拉克发生的误食甲基汞处理的小麦种子的事件，致使459人死亡，就是因为甲基汞容易与巯基结合形成硫醇盐，使一系列含巯基酶（包括氧化酶、细胞色素氧化酶、琥珀酸脱氢酶、葡萄糖脱氢酶等）的活性受抑制，从而破坏了人体细胞的基本功能和正常代谢以及肝细胞的解毒功能和合成蛋白质的功能。而且有些重金属离子与活性部位的结合比原来的金属离子更稳定，例如Cd^{2+}对含Zn的金属酶的抑制作用是由于Zn在蛋白质中与巯基结合，而Cd与巯基的结合比Zn的更稳定一些，所以可以把 Zn 置换出来。此外，酶等生物大分子的活性部位以外的一些给电子基团也能结合金属离子，例如蛋白质上的咪唑基、巯基、羟基、氨基、胍基等等，这些基团可与生物所必需的微量金属离子结合，而重金属可取代这些金属离子，从而改变基因的活性。

2. 重金属导致核酸错误配对

核酸是生物的遗传物质，其结构中含有许多可结合金属离子的活性位点和非活性位点。金属离子对双螺旋结构有稳定作用，当金属离子浓度较低时，DNA 两条链作用不太稳定，此时只有互补的碱基才能发生配对作用，使两条链牢固地结合在一起；当金属离子浓度高时，由于金属离子的稳定作用，除了互补的碱基能配对以外，非互补的碱基也能配对，使两条链稳定结合在一起，从而导致碱基的错误配对，使遗传密码的传递发生错误，生物体产生病变。

3. 重金属引起 DNA 损伤及解聚

DNA 是遗传信息的载体，其结构是表达产物的结构和功能的基础。DNA 结构的损伤将导致其丧失模板的完整性及复制的准确性，引起转录和翻译的效率降低以及产物的结构和功能的改变。一些研究结果表明，重金属离子对 DNA 分子有损伤作用，使 DNA 丧失模板功能，引起不正常转录，并影响 DNA 损伤修复，增加突变概率。以蚕豆为材料，采用 3H－TdR 前体掺入法进行了 Cd^{2+}、Al^{3+} 对植物 DNA 合成及修复影响的研究，研究结果表明，低浓度 Cd^{2+}、Al^{3+}（Cd^{2+} 质量浓度 $<20mg/L$；Al^{3+} 质量浓度 $<50mg/L$）能促进蚕豆 DNA 合成；而高浓度时可抑制 DNA 合成，引起 DNA 损伤，且影响 DNA 损伤修复能力。运用 RAPD 和 DNA ladder（梯形电泳图谱）方法可检测到在 5 ～ 10mg/L Hg^{2+} 处理下浮萍体细胞基因组 DNA 的明显损伤。

此外，大量的重金属离子可促进核酸的解聚，引起 DNA 断裂。结合在磷酸酯基上的金属离子可从 RNA 和多聚核苷酸的磷酸二酯键上夺取电子，使其成键不稳定并易发生水解，导致大分子核酸降解，使核酸的结构和功能受到破坏。还有许多研究结果表明，重金属离子可引起 DNA 链损伤、断裂、构象改变以及与 DNA 合成有关的酶活性变化，这些影响都会导致 DNA 合成受影响并引起一系列严重后果。DNA 的错误配对及核酸的损伤均会导致核酸的不正常代谢，影响蛋白质的正常合成，导致代谢上的障碍。

4. 重金属影响植物 DNA 的甲基化水平

植物和其他真核生物一样，其基因表达受到 DNA 甲基化水平的调控。基因中的启动子和编码区的过度甲基化能抑制基因的转录，而去甲基化可促进基因表达。此外，DNA 甲基化程度可能还与染色体的结构及其稳定性有关。研究结果表明，重金属 Cu^{2+}、Cd^{2+} 和 Hg^{2+} 可明显改变水稻和小麦体内 DNA 甲基化水平。当 Cu^{2+}、Cd^{2+} 浓度较低时（0.025 ～ 1.0mmol/L）可使水稻或小麦叶片和穗的 DNA 甲基化水平提高，而 0.1 ～ 1.0mmol/L Hg^{2+} 及 1.0mmol/L Cu^{2+} 和 Cd^{2+} 能导致水稻和小麦根系 DNA 甲基化水平低于对照。重金属胁迫所引起的 DNA 甲基化水平的改变可造成植物基因调控的紊乱并进一步影响其蛋白质的合成。

总而言之，重金属污染对植物的毒害作用不是某一方面的单独影响，而是多方面多因素影响的结果，其毒害作用机理也是十分复杂的，要想完全、深入地了解毒害作用的机理仍有待进一步深入研究。但已有的研究结果为植物对重金属耐性机制的研究奠定了基础，并为选择耐性植物和超积累植物用于重金属污染土壤的植物修复提供了理论依据和有效途径。

7.2.3 复合污染效应

环境中通常是多种污染物同时存在，并对生物机体同时产生毒理效应。研究表明，多种外来物质同时或数分钟内先后作用于机体所产生的毒理效应，与其中任何一种物质单独分别作用于机体时产生的效应完全不同。环境污染物的联合作用可以分为四种类型：独立作用、相加作用、协同作用、拮抗作用。

1. 独立作用

独立作用（independent effect）即多种化学物质各自对生物机体产生不同的效应，其作用方式、途径和部位也不相同，彼此之间互不影响。如果同时向动物体内输入两种化学物质，死亡可能由某一种化学物质作用引起，也可能是由两种化学物质分别引起，而不是由于两种化学物质作用相加而引起。如果此种类型联合作用以动物死亡率来表示，则此种混合物的毒性作用相当于经过第一种化学物质作用后存活的动物再受到第二种化学物质的毒性作用；输入两种以上化学物质时可依此类推。

2. 相加作用

相加作用（additive effect）即多种化学物质混合所产生的生物学作用强度是各种化学物质分别产生的作用强度的总和。在这种类型中，各种化学物质的生物学作用性质比较相似，或作用于同一部位或组织，而且各种化学物质的化学结构也比较接近，如按一定比例将一种化学物质用另一种代替，混合物的作用并没有改变。常见的有机磷化合物如果同时与机体接触，其胆碱酯酶的抑制作用往往呈现相加作用。

3. 协同作用

协同作用（synergistic effect）即两种或两种以上化学物质同时或在数分钟内先后与机体接触，其对机体产生的生物学作用强度远远超过它们分别单独与机体接触时所产生的生物学作用的总和。例如四氯化碳与乙醇对肝脏皆有毒性，如果同时输入机体，所引起的肝损害较它们分别单独输入机体时严重得多。

4. 拮抗作用

拮抗作用（antagonistic effect）即两种化学物质同时或数分钟内先后输入机体，其中一种化学物质可干扰另一种化学物质原有的生物学作用，使其减弱，或两种化学物质相互干扰，使混合物的生物学作用或毒性作用的强度低于两种化学物质输入机体时的强度总和。

凡是能使另一种化学物质的生物学作用减弱的化学物质，可称为拮抗物或拮抗剂（antagonist）。在此种情况下，也可认为是一种化学物质抑制另一种化学物质的毒性，所以亦称为抑制作用。拮抗作用的机理有功能拮抗、化学拮抗、受体拮抗和干扰拮抗等。

7.3　污染物的生态效应与生物适应进化

污染物进入生态系统后，参与生态系统的物质循环，对生态系统的组分、结构和功能产生影响，对生态系统结构与功能造成干扰与破坏，使生态系统产生不良反应与适应性变化，这种现象被称为污染生态效应。主要表现在生物对污染物的适应、污染条件下生物的遗传分化及微进化、生物多样性的丧失等方面。

7.3.1　生物对污染的适应

7.3.1.1　生物对污染适应的一般原理

污染物由人类单向地向生态系统输入，在生态系统的各界面不断转移，在食物链中富集，这样在一定的时间和空间范围内，污染就如同光、温、水、气等自然环境要素一样，形成了任何生物都必须面对的化学物质条件，生物要适应这类环境需面临巨大挑战，这从根本上制约了生物的生存与发展。

生物对污染适应表现出两重性。第一是对污染物引起的自然环境条件变化的适应；第二是生物对污染物本身的适应。前者是间接性的，后者是直接性的。任何生物要在污染条件下获得生存与发展，都必须应对来自这两个方面的挑战。

一般来说，生物对污染引起的自然环境要素的改变是相对容易适应的，而对于污染物本身是很难适应的。原因在于，自然环境因子在污染条件下的改变只是一个量的问题，即温度、光照、湿度、水分、营养条件、生物关系等的变化，对于生物而言都可能经历过，只是程度不同而已。一般生物比较容易通过自我的生理调节而适应这类变化。但是，生物对于污染物本身的适应则不然，尤其是当环境中的污染物是自然界所没有，生物从未经历过，而且也是生物正常生理活动不需要时更是如此。这种污染物本身与自然环境条件的改变具有本质的区别，前者是质的改变，后者是量的变化。对于污染物造成的具有质变的全新化学环境，生物一般没有特异性的组织系统对污染进行解毒，往往也没有什么遗传背景可以作为生理变化调剂的手段。

7.3.1.2　生物对污染的适应性反应

凡是在污染条件下能够存活的生物，必须快速地适应污染物以及污染环境。有的生物只对轻度污染有一定的适应性，有的则能够在较高的污染负荷中长期生存。生物对污染的适应性在很多情况下是具有种特异性的。生物的这些适应性，往往在形态结构、生理生化功能、遗传特性上都有直接或间接的表现。

1．形态结构上的适应性反应

在污染条件下，很多生物在形态结构上出现了明显的变化，以适应污染的环境。如在重金属长期污染条件下，植物往往出现叶面积减小、地下生长优于地上生长的变化，导致植物在形态上有向“旱生化”方向发展的趋势。

从植物的整体性状特征上看，污染适应性水平越高的种质，在资源分配上有向生殖生长更多转化的趋势。通过对小麦 3 个品种分别来自污染和非污染地区的种质对污染反应的特征进行分析，发现在污染区长期种植的小麦，具有较高的抗性水平。这些种质的株高和穗长增加，分蘖数也有所增加，穗粒数、千粒重、穗粒重都有增加倾向（表7－2）。

表7－2　不同适应性水平的小麦在重金属污染环境中的数量性状变化

种质来源	株高/cm	穗长/cm	分蘖数	穗粒数	千粒重/g	穗粒重/g
5118 污染区来源	72.9	8.5	3.30	40.3	37.89	1.57
5118 非污染区来源	46.7	7.5	2.66	36.3	34.90	1.23
1257 污染区来源	84.1	8.0	3.17	44.0	38.23	1.68
1257 非污染区来源	54.0	9.4	2.73	37.7	35.26	1.32
云麦 29 污染区来源	79.1	8.3	4.49	47.7	47.70	2.27
云麦 29 非污染区来源	60.8	6.7	3.24	36.7	36.70	1.48

动物在形态上的适应最典型的例子是椒花蛾（*Biston betularia*）的工业黑化现象。工业革命以前，在英国的曼彻斯特，椒花蛾主要的体色为浅色，很少有黑色个体。但随工业革命发展进行到20世纪60年代，在所有工业地区黑色型出现的频率大大上升，频率达到95%以上；而在没有受到工业废气污染的农业地区，则主要仍然是浅色型。杂交实验结果表明，黑色型是由一显性基因控制。经深入研究后发现，蛾类的体色与环境是否一致对于蛾类的生存十分重要，只有体色与环境比较一致的情况下，才不容易被鸟类捕食。在未被污染的地区，椒花蛾主要栖息在树干上，树干一般长满地衣，环境的颜色一般为浅灰色。浅色型的椒花蛾落在树干上看起来极不突出，不容易被鸟类发现；而在污染地区，地衣不能生长，树皮呈黑色，浅色型看来很突出，而黑色型看来不突出。由于这个关系，黑色型在工业区得到广泛发展。工业黑化现象不仅在英国发现，在世界范围内都有报道。据不完全统计，英国记录已经有200余种黑化的昆虫种类。

两栖类动物由于特殊的生理特性，对不利环境的适应性较差，对污染胁迫环境极其敏感。往往一个区域两栖类动物种类和数量的变化程度，可以作为该地区污染初期最灵敏的晴雨表。

不少生物由于先天性组织器官的结构形式和生理代谢特征，对干旱、高温、寒害等环境污染逆境具有一定的抵抗性能，而这些适应性对于适应污染具有重要的作用，我们把生物在没有受污染以前具有的性状特征在污染环境中同样适应的现象，称为前适应（pre-adaptation）。前适应的原因是，污染引起生物外环境和内环境变化部分，因同自然条件下的胁迫有一定的类似性，污染发生后导致这类生物相关组织和器官的功能更加强化。如夹竹桃（*Nerium oleander*），其叶片坚硬且上披蜡质，气孔下陷，这些对干旱高温的适应性状，也成为适应大气二氧化硫、氮氧化物污染的方式。

对于前适应，应该注意两个方面的问题：其一，在前适应中生物形态结构上的变化，很多情况下是污染引起生物外环境和内环境变化后产生的一种原有功能强化的现象，这些适应性和生物在没有经受污染以前需要适应的“自然”性胁迫环境有关，而不是污染作用后立即对生物性状进行塑造后的直接结果，目前还没有发现任何生物适应污染特有的组织和器官。其二，生物的前适应只是对污染引起的外环境和内环境改变具有一定的作用，但这可能不是污染抗性作用机制的主要部分，通常污染物本身对生物抗性提出的挑战性远大于来自污染物引起环境改变的部分。因此前面所说的一般胁迫性适应机制不可能对污染造成的整个胁迫条件产生一种稳定的适应性。

植物的前适应性不仅表现在形态上，有的还表现在生理生态特性上。如前面已经提到，有的生物对污染物具有的解毒作用与生物正常的某些代谢途径，特别是与次生代谢产物的形成密切相关，这样解毒过程与正常代谢有一致性，从而是一种生理水平上的前适应。再比如，由于污染往往导致植物外环境的水分亏缺，内环境的水分供给减少，或生理性缺水等，使植物出现生理性干旱，所以对污染适应性较强的植物，往往在形态上都有比较明显的“旱生化”特征。不难理解，很多关于污染引起的毒害机理往往与水分胁迫有关，而在污染地区有较高适应性的生物往往也与抗旱性有关。如在污染地区生长时间越长的玉米，地下与地上的重量比会明显上升，叶面积减小。

2. 生理上的适应性反应

污染引起的生物生理性适应反应包括消极和积极两个方面。所谓消极的生理适应性反应是指有些生物在污染条件下，能够暂时减弱或停止部分生理代谢活动，在污染停止或降低时再进行正常的生理活动，这是通过回避（avoidance）作用产生的适应性。如大豆等不少植物，在二氧化硫污染条件下，气孔关闭，光合作用停止。当污染停止后，气孔重新开放，光合作用又可正常进行甚至其强度高于正常情况。不仅光合作用，其他如呼吸作用、能量代谢等很多生理过程，在动物和植物中都有类似的适应性反应。应该注意的是，这种适应一般是对偶然性的急性污染产生有效适应形式，如果是在长期的污染作用下，通过回避进行适应将极大地削弱生物生存资源的获取和同化能力，最终导致生物由于生存资源亏缺而难以生存和发展。

与回避相反，也有不少生物在污染条件下通过继续保持较高的代谢活力，积极地适应污染。不少研究表明，对污染适应性较强的生物，即使在污染程度很高的情况下，仍能保持酶的活性。由于代谢活力依然保持，生物具有较高的资源供给水平，从而也提高了生物抵抗污染的水平。通过研究在重金属污染区适应阶段不同的玉米种质对铅污染的适应性水平（图 7－1），在重金属污染区生长时间越长的玉米种质，在铅污染条件下继续保持过氧化物酶（POD）活性水平的能力越高。

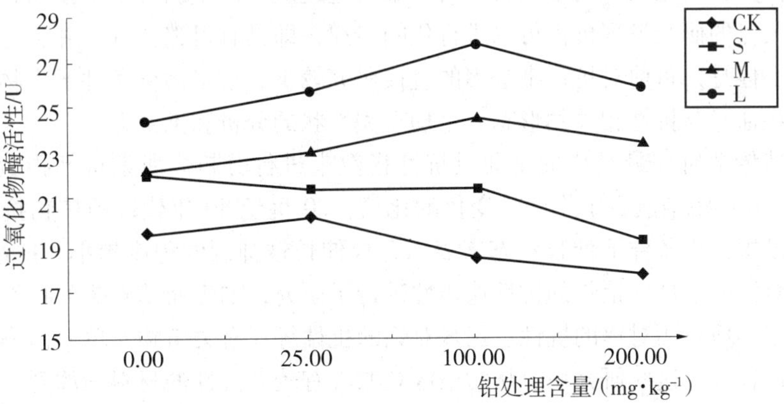

CK—未经历过污染的种质；S—在重金属污染区生活了 2～3 年的种质；M—生活了 7～8 年的种质；L—生活了 15 年的种质。所有种质均为同一种植品种

图 7－1　重金属污染区不同适应阶段的玉米在铅处理条件下过氧化物酶活性变化

其他很多酶如超氧物歧化酶（SOD）、过氧化氢酶（CAT）、丙二醛氧化酶以及脯氨酸等去除自由基和过氧化物的酶系，在适应水平高的生物中都有较高的活力，并且在污染条件下保持活性的能力也较高。

3. 遗传上的适应反应

遗传上的适应性反应表现在两个方面，一是基因表达水平上的变化；二是遗传基因自身的变化。

（1）基因表达水平上的变化。

面对污染，很多生物在基因表达上具有各种各样的变化，如以前处于“休眠”状态的基因，在污染条件下被激活表达。由于基因的多效性，在污染条件下适应性较强的生物更倾向于朝有利于提高抗性水平的方向进行表达，减小污染引起的生理紊乱。对重金属污染条件下蚕豆乳酸脱氢酶的基因表达的研究发现，抗性水平较高的种质在重金属污染条件下 LDH_3 和 LHD_5 的表达明显加强。LHD_3 对于植物有效地利用资源、在同等的物质供给水平上获得更多的能量（ATP）是具有积极促进作用的。对重金属污染条件下的小麦种子蛋白基因表达的研究结果表明，抗性水平较高的小麦在污染条件下种子中的醇溶蛋白、麦谷蛋白、水溶蛋白以及球蛋白表达水平均高于抗性水平较低的种质，并且发现某些醇溶蛋白基因的表达与小麦对重金属的适应性具有较高的关联度。研究还发现，铅、镉对小麦醇脱氢酶（ADH）基因表达水平越高，植物的适应性也越强。

基因表达的前提是完成了基因的转录。关于适应性的高低与基因转录水平间的关系，目前尚少见直接的研究，但有一些间接资料报道。研究发现，蚕豆中对重金属适应性较高的材料在生长发育阶段中，组织内 RNA 的含量水平高于同等条件下适应性较低的材料。研究表明，在镉、铝的作用下，蚕豆适应性水平的大小与非程序性的 DNA 合成（UDS）成正相关。

（2）遗传基因自身的变化。

生物对污染在遗传上的适应性突出表现在抗性的遗传上。抗性是生物在污染物长期作用下产生的一种稳定而定向的适应性性状。大量的资料表明，污染物对植物产生的影响，有很强的选择力；而相当多的植物具有对污染胁迫适应、产生新种群的潜力，这是抗性的本质属性。大量的研究发现抗性可以进行代间传递，即具有可遗传性，并且这种遗传性具有加性效应。但是，目前对抗污染基因的直接研究较少，很多污染条件下生物遗传上的研究主要建立在通过与抗性相关的形态、生理有关性状的分析和推论上。

抗性的遗传学研究最经典的是通过抗性指数来进行分析。所谓抗性指数（resistance index，RI），就是污染前后生物性状变化的比值。20 世纪 80 年代以前植物抗性指数大多是通过根在模拟污染条件下伸长状态来表示，根伸长被抑制的程度越小，抗性指数越大。很多科学家对污染条件下植物的抗性遗传性进行了研究，如麦瓶草对铅的抗性、羊茅对铜的抗性、黄茅和剪谷颖对锌的抗性、玉米对铝的抗性等。有关植物对单一污染物抗性问题的研究和综述较多，这些研究一般从污染区获取具有较高抗性的材料，放到一般植物不能存活的人工污染环境中进行筛选，将筛选后获得的抗性材料与敏感材料进行杂交，通过一代对污染的反应，得到抗性的遗传表现形式。利用这类方法得到的结果都表明，生物对单一污染物的抗性是显性性状，由一大基因控制，符合孟德尔分离规律。

20 世纪 80 年代以后，当不采用上述的临界浓度筛选法，而用生长和生殖特性来考察抗性的遗传性时，研究者发现，抗性不是由单一的大基因所控制，而是由多基因控制。20 世纪 90 年代以来，人们日益认识到污染环境往往是多个污染物共存，当同时研究生物对多个污染物的抗性遗传特性时，也发现了抗性的多基因控制现象。例如，通过对蚕豆、小麦、米和曼陀罗对铅镉锌复合污染的抗性进行比较系统的研究，发现抗性具有明显的数量遗传特性。同期国外的研究也表明，污染抗性是多基因遗传控制的一种适应表象。

关于多基因控制污染抗性问题，有的认为是数个大基因控制，有的认为是微效多基因控制。有人从种群遗传学的角度，利用适应的时效原则在理论上证明，凡是对急性的意外胁迫产生快速适应的进化，只有大基因控制的遗传方式才能实现。这个模型也有一些试验研究证据表明同抗性表型相关的有关遗传机理是由主要基因控制的，如野生植物斑点狗面花（*Mimulus guttatus*）的抗铜性研究、绒毛草（*Holcus lanatus*）的抗砷性研究，都说明抗性是由主要基因控制的。这些研究结果都论述到，抗性首先是由一到几个主要基因控制，然后还有其他的一些基因（可能是修饰子）加强或调节抗性。在剪股颖（*Agrostis linn*）中，也发现砷的抗性和铜的抗性都是由两个主要基因控制。

从目前的工作积累来看，抗性主要是一种数量性状，这些数量性状是由几个大基因控制，还是由很多微效多基因控制，没有原则上的界限，只是程度不同而已。由于抗性是通过生物的生长反映出来的，而生长是由很多基因共同控制的一个综合生理过程，所以虽然是单一主基因控制抗性，但抗性识别的方法决定了我们认识的所有抗性以及与抗性有关的性状都是数量性状。总之，抗性基因控制是一个复杂的遗传学问题。对抗性识别方式的不同，获得的抗性遗传特征也就大相径庭。随着研究的不断深入，人们将对污染抗性的遗传基因基础有更为清晰的认识。

应该强调的是，污染抗性不是正常生物所必备的性状特征，所以抗性性状以及抗性基因可能为某些种群中少数个体所具有。这就是说，污染抗性的基因来源是种群水平上的个体行为，污染条件下生物的适应是基于种群过程上个体的再遴选。正因为如此，20 世纪 90 年代以后，人们不再大海捞针式地进行“押宝”探测抗性基因，而是深入研究污染后种群的遗传结构的变化和种群对污染的适应过程。

虽然对于在污染条件下不同生物种、同一物种的不同品种、同一物种的不同种群和基因型间的遗传变异有一定的研究，但对于污染如何对自然种群的遗传变异产生影响，以及污染引起的选择性死亡是否降低种群的遗传变异的数量和质量，我们还知之甚少。一般在污染条件下，生物的死亡率升高，遗传多样性就会降低，对于种群很小的生物种而言，更是如此。然而，等位基因多样性降低到什么程度才会制约抗性种群的进化发展，目前还不可知。而且，在一个区域内，污染达到什么程度，才可以在整体上影响生物的生长活力和繁育状态，进而影响种群的遗传结构，就更为复杂，目前还鲜有研究。

在理论上，强大的定向选择压力和污染条件下适应上时效性的严格要求，必然出现遗传瓶颈效应，最终导致种群内遗传变异的丧失。但是，遗传基因的丧失和保存的程度还与种群内携带抗性基因个体的数量、污染对敏感性个体的选择强度、经过原初的种群衰退后恢复的速度等因素密切相关。显然，如果在整个种群中只有为数不多的个体可以抵抗污染、新建立的种群都是以这几个个体为母体的话，种群遗传位点的变异性将大大降低。这种情况往往发生在废矿上的重金属抗性的种群中和大规模农药、除草剂使用条件下生物的适应格局中。由于在一般的非抗性种群中抗性个体的比例往往很低，如果在较低的污染水平下，选择效应并不突出，而且只有在大面积中才可能显示出来，这时较低的死亡率就保存了种群内的绝大多数个体，遗传多样性水平可能也因此保持较高的水平。

7.3.2 生物多样性的丧失

污染造成生物毒害，影响生物的生存与发展，最终造成生物多样性的丧失。在 20 世纪 90 年代以前的有关讨论对生物多样性问题的著述较少，只是把环境污染当作生物多样性丧失的一个因素来考虑。随着近几十年来研究工作的不断深入和系统化，人们发现环境污染引起的物种丧失的程度并不亚于生态破坏，并认为当今正在经历的物种大绝灭（mass extinction）在很大程度上与全球扩散的环境污染有密切的联系。根据联合国环境规划署（UNEP）生物多样性公约普遍认同的生物多样性的三个层次，分别在遗传、物种、生态系统水平上讨论污染对生物多样性的影响。

1. 遗传多样性的丧失

遗传多样性强调的是现有种质的遗传变异库存量，它既是生物遗传变异的历史积累，对应了生物的进化过程，也是现有生物适应现有环境和未来未知环境的遗传基础。遗传变异丧失是当今保护生物学普遍关注的核心内容之一。遗传多样性的丧失包括已有的遗传基因库的减小和新的遗传变异来源的降低。遗传变异性的丧失的影响不仅仅是我们可能丧失了对生物进化历史进程深入探讨的机会，更重要的是，生物对未来环境的适应性将降低并可能因此灭绝，这意味着人类进一步发展所依托的生物资源可能遗失殆尽。

污染条件下遗传多样性水平降低可能有以下 3 个方面的原因：

（1）在污染条件下，种群的敏感性个体消失，这些个体所具有的特异性遗传多样性也因此不复存在，从而导致整个种群的遗传多样性水平降低；

（2）污染引起种群规模减小，由于随机的遗传漂变，降低了种群的遗传多样性水平；

（3）污染引起种群数量减小，以至于达到了种群的遗传学瓶颈，即使种群最终实现了完全的适应，并恢复到原来的种群数量，也会由于建立者效应（founder effects）而导致种群遗传来源单一，遗传变异性的来源也大大降低。

由于遗传多样性反映的是现有种质的遗传变异的库存量，而遗传变异可以通过形态、生理学等方面的表型特征来揭示，也可以通过基于 DNA 水平上的分析获得。因此，在污染条件下生物遗传多样性的丧失程度，既有形态学上的计量研究，也有生理学上的计量研究，还有借助分子生物学手段，利用等位酶技术、限制性内切酶酶切片段长度多态性（restriction fragment length polymorphisms，RFLPs）、随机引物扩增的 DNA 多态性（random amplified polymorphic DNA，RAPD）以及 DNA 测序等进行的多方面的研究。目前的研究揭示出来的共同现象是，在强大的污染选择作用下，种群的遗传变化水平明显降低。但在不同的研究中，因所选择的研究手段不同，得到的遗传多样性丧失的程度各有差异。例如，以形态分析获得的遗传变异资料说明污染引起的遗传多样性丧失程度较小，而利用等位酶技术和其他分子生物学手段得到的资料似乎都说明污染引起的遗传多样性丧失程度很大。但目前还很难说哪一种方法获得的结果更可靠。

另外，因为遗传多样性是现有生物适应现有环境和未来未知环境的遗传基础，所以还可通过生物经历污染的前后抗逆性变化来间接反映遗传多样性。研究发现，在美国伊利湖有一种底栖动物因接触化学污染物，对其他不利环境因素（如低温、高盐胁迫）的适应性显著降低。进一步研究发现，这种降低源于该类生种群的遗传多样性水平的降低。还有研究发现，加拿大的红云杉（*Picea rubens*）虽然对大气污染的适应性提高，但却丧失了相当的遗传多样性，导致对霜害的抵抗力大大降低。

一般来说，由于植物营固着生长，所以在污染条件下的遗传多样性往往大于动物的，其变化的程度也比动物的更容易察觉。

2. 物种多样性的丧失

污染引起物种多样性降低的机理一般可分为：①污染物的直接毒害作用，阻碍生物的正常生长发育，使生物丧失生存或繁衍的能力；②污染引起生境的改变，使生物丧失了生存的环境；③污染物在生态系统中的富集和积累作用，使食物链后端的生物中毒而难以存活或繁育等。

在污染条件下，物种水平上多样性的丧失有很多直观性的定性描述，但缺乏定量、定点的系统研究。一般而言，首先应该充分了解到一个地区或区域在没有污染条件下所有生物的种类名录和分布特点，或与此类似的一些历史资料。在经历污染后的某个时候再重新分析区域中的生物种类，通过比较分析，就可以获得污染对物种多样性丧失的影响程度。

从物种类群来看，这类研究工作主要局限在物种数量较少的哺乳动物和鸟类的研究中；从地理环境来看，主要的工作在具有明显地理界限的湖泊中有较多的报道。例如，昆明滇池从20世纪50年代到20世纪90年代，由于污染导致水体富营养化，高等水生植物种类丧失了76%，鱼类种类丧失了65%，整个湖泊的物种多样性水平显著降低，生态系统的结构趋于单一。

关于污染对物种多样性影响的问题，有不少工作集中在大气中二氧化碳、甲烷、一氧化碳和含氟氯烃积累造成的温室效应及其对物种多样性的影响上。据估测，到21世纪末，全球平均气温将上升1.5～4.5℃，海平面随之上升20～140cm，这种效应直接威胁着物种多样性，因为其变化的广度和速度加起来远远超过过去几十万年甚至几百万年来生物所承受的变化，这种影响可能导致珊瑚类、红树林类植物等大规模绝灭。

在污染引起物种多样性丧失的研究中，除了应了解物种总的数量动态变化外，还应注意，由于不同物种对于污染的耐性或抗性水平不同，在同样的污染条件下，幸存的物种还具有一定的区系或种属特点。一般来说，广域分布的物种生存的机会大于分布范围窄小的物种，草本植物生存的机会大于木本植物；对多种胁迫环境都具有较高抗逆性水平的物种生存的机会远大于一般普通的物种；生活史中对生境要求比较严格的物种，一般难以抵抗环境污染，如两栖类和部分爬行动物；珍稀濒危物种往往容易在污染条件下面临灭顶之灾。对这些规律的认识，有助于我们筛选高抗污染的物种或有目的地保护珍稀濒危物种。

3. 生态系统水平上的响应

生态系统水平对长期污染的响应主要包括两个方面，即生态系统多样性的丧失和生态系统复杂性的降低。

（1）生态系统多样性的丧失。

环境污染往往会导致生境的单一化，使生态系统多样性的丧失成为必然。例如，在19世纪工业革命发展最为迅速的时期，英国利物浦工业区的森林生态系统、草地生态系统几乎全部被单一的“人工荒漠化”裸地所代替；中国昆明滇池地区，伴随着水体富营养化的发展，湖滨区的生物圈层几乎丧失殆尽。不仅如此，污染往往引起建群种或群落物种的消亡或更替，从而使原有的生态系统发生严重的逆向演替。比较突出的情形是森林生态系统，例如加拿大北部针叶林在二氧化硫污染作用下，大面积地退化为草甸草原；北欧针阔混交林在二氧化硫污染下，大面积退化为灌木草丛。

（2）生态系统复杂性降低。

污染导致生态系统复杂性降低主要表现为：①生态系统的结构趋于简单化，食物网简化，食物链不完整；②生态系统的物质循环路径减少或不畅通，能量供给渠道减少，供给程度降低，信息传递受阻。污染导致生态系统复杂性降低的原因主要表现在两个方面：一是污染直接影物种的生存和发展，从根本上影响了生态系统的结构和功能基础；二是污染大大降低了初级生产，从而使依托强大初级生产量才能建立起来的各级消费类群没有足够的物质和能量支持，生态系统的结构和功能趋于简单化。

污染导致生态系统的复杂性降低不仅仅是理论上的推测，也是一种不争的事实。有研究者在综合评述了相关的研究后指出，绝大多数污染物都会显著地降低生态系统的初级生产，污染物本身往往也降低生物的生活能力，对物质的分解和信息的传递也有很大的影响。北美和北欧的研究者都发现，在污染的作用下，很多生态系统在其类型发生改变以前，系统内的物种数量就显著地降低，部分物种的正常生理功能也会改变，从而对整个系统的结构产生影响。热带森林系统对污染的敏感性似乎远甚于温带森林。巴西研究者发现，在污染条件下，不少热带雨林中的高大树种往往是对污染敏感的树种，它们作为生态系统的关键种（keystone species）如果消失或者生理活动受到严重影响，那么该生态系统将很快发生改变。所有这些效应，反映在生态系统水平上，就是生态系统的复杂程度降低。除了表现为如上所述的食物网简单化、食物链缩短或不完整、生态系统物质生产力降低、物质循环速度下降或中断、能量流动不畅或效率下降外，还表现为生态系统的平衡能力降低、抵抗外界环境波动的能力减弱。

污染对生态系统的影响具有一定的阶段性。它影响的程度因污染物的类型、污染发生的频度、污染的程度和强度等综合条件而异。表7－3给出了森林生态系统对污染的响应阶段。

表7－3　森林生态系统对污染的响应阶段

污染作用的时期水平		效应程度	可能的后果
1	低水平	相对没有影响	生态系统可以作为污染物的储藏库，并能同化处理污染物
2A	明显毒害水平	如果污染持续作用，生态系统内植物的光合作用水平降低，敏感物种对昆虫、真菌侵袭的抵抗能力降低	生态系统物质循环明显受到影响；对外来不利环境因素的抵御能力降低

续表 7-3

污染作用的时期水平		效应程度	可能的后果
2B	污染作用增加，并持续发展	抗性种类代替了敏感种类；由于对传粉生物的影响，很多异花授粉植物难以完成授粉作用	生态系统保持原系统最低限度的结构，但功能已不健全。污染如果消失，可以在一个世纪内恢复其原有功能
3A	污染高强度持续作用	所有大型植物基本死亡，有毒物质在生物体内都有大量的积累	生态系统的结构已经改变，生物地球化学循环难以进行。如果污染停止，生态系统的恢复需要很长的时间
3B	特别严重的高强度污染，长期持续作用	除了细菌、藻类等高抗污染的种类，极少有其他生物可以生存	生态系统完全解体。它的恢复需要的时间尺度是以地质年代来计量

7.3.3 污染条件下生物的遗传分化与微进化

从生态遗传学的角度看，进化就是种群的基因频率的变化。习惯上，如果人们把种以上的进化称为大进化（macroevolution），那么种以下，即种内的遗传分化就是微进化（microevolution）。众所周知，种群是物种存在的基本单位，也是进化和适应的单位。进化生态学认为，微进化主要发生在种群内，并且逐渐把个体在适合度的遗传差异性累计成为种群、地理宗（geographic races）以至于最后积累成为物种水平上的差异。生物在污染条件下，发生了形态、生理和遗传上的适应性变化，当这种变化是基于遗传变异基础上的，经过选择固定就是针对污染发生的定向分化。污染条件下生物的分化和进化问题，目前来看应该是一个微进化的问题。

对于一个种群，当受到污染后，种群必然会立刻对污染的选择作用发生响应，响应的结果是：种群内对污染适应程度不同的个体在种群中的比率发生变化，伴随抗性个体比例的升高，种群的遗传结构也发生了变化。这种遗传变化在代间的不断积累，将提高种群对污染的适应水平，从而使种群发生针对污染适应的进化分化。

7.3.3.1 污染选择下的种群响应

生物对污染选择的响应取决于选择作用的强度和生物本身的特点。在一定范围内，选择强度越高，生物的选择响应就越突出；生物对污染物越敏感，选择响应就越激烈。例如在烟囱、火电厂、冶炼厂等附近，很高的选择强度常常导致很高的死亡率，这时种群中假如有合适的遗传变异，预期的选择响应就会很快地发生。然而，当大气污染发生的水平是区域性的且浓度很低，或者是阵发性的，选择响应的情形就大大不同。不过我们至今对污染影响适合度的程度知之甚少。但是，如果不是在生长力严重降低、不育性很高的情况下，这类选择响应是很低的，特别是对于长寿、异体繁殖、具有种子库的那些植物类型更是如此。

正如我们知道的那样，绝大多数生物抗污染性的遗传是数量遗传。对数量性状的方向性选择的程度和速度受很多因素的影响，生物的内在因素不仅包括控制性状的基因数目、基因的平均效应（加性效应）、显性出现的程度、基因的上位效应和基因的多效性等，而且还与以下几个方面密切相关：

（1）种群遗传变异量大小。

只有当种群遗传变异量足够大时，生物应对污染需要的各种形态、生理、行为上的反应才能有充分的遗传保证。有的珍稀濒危生物，由于遗传多样性水平很低，所以在污染条件下往往因缺乏足够的遗传变异，而难以逃脱灭亡的命运。同时，由于生物从来没有经历过污染，从而保存下来的遗传变异往往与适应污染没有直接的关系，从而有的生物即使整体上具有较高的遗传多样性水平，但也未必能够适应污染。因为这些遗传变异与污染适应没有相关性。正因为如此，污染条件下生物多样性的丧失是难以避免的一种生态现象。

（2）适合度成分之间遗传的相关性。

生物对污染的适应是形态或生理反应综合作用的结果，其中每一种形态或生理反应都构成生物适应环境能力的一个有机组成部分，这些组成部分称为适合度成分。每一适合度成分都具有一定的遗传基础，当这些不同适合度成分的遗传基础彼此间相互抵触时，将影响生物整体的适应性。如果适合度成分之间呈负相关，生物即使有良好的遗传适应背景，也不能积极有效地提高生物整体的抵抗力。

（3）某位点上有利基因的出现同其他位点上的在选择上呈负效应的等位基因在配子的比例上失衡。

（4）在选择过程中，加性遗传方差被耗尽。

（5）种群太小，遗传漂变的结果是抗性基因丧失。

（6）由于种群太小或生物的生殖生物学特性导致近交，从而引起遗传变异的丧失和近交衰败。

在具体的研究中，很难分辨上述这些因素哪一个更为重要，但选择过程之后的缓和阶段表现出来的表型响应有助于区分到底是遗传变异量的不足限制了进化发生，还是适合度不同成分之间的遗传负相关的结果。如果遗传变异不足限制了选择响应，那么就不会发生表型变化；如果有关的适合度成分之间在遗传上呈现负相关，那么表型就会出现变化。

应该说明的是，与抗性有关的性状，在非污染条件下也可能是具有重要适应性意义。例如生长速度、气孔开放和关闭的方式、表皮的厚度等，这样我们可能把适合度因素同抗性进化联系起来。同样地，当植物种群同时接受几种不同类型的污染物时，需要抗性机制同时有效地发挥作用，以抵抗这些污染。在这个过程中，每一方面的抗性都可能涉及一组或好几组基因。这时，不同基因彼此作用如果是相互抵触的，则会制约选择响应。

在野外条件下，由于种群年龄级别的混杂、选择强度在时间和空间上的波动性，以及多种污染物同时作用，选择响应要复杂得多。

污染引起的种群分化过程包括以下几个方面：

（1）污染物作用下种群中敏感个体消失，种群规模减小。

（2）达到适应污染阈值最低要求的个体，不断扩大在种群中的比例。

（3）抗性个体在种群中的比率扩大，并通过种群内的基因重组，不断提高抗性水平；同时外来基因的流入，提高种群的整体遗传多样性水平。

生物在不同的生活史阶段对污染物的敏感程度不同。凡是能够跨越对污染物最敏感阶段，并能够成功完成生育繁殖的个体，就是在污染选择条件下的适应者，它将在污染选择后的种群中获得进一步发展的机会。这个机会，主要就是指抗性基因在种群中扩散的群体遗传学过程。

一般来说，抗性基因在正常种群中的频率很小，但强大有力的污染选择条件对于抗性基因在种群中的传播是极其有利的。在污染条件下，选择系数经常达到50%以上，有的甚至达到99%，使抗性基因很快在污染条件下得以扩展。在这里，污染发生的强度和持续时间就具有重要的作用。它表现为：一是在选择作用较弱时，遗传变化的速度较慢，如果适合度降低的幅度少于5%～10%，抗性进化至少要经过很多代才能发生；二是对于阵发性污染的急性毒害发生反应的生物的适应性与对低浓度长时间作用的反应是没有什么关联的。短期的急性作用，生物的表型可塑性往往是抵抗这类毒害作用的主要力量，而表型可塑性往往同遗传关联度较低有关，所以这种选择作用的结果因没有发生到种群遗传结构的变化上，而没进化效应。而且短期的急性作用不经过一个生命周期，是没有进化绩效的。因此，研究污染条件下的进化，必须是指生物对于长期持续接触污染物产生的反应。因为在高浓度下的短期接触与在一定浓度下长时间的接触在进化上是完全不同的，所以过去许多在污染方面的抗性研究仅仅只是涉及一到二个实验浓度水平的短期处理，也没有剂量效应关系的可比性资料，更没有代间效应的比较，是很难说明所出现的变化就是一种适应性变化，也不能说明相关的变化就是生物对污染选择作用的响应。

另外，以往研究工作的另一个特点是研究对象主要为生活史较短的植物类型，与此相对应的研究结果是植物抗性的快速进化。具有很短生活史周期的植物，在强有力的选择作用下，种群迅速发生的遗传变化可以快速地向下一代传递，并不断获得巩固，这一点毫无疑问。但在自然生态系统中，优势种常常是那些寿命长的木本植物和多年生植物，它们通过不定期的种子进行繁殖，而且面临的常常是相对较小的选择压力，这就限制了它们在污染物的作用下演变为抗性种群的速度。有的污染物在抗性进化发生以前，其作用就已经导致了物种退化或物种替代现象的发生。

污染适应性进化实质上取决于两个方面：一是自然选择的强度和类型，即外因；二是生物本身的生物学特性，特别是种群内遗传变异的数量和种类，即内因。对于外因，在前面已经作过论述，这里我们主要讨论生物学特征对抗性进化的影响。

适应性进化的产生，以及进化发生的前途，往往由被选择生物的种群生物学特性所决定。这些特性涉及物种生物学的方方面面。植物种群在生活史、种群表现和繁殖特征方面要比动物复杂得多。而动物的种群生物学的基本构架可以建立在这样一个前提下：二倍体，纯粹的两性繁殖，在较大的有效种群中进行异体杂交繁殖，没有世代重叠现象等，但这种假设在植物种群中几乎没有任何意义。植物的自体繁殖限制了它的遗传组合，基因流动有限，很小的有效种群数量，巨大的休眠种子库，克隆繁殖，很高的表型可塑性使植物种群中的选择后果难以具有很大的代表性。有些植物种群的有效种群数量很小，适合度变异的环境成因很高，这些特征降低了选择强度和遗传突变作为一个重要种群遗传结构控制因素的作用。虽然随机过程不能阻止强度很高的选择，但在选择强度很低的情况下，它们具有重要意义。

7.3.3.2 生物对污染适应的代价

为了适应污染环境，生物在生理、生化、遗传进化方面的调整，提高了生物对污染的适应性，但可能降低和制约了生物在其他方面的适应性，这就是适应代价问题（adaptation cost）。已有文献中提到的抗性代价、耐性代价与这里的适应代价所包含的意义类似，只是强调的侧面不同而已。适应代价的表现是多种多样的，我们在这里归纳为生态代价、生理代价、进化代价3种。

1. 生态代价（ecological cost）

生态代价是目前探讨最多的生物适应代价形式，主要指对污染适应的生物，在进入正常环境中时，它的竞争力降低；同时还可能伴随有对温度、水分、病虫害等逆境的抵抗能力下降（某些抗污染植物因协同抗性而提高了对环境胁迫的抵抗能力，这是协同抗性的问题）。例如，相关研究中曾把同一品种小麦中有较长污染经历和没有污染经历的种质种植到未污染的环境中，发现前者的有效分蘖（构建）水平低于后者；对剪股颖的研究发现，把抗性和非抗性种质同时种植到未污染环境中，竞争的结果是以抗性种质失败而告终；对镉适应水平较高的曼陀罗对盐害的适应性大大降低。

2. 生理代价（physiological cost）

生理代价是指对污染适应的植物，在某些生理性能上低于正常植物。例如，植物对SO_2污染适应时，气孔的关闭降低了光合能力；抗性植物通过降低代谢以减少对有害元素的吸收，但同时也降低了对水肥的吸收；有污染经历的曼陀罗种子在正常环境条件下的发芽率较低等。

3. 进化代价（evolutionary cost）

进化代价反映的是对污染适应很好的植物在其他环境中进化发展的灵活度降低，以至于可能失去适应其他环境的可能性。原因可能是，在长期的选择作用下，与污染没有关系的种群遗传多样性丧失太多、对污染适应基因频率的固定，加之在其他环境中因缺乏应变的遗传储备，从而失去了进化发展的机会。对玉米和曼陀罗的抗重金属性研究发现，经历污染时间较长的玉米种群在正常环境下的性状变化，在很多数量特征上不及没有污染经历的种群，这样在以后的进化发展中，该种群具有明显劣势。

以上3类适应代价虽从不同角度提出，但实际上是相互联系的。生理代价是生态代价的个体背景，或更深层次的原因；进化代价是生态代价和生理代价长期付出的可能结果；进化代价还可能与污染条件下生物的遗传多样性丧失太多有关。

适应代价的出现，不仅对植物的未来进化不利，还对生态系统的生物生产、人类社会的经济生产产生负面影响。假如生物对污染的适应是以抵抗其他不利环境能力降低、整体生物生产力下降为代价，污染导致的生物整体效应将是适应能力下降、生物圈生产力降低，这样全球污染带来生物多样性丧失以及给生物进化带来影响的速度将大大增加，除了已有生物多样性的丧失，幸存的生物是否已经逃脱了污染导致绝灭的命运也很难说。正确地认识这一问题，在理论上可以帮助我们深入认识生物的适应性及其起源，以及污染的进化效应和人工影响下生物圈的演变；在实践上可以为人工影响下的生物圈管理、污染条件下种质优选与作物经济性状的提高提供理论依据。例如，如何培养一个良好的品种，能够兼顾污染的抗性和对其他环境因子的适应性，从而达到抗污和高产的目的。

7.3.3.3　污染条件下生物分化与进化的一般趋势

目前，人们已经清楚地了解到，凡是在污染条件下仍能生存和繁衍的生物，都对污染具有不同程度的抗性，而且生物对污染物的抗性进化速度很快，远远不是人们曾经认为的“一个物种的分化，需要跨越很长时间尺度才能完成”。例如，工业黑化的发生不过是 50 年左右的时间；植物对重金属抗性适应在不到 10 年就可以达到较高的水平；植物对除草剂的抗性在 3 ～ 5 年就可以发生；一些昆虫对杀虫剂产生抗性也只需 3 ～ 5 年。在大量事实面前，抗性进化及其遗传学的研究就显得相对滞后了。

进化的一般含义是种群基因频率的变化。这一概念对于单位点控制下的变异性是容易分析和研究的。但事实上，绝大多数性状远非单一基因控制，抗污染基因更是如此。由于进化发生的复杂性，即使污染条件下某一基因频率发生变化，也可能没有任何可见的进化迹象。其原因主要在于：

（1）目前对污染遗传效应的研究，涉及的不是与植物对污染适应性进化直接有关的基因本身，而是与抗性可能有关的基因，以及这些基因频率在种群变化过程中引起的其他基因频率变化与相应的基因效应。

（2）进化发生了但并不了解。如污染环境条件下引起表型的改变，有可能同某基因引起的表型变化很类似。这种表型模写现象（phenocopy）也对了解抗性进化带来了困难。

在污染选择条件下，从一系列的性状产生定向变化、并且这种变化在污染因素去除后仍然保持的现象来看，进化确实已经发生。事实上，现在关于进化的实例绝大多数是基于形态定向分化。但是，在污染条件下众多性状的定向变化，也很难根据某一形态性状发生的定向变化来说明在污染选择下发生进化效应的程度。每一种性状的变化，都只提供了一定的进化信息，其本身并不是植物对污染适应进化的直接结果。目前，比较可靠的研究是通过对比分析污染经历有无以及长短不同的生物种群之间的遗传距离，根据遗传距离估算污染条件下抗性进化发生的程度和速度。

根据分子钟理论，通过获得的种群间的遗传距离，可以计算出相应分化程度需要的理论时间。进化分化时间（T）与遗传距离（D）的关系为：

$$T = 5 \times 10^6 D$$

通过比较曼陀罗种群经历污染的实际时间长度以及在该时间尺度内产生遗传距离的理论时间，得出了在重金属长期污染选择下该植物进化的速度状况，可以看出，重金属污染选择下种群间分化的实际时间和理论时间之间的差异达到了令人费解的程度，远远超过了一般性生物系统发育的进化速度。曼陀罗在不到 20 年的污染经历中达到的遗传分化水平在自然条件下需要近数十万年才能完成，如表 7－4 所示。当然，这种估计的正确性如何，目前也颇具争议。但是，污染大大加快了生物分化的进程，确实是不争的事实。虽然以前的研究没有通过了解种群遗传分化程度来对污染加速生物分化的速度进行量化，但也有不少工作从另外一个角度反映了这个情况。如英国老矿区的剪股颖在 50 年内发生了生态型分化，昆虫对农药的快速适应进化和植物对除草剂的抗性适应建立，虾对近海区域石油污染的适应，还有最经典的椒花蛾工业黑化现象等。

表7－4　曼陀罗种群分化的实际时间和理论时间的比较

种群分化的实际时间/年	种群间的遗传距离/cm	分化的理论时间/年
4～6	0.055	275 000
10～15	0.056	280 000
16～20	0.093	465 000

污染选择条件下生物的快速适应与进化是有理由的。污染选择条件是绝大多数生物从来没有经历过的新型选择压力，生物对新环境的适应机制可能不同于自然条件下的生物，对于后者是一个在已有遗传基础上进行调整的问题，而对于前者则是一个从无到有的遗传适应创建问题。在污染选择条件下，植物偏离了对一般自然环境的适应，改为对以污染环境为主导对象的适应。在污染环境中，没有适应潜力的将被淘汰；有适应潜力的将发生种群重建。在重建过程中，遗传分化水平的快速改变是很自然的。

【思考题】

1. 为什么说环境污染是现存生物面临的全新环境？植物应对这种环境面临的最大挑战是什么？

2. 生物对污染环境的长期生态学效应有哪些？各有何特点？

3. 污染为什么会影响生物多样性的变化？

4. 生物适应污染环境和适应自然胁迫环境有何不同？以植物为例，分析如何研究生物对污染环境的适应性？

5. 生物对污染环境的适应将付出哪些代价？这些代价对保护生物多样性和在污染条件下发展农业生产具有什么启示？

6. 生物对污染环境适应的遗传学根源是什么？如何提高生物对污染的适应性水平？

7. 哪些生物学特性将影响生物对污染的适应性进化速度？

8. 根据动物、植物、微生物的一般生物学特征的差异性，分析它们对污染环境的适应对策有何不同。

9. 污染条件下生物进化具有什么特点？如何研究这种进化？

10. 生物对污染环境的适应和进化对抗性生物和监测生物的筛选各有什么指导作用？

11. 比较分析毒性、抗性、适应性、分化和进化等概念的区别和联系。

第8章 生态监测与生态环境评价

内容提要 本章主要介绍了生态监测、生态环境质量评价与环境污染物的生态风险评价三个方面的内容。具体包括：生态监测的基本概念、生态监测的任务和特点、生态监测的国内外发展现状、生态监测技术及生态监测方案；生态环境质量及生态质量评价的内涵、生态环境质量评价指标体系、生态环境质量评价的标准和方法；生态风险的概念及特点、生态风险评价方法以及生态风险评价的主要内容等。

8.1 生态监测

生物与环境相互补偿、协同发展是在自然界长期发展过程中形成的协调统一关系。生物的变化是某一区域内环境变化的一个组成部分，因此，生态学上个体、种群、群落和生态系统各组织层次的生物变化可以作为环境改变的指示和象征。利用生态监测的方法为环境保护提供指导是非常有效的做法。生态监测利用生命系统各层次对自然或人为因素引起环境变化的反应来判定环境质量，从而对环境保护的方向和策略给予指导。

8.1.1 生态监测的定义

生态监测（ecological monitoring）是以生态学原理为理论基础，运用生物测定、生物标记、化学、物理、野外调查、遥感、航测等方法，在时间和空间上对特定区域范围内生态系统和生态系统组合体的类型、结构、功能及其组合要素进行系统的测定，从而为评价和预测人类活动对生态系统的影响、合理利用资源、改善生态环境提供决策依据。

联合国环境规划署于1993年在《环境监测手册》中指出，生态监测是一种综合技术，是通过地面固定的监测站或流动观察队、航空摄影及太空轨道对环境、生物、经济和社会等多方面数据进行监测的技术。因此，生态监测是运用可比性的方法，在时间或空间上对特定区域范围内的生态系统或其类型、结构、功能以及组成要素等进行系统的测定和观察的过程，监测、评价和预测人类活动对生态系统的影响，为合理利用资源、改善生态环境和自然保护提供决策依据。与其他监测技术相比，生态监测是一种涉及学科多、综合性强和更复杂的监测技术。

生态监测的对象按空间尺度来划分，可以是一个单一的生态系统（如草原生态系统）、一项生态工程（如矿区生态恢复工程）、一个生态灾害过程（如赤潮）或者是一个区域（如三江源、某个省等）的生态环境，也可扩展到全球生态系统。

生态监测事实上是环境监测工作的深入与发展，由于生态系统本身的复杂性，要完全对生态系统的组成、结构和功能进行全方位的监测十分困难。随着生态学理论的不断发展与深入，特别是景观生态学的发展，为生态监测指标的确立、生态质量评价及生态系统的管理与调控提供了基本框架。景观生态学中的一些基础理论，即等级（层次）理论、空间异质性原理等成为生态监测的基本指导思想。研究生态系统的组成要素、结构与功能、发展与演替以及人为影响与调控机制的生态系统生态学也为生态监测提供理论支持。生态系统生态学的研究领域主要涵盖了自然生态系统的保护和利用、生态系统的调控机制、生态系统退化的机理、生态系统的恢复模型与修复技术、生态系统可持续发展问题以及全球生态问题等。这些理论研究从宏观上揭示了生物与其外围环境之间的关系和作用规律，为有效保护自然资源和合理利用自然资源提供了科学依据，也为生态监测提供了理论支持。

因此，生态监测方法与传统的物理、化学监测方法有很大的差别，除了传统的物理、化学监测所采用的方法外，由于生态监测具有较强的空间性，使用遥感、地理信息系统与全球定位系统技术（即3S技术）是开展生态监测必不可少的工作方法。

8.1.2 生态监测的任务与特点

8.1.2.1 生态监测的基本任务

生态监测的任务包括以下几个方面。

（1）对生态系统现状及因人类活动所引起的重要生态问题进行动态监测；

（2）对人类的资源开发和环境污染物引起的生态系统组成、结构和功能的变化进行监测，从而寻求符合我国国情的资源开发治理模式及途径；

（3）对被破坏的生态系统在治理过程中的生态平衡恢复过程进行监测；

（4）通过监测数据的积累，研究各种生态问题的变化规律及发展趋势，并建立数学模型，为预测预报和影响评价打下基础；

（5）为政府部门制定有关环境法规或进行有关决策提供科学依据；

（6）支持国际上一些重要的生态研究及监测计划，例如GEMS（全球环境监测系统）、MAB（人与生物圈计划）、IGBP（国际地圈生物圈计划）等，加入国际生态监测网。

8.1.2.2 生态监测的特点

（1）综合性。生态监测的内容多学科交叉，涉及农、林、牧、渔、工等各个生产行业。由于生态系统的复杂性、多样性以及区域的差异性，尽管生态系统遥感的研究工作已涉及很多方面，但未能形成一系列统一的标准方法。因此，目前尚难以开展常规的生态监测与评价。为了有效地开展生态遥感监测和规范生态监测的技术方法，制定生态监测的指标体系以及确定生态质量的评价方法就具有十分重要的意义。

（2）长期性。自然界中生态过程的变化十分缓慢，而且生态系统具有自我调控功能，短期监测往往不能说明问题。长期生态监测可能会得到一些重要的和意想不到的发现，北美酸雨的发现就是一个例子。

（3）复杂性。生态系统本身是一个庞大的复杂的动态系统，生态监测中要区分自然生态因素（如洪水、干旱和火灾等）和人为干扰（如污染物质的排放、资源的开发利用等）这两种因素的作用十分困难，加之人类目前对生态过程的认识是逐步积累和深入的，这就使得生态监测不可能是一项简单的工作。

(4) 分散性。生态监测站点的选取往往相隔较远，监测网的分散性很大。同时由于生态过程的缓慢性，生态监测的时间跨度也很大，所以通常采取周期性的间断监测。

8.1.2.3 生态监测的内容

(1) 生态环境中非生命成分的监测，包括对各种生态因子的监控和测试，既监测自然环境条件（如气候、水文、地质等），又监测物理、化学指标的异常（如大气污染物、水体污染物、土壤污染物、噪声、热污染、放射性等）。

(2) 生态环境中生命成分的监测，包括对生态系统的个体、种群、群落的组成、数量、动态的统计和监测以及污染物在生物体中量的测试。

(3) 生物与环境构成的系统的监测，包括对一定区域范围内生物与环境之间构成的系统的组合方式、镶嵌特征、动态变化和空间分布格局等的监测，相当于宏观生态监测。

(4) 生物与环境相互作用及其发展规律的监测，包括对生态系统的结构和功能进行研究。既包括对自然条件下（如自然保护区内）的生态系统结构和功能特征的监测，也包括生态系统在受到干扰、污染的情况下或在恢复、重建、治理后的结构和功能的监测。

(5) 社会经济系统的监测，人类在生态监测这个领域扮演着复杂的角色，它既是生态监测的执行者，又是生态监测的主要对象，对人所构成的社会经济系统进行监测是生态监测的内容之一。

8.1.2.4 生态监测的类型

国内对生态监测类型的划分有许多种，常见的是从不同生态系统的角度变化出发，分为城市生态监测、农村生态监测、森林生态监测、草原生态监测及荒漠生态监测等。这类划分突出了生态监测对象的价值尺度，旨在通过生态监测得到关于各生态系统生态价值的现状资料、受干扰（特别指人类活动的干扰）程度、承受影响的能力、发展趋势等。根据生态监测两个基本的空间尺度，生态监测可分为两大类。

(1) 宏观生态监测。研究对象的地域等级至少应在区域生态范围之内，最大可以扩展到全球。宏观生态监测以原有的自然本底图和专业数据为基础，采用遥感技术和生态图技术，建立地理信息系统（GIS），这也是区域生态调查和生态统计采取的手段。

(2) 微观生态监测。研究对象的地域等级最大可包括由几个生态系统组成的景观生态区，最小也应代表单一的生态类型。微观生态监测以大量的生态监测站的监测工作为工作基础，以物理、化学或生物学的方法对生态系统各个组分提取属性信息。根据监测的具体内容，微观生态监测又可分为干扰性生态监测、污染性生态监测、治理性生态监测以及环境质量现状评价生态监测。

宏观生态监测必须以微观生态监测为基础，微观生态监测又必须以宏观生态监测为主导，二者相互独立，又相辅相成，一个完整的生态监测应包括宏观和微观两种尺度所形成的生态监测网。

8.1.3 生态监测的发展及我国生态监测现状

生态监测始于 20 世纪 40 年代的英国，当时主要是从地面上调查一个区域的生境资料。航空摄影扩大了人类的视野，全球环境监测系统（GEMS）的建立和1972年开始的地球资源卫星的发射使人类对地球资源及其变化有了更详细的了解，逐步形成了现代概念的生态监测。

8.1.3.1 国外生态监测史上的几个重要事件

1947年，查尔斯·埃尔顿（Charles Elton）对温带森林系统，范·戴恩（Van Dyne）对温带草地系统做了较为详细的生态观测研究。

1969年，科学家们开始对坦桑尼亚北部30 000km^{2}的生态系统的地面特征进行逐月观测，并应用了空中观测技术。

1972年，生态监测开始使用卫星资料。

1975年，成立了世界上第一个以生态监测命名的生态监测单位——肯尼亚牧场生态监测队。

目前，世界各国已开展大量的生态监测工作，一些全球性生态监测网络也已形成，如全球环境监测系统（GEMS）、人与生物圈计划（MAB）等。

2001年世界环境日，联合国秘书长安南在纽约联合国总部正式启动千年生态系统评估项目，以期能向各国决策者提供更多信息，弥补其知识空缺，帮助其正确处理环境与发展的关系，更好地进行决策。约有1500名科学家参与千年生态系统评估项目，他们在5年内完成了对全球草地、森林、河湖、耕地和海洋等系统生态状况的评估。联合国呼吁各国政府和社会群体积极参与这一项目，我国也举行了启动仪式。

到2018年，美国在东西海岸地区的24个区域建立了光化学污染监控网络（PAMS），在PAMS的监测下，臭氧治理取得显著成效。

近十年来，随着科技的进步，无人机遥感技术已被逐步应用到海岸带生态环境监测中。

从20世纪70年代开始，美国、澳大利亚、英国和南非等国家和欧盟先后开展了水生态监测及评价研究计划。在经过探索、发展等阶段之后如今已经走向成熟和规范。

传统的生态环境监测、评价技术方法应用范围小，只能解决局部生态环境监测和评价问题，很难大范围、适时地开展监测工作，而综合整体且准确完全的监测结果必须依赖“3S”技术，利用RS和GPS获取、管理地貌及位置信息，然后利用GIS对整个生态区域进行数字表达形成规划、决策系统。目前，“3S”技术已经在生态监测中得到了广泛应用。

8.1.3.2 国内生态监测现状

中国科学院自1988年开始建设的、由35个野外试验站构成的中国生态系统研究网络（CERN）已经形成，并于2005年1月出版了用于指导相关生态监测（观测）的《野外试验站（台）观测方法丛书》。该丛书包括《野外试验站观测方法与质量管理体系》《草地生态系统观测方法》《荒漠生态系统观测方法》《湖泊生态系统观测方法》《海湾生态系统观测方法》《地磁台站观测方法》《农田生态系统观测方法》和《森林生态系统观测方法》等，这标志着我国针对主要生态系统的生态监测与观测技术已经成熟并形成规范化体系。

2016 年 10 月，环境保护部正式印发《全国生态保护“十三五”规划纲要》，把建设生态安全监测预警及评估体系作为主要任务，可见国家加大生态保护力度的决心。在我国大力提倡注重生态文明建设的今天，生态环境监测作为生态保护和管理的前提和基础，已成为环境监测发展的必然趋势。

国家环境保护总局已逐步建立起中国生态监测网络。1987 年，新疆环保科研所正式开展“荒漠生态系统定位观测研究”工作；1991 年，内蒙古生态环境监测站率先在我国对荒漠草原进行定季定位的，具有连续性、周期性及可比性的生态环境监测；1996 年，国家环保总局组织有关单位完成了“中国生态监测网络建设规划研究”，要求在 1996—2010 年的 15 年间，在原有基础上建立具有合理布局、良好的运行和管理机制的生态监测网络实体；国家环境保护总局发布的《环境监测仪器发展指南》提出，到 2005 年，调整后的国控环境监测网络包括 15 个生态监测网站，包括内蒙古草原生态环境监测站、新疆荒漠生态环境监测站、内陆湿地生态监测网站（洞庭湖湿地、太湖及其他湖泊湿地）、海洋生态监测网（天津渤海湾、广州两江口、上海长江口）、森林生态监测站（吉林抚松、武夷山、西双版纳热带雨林）、长江暨三峡生态监测网、江苏大丰县农业生态监测站、自然陆地生态监测站（黄山太平、张家界武陵源）等。为规范生态监测工作，国家环保总局华南环境科学研究所完成“生态监测技术大纲”的研究，提出了生态监测指标与参考方法，其中陆地生态系统的监测项目包括气象、水文、土壤、植物、动物、微生物等六大要素的 100 多项常规监测项目和几十个选测项目，其他如新疆、舟山、洞庭湖等各生态监测站也针对各自特点提出了相应的监测指标体系。

其他部门也逐步建立了相应的监测网络。比如农业部的农业环境监测网络。农业部在国家、省、县三级建立了 4 个（农业、渔业、农垦、畜牧）监测中心站和 420 多个监测站并组成农业生态环境监测网络，其中农业部长江中上游渔业生态环境监测中心于 1985 年建成；国家林业局的至少 5 个国家级森林生态系统监测站、10 个林业系统重点监测站和 20 个生态林业工程效益监测站初步构成了中国林业生态环境监测网络；国家海洋局在浙江舟山和福建厦门设有 2 个海洋生态监测站；中国气象局共设有 70 个观测局部气候因素与作物生长之间关系的生态监测站。

在广泛开展生态监测研究与实践的基础上，我国实施了两次大规模的生态环境调查监测活动：

1. 中国西部地区生态环境现状遥感调查

2000 年进行的中国西部地区资源环境现状遥感调查成果丰硕，最后形成了《中国西部地区生态环境现状遥感调查报告》和中国西部地区生态环境综合数据库。为使西部地区生态环境现状遥感调查的成果能够及时得到应用，国家环保总局与国家测绘局将中国西部地区生态环境综合数据库中的部分数据成果整理编辑成图，编制了《中国西部地区生态环境资源现状遥感调查图集》。

图集分为中国生态环境背景、生态环境现状与动态变化、土地退化现状、生态环境综合评价、典型地区生态环境 5 个部分：①中国生态环境背景部分全面展示了我国自然环境、人类活动、社会经济发展的空间分布，反映了西部地区生态环境各要素的地域特征、重要性及其与中、东部的差异；②生态环境现状与动态变化部分通过遥感景观影像、土地覆盖现状、土地覆盖动态变化这3个方面，展示了西部各省、自治区、直辖市的生态环境概貌与动态变化特征；③土地退化现状部分在土地覆盖遥感调查的基础上，结合有关地貌、气象、降水、地质和水文资料，对西部地区不同区域的耕地、草地沙漠化和水土流失进行了全面分析，旨在为西部地区生态工程规划、生态环境保护提供全新的基础背景信息；④生态环境综合评价部分对中国西部地区生态环境质量进行了定性分析，将西部地区生态环境分为5个等级，分别为生态环境质量相对良好区、相对较好区、相对一般区、相对较差区、相对极差区；⑤典型地区生态环境部分着重展示了塔里木河下游地区、黑河流域、黄河源区、四川岷江上游和若尔盖湿地、晋陕内蒙古接壤地区、阴山北麓地区、长江三峡库区和滇池流域等8个中国西部典型区域的生态环境，旨在为西部地区生态环境建设与保护提供依据。

2. 中东部地区生态环境现状调查

继开展西部地区生态环境现状调查之后，国家环境保护总局与国家测绘局等有关部门于2002年对我国中、东部各省（直辖市）全面、系统地开展了一次生态环境现状调查。这次调查的范围包括广东、海南等19个省（市），其成果包括：

（1）中、东部地区20世纪80年代中后期、2000年遥感影像数据库；

（2）中、东部地区20世纪80年代中后期、2000年土地利用、土地覆被现状遥感解析数据库；

（3）中、东部地区野外复合景观生态类型及遥感解析标志数据库；

（4）中、东部地区生态专题信息数据库；

（5）中、东部典型地区遥感调查数据库；

（6）中、东部地区生态环境现状遥感调查报告；

（7）中、东部地区生态环境现状遥感调查数据查询系统；

（8）中、东部地区生态环境现状遥感调查多媒体演示系统；

（9）中、东部地区生态环境现状调查图集。

以下生态项目在我国生态监测中具有优先监测权：

①全球气候变暖引起的生态系统或动、植物区系位移；②珍稀和濒危动、植物种群分布及其栖息地的分布；③水土流失面积及其时空分布和对环境的影响；④荒漠化面积及其时空分布和对环境的影响；⑤草场沙化、退化面积及其时空分布和对环境的影响；⑥人类活动对陆地生态系统（森林、草原、农田、荒漠等）结构和功能的影响；⑦水环境污染对水生生态系统（湖泊、水库、河流和海洋等）结构和功能的影响；⑧主要环境污染物（农药、化肥、有机污染物和重金属）在土壤－植物－水体系统中的迁移和转化；⑨水土流失地、荒漠化地及草原退化地优化治理模式的生态平衡恢复过程；⑩各生态系统中微量气体的释放通量与吸收情况。

2005年“松花江特大污染事件”标志着我国突发性环境污染事件高发，因此对环境质量监测的需求也变得尤为迫切。2006年召开了第六次全国环境保护大会，会议上指出要建立先进的环境监测预警体系，全面反映环境质量状况和趋势，准确预警各类环境突发事件。“建立先进的环境监测预警体系”是国家在总结松花江污染事件经验教训的基础上，针对我国当时环境管理和环境监测的历史使命和突出问题提出的。我国环境监测事业的重心转向以环境质量监测为主，由此开始进入快速发展的跃升期。2010 年，原环境保护部制定并发布了《先进的环境监测预警体系建设纲要》。在该纲要中强调着力推进新形势下环境监测工作的历史性转型，加快建立先进的环境监测预警体系。建立先进的环境预测预警机制，完善公共服务型环境监测体系，改善并提高环境质量状况，是新时期环保工作的必然选择和根本要求。

2012 年，新修订的《环境空气质量标准》的发布标志着我国进入了生态环境监测的深入改革，特别是中国共产党"十八大"的召开，将生态文明建设摆在更加重要的战略位置，随后出台《生态文明体制改革总体方案》等改革措施，实施大气、水、土壤污染防治行动计划。这一时期，环境监测对生态文明建设与生态环境保护的基础性支撑作用进一步凸显，成为政府环境治理体系和治理能力的重要组成部分。2015—2017 年，中共中央深改组连续三年审议通过了《生态环境监测网络建设方案》《关于省以下环保机构监测监察执法垂直管理制度改革试点工作的指导意见》《关于深化环境监测改革提高环境监测数据质量的意见》三份改革文件，深入推进国家环境质量监测事权上收，推动了生态环境监测从体制机制、网络建设到业务技术、装备能力等的深刻变革和跃升，陆海统筹、天地一体、上下协同、信息共享的生态环境监测网络初步建成，环境监测的独立性、权威性和有效性得到提升。

8.1.4　生态监测主要指标体系及选取原则

8.1.4.1　生态监测主要指标体系

国外开展区域生态监测时间较长，国内开展生态监测的时间较晚，且目前大都主要局限于对特定生态系统的微观生态过程与生态因子监测。根据监测目的的不同，各地也提出了相应的生态监测指标体系，对生态监测的发展起到了一定的促进作用，但目前全国仍没有一套成熟的生态监测指标体系。生态监测指标体系主要指一系列能敏感反映生态系统基本特征及生态环境变化趋势的并相互印证的项目，是生态监测的主要内容和基本工作。

生态监测指标的选择首先要考虑生态类型及系统的完整性，一般来讲，陆地生态系统（森林生态系统、草原生态系统、荒漠生态系统、农田生态系统等）的指标体系分为气象、水文、土壤、植物、动物和微生物六个要素；水体生态系统（淡水生态系统、湿地生态系统和海洋生态系统等）指标体系分为水文、气象、水质、底质、浮游植物、浮游动物、游泳动物、底栖生物和微生物八个要素。除上述自然指标外，指标体系的选择要根据生态系统各自特点、类型及干扰方式同时兼顾以下三方面，即人为指标（人文景观、人文因素等）、一般监测指标（常规生态监测指标、重点生态监测指标等）和应急监测指标（自然和人为因素造成的突发性生态问题）。

1. 非生物成分监测指标

（1）气象。如太阳辐射强度和辐射、日照时数、气温、风速、风向、地温、降水量及其分布、蒸发量、空气湿度、大气干湿沉降、城市热岛强度等；

（2）水文。如地下水位、土壤水分、径流系数、地表径流量、流速、泥沙流失量及其化学成分、水温、水深、透明度等；

（3）地质要素。如地质构造、地层、地震带、矿物岩石、滑坡、泥石流、崩塌、地面沉降量、地面塌陷量等；

（4）土壤。如土壤养分及有效含量（N、P、K、S 等）、结构、颗粒组成、温度、pH 值、有机质含量、微生物量、酶活性、盐度、肥力、交换性酸、交换性盐基、阳离子交换量、土壤容量、孔隙度、透水率、饱和含水量等；

（5）环境质量（污染）。各类环境介质中污染物的含量，包括大气污染物（颗粒物、SO_2、NO_x、CO、碳氢化合物、H_2S、HF 等）、水体污染物（pH 值、水温、溶解氧、电导率、透明度、颜色、悬浮物、总硬度、矿化度、TN、TP、重金属含量等）、土壤污染物（镉、汞、砷等重金属、DDT 等）、固体废物（TSP、氨、硫化氢、甲硫醇等）等；声环境；其他物理性污染等。

2. 生物成分监测指标

（1）生物个体。如生物个体大小、生活史、遗传变异、跟踪遗传标记等。

（2）物种。如优势种、外来种、指示种、重点保护种、受威胁种、濒危种、对人类有特殊价值的物种、典型物种等。

（3）种群。如种群数量、种群密度、覆盖度、频度、多度、凋落物量、年龄结构、性别比例、出生率、死亡率、迁入率、迁出率、种群动态、空间格局、生物量、生长量、呼吸量等。

（4）群落。如物种组成、群落结构、群落中的优势种统计、生活型、群落外貌、季相、层片、群落空间格局、生物量（初级生产、净初级生产、次级生产、净次级生产）等。

3. 生物与环境间相互作用关系及其发展规律的监测指标

如食物链统计、食物网统计、物质周转率、物质循环周转时间、各级同化效率、摄食效率、生产效率、利用效率等。

4. 社会经济系统的监测指标

如人口总数、人口密度、性别比例、出生率、死亡率、流动人口、工业人口、农业人口、工业产值、农业产值、人均收入、能源结构等。

8.1.4.2 生态监测指标体系确定原则

生态监测指标体系的选择与确定是进行生态监测的前提。生态监测指标体系是一个庞大的系统，在可作为监测指标的众多要素中，代表性、敏感性、综合性、可行性等尤为重要，选择与确定生态监测指标体系应遵循以下原则：

（1）代表性。确定的指标体系应能反映生态系统的主要特征，表征主要的生态环境问题。

（2）敏感性。要确定对特定环境敏感的生态因子，并以结构和功能指标为主，以此反映生态过程的变化。

（3）综合性。要真实反映生态环境问题，需要多种指标体系。

（4）可行性。指标体系的确定要因地制宜，同时要便于操作，并尽量和生态环境考核指标挂钩。

（5）简易性。从大量影响生态系统变化的因子中选取易监测、针对性强、能说明问题的指标进行研究。

（6）可比性。不同监测台站间同种生态类型的监测应按统一的指标体系进行。

（7）灵活性。哪怕对同类型的生态系统，在不同地区应用时指标体系也应作相应调整。

（8）经济性。尽可能以最少费用获得必要的生态环境信息。

（9）阶段性。根据现有水平和能力，先考虑优先监测指标，条件具备时，逐步加以补充，已确定的指标体系也可分阶段实施。

（10）协调性。多数生态环境问题已是全球性问题，所确定的指标体系需尽量和“全球环境监测系统”（GEMS）相协调，以便国际技术交流与合作。目前，国内学者针对不同的生态系统，提出各种生态监测指标体系，如荒漠生态监测指标四原则、洞庭湖湿地生态监测指标四原则和农业生态监测指标五原则，与上述原则都是一致的。当然，监测指标体系的确定除受技术条件和人力、财力因素制约外，对已确定的指标体系，仍需在实践中考查和检验。

8.1.5　生态监测技术

生态监测是对大范围内生命支持能力数据的收集，这些数据牵涉人、动物、植物及地球本身，因此许多传统的监测技术并不完全适用于大区域的生态监测。现代高新技术如遥感技术（RS）、地理信息系统（GIS）、全球定位系统（GPS）（统称 3S 集成）一体化的高新技术是今后生态监测技术的发展趋势。目前，生态监测的数据收集主要采用地面监测、空中监测和卫星监测。

1. 地面监测

地面监测是传统监测过程中采用的技术。系统的地面测量（SGS）可以提供最详细的情况，采样线的走向一般总是顺着现存的地貌，如公路、小径、铁路线及家畜行走的小道，记录点放在这些地貌相对不受干扰一侧的生境点上。如在东非采用系统地面测量，监测断面的位置间隔为 0.5 或 1.0km。采样点收集的数据包括植物物候现象、高度、物种、物种密度、草地覆盖以及生长阶段、密度和木本物种的覆盖，同时还包括大型哺乳动物的放牧和饲喂强度。为了检查食物的消耗方式，估计动物的健康、生长和繁殖状况，以及建立大多数种生长年龄关系资料，必要时需要屠宰动物，以获取样品。

地面监测技术目前仍非常重要，因为其结果可以提供详细情况。许多生态结构与功能的变化只能在野外进行监测，诸如降雨量、土壤湿度及一些环境因素等只有在地面进行监测才能获得有效数据。地面监测能验证并提高遥感数据的精确性并有助于解释数据，虽然遥感技术能提供有关土地覆盖和土地利用情况变化以及一些地表特征（如温度、化学组成）等的综合性信息，但这些信息需要通过更细致的地面监测来进行补充，如物种组成与性能及环境过程的监测，尤其是关于小型哺乳动物的数据通常在地面进行收集，即使对于大型哺乳动物，在地面上进行的兽群结构和组成的检查也是有用的。

2. 空中监测

空中监测是当前三种监测技术中最经济有效的一种。首先用坐标图覆盖研究区域，典型的坐标是 10km × 10km。飞行时，这个坐标用于系统的记录位置以及发送分析获得的数据。坐标通常画在比例为1∶250 000的地图上或地球资源卫星的图像上，能提供范围广泛的资料。其内容有：

（1）估计主要饲养及野生食草动物的数量和密度；

（2）提供主要食草动物季节性移动图；

（3）提供以植物特征或植物覆盖表示的植物图；

（4）提供以土壤颜色类型表示的土壤图；

（5）提供野生动物重要的活动区域轮廓，可用于确定保护区的位置；

（6）显示人类居住区、牧场、农业、森林等的土地利用图，也有可能划分出生产和非生产区的轮廓等；

（7）提供对家畜显得重要的区域轮廓，可用于规划控制家畜的数量及牧场的开发。

3. 卫星监测

要填补资料贫乏地区的观测空隙，仅利用常规观测方法和系统是很难办到的。随着卫星和自动观测系统的迅速发展，在科学家、工程师和生态学家们的共同努力下，卫星监测在生态监测中发挥着越来越重要的作用。采用资源卫星进行生态监测的最大优点是资料极其丰富，且时段间隔短，这意味着可以跟踪观察某些变化中的现象，获得具有潜在价值的资料。在探索大范围半干旱牧场的土壤测量及极大范围内的季节生产力评估方面，卫星资料最有价值；在监测生产力及预测干旱引起的生产力衰退方面，卫星监测具有巨大的应用潜力。

气象卫星是最早发展起来的环境卫星，是从外空对地球和大气进行气象观测的重要工具，气象卫星所得到的遥感信息不论在气象分析预报和气象研究及环境科学等方面都展现了强大的生命力。根据由气象卫星获得的遥感资料包括红外云图和可见光云图等图像资料，可以用于计算太阳辐射、云覆盖、气温、土壤湿度、叶面积指数、反射率变化、物候期、地表面温度、受灾面积等，对全球环境变化研究具有不可替代的作用。

陆地卫星原称地球资源技术卫星，是美国一种利用星载遥感器获取地球表面图像数据进行地球资源调查的卫星。陆地卫星上装载的多光谱扫描仪（MSS）、返束光导摄像仪（RBV）、专题制图仪（TM）提供的数据主要用于地球资源调查及管理，是农作物和牧草估产、森林和草地管理、土地覆盖分类、自然灾害影响评价、能源和矿产资源探测及其他地球资源调查的主要太空遥感信息源。地球资源卫星以两种方式输出资料：数据本身和通过计算机对光谱数据积分后产生的照片和图像。每幅照片覆盖的区域为185km×185km，它们可用黑白负片和正片两种方法产生，也可生产“人造色”图像。“人造色”图像中人工地使用了颜色，可检出图像中的不同特征，这些“人造色”与地面或空中监测中获得的数据之间的关系很有价值，一旦“人造色”等同于地面上的已知特征，卫星图像就能被用作可靠资料。

8.1.6 生态监测方案及技术路线

开展生态监测工作，首先要确定生态监测方案，其主要内容是：明确生态监测的基本概念和工作范围，并制定相应的技术路线，提出主要的生态问题以便进行优先监测，确定我国主要生态类型和微观生态监测的指标体系，并依据目前的分析水平，选出常用的监测指标分析方法。

1. 生态监测方案的制定及实施程序

图 8－1 中生态监测技术路线和方案的制定大体包含以下几点：资源、生态与环境问题的提出，生态监测平台和生态监测站的选址，监测内容、方法及设备的确定，生态系统要素及监测指标的确定，宏观生态监测及空间信息、微观生态监测及属性信息（包括监测场地、监测频率及周期描述），数据（包括监测数据、实验分析数据、统计数据、文字数据、图形及图像数据）的检验与修正，质量与精度的控制，建立数据库，信息或数据输出以及信息的利用（编制生态监测项目报表，针对提出的生态问题进行统计分析、建立模型、动态模拟、预测预报、进行评价和规划、制定政策）。

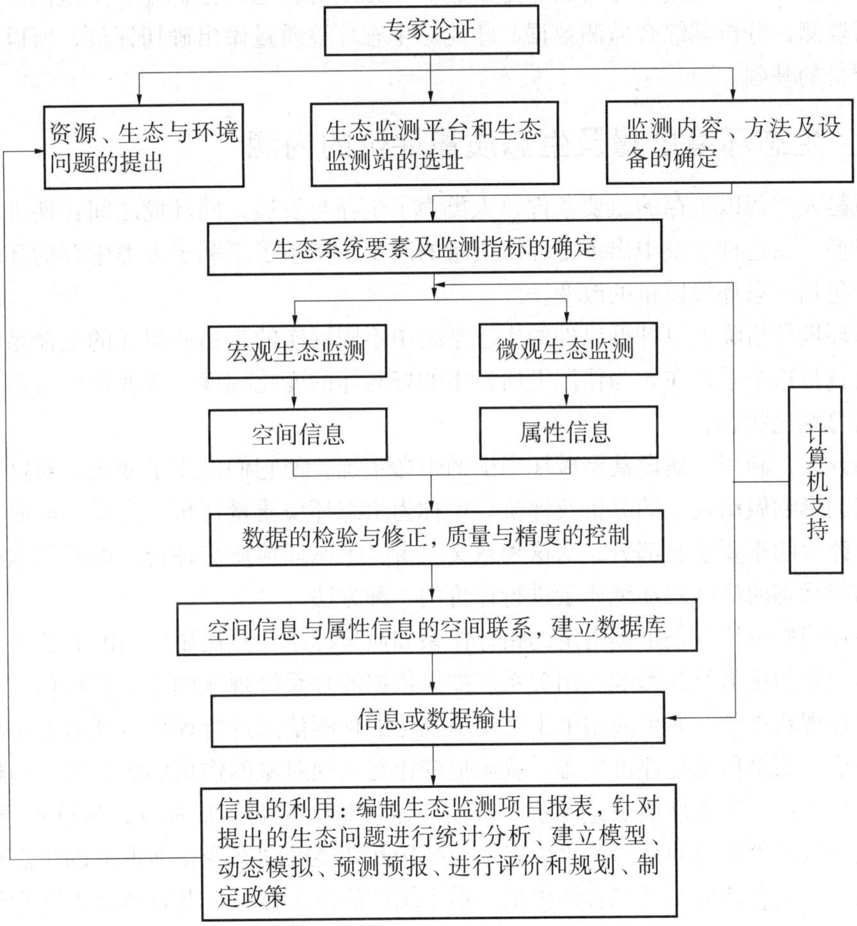

图 8－1　生态监测方案制定及实施程序

2. 生态监测平台和生态监测站

生态监测平台是宏观生态监测工作的基础，它以遥感技术作支持，并具备容量足够大的计算机和宇航信息处理装置。生态监测站是微观生态监测工作的基础，它以完整的室内外分析和观测仪器作支持，并具备计算机等信息处理系统。生态监测平台及生态监测站的选址必须考虑区域内生态系统的代表性、典型性和对全区域的可控性，一个大的监测区域可设置一个生态监测平台和数个生态监测站。

3．生态监测频率

生态监测频率应视监测的区域和监测目的而定。一般全国范围的生态环境质量监测和评价应1～2年进行一次；重点区域的生态环境质量监测每年1～2次。

8.2 生态环境质量评价

生态环境质量评价通过定量分析和预测人类活动对生态的影响及其对人类健康和经济发展的作用来确定一个地区的生态负荷或环境容量。判断生态环境质量，仅对所选取指标进行某一地点、某一时刻的分析测定是不够的，必须对各选取指标在一定范围、时间、空间内进行监测，分析其综合监测数据，才能对生态环境质量做出确切评价，所以生态监测是生态评价的基础。

8.2.1 生态环境质量及生态质量评价的内涵

环境是人类赖以生存的重要条件，人类为了生存与发展，同环境之间长期进行物质和能量的交换，在这种交换中出现了环境质量的改变，产生了不利于人类生存的环境质量问题，其中包括生态环境质量的改变。

生态环境是指除人口种群以外的生态系统中不同层次的生物所组成的生命系统。生态环境质量就是这个系统在人为作用下所发生的好与坏的变化程度，或者说生命系统在人为作用下的总变化状态。

人们开发、利用、建设甚至破坏周围的生命系统，使它们发生了变化，对这些变化及其给人们的影响做出定量的分析及评价，可称为生态环境质量评价。生态环境质量评价是环境质量评价的重要组成部分，从这种意义上讲，生态环境质量评价，就是依据生态系统结构和功能状态的优劣对环境质量进行评价的一种方法。

生态环境质量评价是根据选定的指标体系和质量标准，并运用恰当的方法评价某区域生态环境质量的优劣及其影响作用关系。如果依据的是系统现状的生态系统信息，则为生态环境质量现状评价；如果应用了生态环境变化的预测信息进行评价，则为生态环境质量的预断评价；如果目标是评价生态系统质量变化与工程对象的作用影响关系，则称其为生态环境影响评价。生态环境质量评价是环境质量评价的重要组成部分，从这种意义上讲，生态环境质量评价体现的是由评价生态系统结构和功能的动态变化而形成的生态环境质量的优劣程度。生态环境质量综合评价是一项系统性研究工作，涉及自然及人文等学科的许多领域，其中生态学、环境科学及资源科学的理论与方法对指导生态环境质量评价具有重要意义。

8.2.2 生态环境质量评价的指标体系

8.2.2.1 生态环境质量评价指标体系选择的原则

（1）科学性原则：在选择评价因子及构建评价模式时，要力求科学，各种因子及模式都应具有本学科的特点内涵；要客观反映生态环境质量的基本特征，指标的概念必须明确。

（2）综合性原则：要全面衡量所考虑的诸多环境因子，进行综合分析和评价。

（3）主导性原则：生态环境质量受地质、地貌、水文、土壤、植被、气候以及人为活动等多种因素的制约，在众多的因子中，各种因子的作用过程及作用方式是不同的，若无法逐一概括，则应选择具有代表性、能直接反映区域生态环境质量主要特征的主导性指标。

（4）实用性原则：在选取评价因子、制定评价指标体系及构建评价模式时，不可能面面俱到，应当遵循简洁、方便、有效、实用的原则，即通过相关学科理论的概括，选择对生态环境质量影响较大的，而又易于获取的观测资料，以及有利于生产及管理部门掌握的因子及模式，使理论与实践得到良好的结合。

8.2.2.2　国内有代表性的指标体系

我国对于生态环境质量的评价，在 20 世纪 80 年代末 90 年代初开始引起人们的重视，对其指标体系的研究也应运而生，很多科研工作者提出了有关生态环境评价的指标体系。总结各种评价指标体系，比较有代表性的是以下几种。

1. 城市生态环境质量评价指标体系

开展城市生态环境质量评价是协调城市发展与环境保护关系的需要，是进行城市生态环境综合整治，促进城市生态系统良性循环的需要，同时也是制定城市国民经济社会发展计划和城市环境规划的基础。有学者提出，城市生态评价的指标体系有三级：一级指标为结构、功能、协调度；二级指标为人口结构、基础设施、城市环境、城市绿化、物质还原、资源配置、生产效率、社会保障、城市交通、可持续性等 10 个方面；三级指标有 30 个，在二级指标下选择若干因子组成整个评价指标体系。

2. 省域生态环境质量评价指标体系

1999 年，国家环保总局开展了“中国省域生态环境质量评价指标体系研究”，叶亚平等提出省域生态环境质量评价及其指标体系，由生态环境质量背景、人类对生态环境质量的影响程度及人类对生态环境的适宜度需求三部分组成。表征生态环境质量背景的 3 个主要指标为气候生产潜力、地形起伏度和自然灾害发生率；人类对生态环境质量的影响程度有 5 个指标，分别是森林覆盖率、土壤侵蚀模数、荒漠及荒漠化土地面积率、水资源开发强度、物种丰富度等；人类对生态环境的适宜度需求指标体系包含耕地资源指数、水资源指数、植被资源指数、环境水平指数和受保护地区面积占地区总面积的比例。

云南省的生态评价考核指标体系提出了资源、环境、人口三方面指标。根据云南省的实际情况，资源方面的主要是森林资源、水资源和土地资源，环境方面主要包括农村环境和城镇环境，人口方面突出人口数量和人口质量问题。该体系具体选择了 33 个指标表征云南省生态环境质量状况。受数据资料和时间条件的限制，实际仅采用森林覆盖率、荒山荒地占国土面积的比例、水土流失面积比例、环境污染指数、人口自然增长率等 5 个指标进行评价。

周华荣则将新疆生态环境现状评价体系分为农田生态子系统、自然生态子系统和人为环境压力子系统，分别代表农业、自然和人为生态环境质量。该体系选择了20个相关指标建立新疆生态环境质量指标体系，以市县为评价单元，对全疆的生态环境质量现状进行评价。

3. 生态脆弱带生态环境质量评价指标体系

生态脆弱带一般是指那些对环境因素改变的反应敏感且不稳定的可塑性小的生态环境系统。赵跃龙等建立了脆弱生态环境质量评价指标体系，该体系由主要成因指标和结果表现特征指标两方面组成。5个主要成因指标为水资源、热量资源、干燥度、人均耕地面积和地表植被覆盖度；6个结果表现特征指标为人均GNP、农民人均纯收入、人均工业产值、农业现代化水平、恩格尔系数和人口素质。这套指标体系充分考虑了指标的易获性和精炼性，与此同时，结果表现指标的引入，较好地纠正了由主要成因及表现特征指标的局限性引起的误差。

8.2.3 生态环境质量评价的标准和方法

8.2.3.1 生态环境质量评价标准

在进行生态环境质量评价时，需要有适当的判别基准。但是，生态系统不同于大气和水等均匀介质和单一体系，是一种类型和结构多样性很高、地域性特别强的复杂系统，它包括内在本质（生态结构）的变化和外在表征（环境功能）的变化，由量变到质变的发展变化规律。因此，评价的标准体系不仅复杂，而且因地而异。此外，生态环境质量评价是分层次进行的，评价标准也是根据需要分层次制定的，即系统整体评价有整体评价的标准，单因子评价有单因子评价的标准。目前，除国家已制定的标准和行业规范与设计标准之外，生态环境质量评价的标准大多数尚处于探索阶段。环境质量的标准是基于环境质量基准制定的，目前我国缺少生态环境质量标准，其主要原因就是缺少生态环境质量基准方面的研究。

8.2.3.2 生态环境质量评价方法

在生态环境质量评价工作中，评价方法作为其必不可少的手段而具有重要意义。国内外目前应用的生态环境质量评价方法主要有以下几种。

(1) 综合评价法：综合评价法是进行生态环境质量综合评价中运用较多的一种方法，此法的具体应用是层次分析法（AHP法），它是模拟人脑对客观事物分析的综合过程，将定量分析与定性分析有机结合起来的一种系统分析方法。

(2) 指数评价法：指数评价法将监测点的原始监测数据统计值与评价标准之比作为分指数，综合分指数的结果作为环境质量评定尺度。近几十年来，这一方法在环境质量评价中得到了广泛的应用，并有了很大的发展。国外早期应用的指数法有美国的“NWF环境质量指数”和加拿大的“总环境质量指数”等，目前最常用的是综合指数法，该方法可以体现生态环境评价的综合性、整体性和层次性。

(3) 模糊评价法：环境质量具有精确与模糊、确定与不确定的特性，所以环境质量评价中又引入了模糊评价法。常采用的模糊评价法有模糊综合评价法、模糊聚类评价法等。

有研究将模糊聚类和层次分析相结合，提出城市环境质量多级模糊综合评价法。

（4）人工神经网络评价法：人工神经网络有类似人的大脑的思维过程，可以模拟人脑解决某些模糊性和不确定性问题，因此，可以利用人工神经网络对已知环境样本进行学习，获得先验知识，学会对新样本进行识别和评价。

（5）物元分析评价法：由于环境质量的单因子评价结果之间往往具有不相容性，利用关联函数可以取负值的特点，能全面地分析环境系统属于某评价等级集合的程度。物元评价法在构造了环境标准物元矩阵和节域物元矩阵的基础上，通过计算待评价的区域环境对各评价等级的综合关联度，进行综合环境质量评价。将物元分析法用于环境质量评价的优点是有助于从变化的角度识别变化中事物，运算简便，物理意义明确，直观性好；缺点是关联函数形式的确定不能规范，难以通用。

除了上述重要的评价方法外，人们还探讨了其他一些评价方法，如评分迭加法、密切值法、景观生态法、主分量法、灰色评价法、秩和比法等。不过这些评价法有的仅适用于特定场合，其应用受到一定限制。

8.2.4　案例分析

呼包鄂地区是内蒙古最具活力的经济圈，近年来，经济的发展使呼包鄂地区生态环境发生了变化。本案例选取自然资源环境、社会经济环境、生态破坏与环境污染、环境治理 4 个方面共 40 个具体指标，采用基于熵权的层次分析法计算各指标权重，运用模糊综合分析法对呼包鄂地区 2012 年生态环境质量进行评价，并研究其生态环境质量变化原因。

8.2.4.1　研究区概况

内蒙古自治区位于中华人民共和国的北部边疆，由东北向西南斜伸，呈狭长形，东西直线距离 2400 多千米，直线距离 1700 千米，全区总面积 118.3 万平方千米，占中国土地面积的 12.3%，是中国第三大省区。气候以温带大陆性季风气候为主，大兴安岭北段地区属于寒温带大陆性季风气候。内蒙古自治区是中国经济发展最快的省市区之一，其边境口岸众多，与京津、东北、西北经济技术合作关系密切。

8.2.4.2　模型的建立

1. 模糊综合评价法

模糊综合评价以模糊数学为基础，应用模糊关系合成的原理，将一些边界不清或不易定量的因素定量化，进行综合评价。该方法通过构造等级模糊子集把反映被评事物的模糊指标进行量化（即确定隶属度），然后利用模糊变换原理对各指标综合评价。

2. 评价步骤

（1）确定评价对象的因素论域：

p 个评价指标，$\boldsymbol{u} = \{u_1, u_2, \cdots, u_p\}$。

（2）确定评价等级论域：

$\boldsymbol{v} = \{v_1, v_2, \cdots, v_p\}$，即等级集合。每一个等级可对应一个模糊子集。

3. 建立模糊关系矩阵 $\boldsymbol{R}$

通过建立隶属函数确定出每个因素对评价等级的隶属度。各评价指标与生态环境质量状况变化有正向关系和逆向关系两种，正向关系就是评价因子指标增大时，生态环境质量状况指数变大，逆向指标的作用与正向指标相反。正向指标的隶属函数计算公式：

$$0, x \leqslant a_2$$

$$U_{1(x)} \frac{x - a_2}{a_1 - a_2}, a_2 < x < a_1$$

$$1, x \geqslant a_1$$

$$0, x \geqslant a_{j-1} \text{ 或 } x \leqslant a_{j+1}$$

$$U_{j(x)} \frac{x - a_{j+1}}{a_j - a_{j+1}}, a_{j+1} < x < a_j, j = 2,3,4$$

$$\frac{a_{j-1} - x}{a_{j-1} + a_j}, a_j < x < a_{j-1}$$

$$1, x \leqslant a_5$$

$$U_{5(x)} \frac{a_4 - x}{a_4 - a_5}, a_5 < x < a_4$$

$$0, x \geqslant a_4$$

逆向指标的隶属函数计算公式：

$$0, x \geqslant a_2$$

$$U_{1(x)} \frac{a_2 - x}{a_2 - a_1}, a_1 < x < a_2$$

$$1, x \leqslant a_1$$

$$0, x \leqslant a_{j-1} \text{ 或 } x \geqslant a_{j+1}$$

$$U_{j(x)} \frac{a_{j+1} - x}{a_{j+1} - a_j}, a_j < x < a_{j+1}, j = 2,3,4$$

$$\frac{x - a_{j-1}}{a_j + a_{j+1}}, a_{j-1} < x < a_j$$

$$0, x \leqslant a_4$$

$$U_{5(x)} \frac{x - a_4}{a_5 - a_4}, a_4 < x < a_5$$

$$1, x \geqslant a_5$$

式中 a_1、a_2、a_3、a_4、a_5 表示生态环境质量等级值。由上式确定了指标的隶属度，进而得到模糊关系矩阵 $\boldsymbol{R}$。

$$\boldsymbol{R} = \begin{vmatrix} \boldsymbol{R}/u_1 \\ \boldsymbol{R}/u_2 \\ \cdots \\ \boldsymbol{R}/u_p \end{vmatrix} = \begin{vmatrix} r_{11} & r_{12} & \cdots & r_{1m} \\ r_{21} & r_{22} & \cdots & r_{2m} \\ \vdots & \vdots & \vdots & \vdots \\ r_{p1} & r_{p2} & \cdots & r_{pm} \end{vmatrix}_{p \times m}$$

r_{pm}表示 p 种指标的生态环境质量数值属于第 m 类评价指标的隶属度。

4. 确定评价指标的权重集合

$\boldsymbol{W} = \{\boldsymbol{W}_1, \boldsymbol{W}_2, \boldsymbol{W}_3, \cdots, \boldsymbol{W}_n\}$，$W_i$ 为评价指标的权重，满足：

$$\sum_{i=1}^{n} W_i = 1 : W_i > 0$$

5. 建立模糊综合评价模型

$\boldsymbol{B} = \boldsymbol{WR} = \sum_{l=1}^{n} \boldsymbol{WR} = (b_1, b_2, b_3, \cdots, b_n)$，其 $b_i = \sum (W_i r_n)$ 中，b_i 表示 $\boldsymbol{B}$ 中对应的分量，求出模糊综合评价结果向量 $\boldsymbol{B}$。

8.2.4.3　评价指标体系与方法

1. 构建评价指标体系及其标准

生态环境包括自然资源环境、社会环境和经济环境，它们相互作用、相互依赖、相互制约，组成了具有复杂性和整体性的生态环境。参考城市生态环境质量评价指标体系、呼和浩特城市生态系统环境评价与分析等相关研究成果，遵循可比性、可代表性和可行性的原则，结合呼包鄂地区生态环境的实际状况，从自然资源环境、社会经济环境、生态破坏与环境污染、环境治理四个层面，通过人口结构、城市环境、城市绿化、生产效率、可持续性等方面构建了生态环境质量评价指标体系（表 8－1）。按照环境生态学理论，生态环境是支撑人类生命系统的整个自然系统的总称，生态环境质量是指在一个具体的时间和空间范围内，生态系统的总体和部分生态环境因子的组合对人类生存及社会经济持续发展的适宜程度。由于评价的标准体系复杂，且因地而异，需要分层次进行，而我国目前生态环境质量评价标准尚处于探索阶段，无统一标准，因此，该体系依据国内外学术界的相关研究成果以及广泛应用的生态环境质量等级划分，将生态环境质量等级分为优、良、一般、较差、差五个等级，并考虑到呼包鄂地区的气候、土地、人口、经济发展状况、工业排放量等，得出各评价指标的等级标准值（表 8－1）。

2. 评价指标权重确定

层次分析法是一种应用广泛的综合决策方法，但其中的权重是由主观确定的，缺乏一定的客观性。因此本案例在指标权重的确定中引入熵，将主观与客观相结合，得到更加符合实际情况的熵权。

8.2.4.4　计算过程

1. 数据来源

本案例选用指标的原始数据主要来源于 2012 年的《内蒙古统计年鉴》《中国城市统计年鉴》《呼和浩特市经济统计年鉴》《包头市统计年鉴》《鄂尔多斯市统计年鉴》。

2. 单项指标隶属度的计算

采用上述模糊综合评判的数学模型以呼和浩特市为例进行生态环境质量评价，利用各指标测度值和各指标标准值（表 8－1），分别计算呼和浩特市各指标的隶属度。

3. 综合评定

$\boldsymbol{B} = \boldsymbol{WR} = |0.3200, 0.1456, 0.3060, 0.1030, 0.1251|$，其中 $\boldsymbol{R} = |R_1, R_2, R_3, R_4|^T$。

根据最大隶属度原则，选取向量 ***B*** 中最大的分量。根据相同的计算，可得包头市和鄂尔多斯市的生态环境质量评价结果（表 8－2）

表8－1　呼包鄂地区生态环境质量评价指标及其权重

一级指标	二级指标	三级指标	编号	权重
生态环境质量评价指标体系	自然资源环境	年均气温（℃）	X1	0.108 1
		年均降水量（mm）	X2	0.153 2
		建成区绿化覆盖率（%）	X3	0.014 3
		人均供水量（m^3/人）	X4	0.073 6
		人均耕地面积（hm^2/人）	X5	0.049 2
		人均公共绿地面积（m^2/人）	X6	0.014 3
		人均粮食产量（kg/人）	X7	0.032 6
		人均煤炭产量（t/人）	X8	0.021 6
	社会经济环境	人均 GDP（元）	X9	0.017 3
		GDP 增长率（%）	X10	0.012 9
		工业产值占 GDP 比重（%）	X11	0.004 3
		市区人口密度（人/km^2）	X12	0.022 6
		人口自然增长率（‰）	X13	0.002 8
		非农人口比重（%）	X14	0.002 8
		人均生活用水量[L/(人·日)]	X15	0.001 9
		人均生活用电量［kw·h/(人·年)］	X16	0.001 9
		燃气普及率（%）	X17	0.001 3
		人均建成区面积（m^2/人）	X18	0.001 3
		单位 GDP 能耗（吨标准煤/万元）	X19	0.006 4
		单位 GDP 水耗（m^3/万元）	X20	0.009 3
		单位 GDP 电耗（kw·h/元）	X21	0.006 4
		科技经费占 GDP 比重（%）	X22	0.004 3

一级指标	二级指标	三级指标	编号	权重
生态环境质量评价指标体系	生态破坏与环境污染	单位 GDP 工业废气排放量（亿万立方米/万元）	X23	0.072 5
		单位 GDP 工业废水排放量（万吨/万元）	X24	0.050 6
		单位 GDP 污水排放量（万立方米/万元）	X25	0.050 6
		单位 GDP 工业固体废弃物产生量（万吨/万元）	X26	0.034 4
		单位 GDP 烟尘排放量（万吨/万元）	X27	0.023 7
		单位 GDP 工业粉尘排放量（万吨/万元）	X28	0.011 4
		单位 GDP 工业二氧化硫排放量（万吨/万元）	X29	0.016 4
		单位种植面积化肥施用量（kg/hm^2）	X30	0.005 7
		单位种植面积农药施用量（kg/hm^2）	X31	0.008
		人均能源消费量（t/人）	X32	0.004 2
	环境治理	生活垃圾无害化处理率（%）	X33	0.011 4
		生活污水集中处理率（%）	X34	0.052 6
		工业固体废物综合利用率（%）	X35	0.017 1
		工业废水排放达标率（%）	X36	0.025 4
		工业二氧化硫排放达标率（%）	X37	0.037 2
		环境污染治理投资占 GDP 比重（%）	X38	0.007 7
		人均三废综合利用产品产值（元/人）	X39	0.005 2
		人均造林面积（亩/人）	X40	0.007 7

表 8－2　呼包鄂三市生态环境质量等级评价

质量等级	优	良	一般	较差	差
呼和浩特市	0. 320 0	0. 145 6	0. 306 0	0. 103 0	0. 125 1
包头市	0. 191 1	0. 221 8	0. 252 5	0. 211 9	0. 122
鄂尔多斯市	0. 411 7	0. 176 5	0. 180 0	0. 092 4	0. 139 2

8.2.4.5　生态环境质量评价分析

通过模糊综合分析法得出，2012 年呼和浩特市和鄂尔多斯市的生态环境质量处于等级优，包头市的生态环境质量处于等级一般。

呼和浩特市近年来城市发展速度较快，大力开发和利用资源，工业化水平领先于自治区其他盟市，煤炭产量大幅度上升，使单位 GDP 能耗、电耗持续增高，一定程度上破坏了生态环境的平衡，带来了一系列环境污染问题。但政府在意识到保护环境的重要性后，大力推广节能减排，优化产业结构，发展循环经济，整顿落后产业，提高区域竞争力，使生态环境质量有了较大的改善，工业经济发展与生态环境保护在一定程度上达到了平衡。

包头市是著名的草原钢城，工业发展历史相对久远，但由于产业结构不合理，工业化过程排出的工业废物严重污染环境，导致生态环境质量开始下降，同时滞后的观念也使生态环境质量的下降与工业经济的发展形成鲜明对比。

鄂尔多斯市的高耗能产业发展在近几年逐渐稳定，规模增大与技术设备先进化带来的工业结构合理化以及经济的高速发展，使得鄂尔多斯市有足够的经济实力治理环境。其对耗能高、工业废弃物排放量大、产值低的行业进行了大力整顿，并响应国家对环境保护的重视，表现为建成区绿化覆盖率大幅度提高，单位 GDP 能耗、电耗、水耗有很大程度的下降等，生态环境质量得到明显的改善。

8.3　环境污染物的生态风险评价

生态风险是由环境的自然变化或人类活动引起的生态系统组成或结构的改变而导致系统功能损失的可能性。生态风险评价是 20 世纪 90 年代以后的新兴研究领域，是环境风险评价的重要分支，也是环境管理和决策的科学基础。生态风险评价是一门多学科交叉的知识与技术，包括环境化学、生物学和生态毒理学。

8.3.1　基本概念

8.3.1.1　风险

风险（risk）是指不利事件发生的概率。换句话说，风险是指一个事件产生我们所不希望的后果的可能性。一般概念认为，风险是相对安全而言的，与一些有害情况及对人群、环境、财产、社会的威胁相联系。风险就是由于系统的破坏、失误、考虑不周而导致不利事件发生的概率的度量。

风险不能简单地与概率统计相等同。风险具有预测的性质，不是对已经发生的事件或结果的概率分析，而是要预测不利事件可能发生的概率，或可能性有多大。

风险与危险在含义上是有区别的。首先，风险是指人或事物遭受损失、伤害、不利或毁灭的可能性；危险是指人或事物容易遭受伤害、损失的程度，或者是指处于紧迫或可怕险境中的状态或形势，如人体健康、财产等暴露在受损害、遭毁灭或丧失的境地之中。其次，风险表述不幸事件发生的概率，它符合一定的统计规律，即在一定的时间条件下，在一定的空间范围中，某个事件的发生具有一定的概率，即具有一定的可能性；而危险表征事物处于险境中的状态或形势，不仅与时空条件以及事件性质有关，还与事件的承受者，即人或事物有关。风险与危险又是紧密相连的，正是由于风险反映了一定时空条件下不幸事件发生的可能性，揭示了事件发生的规律，因而风险可以看成危险的根源。也就是说，正是由于客观存在着产生不利后果的可能性，才使得一定范围中的事物处于危险的境况之中。

8.3.1.2 生态风险

简单地说，生态风险就是生态系统及其组分所承受的风险。它指在一定区域内，具有不确定性的事故或灾害对生态系统及其组分产生的不利作用的可能性，包括生态系统结构和功能的损害，从而危及生态系统的安全和健康。生态风险评价从不同角度理解可以有不定的定义。

从生态系统整体考虑，生态风险评价可以研究一种或多种压力形成不利生态效应可能性的过程，也可以是主要评价干扰对生态系统或组分产生不利影响的概率以及干扰作用效果。

从评价对象考虑，生态风险评价可以重点评价污染物排放、自然灾害及环境变迁等环境事件对动植物和生态系统产生不利作用的大小和概率，也可以主要评价人类活动或自然灾害产生负面影响的概率和作用。

从方法学角度来看，生态风险评价可以被视为一种解决环境问题的实践和哲学方法，或被看作收集、整理、表达科学信息以服务于管理决策的过程。也是运用概率论等量化分析技术手段来预测、分析和评价具有不确定性的灾害或事件对生态系统及其组分可能造成的损伤的过程。

8.3.2 生态风险的特点

1. 不确定性

生态系统具有哪种风险和造成这种风险的灾害（即风险源）是不确定的。人们事先难以准确预料危害性事件是否会发生以及发生的时间、地点、强度和范围，最多具有这些事件先前发生的概率信息，从而根据这些信息去推断和预测生态系统所具有的风险类型和大小。不确定性还表示在灾害或事故发生之前对风险已经有一定的了解，而不是完全未知。

2. 危害性

生态风险评价所关注的事件是灾害性事件，危害性是指这些事件发生后的作用效果对风险承受者（这里指生态系统及其组分）具有的负面影响。这些影响将有可能导致生态系统结构和功能的损伤、生态系统内物种的病变、植被演变过程的中断或改变、生物多样性的减少等。虽然某些事件发生以后对生态系统或其组分可能具有有利的作用，如台风带来降水缓解了旱情等，但是，进行生态风险评价时不考虑这些正面的影响。

3. 复杂性

生态风险的最终受体包括生命系统的各个组建水平（包括个体、种群、群落、生态系统、景观乃至区域），并且考虑生物之间的相互作用以及不同组建水平的相互联系，即风险级联，因此生态风险相对于人类健康风险而言，复杂性显著提高。

4. 客观性

任何生态系统都不可能是封闭的和静止不变的，它必然会受诸多具有不确定性和危害性的因素影响，也就必然存在风险。由于生态风险对于生态系统来说是客观存在的，所以人们在进行区域开发建设等活动，尤其是涉及影响生态系统结构和功能的活动的时候，要对生态风险有充分的认识，在进行生态风险评价时也要有科学严谨的态度。

5. 内在价值性

经济学上的风险和自然灾害风险常用经济损失来表示风险大小，而生态风险应体现和表征生态系统自身的结构和功能，以生态系统的内在价值为依据，不能用简单的物质或经济损失来表示。

6. 动态性

任何生态系统都不是封闭和静止不变的，而是动态变化的，影响生态风险的各个随机因素也都是动态变化的，因此生态风险具有动态性。

8.3.3　生态风险评价方法

8.3.3.1　化学污染类风险源生态风险评价方法

1. 商值法

商值法是判定某一浓度化学污染物是否具有潜在有害影响的半定量生态风险评价方法，即依据已有文件或经验数据，设定需要受到保护的受体的化学污染物浓度标准，再将污染物在受体中的实测浓度与浓度标准进行比较获得商值，由商值得出“有无风险”的结论。当风险表征结果为无风险时，并非表明没有污染发生，而是表示污染尚处于可以接受的程度。之后出现的改进的商值法把污染物在受体中浓度的“有无风险”，改进为“多个风险等级”。改进的商值法有两类。

第一类是根据研究对象的特点，设定多个风险等级，将实测浓度与浓度标准进行比较获得的商值，用“多个风险等级”表示风险表征判断结果。比如在分析鱼类的汞含量时，可以划分为无风险、低风险、较高风险、高风险 4 个风险等级。

第二类是以商值法为基础发展而成的地质累积指数法和潜在生态风险指数法。

（1）地质累计指数法，是德国海德堡大学 Muller 等在 1969 年研究河底沉积物时提出的一种计算沉积物中重金属元素污染程度的方法，自然条件下或者人为活动影响下重金属在环境中的分布评价均可使用此方法。地质累计指数法通过测量环境样本浓度和背景浓度计算地质累计指数值 I_{geo}，以评价某种特定化学物造成的环境风险程度，计算公式如下：

$$I_{geo}=\log_2\left[\frac{C_n}{k\times \mathrm{BE}_n}\right]$$

式中，I_{geo} 为地质累积指数；C_n 为样品中元素 n 的浓度；BE_n 为环境背景浓度值；k 为修正指数，通常用来表征沉积特征、岩石地质以及其他影响。

（2）潜在生态风险指数法，是瑞典 Hakanson 于 1980 年研究水体污染控制时建立的一种计算水体中重金属等主要污染物的沉积学方法。通过计算潜在生态风险因子 E_r^i 与潜在生态风险指数 RI，可以对水体沉积物中重金属的污染程度进行评价。计算公式如下：

$$C_f^i = C_D^i / C_R^i$$

$$C_d = \sum_{i=1}^{m} C_f^i$$

$$E_r^i = T_r^i \times C_f^i$$

$$\mathrm{RI} = \sum_{i=1}^{m} E_r^i$$

式中，C_f^i 为金属 i 污染系数；C_D^i 为金属 i 实测浓度值；C_R^i 为现代工业化以前沉积物中第 i 种重金属的最高背景值；C_d 为多金属污染度；T_r^i 为金属 i 的生物毒性系数；E_r^i 为金属 i 的潜在生态风险因子；RI 为多金属潜在生态风险指数（E_r^i、RI 等级划分标准见表 8－3）。

表 8－3　潜在生态风险因子、潜在生态风险指数分级与对应生态风险程度

生态风险程度	潜在生态风险因子 E_r^i	潜在生态风险指数 RI
极高	$E_r^i \geqslant 320$	
很高	$160 \leqslant E_r^i < 320$	$\mathrm{RI} \geqslant 600$
高	$80 \leqslant E_r^i < 160$	$300 \leqslant \mathrm{RI} < 600$
中等	$40 \leqslant E_r^i < 80$	$150 \leqslant \mathrm{RI} < 300$
轻微	$E_r^i < 40$	$\mathrm{RI} < 150$

由于分别计算 E_r^i 与 RI 的数值，因此潜在生态风险指数法的计算结果不仅能够反映单一重金属对环境造成的影响，还能够说明多种重金属并存时对周围环境造成的综合影响。同时，对 E_r^i 与 RI 的计算结果具有明确的等级划分标准，因而不同区域和时段的生态风险的评价结果之间也具有可比性。商值法的数据和标准一般易于获得，且成本低、便于操作，因此在生态环境管理初期，可以通过设定合适物种的污染物标准浓度，以方便对生态风险进行管理。但商值法评价结果为半定量，属于一种低水平的风险评价，且不同物种对不同污染物之间敏感度存在差异，因此对标准浓度的设定具有潜在的不准确性。改进的商值法在结果定量化上有很大进步，但仍有诸多不足：如无法反映污染物的浓度与被染受体效应之间的关系；不能推论测度点之外的其他点上污染物浓度对受体的损伤效应；没有计算生态环境受污染或损伤的范围等。

2. *暴露－反应法*

暴露－反应法是依据受体在不同剂量化学污染物的暴露条件下产生的反应，建立暴露－反应曲线或模型，再根据暴露－反应曲线或模型，估计受体处于某种暴露浓度下产生的效应，这些效应可能是物种的死亡率、产量的变化、再生潜力变化等一种或数种效应。暴露－反应曲线或模型一般在危害评价过程中专门建立，并根据污染物的种类、毒性、受体的种类不同而变化。运用暴露－反应法可以对农作物的减产、鱼类数量减少等进行研究。针对单一物种建立的暴露－反应曲线或模型只能反映污染物对单一的被评价物种的危害效应，而无法反映对整个环境的危害程度。目前有研究提出将物种敏感性分布引入对暴露在相同污染物中的不同物种的生态风险评价，对于克服暴露－反应法的这个缺点做出了有益探索。同时，建立暴露－反应曲线或模型需要大量的污染物暴露与受体效应的数据，由于很难获得足够量的与实际情况更为接近的慢性毒理数据，因而研究者往往采用受控条件下的急性毒理数据。这种基于受控条件下急性毒理数据的研究，可能会将污染物在实际环境中出现的次生效应或因转化而引起的受体效应增强或减弱排除在外，从而引起不必要的误差。

此外，用于化学污染类风险源生态风险评价的方法还有污染指数法、回归过量分析法等。

8.3.3.2 生态事件类风险源生态风险评价方法

1. *物种入侵生态风险评价方法*

人类、动物、植物及其他物质在不同地区之间的频繁流动与接触，使外来物种入侵也成为造成地区、国家生态风险的重要原因之一。在评价外来物种入侵导致的生态风险时，既要了解被侵入地的生态环境状况，也要把握入侵物种的生物学特性，由此判断风险或计算风险概率。

（1）物种入侵生态风险的定性评价。实际中，往往先通过对一系列筛选性问题的回答，判断入侵是否具有明显的全面或局部的重大风险，当判断具有重大风险时，再对入侵物种的生存环境、影响因素以及自身的生物学、生态学特性进行进一步的评价。澳大利亚的杂草风险评价系统（weed risk assessment，WRA）是评价外来杂草入侵风险方面较为成功的生态风险评价应用体系。即在引进某一物种时，首先对 WRA 体系中设定的从初步定性评价到具体定性评价 3 个层次共 49 个问题进行回答，并针对每一个问题的回答给出一个得分，依此得到一个综合分值，用于确定对该物种是接受引进、拒绝引进或进一步评估，对需要进一步评估的物种再通过大田种植或实验种植确定其实际入侵潜力。

我国对外来物种入侵的生态风险定性评价研究主要集中在指标体系构建的研究。如有研究者构建了外来物种风险评估的指标体系，并提出了指标量化、权重设置、综合模型建立以及风险等级划分的方法；也有人采用类似的指标体系构建方法对河南省入侵植物的生态风险进行了评价研究；还有人依据国外经验和实态资料，构建了针对厦门市外来物种入侵风险评价的指标体系，其中包括外来物种的传入、定殖、扩散可能性、入侵史、已入侵分布情况、危害与影响、防治的可行性等指标，并以指标体系的综合分值表示风险等级。

目前，对指标体系中的准则层，研究者们的认识比较一致，大多是从传入、定殖、扩散、危害四个角度构建指标。在计算入侵风险总值时，一种方法是对准则层各指标值进行求和，另一种方法是对准则层各指标值进行连乘。考虑到准则层各指标之间具有相互依存性，采用连乘的计算方法更加合理。对指标体系中低一级的具体指标层，研究者们尚未形成一致的看法，不同研究文献所设计的具体指标在数量、内容以及在指标体系中的功能作用差异很大。可以通过对准则层指标的分解，界定对应于准则层各指标的各组具体指标的数量、内涵和外延，并对那些特别重要的具体指标设定反映环境承载力的阈值，这些阈值和入侵风险总值一起作为判断物种入侵风险的依据。

（2）物种入侵生态风险的定量评价。生物学家一般采用两种方法预测物种的入侵潜力：一种是考察物种自身的特征，如生活史等；另一种是分析外在因素，即物种的生存环境。生态位模型法是通过考察物种生存的环境因素即生态位要求，依据该物种的已知分布，利用数学模型归纳或模拟其生态位需求，得到被入侵区域中该物种的适生区分布，再根据可能的适生区分布结果对入侵风险进行评估的一种生态风险评价方法。生态位模型方法主要包括机理模型和关联模型两类。其中，机理模型研究方法主要有 CLIMEX 模型法，关联模型研究方法包括分类回归树法、生态位因子分析法等。

（3）基于遗传算法的规则集合，也属于对外来物种入侵导致的生态风险的定量研究中的关联模型研究方法，使用比较普遍。基于遗传算法的规则集合需要入侵物种的现有分布信息以及被入侵地区的环境数据，其中现有分布信息中一半作为训练数据以及模型质量检验数据，另一半用于建模后的独立模型质量检验。首先利用训练数据，选择一种算法规则，经过多次运行，生成一个由不同规则组成的生态模型，然后运用独立数据对模型进行验证。验证通过后，只要给定一系列被入侵地区的环境变量参数即条件值，即可根据模型对该物种在被入侵区域的定殖风险进行预测。Adjemian 等通过此方法增加了用于预测 13 种鼠疫载体可能分布的空间数据。

生态位模型法只考虑了非生物环境，任何生物的分布同时也会受到共同生长环境中的其他生物因素的影响。而有研究在采用聚类方法研究外来杂草品种对浙江金华市生物多样性的影响时发现，人为干扰程度和生境土壤的干湿程度可能是某些杂草相互伴生的主要因素。因此在采用各类生态位模型法研究的同时，引入概率统计学方法研究非生物环境对生物入侵的影响，可以提高物种入侵生态风险评价的准确度。

2. 遗传修饰生物体生态风险的评价方法

运用现代生物工程技术对已有生物进行遗传修饰，得到遗传修饰生物体。研究表明，有些遗传修饰生物体放入环境中会对人类健康与环境产生潜在风险。对遗传修饰生物体导致的生态风险的评价，主要采用实验方法，即通过个体水平实验、种群水平实验、生态系统水平实验等不同评价层次，获得相关信息，作为评价遗传修饰生物体已经或可能带来的生态风险的依据。生态系统水平实验中的微宇宙法是近代发展起来的研究生物种群、群落、生态系统和生物圈水平上的生物效应的一种方法，又被称为模型生态系统法。微宇宙法既可以用于污染对生态系统影响的研究，也可以用于自然生态系统的结构和功能的研究。由于其原理是近似模拟被评价的生物体在实际自然条件下的状态，以及是在可控条件下进行的，因此特别适合于对那些不能轻易放入自然环境中的遗传修饰生物体的研究。

3. 复合风险源类生态风险评价方法

随着风险受体扩展到种群、群落、生态系统以及景观水平等更高层次，风险源也延伸为涉及化学、生物、物理等多领域的复合风险源（污染物、物种入侵、自然灾害、生境破坏以及严重干扰生态系统的人为活动等）。复合风险源的影响一般是区域范围的，学术界于 20 世纪末形成了研究区域范围内的复合风险源类生态风险评价方法，典型方法如下。

（1）$R=P\cdot D$ 模型。

在此模型中，R 为生态风险，P 为风险源发生的概率，D 为风险源可能造成的损失。在进行区域生态风险评价时，根据研究需要，首先运用适当的函数关系式把 $R=P\cdot D$ 模型具体化。然后选用模型具体化过程中形成的典型指标，计算风险源发生的概率 P 和风险源可能造成的损失 D。在进行区域生态风险评价时，指标的选取要考虑到被评价对象的特点，即生态系统的稳定性、完整性、生态系统功能的可持续性以及空间异质性等。生态损失度指数法就是一种应用较为广泛的基于 $R=P\cdot D$ 模型的生态风险评价方法，其数学表达式是：

$$R=P\cdot D$$

式中，$D=\mathrm{YS}_i=E_i\cdot \mathrm{CR}_i$。其中，$\mathrm{YS}_i$ 为生态损失度指数，E_i 为生态指数，CR_i 为生态脆弱度指数。

国内应用生态损失度指数法进行生态风险评价的研究，较多地集中在湿地、湖区、流域、岛屿等的生态风险评价。然而，这些研究所选用的指标不尽一致，使得不同研究的结论之间缺乏可比性。此外，由于生态风险的数学内涵定义的不统一，以及生态风险具有模糊性、灰色性和不确定性等特点，也有学者在进行评价时采用模糊数学或灰色系统理论的方法来构建生态风险的数学表征公式。

（2）生态梯度风险评价方法。

生态梯度风险评价方法有 3 个特点：在概念模型构建中加入了对压力的产生、传递、形成风险的因果分析；采用综合方法进行暴露和危害分析；将证据权重分析法运用于因果分析。

该方法主要分为三步：第一步，在生态功能区域内，通过定性评价初步确定风险源、风险受体、风险源特点、风险源对风险受体可能造成的生态效应；第二步，在初步确定的风险源影响范围内，通过半定量评价确定影响最大的风险源、面临风险最大的生境、最有可能遭受风险源影响的次级区域；第三步，在最有可能遭受风险源影响的次级区域，通过定量评价验证定性评价确定的生态效应是否在特定次级区域及特定生境发生，并且将特定风险源与生态效应一一对应。

（3）相对风险模型法。

相对风险模型法（RRM 方法）是美国学者 Landis 与 Wiegers 于 1997 年在评价原油运输船压舱水处理站对 Valdez 港口 151.2km^2 范围内 11 个次级区域中 8 类生境的生态风险时，构建的用于区域生态风险评价的方法。RRM 方法的基本程序是：①确定评价区域及评价区域的生态环境管理与利益目标；②由熟悉评价区域情况的利益相关者，根据生态环境管理和利益目标，选择、确定作为风险受体的生境与评价终点；③通过对评价区域生态环境资料的分析，识别区域内的风险源；④根据资料与实际测量数据等，分析每种可能风险源的产生地点、压力作用、强度及潜在影响；⑤分析每种可能风险源是通过何种压力作用使生境发生变化，分析生境变化是通过何种压力作用改变评价终点；⑥构建 RRM 概念模型；⑦对风险源、生境、暴露系数、危害系数等进行评分；⑧根据 RRM 模型的计算公式分别计算风险源、生境、生态终点的相对风险值；⑨对相对风险值进行不确定性分析。相对风险模型法的计算公式为：

$$\mathrm{RS}_{l;j;m}=\sum(S_j\times H_l\times X_{jkl}\times E_{lm})$$

式中，RS 为各类相对风险得分（由下标决定是对于什么的相对风险）；S_j 为风险源得分；H_l 为生境得分；X_{jkl} 为各风险源－压力作用－生境组合的暴露系数得分；E_{lm} 为各生境－评价终点组合的危害系数得分；j 为风险源类型；k 为压力作用类型；l 为生境类型；m 为评价终点类型。

目前 RRM 方法在许多区域生态风险的研究中得到了应用，如 Landis、Luxon 等应用

RRM 方法分别于 2000、2005 年先后两次评价了俄勒冈 Willamette-McKenzie 流域的区域生态风险；Hart Hayes 与 Landis 于 2004 年应用 RRM 方法评价了华盛顿 Cherry Point 区域的生态风险。RRM 方法中的一个重要创新就是等级打分法的使用，通过设置等级将多风险源、多压力以及多终点较好地结合在一起，同时概念模型中对风险源与栖息地、栖息地与评价终点之间暴露、效应"系数（Filter）"概念的引入也进一步推进了等级打分法的使用。使用 RRM 方法进行风险表征时是分别对风险源、生境、评价终点进行计算，有利于后续生态风险管理中有重点地对风险源、生境进行治理与修复。

8.3.4 生态风险评价内容

8.3.4.1 评价系统的结构

美国国家环境保护局总结了 20 多种风险评价方法，推荐了一种风险评价结构框架，由四个部分构成，即暴露评价、危害评价、受体分析和风险表征。暴露评价、危害评价、受体分析分别与风险表征直接联系，风险表征需要暴露评价、危害评价和受体分析的支持，暴露评价、危害评价和受体分析是风险评价的基础，这三者之间是相对独立的，对风险表征的支持作用是相互平行的。

暴露评价提供有害物质在生态环境中的时空分布规律，即受体所在环境中有害物质的形态、浓度分布以及浓度的变化过程；受体与有害物质接触的方式；有害物质对受体的作用方式；有害物质进入受体的途径；以及受体对有害物质暴露的定量分析。暴露评价所提供的信息量的大小、准确和可靠的程度直接决定了风险评价结果的可信程度。

受体分析提供可能遭受危害的生物个体、种群、群落或生态系统的有关信息，包括系统遭受危害的指标的选择以及危害的对象、受体特征、生物或生态系统中受体的生命过程或运动过程等。可能遭受危害的生物或生态系统受体的种类很多，不同种类的受体对有害物质的反应也不同，所以不可能对每一种生物或生态系统的受体都进行分析、评价，关键是要选择一种或几种有代表性的典型生物或受体，其受危害的情况或可能性能反映整个生态系统及其中大多数生物受危害的程度和可能性的大小。目标生物或生态受体的选择主要取决于问题的性质和研究的目的，也取决于主要有害物质的种类及其毒性作用。

危害评价提供有害物质对不同生物的毒性作用方面的信息，如有害物质对受试生物的 LC50、LD50 等，或者剂量与反应的关系。这同时也作为一定浓度的有害物质是否会对指标生物或生态因子造成危害以及危害大小的判别依据。

风险表征根据以上三个部分提供的信息进行综合分析，给出有无风险以及风险大小的结论。

暴露评价、受体分析、危害评价可以自成体系、独立研究，也可以提供大量信息供风险表征利用，但对于特定的风险评价系统，受体分析和危害评价又都必须以其他两部分的要求为依据进行具体的分析和评价。

8.3.4.2 生态风险评价的主要内容

生态风险评价的四个组成部分为：暴露评价、受体分析、危害评价及风险表征。

1. 暴露评价

暴露评价是对污染物从污染源排放进入环境到被生物吸收，以及对生态受体发生作用的整个过程的评价。

化学物质被释放进入大气、水、土壤或沉积物等不同环境介质中，在流体作用下在环境中传输，在不同介质之间进行分配，在传输过程中伴随化学形态转化和非生物过程的降解（如光解、水解等）以及生物降解，最终形成以一定时空分布形式存在的浓度场，即各种生物或生态受体的暴露场。不同空间位置的受体在不同的时间与一定浓度、形态的有害物质接触，或者说暴露于这些污染物之中。污染物从不同途径以不同方式作用于生态受体，如以大气降尘的形态或气体形态与受体表面接触、被受体通过呼吸作用吸入或通过饮用水和食物被受体摄入等。从污染物进入环境到被受体接收，包括中间各种迁移转化过程，都是暴露评价的内容。因此，暴露评价有以下内容。

（1）源强分析。包括分析污染源的种类、数量，进入环境的空间位置，进入环境的方式、强度等。

（2）迁移过程分析。污染物进入环境的何种介质，在介质中怎样传输，在介质之间如何交换，以及最后的分配结果等，包括分析流体输送、混合、扩散、沉降、悬浮、挥发、吸附、解吸等作用。

（3）转化分析。指对污染物在环境迁移过程中伴随的改变污染物形态和浓度的各种化学、生物转化作用的分析，这些作用有水解、光解、化学分解、氧化还原、络合、螯合、生物转化、富集、放大等。

（4）受体暴露途径分析。包括大气、水、土壤、地下水、生物、食物等与污染物相接触的途径。

2. 受体分析

受体分析要确定作为生态风险评价的代表受体，代表受体可以是某生物个体、某种生物种群或某个生物群落或生态系统，也可以是生境如栖息地、水源、食物等。还要确定评价的终点，即用什么指标反映有害物质对生态系统作用的效应。指标可以是生物个体的死亡率、种群的丰度、作物的产量、生态多样性、生物多样性、生态系统的稳定性或持久性等。因此，受体分析包括以下几方面的内容。

（1）评价范围或生态系统范围的确定。尽可能按自然属性划分，如流域、盆地、湖泊等，有时根据需要也可按行政区域划分。

（2）生态系统调查。了解生态系统结构、特征，包括生物的和非生物的组分，如动、植物种类分布、丰度、水文、地质、地理、气象特征等，必要时还要了解人群分布、社会、经济等方面情况。

（3）选择和确定评价受体。这需要根据问题的性质和评价的目的和要求来确定。

（4）对受体的生命过程和所需环境条件进行分析。如果评价受体确定为生命系统或其某一部分，对于非生命受体如生境，则要了解其特征、变化过程与规律以及与生态系统其他组分之间的关系等。

（5）确定评价终点。评价终点的确定取决于所研究的问题的性质、研究的目标，也取决于污染物的种类和性质。

3. 危害评价

危害评价是生物毒性评价概念的拓展，对生物个体来说，危害评价就是毒性评价。评价受体扩展到生态系统的其他组成部分时，危害评价以毒性评价为基础，有时还要研究污染物其他性质的影响。危害评价要研究污染物的作用与受体响应之间的关系，即什么样的污染物在多大浓度（或剂量）下，受体暴露多长时间，会在什么部位产生什么性质的危害，以及危害的程度如何。一般情况下，危害评价结果会提出某种控制指标或阈值。危害评价总是与污染物的种类、受体和评价终点联系在一起的，根据受体和评价终点，危害评价内容可能是个体水平的、种群水平的、群落或生态系统水平的，或其他非生物水平的。

4. 风险表征

风险表征是估算各种暴露条件下对受体造成不利影响的概率的过程，包括对计算结果的不确定性的处理。风险表征把暴露评价、危害评价、受体分析的内容结合起来进行综合分析，得出风险大小的结论，为风险管理者提供有关风险本质和范围的综合研究结果，是评价过程的最终一步。生态风险表征要确定以下几方面的内容：

（1）有害影响出现的概率；

（2）每种影响的性质和时间特征（短时、可恢复、永久）；

（3）每种影响的程度；

（4）受影响的受体数量或栖息地。

既然风险指不利事件出现的概率，风险评价就包含不确定性的成分。风险评价承认不确定性的存在，可以使评价结果更可信。因此，有时会把不确定性分析作为风险表征必须述及的内容。

不确定性分析要说明不确定性的来源、不确定性在评价过程中的传播情况、不确定分析的大小、不确定性的处理，有可能时还可作出不确定性的定量分析。当然，不确定性的定量分析也包含不确定性的定性成分。

8.3.4.3 生态风险评价程序

风险评价的基本过程依次是：危害识别、暴露－反应估算、暴露评价、风险表征。

1. 危害识别

危害识别的主要过程如下。

（1）生态系统有关资料的收集：包括地理位置、地形地貌、地质、水文、气象、植被，以及土地、水、矿产、森林等资源的分布及开发利用情况，环境质量状况，还包括人群分布、社会经济等方面内容。

（2）污染源分析：包括污染源的种类、数量、主要污染物成分、排放去向、排放方式、排放地点、排放强度等。

（3）监测分析：包括监测设计和实施监测。确定监测的内容、时间、频次，以及分析方法、质量控制等，应考虑污染源和环境质量两方面的监测内容。

（4）现场调查：证实所收集的资料的可靠程度，补充不足的资料。包括植被调查、动植物种类分布调查，特别注意敏感的、重要的、珍稀濒危的保护对象。

（5）分析：将上述资料进行综合分析，确定主要污染物，确定可能受到危害的对象，即生物的或非生物的评价受体；确定反映受体遭受污染物损害程度的指标体系，即评价终点。

2. 暴露－反应估算

根据危害识别确定的主要有害废物、评价受体、评价终点，研究不同暴露水平下的受体响应，其主要过程如下。

（1）资料调研：调查、收集与研究内容有关的暴露－反应方面的资料，了解是否有现成资料或数据可供利用。

（2）方案设计：根据确定的评价终点设计试验方案，试验内容包括剂量－效应关系分析、时间－效应关系分析、污染物对个体的存活及繁殖率的影响、污染物对种群丰度的影响等，也可能是对非生物的其他影响。

（3）实施实验方案：按照设计方案实施。

（4）结果分析：对实验结果进行分析，一般要求提供出现某种可接受的生态效应的污染物的剂量或浓度阈值，如 LC50、LD50 等，或提供剂量－反应（浓度－反应）、时间－剂量－反应（时间－浓度－反应）等相关关系。

（5）外推分析：有三种不同性质的外推，一种是根据同类污染物已有的实验资料和已建立的外推关系，包括结构－活性相关关系进行外推；一种是实验室分析建立的关系外推至自然生态系统；还有一种是关于一类终点的分析结果外推到另一类终点，例如用生物个体的毒性试验结果外推种群大小的变化等。

3. 暴露评价

暴露评价有两方面的内容，一方面是分析从污染源进入环境的污染物的迁移转化过程在不同环境介质中的分布和归趋；另一方面是受体的暴露途径、暴露方式和暴露量的计算。主要评价过程如下。

（1）有害废物环境过程分析：分析有害物质可能进入什么环境介质，在环境介质之间分配的机制，在环境介质中迁移的途径和方式，伴随迁移发生的转化作用，了解污染物环境迁移、转归的主要过程和机制。

（2）建立模式：选择或建立模拟污染物环境转归过程的数学模式或其他物理模式。

（3）参数估算：确定模型参数的种类，确定参数估算方法，包括经验公式法、野外现场试验、实验室研究、系统分析等，进行参数估算。

（4）计算方法研究：根据所确定的数学模型，研究模型方程的计算方法，一般借助计算机进行计算。

（5）模型校验：对模型进行调试，选择独立于模型参数估算的资料和其他实测资料对模型进行验证。如果计算结果与实测资料相差太大，则调整模型或模型参数直到结果满意为止。

（6）转化分析：利用数学模型和源强资料，分析污染物环境转化过程和时空分布结果。

（7）暴露途径分析：分析有害废物与受体接触并进入受体的途径，如通过水、大气、土壤、地下水、食物等途径。若受体为人，还存在游泳等体育活动或其他娱乐活动、淋浴等卫生活动等途径。

（8）暴露方式分析：分析可能的暴露方式，如呼吸吸入、皮肤接触、经口摄入等。

（9）暴露量计算：确定暴露量计算方法，计算暴露量。有时，根据需要（如生物个体组织危害风险评价）不但要计算进入受体的污染物的量，更重要的是要计算被受体吸收并发生作用的污染物的量。

4. 风险表征

风险表征是上述分析的综合，是做出风险水平评价的过程，主要有以下过程。

（1）确定表征方法：根据评价项目的性质和评价目的、要求，确定风险表征的方法，如是定量分析还是定性分析，用哪种定量或定性方法等。

（2）综合分析：分析剂量－反应或浓度－反应关系，分析一定暴露量所产生的相应的生态效应，即风险大小。

（3）不确定性分析：分析整个评价过程中产生不确定性的环节、不确定性的性质、不确定性在评价过程中的传播。有可能时，对不确定性的大小做出定量的评价。

（4）风险评价结果陈述：做出评价结论，对评价结果进行文字、图表或其他类型的陈述，对需要说明的问题加以说明。

【思考题】

1. 什么是生态监测？生态监测有何特点？
2. 生态监测的主要对象和内容是什么？
3. 生态监测在环境保护中有何作用？
4. 生态风险评价的定义是什么？
5. 生态风险评价的方法有哪些？请举例具体说明相应方法的原理。
6. 生态风险评价的主要程序是什么？
7. 论述我国生态监测和生态风险评价的现状、存在的问题及发展趋势。

第 9 章　环境保护生态工程

内容提要　本章在简要介绍生态工程及环境生态工程的基础上，分别以污水人工湿地处理系统、固体废物处理生态工程和污染土壤的生态修复为切入点，结合实际工程案例全面阐述了环境生态工程的技术发展及其在环境治理与保护实践中的应用。

9.1　环境生态工程概述

近年来，我国的生态环境问题一直受到人们的广泛关注，由于生态问题具有隐蔽性和潜伏性，较一般环境问题更难解决。环境生态工程是一门环境学与生态学、工程学相互交叉的应用学科，是解决生态环境问题的有效方法。

9.1.1　生态工程及其发展

9.1.1.1　生态工程的概念

生态工程（ecological engineering）一般指人工设计的，以生物群落为主要结构组分，具有一定功能的、宏观的、人为参与调控的工程系统。1962 年美国生态学家 H. T. Odum 首先提出生态工程的名词，并将其定义为"以从自然系统获得的技术为基础解决人类社会环境问题的一门工程分支学，它所需的人类工程技术仅起辅助作用，而不起主要作用"。我国生态学家马世骏对其进行了进一步的补充，在 1984 年对生态工程提出了较为完整的概念，即生态工程是应用生态系统中物种共生与物质循环再生的原理，根据结构与功能协调原则，结合系统工程的最优化方法，设计的促进多层分级利用物质的生产工艺系统。

生态工程的目标是在促进自然界良性循环的前提下，充分发挥资源的生产潜力，防止环境污染，达到经济效益与生态效益共同发展的目的。它可以是纵向的层次结构，也可以发展为几个纵向工艺链索横连而成的网状工程系统。其思路是利用自然生态系统无废弃物质和物质循环再生等特点来解决环境污染问题，以太阳能作为基本能源，并保持或增加生态系统内部的物种多样性，是一类低消耗、多效益、可持续的工程体系。

9.1.1.2　生态工程的产生及发展

生态工程虽历史不长，但其研究、应用与发展极为迅速，受到很多国家环境保护及农业等方面的科研者、决策者、实施者的重视。作为一个新兴的学科研究领域，生态工程的产生具有坚实的科学理论基础和社会需求。

20 世纪三四十年代以来，生态学研究的各个领域都取得了重大进展。生态系统概念的提出、生态系统生态学和全球生态系统观的建立，使生态学的研究提高到一个崭新的水平。生态工程学源于生态学，以系统论的整体观、综合观为指导，在分析的基础上综合，将自然科学的不同分支学科（如物理学、化学、生理学、毒理学、数学等）与多种技术科学（农学、土壤学、畜牧学、林学、环保工程学、计算科学等）、人文科学（如社会学、经济学等）的基础理论、方法和成就相互渗透和结合，形成应用生态学中一门多学科交叉渗透的新兴分支边缘学科。

20 世纪 60 年代，人口激增、科技发展和工业进步引起了资源紧张、能源短缺、环境污染和食物供应不足等问题，造成了全球性的生态危机，人们迫切寻求解决对策和途径。发达国家主要面临的问题是高度的工业化和强烈集约型的工业经营带来的环境污染问题。为了减少甚至消除污染、保护有限的资源，人们试图运用生态系统的某些自净功能如生物净化功能来实现其污染治理的目标，而生态工程提供了相关的技术与方法。在发展中国家，人们面临着人口增长、资源破坏、生产不足和环境污染组成的复合问题，这些国家不仅要保护资源和环境，还要以有限的资源生产更多的产品，达到高产、优质、低耗、高效以供养日益增长的人口。为了不走发达国家“先污染、后治理”的老路，发展中国家必须走可持续发展的道路，而生态工程适用于这种发展战略并提供了实现低耗、高效、无或少废物生产的适用技术。

自 1962 年 H. T. Odum 提出“生态工程”一词起，西方的研究人员和学者就试图运用生态学和工程学的某些原理和工艺来达到治理环境和可持续发展生产的目的。美国从 1968 年开始，在北卡罗来纳州的摩洛赫得市研究应用河口区的池塘污水处理生态工程，特别是处理城市污水与海水混合水。20 世纪 70 年代还在佛罗里达州的盖恩斯维尔（Gainesville）调查和试验通过种植柏树并使之成林来处理水中的营养盐，使之循环并保护湿地的生态工程。瑞典为防治 20 世纪 60 年代出现的湖泊和沿岸水体富营养化问题（磷污染问题），开始关注污水处理相关工程，尤其是应用生态学理论的生态工程研究，其引入的生态工程包括利用污水作为肥料、用农田灌溉处理净化污水、建立温室、养殖多种水生植物以及净化污水等，截至 20 世纪 80 年代相关工程的总投资额超过 5 亿美元。荷兰在 20 世纪 70 年代开始尝试生态工程相关项目，包括小型湖泊生态系统构建，尤其是直接增加藻类摄食类生物，以及引入藻类生物的竞争对象，在营养与阳光方面限制藻类的过度膨胀，从而防治水体的富营养化。

从 1990 年开始的 30 年内，美国在东西海岸地区的 24 个区域建立了光化学污染监控网络（PAMS），在 PAMS 的监测下，臭氧治理取得显著成效。

20 世纪，针对黑臭水体问题，韩国首尔清溪川、英国伦敦泰晤士河、法国巴黎塞纳河、德国鲁尔埃姆舍河等多地采用了疏浚清淤、全面截污、保持水量、立法管理等多种途径进行整治，水质得到了明显改善。

针对矿山修复问题，澳大利亚政府重视恢复废弃矿区，并严管生产矿区的生态环境、坚持走可持续生态矿业之路。它将多专业联合投入，并引入许多新计算机技术，现在已将复垦作为开采工艺的一部分。在美国和澳大利亚等国家，目前引用的现代 3S 技术和其他新技术、新理念在生态恢复中已得到广泛应用。生态恢复的目标不仅仅是种树种草，而是建立一个能够进行自我维护、运行良好的完整生态服务系统。

中国生态工程的产生和发展基本与西方同步，但具有明显的独立性。考虑到我国发展中国家的特殊国情，完全仿制西方发达国家重点关注环境保护的发展模式并不适合我国生态工程研究，需要兼顾经济发展和社会效益，更好地发挥物质条件及科学技术的作用。针对我国能源短缺、环境破坏和食物供应不足等组成的复合问题，马世骏结合中国大量朴素的生态工程实践，总结出以“整体、协调、再生、循环”为特点的中国特色生态工程原理。在马世骏、颜京松等人的推动下，中国生态工程充分吸收了我国几千年传统思想与智慧结晶，并对一些长期实践的生态工程（如稻田养鱼、桑基鱼塘等）进行了初步的总结和分析。

我国实施的一系列重大生态工程具有鲜明的时代特征，由其所处的特定的经济社会发展阶段所决定，体现了人们对重大自然灾害的深刻反思。如1978年西北、华北、东北风沙危害和水土流失问题，1998年长江特大洪灾和2000年北方大面积沙尘暴等。回顾我国生态建设发展历程可以发现，1978年之前我国鲜有大型生态工程，“三北”防护林工程是我国最早实施的规模较大的生态工程。1978年至今，依据生态保护理念和方法的不同，可将我国生态工程分为启动实施阶段（1978—1999年）、重点治理阶段（2000—2012年）、系统修复阶段（2013年—至今）三个阶段。

（1）启动实施阶段。生态保护理念未得到足够重视，生态保护让步于经济发展，生态退化和自然灾害频发。启动实施了“三北”、沿海防护林、天然林资源保护等生态工程，探索了防沙治沙、水土流失、天然林保护等技术，但由于生态工程尚处于试点示范阶段，有关技术方法仍有待完善。

（2）重点治理阶段。受可持续发展理念影响，坚持经济发展与生态保护并重，启动了京津冀风沙源、退牧还草、湿地保护等生态工程，初步建立了防沙治沙、草地修复、湿地保护、石漠化治理等技术体系，但多为单要素生态修复技术，要素间系统修复技术研究不足，空间尺度关联、格局优化等大尺度技术逐渐受到重视。

（3）系统修复阶段。受生态文明理念影响，坚持生态优先、绿色发展，实施了以“山水林田湖草沙”系统治理为代表的生态工程，在进一步完善单要素修复技术体系的同时，探索了以国土空间生态修复为主的多要素耦合、空间关联技术体系。

9.1.2　环境生态工程

9.1.2.1　环境生态工程概念

全球性的资源破坏和环境污染问题促使人们不断探索治理和保护环境的途径和方法。20世纪60年代建立起来的环境工程学科在环境污染防治方面研究了一系列有价值的环境技术。实践证明，要实现无污染的零排放是不可能的。例如，在提供一种环境技术时，往往将污染物从一种介质（如空气）转移到另一种介质（如水）中去；另外，采用环境工程常规方法治理污染，常常需要化石能源，为生产、供应这部分所需的能源，往往又产生或增加另一类污染，导致生态系统的生物多样性改变或减少。因此，需要寻找一种在治理污染的同时，又能保护自然生态系统和非再生性资源的方法。为此，人们试图运用生态和工程的某些原理和工艺来达到治理、保护和持续发展的目的，从而产生了环境生态工程

（ecological engineering of environment）。

环境生态工程是研究如何利用、强化生态系统的功能，以及如何修复被破坏的生态系统的一门科学。环境生态工程学已经成为当今生态学科的前沿领域。一般的环境工程学方法只能对有固定排放口而且能用管道等收集起来的点源污染进行集中高效治理，但不能解决广大的面源污染问题。而环境生态工程学的方法是通过一些措施（包括工程学措施）来强化生态系统本身所具有的自净能力，从而达到对环境污染的削减、修复与治理的目的。环境生态工程提供了利用自然生态系统无废弃物和物质循环等特点来解决污染问题的思路，它以太阳能为基本能源，并保持或增加生态系统内部的物种多样性。与环境工程和传统工程相比，环境生态工程是一类低消耗、多效益、可持续的工程体系。

9.1.2.2 环境生态工程建设原则

环境生态工程是具有环境保护的功能，能对生产过程中产生的废弃物进行生物转化、利用和处理的环境工程系统。建立一个良好的环境生态工程的模式，必须考虑如下几个原则。

1. 因地制宜原则

根据不同地区的实践情况来确定本地区的主导环境生态工程模式。

2. 开放有效平衡的系统原则

在环境生态工程的建设中必须充分重视在生物系统及环境系统之间的物质、能量和信息的输入、运转及输出的相互关系，加强与外部环境的物质交换，提高环境生态工程的有序化、长效性，提高系统的效率及效应。

3. 集约综合原则

在环境生态工程的建设发展中，必须注重劳动、资金、能源、技术密集相交叉的集约综合原则，达到既有高的产出，又能促进系统内各组分成分的互补、互利、协调发挥环境生态工程的综合效能。

9.1.2.3 环境生态工程基本原理

1. 环境生态位原理

在环境生态工程的构建中，生物的利用构成要考虑其环境生态位的特点，特别是在半人工或人工的生态系统，人为的干扰控制使其物种呈现单一性，从而产生了较多的空白生态位。因此，在环境生态工程设计及技术应用中，如果能合理运用生态位原理，把适宜系统环境和具有经济、环境处理及美化价值的物种引入系统中，填补空白的生态位而阻止对环境有害的污染物的输入、病虫及有害生物的侵袭，就可以形成一个具有多样化物种及种群稳定的生态系统，从而保持环境中的生物以及水体、土壤环境的稳定平衡。

2. 食物链原理

人工生态系统与环境生态工程中的食物链往往较自然界的食物链有所缩减，不利于能量的有效转化和物质的有效利用，同时还降低了生态系统的稳定性。因此，在环境生态工程中，可以将各营养级因食物选择而废弃的生物物质和作为粪便排泄的生物物质，通过加环与相应的生物进行转化，延长食物链的长度，并提高生物能的利用率。

3. 整体效应原理

环境生态工程的建设要实现能流转化率高，物流合理循环、规模大和信息流畅通，就要合理调配环境生态系统的各个组成部分，使整个系统的效率提高。

4. 环境及生物协同进化原理

生物的生长发育依赖于环境，并受外界环境强烈影响。外界环境中影响生物生命活动的各种能量、物质和信息因素称为生态因子。生态因子中既有对生物和生命活动所需的利导因子，也有限制生物生存和生命活动的限制因子，因而在当地的环境生态工程建设中必须充分分析当地利导因子及限制因子的数量和质量，以选择适宜的物种和环境协调模式。

9.1.3　环境生态工程实践

环境生态工程是国际上发展较为迅速的领域，已成功地应用于污水资源化处理、湖泊富营养化控制、废弃地恢复等方面。如在《生态工程》(*Ecological Engineering*: *An Introduction to Ecotechnology*) 一书介绍的12项应用实例中，有9项与环保及污染物处理与利用有关。在美国，已有多处成功的污水处理生态工程。如在佛罗里达Gainsville处种植柏树使之成为森林湿地，处理污水中的营养盐（去除污水中50%以上的有机质、营养盐和重金属元素）；在加利福尼亚州，应用湿生植物香蒲等去除重金属，改善水质，并进行复垦；在俄亥俄州，应用蒲草为主的湿地生态系统处理煤矿排放的含FeS酸性废水，处理后的废水含铁量减少了50%～60%，电导率和pH值均得到提升；在丹麦Glums建立了防治富营养化的生态工程，结果去除进湖污水中90%～98%的磷，并建立了生态模型，还有人进行应用生态过程去除堆肥和土壤中重金属的试验；德国建立了以芦苇为主的湿地处理废水的生态工程；瑞典建立了应用室内水生植物处理污水的生态工程；荷兰试验以调控湖泊中的生物种类结构（食物链上一些环节）比例的方法防治富营养化，另在一些居民小区中建立生活污水处理小型生态工程，由一些垂直分布的充气和厌气土壤滤器纵向组合构成，并据此建立了营养盐流动的数学模型；匈牙利应用中国传统的综合养鱼经验，建立污水养鱼生态工程。

中国长期以来就有许多自发的废物利用、再生和循环的传统经验，例如将生活污水粪便用作农田肥料或培育食用菌、养蚯蚓等。但研究、设计和应用生态工程是在20世纪50年代才开始的。马世骏等生态学家在20世纪50年代首先开始调控湿地生态系统结构和功能以防治蝗虫的研究；20世纪60年代开始较大规模地发展污水养鱼；20世纪70年代对被有机磷和有机氮严重污染的鸭儿湖进行防治研究；20世纪80年代开始污水处理与利用生态工程，对一些河流和湖泊的有机污染进行治理，并发展和完善了污水生态工程土地处理系统，如沈阳西部污水生态工程处理系统将氧化塘与土地处理结合起来，创造了林、农一体化的污水资源化生态工艺；20世纪90年代以后，环境保护生态工程更是以前所未有的速度发展，涌现了许多新工艺、新技术，成为我国生态工程研究中发展较快的领域。在生态工程的原理、净化机制等基础研究中，从微观到宏观、从分析到综合均有大量研究，均得到不同程度的发展，在原理方面也有我国的创见和特色。

21世纪初，尽管已有学者认为工程对象由自然生态系统开始延伸至社会—经济—自然复合生态系统，但总体上，仍以自然生态系统为主。近年来，中国深入开展自然资源管理体制改革，推动了生态工程对象从自然要素转向社会—自然要素。同时，研究对象由中小尺度转向大尺度，如开展黄河流域人地系统耦合机理与优化调控、定量研究了全球变化与区域可持续发展耦合关系。

今后我国环境生态工程的发展趋势有二：一是多学科的渗透与进一步综合，生态工程本是一门多学科渗透的交叉学科，随着科学的发展和进步，更多的新老学科已有的和新的成就，包括原理、方法、工艺等要继续主动地吸收、渗透到生态工程的研究和应用中来，进一步发展与完善生态工程的原理和方法；二是生态工程设计的标准化、规范化及因地制宜的类型和区域化仍有待探索与研究，这就要求对更多的参数值予以测算。

9.1.3.1 我国环境生态工程的主要类型

根据生态工程的性质及其主要目标，我国的环境生态工程大致有以下几类：

（1）无（或少）废生态工程。兼顾工业生产和保护环境的工艺被称为无污染工艺，由若干此种工艺所构成的工程体系，被称为无废生态工程。例如一些工厂和工业城市中的废物再生和利用系统，将废热源再利用，将工厂废水净化和再循环，达到无污染和少污染。

（2）分层多级利用废物生态工程。模拟不同种类生物群落的互生功能，包含分级利用和各取所需的生物结构，使生态系统中每一级生产过程的废物变为另一级生产过程的原料，且各环节比量合适，使所有废物均被充分利用。如养殖场的粪便经沼气发酵、沼液无土栽培蔬菜、沼渣制混合饲料等，几项生产项目和工艺组合使用。

（3）复合生态系统内的废物循环和再生生态工程。如桑基鱼塘生态工程。

（4）污染自净与利用生态工程。例如污水土地处理系统，利用土壤-植物系统的自净能力，既净化了生活污水，又利用了其中的营养元素做肥料；利用生活污水养鱼，污水中的营养盐和有机物作为鱼的饵料，促进了鱼类的生长并净化了污水。

（5）城乡结合的生态工程。生态系统结构中进行的物质循环存在于农业生产和以农产品为原料的加工业中。在工农业发展中相互补偿原料、保持稳定的生产体系、减少废物，并改善农村生态环境的生态工程成为工农冶炼生态工程。

9.1.3.2 我国环境生态工程的特点

我国环境生态工程是生态工程研究中发展较快的一个领域，它具有如下特点。

（1）以整体观为指导。我国环境生态工程以整体观为指导，其研究和处理对象是生态系统或复合生态系统；是全面规划一个区域，而非某些局部环境，或生态系统中某一部分；其目的是多元的，即同步取得生态环境效益、经济效益和社会效益。

（2）关注系统内部。它以调控生态系统内部结构与功能为主，提高生态系统的自净能力与环境容量。一方面要求工厂、生活区采用物理的和生物的工程措施和方法，尽可能减少排污量；另一方面采取综合措施，提高系统的自净能力。

（3）将生产与净化结合。我国环境生态工程将生产与净化结合起来，不仅处理三废，使其无害化、资源化、变废为宝；同时促进生产、节约开支。实践中尽量少用化石燃料或电能，设备一般比较简单，价格及运转费用低廉，且能将三废资源化，有直接利润，经济效益显著，特别适合环保投资及运转费用不足的地区和单位应用。

（4）层次优化组合。技术措施主要为层次优化组合，因地制宜联结该地原有的，但过去未与环保相连的生产项目或工艺；引进外地或国外已应用过的、但过去在本地尚未应用的生产项目或工艺；以及少量创新生产项目与工艺。这种因地制宜建立于大量已有的、成熟的生产项目及工艺的组合上，虽是一种创新，但技术措施相对较简单。

正是由于这些特点，环境生态工程才越来越为人们认识与欢迎，进而推动其发展。我国环境生态工程主要应用的领域有污水处理生态工程（如污水土地处理系统、污水稳定塘处理系统、污水人工湿地处理系统等）、大气污染防治生态工程、固体废物利用生态工程、环境污染生态修复工程等，下面我们将从污水人工湿地处理系统、固体废物处理生态工程和环境污染生态修复工程三个方面详细介绍环境生态工程在现实生活中的应用。

9.2 污水人工湿地处理系统

9.2.1 人工湿地生态系统

人工湿地（artificial wetland）是人工设计的、模拟自然湿地结构和功能的复合体，由水、处于水饱和状态的基质、挺水植物、沉水植物和动物等组成，并通过其中一系列生物、物理、化学过程实现污水净化。虽然自然湿地可以应用于处理废水，但在地点、负荷量上难以与实际需要相符合，而人工湿地生态系统中的生物种类多种多样，并处于人为的控制之下，综合处理废水的能力受到人工设计控制，处理能力完全可以超过自然湿地。

9.2.1.1 人工湿地的提出和发展

人工湿地自1950年被Knight应用到污水处理以来，经过几十年的发展已成为一种较为成熟的污水处理技术，其在20世纪90年代被引入中国，并在多个地区得到成功应用。人工湿地具有投资低、结构简单、水质净化效果好、运行费用低、管理方便、耐冲击负荷强、运行维护效果较好等优点，同时还具有其他生态功能。Kichkut在20世纪70年代提出了“根区理论”，采用水平潜流人工湿地处理污水，当污水流过芦苇床时，有机物被降解，氮被硝化和反硝化，同时可选择含有钙、铁、铝添加剂的填料通过沉淀作用去除磷。该理论的提出掀起了人工湿地研究与应用的热潮，20世纪80年代后人工湿地得到迅速发展。1996年9月在奥地利召开的第四届研讨会标志着人工湿地系统作为一种独特的新型废水处理系统正式进入无污染控制领域。欧洲早在21世纪初就有数以千计的人工湿地系统投入运行，仅英国就有200～300座人工湿地。这些人工湿地系统或大或小，有些小型的仅$40m^2$，有些大型的则超过$5000m^2$。同时，美国有超过600座人工湿地处理系统，主要用来处理市政、工业和农业废水。

近10年来，一些研究开始涉及用人工湿地处理一些工业废水，并认为人工湿地独特而复杂的净化机理使其能够在含重金属工业废水和难降解有机废水的处理中发挥重要作用。最近发达国家已将重点转移到利用人工湿地处理特殊工业废水，这也是人工湿地发展的一个新特点和趋向。

我国的人工湿地处理系统起步相对较晚，在“七五”期间开始人工湿地的研究，并逐渐开始工程应用，主要包括天津市环境保护研究所建造的芦苇湿地工程、深圳市白泥坑湿地以及成都的活水公园、湿地等。这些里程碑式的工程标志着我国人工湿地技术的快速发展和取得的显著成果。在我国，人工湿地已被广泛应用于城市废水处理、农村生活污水处理及农业面源污染控制等多个方面。

经过20多年的研究和推广，现在人工湿地技术在我国已得到广泛应用，其领域涉及到生活污水处理、工业废水处理、农业点源污水处理及河道湖泊富营养化控制等。我国已陆续建成多个人工湿地工程，如武汉三角湖、月湖，北京奥林匹克森林公园、翠湖人工湿地等。

9.2.1.2 人工湿地特点

人工湿地现在已被广泛地应用于生活污水、暴雨径流、工业废水、农业径流、酸性矿山废水和垃圾渗滤液等各种废水的处理，作为一种自然处理系统具有重要的污水处理和资源恢复功能。大部分的人工湿地包含五部分：

（1）基质。具有透水性能的基质，如碎石、砾石、火山石、土壤、砂等。这些基质一方面为微生物的生长提供稳定的依附表面，另一方面也为水生植物提供了载体和营养物质。

（2）植物。适于在水中生长的植物，如鸢尾、香蒲、芦苇、芦竹等。这些水生植物可以增加湿地基质的透水性，它们除了自身具有较强的营养物质吸附富集功能外，还与周围环境的原生生物、微生物形成各种小环境。

（3）微生物。微生物种群，如硝化细菌、反硝化细菌等。它们可以转化水中污染物甚至将有机物完全矿化。植物根区微生物是湿地降解有机污染物的主要生力军，人工湿地中微生物的活动是废水中有机污染物降解的主要机制。

（4）脊椎或无脊椎动物。如鱼类、贝类和鸟类等。

（5）水体。湿地系统正是在具有一定长宽比和底面坡度的低洼地势中，由底层基质（如碎石等）和上层土壤混合组成填料床，污水在床体的表面或者床体的填料缝隙中流动，床体表面通常种植成活率高、生长周期长、耐水淹、美观以及具有经济价值的水生植物（如芦竹等），从而形成一个独特的动植物生态系统。

9.2.1.3 人工湿地的类型

人工湿地最初按植物形式进行分类，包括浮生植物系统、挺水植物系统和沉水植物系统，后来由于系统多采用挺水植物，故在挺水植物的前提下，按照水的流动状态分为表面流人工湿地和潜流人工湿地，潜流人工湿地又可分为水平潜流人工湿地、垂直潜流人工湿地和波形潜流人工湿地。

（1）表面流人工湿地，又叫水面湿地。水力路径以地表推流为主，在污水处理过程中，主要通过植物茎叶拦截、土壤吸附过滤和污染物自然沉降来达到去除污染物的目的，水面处于土面之上，暴露于空气中。它与自然湿地较为接近，绝大部分有机物的去除由长在植物水下茎、杆上的生物膜来完成。尽管表面流人工湿地具有建造工程量少、操作简单等优点，但处理效率低，尤其在我国北方地区，由于冬季低温时易发生表面结冰，影响处理效果，故较少采用。

(2) 水平潜流人工湿地。水在填料表面下水平渗流，因污水从一端水平流过填料床而得名，它由一个或多个填料床组成，床体填充基质，床底设有防渗层，防止污染地下水。与表面流人工湿地相比，水平潜流人工湿地的水力负荷和污染负荷大，对生化需氧量、化学需氧量、悬浮性固体、重金属等污染指标的去除效果好，处理效果受气候影响较小，且很少有恶臭和蚊蝇滋生现象。目前，水平潜流人工湿地已被美国、日本、澳大利亚、德国、瑞典、英国、荷兰和挪威等国家广泛使用。

(3) 垂直潜流人工湿地。垂直潜流人工湿地中往往填有大量的碎石、卵石、砂或土壤，基质表面栽种植物，水在基质床中由上而下垂直渗流，水面低于介质面，因而可充分利用填料表面和植物根系上的生物膜及其他各种作用来处理污水。垂直潜流人工湿地的硝化能力高于水平潜流人工湿地，可用于处理氨氮含量较高的污水。

(4) 波形潜流人工湿地，增加了水流的曲折性，使污水以波形的流态多次经过湿地内部基质。通常在传统水平潜流或垂直潜流人工湿地内部增设导流板，将布水方式设计成波形流动。波形潜流人工湿地集合了水平潜流人工湿地和垂直潜流人工湿地的优点，优于传统潜流人工湿地。

9.2.2 污水人工湿地处理系统的机理

人工湿地是一个通过模拟天然湿地，由植物、微生物、原生动物和基质构成的人工生态系统，它应用生态系统中物种共生、物质循环再生原理，结构与功能协调原则，在促进废水中污染物质良性循环的前提下，充分发挥资源的生产潜力，防止环境的再污染，获得污水处理与资源化的最佳效益。人工湿地对污水的作用机理十分复杂，一般认为，人工湿地生态系统是通过物理、化学及生物三重协同作用净化污水。物理作用主要是过滤、截留污水中的悬浮物，并沉积在基质中；化学反应包括化学沉淀、吸附、离子交换、拮抗和氧化还原反应等；生物作用则是指微生物和水生动物在好氧、兼氧及厌氧状态下，通过生物酶将复杂大分子分解成简单分子、小分子等，实现对污染物的降解和去除。

9.2.2.1 基质净化

传统的人工湿地基质主要由土壤、细砂、粗砂、砾石、碎瓦片、粉煤灰、泥炭、页岩、铝矾土、膨润土、沸石等介质中的一种或几种所构成。在人工湿地污水净化过程中，基质起着极其重要的作用。其污水去除机理就是依赖着其巨大的表面积，在土壤颗粒表面形成一层生物膜，当污水流经颗粒表面时，大量的固体悬浮物和不溶性有机物被填料阻挡截留，起到沉淀、过滤和吸附的作用。

不同基质通过其物理化学特性影响基质的吸附性能，湿地基质对磷的吸附沉淀较强，而植物只能吸收少量无机磷。对磷的吸附效率和吸附量通常受到基质种类的影响，当湿地基质对磷的吸附趋于饱和后，其对磷的去除率明显下降。有研究者对以石英砂、煤灰渣和高炉渣为基质构建的人工湿地进行研究，其结果表明：煤灰渣基质的人工湿地对有机物处理效果最好、高炉渣的除磷效果最好、石英砂综合较差。

除以上常用的基质外，专家们还发现了许多新型基质，如浮石层土壤，即火山爆发后形成的多孔性火山岩，富含铁、铝、钙和镁，作为人工湿地基质具有很好的应用潜力。格雷（E. Gray）等的研究表明，以钙化海藻为基质的潜流型人工湿地系统，对磷的去除率高达98%，明显高于以砾石作基质的情况。

9.2.2.2 植物净化

人工湿地中，植物对氮磷的去除包括三个方面：一是植物本身直接吸收同化含氮、磷化合物；二是其根系分泌物可促进某些嗜磷、氮细菌生长，提高整个湿地生态系统微生物数量，促进氮、磷释放、转化，从而间接提高净化率；三是植物呼吸过程释放的 CO_2 与土壤及介质中钙离子结合形成碳酸钙，与磷形成共沉淀去除。植物对有机物的去除主要通过三种途径：一是植物直接吸收有机污染物；二是植物根系释放分泌物和酶促进有机物降解；三是植物和根系微生物的联合作用。

植物在生长过程中能吸收污水中的无机氮、磷等，供其生长发育。湿地植物对氮的去除作用主要是：氨的挥发作用、NH_4^+ 的阳离子交换作用、吸收、硝化和反硝化作用等。科学家研究认为，通过植物根部根毛周围充满氧气的液体薄膜中的好氧微生物的硝化作用，可将 NH_4^+ 转化为气体，释放到大气中。除此之外，植物本身也可以吸收一部分 NH_4^+，NH_4^+ 进入植物后通过氨化反应将其去除，并合成蛋白质、氨基酸、酶等有机氮，消除其对植物的毒害作用。污水中无机磷在植物吸收及同化作用下可转化为植物的 ATP、DNA 等有机成分，最后通过收割植物而从系统中去除。

除营养元素外，人工湿地选用的凤眼莲、香蒲、菖蒲、芦苇、水葱等水生植物对铜、铅、镉、铬、汞、锌、银等重金属具有良好的富集作用，重金属以金属螯合物的形式蓄积于植物体内的某些部位；植物通过产氧作用使根区含氧量增加，促进污水重金属的氧化和沉降，还可通过挥发、甲基化等作用达到对污水和受污染土壤的生物修复。

9.2.2.3 微生物净化

湿地微生物主要有菌类、藻类、原生动物和病毒，由于生物化学反应大多是在微生物和酶的相互作用下进行的，所以微生物在人工湿地污水处理系统中起着极其重要的作用。其中，人工湿地中的氮主要是通过微生物的硝化和反硝化作用去除，植物对无机氮的吸收只占8%～16%，其他如氮的挥发、基质的吸附和过滤也只占一小部分。含硝污水中有机物的降解和转化主要由湿地微生物活动完成：有机物通过沉淀、过滤、吸附作用很快被截留，然后被微生物利用；可溶性有机物通过生物膜的吸附和微生物的代谢被去除。微生物也能分解污水中的硫化物，有机硫化物经矿质化被分解成硫化氢和硫酸，它们与土壤中的各种离子结合形成无机硫化物。无机硫化物一部分会被植物吸收利用，也有一部分会在反硫化细菌的作用下经反硫化作用形成硫化氢，硫化氢再逸出湿地或又参与硫化作用。

湿地微生物还具有吸附作用。在微生物生长过程中，需要吸收一些营养元素和重金属以保证生长和代谢，它们分泌的高分子聚合物对重金属有较强的络合力。它们还可通过胞外络合作用、胞外沉淀作用固定重金属，把重金属转化为低毒状态。

9.2.2.4 水生动物净化

人工湿地中的水生动物有提高土壤通气透水性能和促进有机物的分解转化的生态功能。底栖动物如螺蛳、螃蟹、小型软体动物、摇蚊幼虫、水蚯蚓、贝壳等和淡水鱼虾形成湿地生态系统食物链的消费者。水中的浮游生物是鱼类的饵料，可以通过改变鱼类的数量结构来操纵植食性浮游动物的群落结构，促进滤食效率高的植食性浮游动物生长，进而降低藻类生物量，改善水质。而蚌类的增多可使水质变清，从而为轮藻类植物的大量生长提供有利条件，为草食性水禽提供食物，扩大水禽的数量及增加停留时间。

9.2.3 污水人工湿地处理效率影响因素

9.2.3.1 水力停留时间（HRT）

水力停留时间（hydraulic retention time，HRT）一般是指待处理污水在反应器内的平均停留时间，也就是污水与生物反应器内微生物作用的平均反应时间。人工湿地水力停留时间的计算公式为：

$$\mathrm{HRT} = V * \varepsilon / Q$$

式中，V 为基质体积，m^3；ε 为基质孔隙度；Q 为人工湿地设计水量，m^3/d。

表面流湿地进水在初始部分（沉降区）发生大量的絮凝、沉降，大约可以去除80%的总悬浮物，这一区域水力停留时间约2 d。对表面流湿地中间部分（好氧反应区）的研究显示，水力停留时间达到2d以上后，各种水生藻类开始生长，引起pH值变化，促进沉水植物的生长，促进氨氮的挥发和磷的沉降，不过为了避免藻华，水力停留时间应限制在2～3 d。采用潜流湿地系统处理城市污水的试验证实，潜流湿地本身的厌氧条件适于反硝化作用脱氮，当水力停留时间达到2～4d时，会发生强烈的反硝化脱氮作用。

人工湿地污水处理系统的孔隙度（ε）指湿地土壤中孔隙占湿地总容积的比。美国国家环保局建议，表面流湿地密集植被区域设计采用的孔隙度为0.65～0.75，开阔自由水域采用的孔隙度为0.8；由于潜流湿地基质的材料及粒径不同，其差别较大，一般情况下，对于砂石基质，其孔隙度在0.4左右。

9.2.3.2 表面负荷率

据美国国家环保局资料，设计过程中，可以利用表面负荷率ALR计算湿地处理工程的面积，计算公式为：

$$\mathrm{As} = Q * C_0 / \mathrm{ALR}$$

式中，ALR为表面负荷率；As为人工湿地表面积；Q 为处理水量；C_0 为污染物浓度。

各种污染物浓度和负荷的确定，对于湿地处理类型和尺寸的确定非常关键。湿地处理系统可以根据某种污染物的每日负荷来进行设计。设计者必须准确知道污水中污染物的种类和浓度，日流量乘以某种污染物的浓度即可估计处理负荷，根据该负荷以及推荐的湿地特定污染物负荷率就可选择相应的处理面积。

9.2.3.3 水力坡度

水力坡度指河流水面单位距离的落差，常用百分比、千分比、万分比表示。

为了施工和排水的方便，潜流湿地水力坡度一般取0.5%～1%；而表面流湿地水力坡度取0.5%或者更小。水力坡度这一设计参数，需根据填料性质及湿地尺寸加以校正，对以砾石为填料的湿地床一般要取2%。对于潜流湿地系统来说，为了建设方便和运行中的排空，比较实用的做法是从进水到出水沿统一的底部坡度设计；另外，为了防止死水产生或短流发生的现象，可以采用分级坡度以消除低点、沟槽和侧面坡度。

9.2.3.4 系统深度

有研究建议，潜流湿地系统深度应为植物根系所能达到的最深处，不过实践中由于植物根系很少达到理论上的最深处，不同的学者建议的人工湿地深度从40～60cm不等，太深会导致根系无法输氧到底部，同时也容易造成死区，降低工程效益。

美国国家环保局根据多年工程经验，确定潜流湿地进水区域水深为40cm，基质深度应比水深深10cm，即系统总体深度为50cm。

美国水污染控制委员会（WPCF）要求，表面流湿地的水深在50cm以内。不过，北美湿地水质处理数据库中推荐的表面流湿地的水深为10～200cm，典型深度为15～60cm，运行深度随植物种类不同而不同，一般挺水植物区域水深60cm，沉水植物区域水深120cm左右。经验表明，对于芦苇湿地系统，处理城市或生活污水时，湿地单元深度一般取60～70cm；而用于较高浓度有机工业废水的处理时，深度一般取30～40cm。

9.2.3.5 处理单元长宽及其比例

经验表明，人工湿地污水处理单元长度通常定为20～50m。若处理单元长度过长，易形成湿地床中的死区，且使水位难于调节，不利于植物的栽培。由于潜流湿地处理单元绝大部分的生化需氧量（BOD）和悬浮物的去除发生在进水区几米的区域，因此也有学者建议，潜流湿地处理单元长度应控制在12～30m，以防止短路情况的发生，而潜流湿地处理单元长度最小取15m为宜。

人工湿地污水处理单元长宽比从1∶1到90∶1不等。早期的湿地研究者认为，较高的长宽比有利于减少水流短路，使得湿地水流更趋近于推流。不过实际经验表明，一些表面流湿地的推流状况与长宽比无关。研究表明，3个长宽比分别为4∶1、10∶1和30∶1的平行潜流系统中，总悬浮物和BOD的去除率没有太大的区别。

9.2.4 应用实例

人工湿地可以应用于生活污水处理、化工废水处理、农村非点源污染控制、农业废水处理、垃圾渗滤液处理、雨水处理等多个领域。下面分别以东莞生态园燕岭湿地工程和云南滇池人工湿地脱氮除磷工程为例，介绍人工湿地生态系统在城市污水处理厂尾水深度处理和农村非点源污染控制方面的应用。

9.2.4.1　生态工程组合工艺应用于城市污水处理厂尾水深度处理

1. 项目背景

2007年5月31日，东莞市土地统筹办会议室召开了生态园建设工作会议，市政府领导提出加快推进生态园建设的设想。2007年8月底，东莞市委、市政府批准东莞生态产业园区管理委员会成立。

东莞生态园四周虽然水系纵横，但缺少可以长期利用的水源以保证生态园景观娱乐用水，所以生态园中央水系的补水必须由生态园内部自行解决，即合理利用区域内南畲朗污水处理厂的尾水。因此，园区规划中设计了一个污水厂尾水净化湿地，与污水厂同时投入运营使用，结合污水厂建设，规划燕岭湿地接纳污水厂的尾水，流经湿地进行进一步的生物净化，水质从Ⅴ类劣质水经过湿地的处理净化后预期达到Ⅳ类地表水水质。

2. 工程设计

本工程处理规模为10万m^3/d，采用生态氧化池－高效垂直流人工湿地－塘床自然湿地生态工程组合工艺作为污水深度处理工艺。

南畲朗污水处理厂的尾水经提升泵站进入尾水净化湿地，经过生态氧化池－高效垂直流人工湿地－塘床自然湿地生态工程组合工艺处理，达到出水标准后进入中央水系用作景观补水、绿地浇灌用水、道路冲洗用水等。

其中主要工艺有：

（1）提升泵站。南畲朗污水处理厂的处理出水通过自流管道流至泵坑，经潜水泵提升到垂直流湿地的生态氧化池进行净化。

（2）生态氧化池。为了使生态氧化池与人工湿地组合脱氮除磷工艺更有效地运行，生态氧化池的设计结合了传统生物膜反应池及生态氧化塘工艺，在池体内设置了片状微生物床填料和生物浮岛。片状微生物床填料是一种微生物载体，较传统的微生物填料具有更大的孔隙度及微生物吸附面积；生物浮岛是漂浮于水面的植物浮板，植物根系及其附着的微生物和水生动植物组成复合生态系统，有利于净化水质。

（3）人工湿地系统。人工湿地区域是燕岭湿地处理工艺的核心部分，湿地基质填料采取碎石、粗砂等多种材质，以不同粒径及不同配比进行有机组合，总厚度为1.8m。为了保证湿地系统布水均匀，湿地系统共有60个独立进水单元，各个单元可单独运行也可并联运行，系统运行采用PLC自动控制及手动控制结合，可实现远程（计算机）及现场两种控制方式。污水经过湿地植物池的过滤、吸附、生物降解后由收集管排出。植物池内种植适合东莞气候的各种水生湿生植物，如芦竹、风车草、花叶芦荻、香根草、纸莎草、水生美人蕉等。

（4）自然湿地系统。自然湿地区为本工程工艺系统的末端系统，通过修建塘床交替的自然湿地系统进一步净化水质，实现生态修复，调节城市小气候，增加生物多样性，并向周边居民提供休闲空间。

3. 处理效果

东莞生态园燕岭湿地于2009年8月开始施工建设，于2011年3月建成后经过一段时间的运行调试开始正常运行。该工程进水水质为南畲朗污水处理厂出水，与5日生化需氧量（BOD_5）与化学需氧量（COD）之比为0.23，低于生物处理所需要BOD_5与COP之比（0.3），可生化性较差，故采用微污染生态处理技术组合工艺进行深度处理。在经过为期半年以上的调试及试运行后，处理系统运行稳定，出水效果良好。2012年1—6月运行期间系统最终出水的COD、BOD_5、NH_3-N和TP平均值分别约14.4、3.4、0.84和0.19mg/L，出水水质主要指标完全符合《地表水环境质量标准》（GB3838—2002）中Ⅳ类标准要求。运行期间，进水参数变化浮动范围较大，但出水水质曲线始终维持在较为平稳的状态，这说明以垂直流人工湿地为核心的生态组合工艺去除效果稳定，耐冲击负荷大。

本工程在注重水处理功能的同时，充分考虑到了与周边景观的衔接，实现了水质净化功能与城市绿色景观美化功能的和谐统一，从而提升了周边地区的生活环境和投资环境，获得了良好的环境效益、经济效益和社会效益。同时，采用该技术处理污水处理厂尾水（再生水）为缓解其他城市的缺水状况或水资源节约提供了新的方法和思路，起到了很好的示范作用，对以后类似工程的实施具有重要的参考价值。

9.2.4.2 云南滇池人工湿地脱氮除磷工程

1. 项目背景

滇池是我国著名的高原淡水湖泊，是昆明城市饮用水源地之一，具有工农业用水、调蓄、防洪、旅游、航运、水产养殖、调节气候等多种功能。因其位于昆明城市下方，是城市污水唯一受纳水体，大量点、面源污水的排入致使滇池水体富营养化严重，基本丧失饮用水水源地功能。“九五”以来，滇池被列为“三河三湖”治理重点之一，《国家中长期科学和技术发展规划纲要》（2006—2020年）将滇池治理列为16个国家科技重大专项中的湖泊治理难点项目。

为遏制滇池湖滨带生态功能继续退化，“十五”期间编制的《滇池流域湖滨带保护与建设规划》中明确规定滇池水体水位1887.4m外延100m的湖滨带核心区全部退塘（耕）还湖，建设湖滨天然湿地。研究人员选取滇池东北岸福保村废弃鱼塘，通过对废弃鱼塘采取基底修复、人工配水和均匀布水、水生植物选培、水位控制等措施，建立湖滨带表面流湿地系统，在恢复湖滨生态系统的同时，处理周边农田径流和村落生活污水，削减直接进入湖湾的污染负荷。

2. 工程设计

因滇池水位与地势较低，湖滨带污水经排涝站提升后排入滇池。本工程对原有泵房进行改造，增设一台水泵及部分管道、电控，将污水改为提升至湿地系统内进行处理后自流排入滇池。本工程通过引水、布水、水生植物种植、堤埂改造等主要工程措施，建成包括沉淀塘、一级表面流、二级表面流和稳定塘的湿地系统。

表面流人工湿地是应用最早的一种人工湿地，相对于潜流、垂直流湿地，表面流湿地处理效率较低、占地面积大，但却因其运行成本低和人工投入少等特点，在农村污水治理方面具有明显优势。

3. 处理效果

在系统经12个月连续运行试验后，削减COD、TN（总氮）、TP分别为7840、650和

20kg，单位面积削减量分别为4704、390和12kg/hm^2，削减率分别为28.02%、35.93%和4.86%。具体来说，COD的处理效果较差，年均去除率仅为16%，其原因一方面可能是由于湿地进水由企业排水、农村生活污水和农田径流污水组成，其中农田径流污水水量大，且COD浓度低，仅为20～50mg/L，致使湿地进水经稀释后COD浓度偏低，故而影响其去除率；另一方面，湿地中植物的腐败也会导致系统本身COD负荷的增加，影响出水水质。本系统TN去除率约为40%，去除率略低。氨氮的去除率可达57%，去除效果相对较好，TP去除率约为36%，去除效率适中。

农业面源具有不稳定特性，径流量和径流中污染物浓度因水文条件不同而不同，从运行监测结果可以看出，几种主要污染物浓度变化都很大，人工湿地能够适应这种变化。

研究表明，该系统具有投资少、效益好、抗面源负荷冲击能力强、运行管理方便等优点，利于滇池湖滨带退塘还湖政策实施，在生态系统重建的过程中对废弃鱼塘进行了有效的再利用，起到削减湖滨入湖面源污染负荷的作用，具有较好的推广和应用前景。

9.3　固体废物处理生态工程

9.3.1　固体废物概述

固体废物，主要指人类在生产、流通与消费过程中产生的一般不具有原来使用价值而被丢弃的各类固体物质或泥状物质，或是提取组分后弃之不用的剩余物质，包括工业废物和生活废物。事实上，废物是一个相对概念，不存在任何绝对的废物。往往一种过程中产生的废物，可以成为另一个生产环节的原料或资源。因此，固体废物又被称为“放错地方的资源”。

9.3.1.1　固体废物的产生及特点

固体废物的产生按其来源可分为工业废物、矿业废物、城市垃圾、农业废物和放射性废物等。固体废物具有以下特点。

（1）固体废物是所有污染物的终极状态，通常含有有害成分，且扩散性较小，具有一定的稳定性。

（2）固体废物又是污染的源头，在处理不当时，易通过土壤、水体、大气等环境介质产生二次污染。

（3）固体废物的状态为其运输、加工和贮存提供了方便。

9.3.1.2　固体废物的危害

固体废物对环境的危害很大，主要表现在以下几个方面。

（1）侵占土地。固体废物若不加利用就需要占地堆放，如堆放1万t粉煤灰要占地0.33hm^2。目前许多国家都出现了固体废物与工农业生产和人民生活争地的问题。

（2）污染土壤。废物任意堆放，其中的有害组分容易污染土壤。特别是有害固体废物，经过风化、淋溶，能杀伤土壤中的微生物和动物，降低土壤微生物的活性，改变土壤的成分和结构，使土壤被污染。

(3) 污染水体。固体废物在堆积过程中，经雨水的浸泡和固体废物本身的分解，随天然降水和地表径流进入江河湖海，或随风飘落入水体，或随渗沥水进入附近土壤并渗入地下水，造成地区和区域性地表水与地下水的污染，危害人体健康和社会经济发展。

(4) 污染大气。固体废物可以通过多种途径污染大气，是大气污染的主要污染源之一。如尾矿、粉煤灰和干污泥等粉状废物和秸秆等农业废物容易随风飘扬，增加大气中粉尘和有毒物质的含量，某些有毒废物在适宜的温度和湿度下，被微生物分解后释放出有毒气体，有些废渣本身也会在焚烧时释放出有毒气体污染大气。

9.3.2 固体废物处理及利用

处理固体废物应遵循无害化、减量化、资源化的宗旨，常规的固体废物处理方法主要有填埋、焚烧和生物分解等。

9.3.2.1 预处理技术

固体废物预处理是指采用物理、化学、生物等方法，将固体废物转变成便于运输、贮存、回收利用和处置的形态。固体废物的预处理首先要遵循减量化的原则，尽量进行资源回收，减少废物的排放量、运输量和处理量。预处理技术主要有压实、粉碎、分选和固化等。

9.3.2.2 填埋技术

填埋是使用最为广泛的土地处置技术，其实质是将固体废物铺成有一定厚度的薄层后加以压实，并覆盖土壤的方法。我国对城市生活垃圾的处理大多数采用填埋法。填埋技术经过传统填埋到卫生填埋发展到生态填埋。

1. 传统填埋

长期以来，中国大部分城市都是采用传统填埋法，这种简单的填埋方法基本上没有考虑环保措施和环保标准，现已渐渐被淘汰，其最大的缺点就是占地面积大，同时存在严重的二次污染问题。

2. 卫生填埋

卫生填埋是在传统填埋的基础上，考虑了防渗、污水处理、臭气处理及沼气处理等措施的一种填埋方式，可以在一定程度上解决固体废物处理工程的二次污染问题。卫生填埋是发达国家普遍采用的生活垃圾填埋技术，其特征是既有完善的环保措施，又能满足环保标准。我国的卫生填埋技术在总体上比国外落后，在防渗及渗滤液处理、沼气控制利用、封场及填埋专用仪器设备等方面还远不够完善，技术转化率低，缺乏具有原创性和自主知识产权的新技术和新工艺，尤其在技术集成与工程化方面缺乏足够的支撑。

深圳市下坪固体废弃物填埋场是国内第一座按照国际卫生填埋标准建设的大型生活垃圾填埋场，被列为全国生活垃圾卫生填埋示范工程。下坪场在建设填埋场的同时建设了垃圾渗滤液处理站，用来处理导排系统收集的渗滤液。近年来，下坪场在渗滤液处理长期达标排放的基础上提高标准，要求渗滤液处理出水能够在场区循环使用，为此，在原来已经达到二级出水的基础上增加了污水深度处理的系统（MBR膜生物反应器+NF膜处理系统），对渗滤液进行深度处理，提高处理水平。目前，渗滤液处理采用“氨吹脱+厌氧生物滤池+A/O池+MBR+NF”的新型处理工艺，COD去除率达98%，BOD去除率达95%，氨氮去除率达99%。出水可以用于场内道路冲洗、绿化浇灌等，既避免了填埋垃圾渗滤液的二次污染，又改善了场区周边的水体环境，为周围居民提供了良好的生活环境。

3. 生态填埋

垃圾生态填埋技术是国际公认的垃圾安全处置技术，是一种安全、经济、行之有效的固体废物最终处置方法。其基本思想是选择和采用合理的填埋结构，包括场地结构、废气引气结构和渗出液的引流、处理、监测等，以最大程度地减少和消除对环境特别是地下水体的污染，并对其中潜在的资源进行回收和利用。它与传统的卫生填埋方法相比，能极大地减少固体垃圾对周边环境的危害，节约土地征用和开发面积，形成一种“生态”的或“绿色”的处理技术。由此可见，城市生活垃圾生态填埋技术的研究对于缓解城市化及工业化生产发展带来的环境压力具有重要的现实意义。

9.3.2.3 焚烧技术

焚烧是高温（800～1000℃）分解和深度氧化的过程，目的在于使可燃的固体废物氧化分解，以达到减容、去毒并回收能量和副产品的作用。几乎所有的有机废物都可以用焚烧法处理，其优点在于能迅速且大量地减少废物容积、消除有害微生物、破坏毒性有机物。同时，垃圾焚烧可以产生热量，对热量的利用是垃圾资源化表现形式之一。但是焚烧容易造成二次污染，而且投资和运行管理费用也较高，对废物也有一定要求，即热值大于4000kJ/kg。焚烧法在发达国家中发展比较迅速，成为除土地填埋之外的一个重要处理手段，在欧盟、日本和新加坡等国家和地区中垃圾焚烧处理占生活垃圾处理量的50%左右。

但焚烧适宜处理有机成分多、热值高的废物，当处理可燃有机物组分很少的废物时，需补充大量的燃料，这会使运行费用增高。在我国，由于垃圾分类水平较低，国外垃圾焚烧先进技术不能完全适应我国具体情况，生活垃圾焚烧技术的应用尚处于起步阶段，早期仅有深圳等少数城市的垃圾处理采用了焚烧技术。随着中国东南部沿海地区和部分中心城市的经济发展和生活垃圾低位热值的提高，近年来已有不少城市建设生活垃圾焚烧厂，并耦合生物质焚烧发电技术，实现垃圾的减量化、资源化、无害化处理。

9.3.2.4 生物分解技术

生物分解技术是利用微生物分解固体废物中可降解的有机物，从而达到无害化和综合利用，其中应用最广泛的是堆肥化技术。堆肥指依靠自然界广泛分布的细菌、放线菌和真菌等微生物，人为地促进可生物降解的有机物向稳定的腐殖质生化转化的微生物学过程。堆肥不仅能够将固体废物中的有机物循环利用，还能改善土壤的物理、化学和生物性质，并增进土壤的肥效。由于我国农业发展需要大量的有机肥料，堆肥是一条可行的固体废物处理途径。

堆肥化按照堆制过程中是否需氧而分为好氧堆肥和厌氧堆肥。好氧堆肥是一种在提供游离氧的条件下，以好氧微生物为主使有机物降解、稳定的无害化处理方法。固体废物中存在的各种有机物（相对分子质量大、能位高）作为微生物的营养源，经过一系列生化反应，逐级释放能量，最终转化成相对分子质量小、能位低的物质而稳定下来，达到无害化的要求，以便利用或进一步妥善处理，使其回到自然环境中去。厌氧堆肥是在没有游离氧的情况下，以厌氧微生物为主对有机物进行降解、稳定的一种无害化处理。在这种厌氧生物处理过程中，复杂的有机化合物也被降解，转化为简单、稳定的化合物，同时释放出能量。因好氧堆肥堆体温度高，一般在 50 ～ 65℃，可以最大限度地杀灭病原菌，同时对有机质的降解速度快，因此大多数都采用高温好氧堆肥。

9.3.3 好氧堆肥技术

9.3.3.1 好氧堆肥原理

堆肥过程通常分为三个阶段：升温阶段、高温阶段和降温阶段。

1. 升温阶段

一般指堆肥过程的初期，在该阶段堆体温度逐步从环境温度升到 45℃左右，主导微生物以嗜温性微生物为主，包括真菌、细菌和放线菌，分解底物以糖类和淀粉类为主，其间能发现真菌的子实体，也有动物及原生动物参与分解。

2. 高温阶段

堆温升至 45℃以上即进入高温阶段，在这一阶段，嗜温微生物受到抑制甚至死亡，而嗜热微生物则上升为主导微生物。堆肥中残留的和新生成的可溶性有机物质继续被氧化分解，复杂的有机物如半纤维素 - 纤维素和蛋白质也开始被分解。微生物的活动交替出现，在温度达到 50℃左右时最活跃的通常是嗜热性真菌和放线菌；温度上升到 60℃时真菌几乎完全停止活动，仅有嗜热性细菌和放线菌活动；温度升到 70℃时大多数嗜热性微生物已不能适应，并大批进入休眠和死亡阶段。现代化堆肥生产的最佳温度一般为 55℃，这是因为大多数微生物在该温度最活跃，最易分解有机物，而病原菌和寄生虫大多数可被杀死。

3. 降温阶段

高温阶段必然造成微生物的死亡和活动减少，自然进入低温阶段。在这一阶段，嗜温性微生物又开始占据优势，对残余较难分解的有机物作进一步的分解，但微生物活性普遍下降，堆体发热量减少，温度开始下降，有机物趋于稳定化，畜养量大大减少，堆肥进入腐熟或后熟阶段。

9.3.3.2 好氧堆肥工艺

用于有机固体废物处理的好氧堆肥技术主要有条形堆肥、静态好氧堆肥和装置式堆肥。

1. 条形堆肥

条形堆肥是最原始的“纯污泥体”堆肥方式。被堆肥物质呈条状平行堆置，采用机械翻堆和自然对流的供气方式，热量由好氧微生物代谢提供，但温度受机械翻堆影响而不易控制。且条垛太大会在中心形成厌氧区，翻动条垛时会造成臭气释放；条垛太小则会造成散热迅速，堆温不能杀灭病原体和杂草种子，水分蒸发少。

2. 静态好氧堆肥

在静态好氧堆肥中，堆料与增量剂（常常是木屑）混在一起形成堆，以增强通气效率，采用强制通气方式提供氧气并调节温度，相比于条形堆肥，这一系统的温度更易控制。

3. 装置式堆肥

装置式堆肥主要在封闭的容器内进行，不受外界环境因素的影响，并可对堆肥过程中主要的影响因子进行人工调控。与前两者相比，这一系统可以更好地利用地面空间，提供更好的过程控制，并能有效去除臭味。目前，国际社会一般多采用动态好氧装置式堆肥技术。常见的装置式堆肥类型有以下几种。

（1）仓式堆肥系统。该反应器堆肥技术类似于一种从底部卸出堆肥的筒仓，每天都由一台旋转钻在筒仓的上部混合堆肥原料、从底部取出堆肥。通风系统使空气从筒仓的底部通过堆料，在筒仓的上部收集和处理废气。这种堆肥方式典型的堆肥周期为14d，每天取出堆肥的体积或重新装入原料的体积是筒仓体积的1/14。由于原料在筒仓中垂直堆放，因而这种系统的占地面积很小。由于原料在仓内得不到充分的混合，必须在进入筒仓之前就混合均匀。

（2）塔式堆肥反应器。塔式堆肥反应器一般由5～8层组成，堆肥物料由塔顶进入塔内，塔内的堆肥物料通过不同形式的机械翻动，逐层由塔顶向塔底移动。堆肥物即由塔顶移动至塔底而完成一次发酵通常需经过5～8d的好氧发酵。塔内温度从上层到下层逐渐升高，塔内一般采用鼓风机等强制通风的供氧模式，通过通风口将空气定量地输送至塔内以满足微生物对氧的需求；塔身通常为密闭结构，有利于集中收集处理堆肥过程中产生的臭气。该系列设备具有处理量大、占地面积小的优点，但是基建及设备投资成本高。

（3）滚筒式堆肥反应器。滚筒式堆肥反应器在水平方向上倾斜放置，筒体前、后端分别设置进料和出料仓，筒体内部完全密封，应用风机强制供气。在该装置中废弃物靠与筒体内表面的摩擦沿旋转方向提升，同时借助自身重量落下。通过如此反复升落，废物被均匀地翻倒且与供入的空气接触，并通过微生物的作用进行发酵。经1～5d发酵后排出，条垛放置熟化。

9.3.4 典型堆肥厂设计案例

以深圳市生活垃圾堆肥厂为例，介绍堆肥厂的设计方案。

9.3.4.1 项目背景

随着深圳市经济的发展，人民生活水平的改善，特别是深圳市全面城市化进程，垃圾管理的服务范围由目前的城市地区逐渐有计划地延伸到城乡结合部及农村地区。同时，由于深圳市城市功能空间布局的调整、产业结构的变化和城市人口空间分布的变化，垃圾管理体系面临新形势。如何妥善处理深圳市生活垃圾，将深圳建设为空气清新、环境优美、生态良好的宜居城市，保证城市可持续发展和资源的合理利用，已经成为市政府、社会和市民普遍关注的焦点和热点问题。

据深圳市环保部门2009年的统计，全市城市生活垃圾产生总量为475.96万t，其中无害化处理处置448.84万t，处置率为94.30%。处置方式包括焚烧发电、卫生填埋，其中焚烧发电191.71万t，卫生填埋257.13万t。全市工业固体废物产生总量为139.45万t，其中综合利用125.58万t，无害化处理处置13.72万t。工业固体废物主要包括工业危险废物、粉煤灰、炉渣等，三者产生量合计占全市工业固体废物产生总量的78.95%。

9.3.4.2 工程设计

欧美发达国家把堆肥看作为可降解有机物的再生利用，是垃圾减量化和垃圾资源化的最佳途径，堆肥在缓解深圳市垃圾处理压力这个问题上也是一个选择。

1. 主要内容

设计主要包括：总平面布置，预处理设计，好氧堆肥工艺，处理设备系统，工艺参数的比选，二次污染的控制，经济评估等。

2. 设计规模

深圳市堆肥厂位于南山区，设计日处理量为200t/d。

3. 预处理设计

预处理方法采用破碎、磁选相结合的方式。

4. 主体工艺设计

堆肥垃圾进厂后进行称重计量，进入受料仓，给料机、中央传送系统、布料机把垃圾送入15个主发酵隧道，每个发酵隧道200m^3（长27m、宽4m），垃圾经过两个星期的高温发酵后，垃圾体积可降解30%～40%。隧道发酵过程中，来自中央大厅的废气和新鲜空气通过通风循环系统给发酵过程提供氧气；发酵过程中产生的渗滤液利用收集池收集，然后进入渗滤液循环利用系统，多余的渗滤液则排到渗滤液处理池进行处理，并在达标后排放。传送系统把发酵的垃圾传送到后熟化区，再进行3周的熟化，经过筛分（25mm）分成垃圾肥（$<$25mm）和残渣（$\geq$25mm），残渣运到潭口垃圾填埋场填埋，垃圾肥转入最终熟化区并进行3周的熟化，再经过一系列筛分（弹跳筛12mm），小于12mm的生堆肥和12～25mm的生堆肥进入硬物料分选机，分选后，残渣进入填埋场进行填埋处理。另一部分利用装载机放入最终熟化区Ⅱ进行10周的熟化，制成0～12mm的成品垃圾肥。该工艺具有以下技术特点：

①采用先进的强制通风隧道式发酵技术；

②全部采用自动控制技术；

③对堆肥过程进行实时追踪；

④提高垃圾减量化、无害化、资源化的速率。

9.3.4.3 处理效益

堆肥厂的建立既帮助深圳市解决了固废处理问题，也带来了经济效益。

第一，堆肥厂的建立，解决了深圳一部分垃圾的去处，并且使垃圾的有用成分在一定程度上得到了回收利用。

第二，堆肥的使用可以改善当地土壤的肥力，同时减少了化肥的使用，在一定程度上可以减轻因化肥的流失而造成的水体富营养化问题。

第三，在堆肥厂建设期间，可以带动一条链的发展，拉动内需。且堆肥厂建成后，将提供一部分稳定的就业岗位。

9.4　环境污染生态修复工程

9.4.1　生态修复概述

环境修复（environmental remediation）就是研究对被污染的环境采取物理、化学与生物学技术措施，使存在于环境中的污染物质浓度减少或毒性降低或完全无害化，使得环境能够部分或者全部恢复到原始状态。环境污染修复的目的是转移或转化环境（主要指土壤和水体环境）中的有毒有害污染物，消除或减弱污染物毒性，恢复或部分恢复环境的生态服务功能。由于环境污染大多属于复合污染，通常需要用多种方法联合进行修复。两种乃至多种方法的组合已难以用单一的物理、化学、生物名称来描述。用一种统一的方法涵盖多种修复方法，注重系统内在修复功能与外加修复功能的有机结合，以及环境生态服务功能的全面恢复是环境污染修复的发展趋势。

生态修复（ecological remediation）是指在生态学原理的指导下，以广义的生物修复（包括微生物修复、植物修复、动物修复和酶学修复）为基础，结合各种物理、化学、工程技术等措施，通过优化组合，使之达到最佳效果和最低耗费的一种综合的修复污染环境的方法。也就是说，生态修复是根据生态学原理，利用特异生物（如修复植物或专性降解微生物等）对环境污染物的代谢过程，并借助物理修复与化学修复以及工程技术的某些措施加以强化或条件优化，使污染环境得以修复的综合性环境污染治理技术。生态修复尽管以生物修复为基础，但却不同于生物修复。生物修复是利用具有净化功能的生物和微生物对污染物进行消减和净化，是单纯的生物修复；而生态修复则强调通过调节诸如土壤水分、土壤养分、土壤 pH 值和土壤氧化还原状况以及气温、湿度等生态因子，实现对污染物所处环境介质（水、气、土等）的调控，发挥生物净化功能。

在生态修复的研究和实践中，涉及的相关概念有生态恢复、生态重建、生态改建、生态改良等。学术上用得比较多的是“生态修复”和“生态恢复”。生态恢复（ecological restoration 或 eco-restoration）是指对生态系统停止人为干扰，以减轻其负荷压力，依靠生态系统的自我调节能力与自组织能力使其向有序的方向进行演化，或者利用生态系统的自我恢复能力，辅以人工措施，使遭到破坏的生态系统逐步恢复或使生态系统向良性循环方向发展。生态恢复主要指致力于那些在自然突变和人类活动影响下受到破坏的自然生态系统的恢复与重建工作，恢复生态系统原本的面貌，如废弃矿山的生态恢复、退化生态系统的恢复等。

国外有一种看法认为“生态修复”即“生态恢复”，实际上二者既有共同点又有区别。前者常用于环境保护领域，后者常用于自然保护领域；前者更适合于环境介质，而后者多针对生态系统；前者针对污染进行修复，后者主要针对退化进行恢复。从广义上讲，污染也是一种退化，但前者主要以降低污染物浓度为目标，后者主要以植被重新建设为目标。

9.4.1.1 生态修复的原理

1. 生物方法与物理和化学方法优化组合原理

实际情况下的环境污染多属于复合污染，其修复要靠多种方法共同完成。传统的修复方法中，通常是将物理和化学方法作为生物方法的辅助，而生物修复是主体部分，修复目标最终要靠生物修复方法来实现。在生态修复中，生物修复的作用仍然十分重要，但不同方法之间的组合服从于工艺优化原则。化学－生物联合修复是具有潜力的修复方式。对于植物修复来说，通过使用螯合剂释放被土壤牢固吸附的重金属，可大幅度地提高植物对重金属的吸收和富集能力，达到提高植物修复效率的目的；对于高浓度有机污染土壤，表面活性剂可提高有机污染物的生物可利用性，提高微生物的修复效率。生态修复强调优化组合，以获得最快的修复效果。

2. 生态系统自净功能的激活原理

土壤－植物系统在一定条件下对环境污染具有净化作用。它是一个强有力的活过滤器，在整个生物圈中这里的有机体密度最高，生命活动最为旺盛。由于土壤生物的多样性，土壤系统可通过一系列生物化学过程，使环境介质中的污染物质实现自净。然而，当污染负荷超过土壤系统本身的净化容量时，该功能将被钝化甚至消失。人为强化、激活土壤系统的净化功能，并实现同外加净化功能的耦合，可使修复效率大大提高。自我净化功能激活的途径有：通过污染物脱毒途径减轻对净化生物的毒害；通过投加营养物改善营养状况；通过调控环境因子改善修复条件等。

3. 生态因子调控原理

生态因子调控是环境污染修复的必要前提，是生态修复的基本特征，是强化修复效果的重要手段。因此。大部分污染修复研究都考虑生态因子的调控。生态因子可分为生物因子与非生物因子，其中非生物因子即环境因子，包括营养盐、温度、pH 值、水分、有害物质浓度和静压力等。每种生物对影响其生长和活动的环境均有一定耐受范围，如果条件超出耐受范围，就难以发挥对污染物的生物降解作用。生物因子主要是生物之间的协同作用。许多生物降解作用需要多种生物的合作，这种合作在最初的污染物转化和后期的矿化作用中都可能存在。生物协同机制包括：提供生长因子，即一种或多种生物向其他生物提供生长必需物质；分解不完全降解物质；分解共代谢产物和有毒产物，改善其他生物生存的条件，捕食有害生物等。

9.4.1.2 生态修复的原则

生态修复属于生态工程范围，现代生态学的 3 个基本原则可以很好地用来描述生态修复的基本特征。

1. 整体优化

在现代生态学中，整体优化具有协调性、高效性与稳定性三重意义。在环境污染生态修复工艺中，通过不同方法的选择和匹配实现优化，系统内在净化功能与外加净化功能有机结合，方法之间的连接通过耦合实现，具有整体协调性。生态修复高效利用资源，具有能量消耗低和修复周期短的特点。生态修复工艺的稳定性体现在两个方面：一方面表现为抗逆性与耐冲击性；另一方面表现为环境无害与生态安全。整体优化在一定程度上淡化了预处理与主处理的区分，而强调整体修复的效果。它可以是几种不同方法的组合，其修复效果通过生态因子调控实现优化。

2. 循环再生

生产力的飞速发展大大提高了资源的消耗速度，特别是对于不可更新或难以更新的资源，循环再生是其可持续利用的唯一途径。因此在环境污染生态修复中，修复的目标已不仅仅是污染物浓度的降低，还包含了修复对象生态服务功能的恢复。这种服务功能常由于环境的长期污染或物理和化学修复过程而受到影响，因此生态修复必须将生态功能恢复考虑在内。生态服务功能恢复的过程中，生物方法通常起着极为重要的作用，有时会持续相当长的时间，可称之为后修复阶段。这也是生态修复能够涵盖物理和化学方法的主要依据。

3. 区域分异

生态修复是一个客观存在的生态工程工艺实体，与所处地域自然环境和污染特征密切联系。时空变化和不同的环境条件产生不同的生态修复工艺，表现出不同的工艺组合、工艺参数与调控方法。制定环境污染修复目标也应该考虑自然条件和修复的用途。合理的修复目标与经济技术指标是实现环境、社会和经济效益统一的前提。一些国家已把污染控制指标中的土壤和水体分为敏感利用型和非敏感利用型。但对于修复目标还远远不能满足其要求。修复后的土壤可以有农业、工业、民用建筑和景观等多种用途，而农业用途又可分为经济作物和粮食种植等。根据区域分异原则制定多级修复基准，是环境污染生态修复的重要研究内容，具有重要意义和很强的挑战性。

9.4.1.3 生态修复的监控

生态修复建立在生物对污染物产生有效作用的基础上。因此外界条件如温度、厌氧条件、营养物质等对生物这种有效作用的发挥有重要影响。此外，在修复过程中有机污染物的不完全降解和次生污染是客观存在的，并可能产生毒性更强的物质，因此也对这种作用产生影响。修复措施不当，也会使污染物及毒性中间产物发生扩散，带来新的风险。所以，在实施生态修复的过程中应对修复过程进行监控，对修复过程的控制可分为两个方面：一是对修复过程中有效生物作用因子变化的监控；二是对修复过程中污染物及中间产物的监控。

9.4.2 污染土壤的生态修复技术

污染土壤的修复主要有物理化学修复技术（工程措施、电动技术、淋洗技术等）、化学修复技术（pH值控制技术、氧化还原技术、吸附技术、螯合技术等）和生物修复技术（植物修复、动物修复、微生物修复技术等）。

生物修复技术是近年发展起来的一项用于污染土壤治理的绿色修复技术，主要是通过综合利用动物、植物或微生物的生命代谢活动，使土壤中的有害污染物得以去除或稳定，土壤质量得以提高或改善的过程。污染土壤的生物修复技术主要包括动物修复、植物修复、微生物修复及联合修复等。

协同两种或以上修复方法，形成联合修复技术，不仅可以提高单一污染土壤的修复速率与效率，还可以克服单项修复技术的局限性，实现对多种污染物的复合污染土壤的修复，已成为土壤修复技术中的重要研究内容。

9.4.2.1 微生物/动物－植物联合修复技术

微生物（细菌、真菌）－植物、动物（蚯蚓）－植物联合修复是土壤生物修复技术研究的新内容。筛选有较强降解能力的菌根真菌和适宜的共生植物是菌根生物修复的关键。种植紫花苜蓿可以大幅度降低土壤中多氯联苯浓度。根瘤菌和菌根真菌双接种能强化紫花苜蓿对多氯联苯的修复作用。利用能促进植物生长的根际细菌或真菌，发展植物降解菌群协同修复、动物微生物协同修复及其根际强化技术，促进有机污染物的吸收、代谢和降解将是生物修复技术新的研究方向。

9.4.2.2 化学/物化－生物联合修复技术

发挥化学或物理化学快速修复的优势，结合非破坏性的生物修复特点，发展基于化学/物化－生物修复技术是最具应用潜力的污染土壤修复方法之一。化学－生物联合修复是基于化学淋溶剂作用，通过增加污染物的生物可利用性而提高生物修复效率。利用有机络合剂的配位溶出，增加土壤溶液中重金属浓度，提高植物修复效率，从而实现强化诱导植物吸取修复。化学氧化、生物降解和臭氧氧化－生物降解等联合技术已经应用于污染土壤中多环芳烃的修复。电动力学－微生物修复技术可以克服单独的电动技术或生物修复技术的缺点，在不破坏土壤质量的前提下，加快土壤修复进程。电动力学－芬顿联合技术已用于去除污染黏土矿物中的菲。硫氧化细菌与电动综合修复技术则用于强化污染土壤中铜的去除。应用光降解－生物联合修复技术可以提高石油中多环芳烃污染物的去除效率。总体上，这些技术多处于实验室研究的阶段。

9.4.2.3 物理－化学联合修复技术

土壤物理－化学联合修复技术是适用于污染土壤离位处理的修复技术。溶剂萃取－光降解联合修复技术是利用有机溶剂或表面活性剂提取有机污染物后进行光解的一项新的物理－化学联合修复技术。例如，可以利用环己烷和乙醇将污染土壤中的多环芳烃提取出来后进行光催化降解。此外，可以利用催化－热脱附联合技术或微波热解－活性炭吸附技术修复多氯联苯污染土壤；也可以利用光调节的 TiO_2 催化修复农药污染土壤。

9.4.3 石油污染土壤的生态修复研究与实践

石油对土壤的污染主要是在勘探、开采、运输及储存过程中引起的，多集中在 20cm 左右的表层，油田周围的大面积土壤一般都受到严重的污染。

9.4.3.1 原位生物修复技术

原位修复是指污染土壤不经搅动的情况下，直接对污染区域进行处理。原位生物修复可采取生物培养法即定期向污染土壤中加入营养物和氧或 H_2O_2 作为微生物氧化的电子受体，通过提高土著微生物的代谢活性，加速污染物的矿化速度。例如，研究人员通过添加缓释肥料对法国 Brest 海湾原油污染地进行原位生物修复实验时发现，如果污泥中含氮量小于 100μmol/L，添加营养物能够显著提高生物降解率。

原位生物修复也可以采用投菌法，即向受污染的土壤接种外源降解菌，同时投加微生物生长所需的营养物，通过外源微生物对污染物的降解和代谢达到去除污染物的目的。例如，有学者用接种外源微生物的方法对炼油厂石油污泥进行现场原位生物修复，结果表明，接种外来高效菌株并添加 N、P 等营养物质的污泥一年后总石油烃（TPH）的降解率达到 92%，接种外来高效菌株但未添加 N、P 等营养物质的降解率为 90%，而未接种外来高效菌株、未添加 N、P 等营养物质的对照污泥的降解率只有 14%。

原位生物修复最常用的处理方式是生物通风综合原位生物法。国外在这一领域的研究已取得重大进展。例如，1988 年，美国犹他州某空军基地首先喷湿受航空发动机油污染的土壤，使土壤湿度保持在 8%～12%，同时添加 N、P 等营养物质，并在污染区打竖井抽风，以促进空气流动，增加氧气的供应。运行 13 个月后，土壤中平均油含量下降了 90%。可以看出，该方法是一种对石油污染土壤修复十分有效的方法，在国外已有成功应用的范例，但仍存在着修复成本高、过程条件较难控制、对土壤结构要求高等缺点，仅适用于渗透性好的不饱和污染土壤的处理。

9.4.3.2　异位生物修复技术

异位生物修复方法主要包括土壤耕作法、土壤堆肥法、预制床法、生物泥浆法等，其中土壤耕作法、土壤堆肥法已广泛应用于炼油厂废油污泥的处理。

1. 土壤耕作法

土壤耕作法是将被污染的土壤挖出来放置于处理垫上，通过定期的耕作，监测土壤水分和补充无机营养物（N、P、K），使污染物与营养物、细菌和空气充分接触，保持良好的通风条件，利用土壤的自净能力达到除油的功效。该方法能有效地降低处理成本，但也存在挥发性有机物会造成空气污染、难降解物质的缓慢积累会增加土壤的毒性等不足。

2. 土壤堆肥法

土壤堆肥法是将受污染的土壤从污染地区挖掘起来，将土壤运输到一个经过各种工程准备（包括布置衬里，设置通风管道等）的地点堆放，加入土壤调理剂（如干草、割草、树叶、木屑、麦秆、锯屑或肥料等）以提供微生物生长和石油生物降解所需的能量，把经过生物处理后的土壤再运回原地。国外已经将这一方法应用于农业废物、废水处理厂的污泥及石油污染土壤的处理。

3. 预制床法

预制床法是在构建的防漏平台上铺垫石子和沙子后，再将污染土壤平铺在砂石上，喷洒营养物、水或再添加适量的表面活性剂，定期人工翻动土壤以补充微生物生长所需要的氧气并将自渗滤沟流出的渗滤液再回灌于土层上，以便彻底清除污染物的一种有效方法。国内在这一研究领域已取得了一定的进展。如，中科院沈阳应用生态研究所的孙铁珩院士等采用预制床处理工艺对辽河油田 4 种不同类型的石油污染土壤进行实用规模的生物处理。其稀油、稠油、特稠油和高凝油污染土壤中总石油烃含量（TPH）为 25.8～77.2g/kg，在经过 84d 的运行后，TPH 的去除率达到 60%。

4. 生物泥浆法

生物泥浆法处理石油污染土壤的应用研究主要集中在国外。例如，有学者用生物反应器对斯德哥尔摩中部石油污染土壤进行治理，土壤中多环芳烃的含量从 1024.4mg/kg 降至 324.1mg/kg。

【思考题】

1. 环境生态工程、环境工程、生态工程三者的区别是什么?
2. 我国环境保护生态工程的类型主要有哪些?
3. 人工湿地主要包括哪几部分?
4. 简述污水人工湿地处理系统的机理。
5. 固体废物的常见处理方式及其特点有哪些?
6. 好氧堆肥分为哪几个阶段?
7. 简述生态修复和生态恢复的区别。
8. 针对实际生活中的复合土壤污染，你认为未来的研究方向应该是怎样的?

第 10 章　全球气候变化与对策

内容提要　本章介绍了全球气候变化、温室效应与全球气候变化的防治对策等三个方面的内容。主要包括：全球气候变化问题的提出、地球系统的能量平衡与自然因素对气候变化的影响、人类活动对气候变化的影响；温室效应与温室气体、温室效应对生物及生态系统的影响；为应对全球气候变化，国际上先后通过的《联合国气候变化框架公约》《京都议定书》，以及我国在节能减排方面采取的一系列重大举措。

10.1　全球气候变化

近几十年来，全球气候的变化引起了各方人士的密切关注。气候是指包括温度、湿度和降水等在内的综合信息，与人们每天的生活息息相关。影响气候变化的因素主要有两大类：自然活动（太阳活动、潮汐震荡、地球轨道变化、火山活动等）和人类活动。

地球气候系统是一个涉及阳光、大气、陆地和海洋等丰富内容的系统。当人们为明天的工作或休闲计划而关心天气预报的时候，似乎都会觉得天气是大气的自然过程，人类活动对其影响甚微，然而，事实却并非如此。

10.1.1　气候变化问题的提出

随着对山地冰川和大陆冰盖进退的认识，人们意识到地球在近千万年间存在逐渐变冷的趋势。不过直到发现南极古生代晚期冰川，地球逐渐变冷的概念才引起人们的注意。然而，在直到 20 世纪后半期前，地球变冷的概念仍处在定性阶段，并没有被大多数科学家所接受。随着基于深海浮游有孔虫氧同位素比率被用来估计高纬度海洋表层水的温度，定量的方法才开始被采用，并发展成为标准的参考指标。其他的方法如通过古植物化石推测古温度也取得了成功。至此，气候变化尤其是对新生代以来气候变冷的研究才有了比较大的突破。到 20 世纪 90 年代以后，哈因里奇（Heinrich）事件的发现，特别是在冰芯中发现的具有千年尺度的气候波动（称为 D-O 循环）以及包括 Heinrich 事件在内的 Bond 旋回，使人们认识到气候系统存在不稳定性，打破了人们习惯于气候变化需要千年以上的时间尺度这一传统观念，气候变化具有突变性的观念也开始被广泛接受，关于气候突变发生的时间尺度已经由千年缩小到 10 年之内。新生代包括第三纪和第四纪，历时 65Ma（百万年），在此期间，环境呈现变冷变干的趋势，被称为新生代衰落。新生代衰落导致了约公元前 2.4Ma 以来的第四纪冰期的出现，强烈的新构造运动使陆地表面形态产生巨大的起伏变化，全球气候变化发生了以冰期与间冰期交替出现为特征的频繁、迅速的变化，从天文因素解释第四纪冰期——间冰期的米兰科维奇假说因得到深海沉积、黄土、冰芯等地质证据的支持而成为被广泛接受的理论。

10.1.2 地球系统的能量平衡

地球上的温度变化、大气运动、水滴与水蒸气和冰的相互转化过程，最根本的驱动力是太阳能。太阳能以电磁波的方式到达地球。到达地球的太阳辐射以大约500nm为中心的短波为主，并包括一部分高能的紫外光和能量较低的红外光。

太阳光以30万km/s的速度自宇宙空间到达地球，途经路径几乎是真空的状态，因此没有能量的损失。但是，当阳光进入地球大气层时，大气中的化学物质对于太阳的短波辐射产生光吸收。其中最重要的光吸收物质是氧气分子，氧气主要吸收波长小于240nm的短波紫外线，氧气分子本身由于吸收了能量，被分解为两个氧原子。

另外，氧分子的同素异形体臭氧分子（O_3）也是太阳辐射的重要光吸收物质。臭氧的光吸收与氧气分子的相比，发生在波长更长的波段。实际上，臭氧的光吸收有三个谱带，分别为200～300nm、300～360nm和400～850nm区。臭氧吸收紫外光后，自身分解为原子氧和分子氧。这一过程表示为：

$$O_3 + hv\ (\lambda < 320\text{nm}) \rightarrow O_2 + O$$

当太阳辐射自外层空间到达大气层时，其中波长小于100nm的紫外光在地表上空约100km的高度几乎被N_2、O_2、N和O完全吸收，距地表50～100km高度范围内的O_2将太阳辐射中波长小于200nm的部分吸收。距地表25～30km的高度内，O_2是最主要的光吸收物质，O_2吸收波长小于310nm的绝大部分紫外光。由于波长小于310nm的短波紫外光能破坏生物键，对人体健康和地表生物造成损害，因此O_2对地球生物圈具有重要的保护作用。

在吸收太阳辐射的同时，地球本身也向外层空间辐射热量。地球的热辐射以3～30μm的长波红外线为主。与太阳的短波辐射不同，当这样的长波辐射进入大气层时，最主要的光吸收物质为分子量更大、极性更强的分子。如果同时考虑分子在大气层的丰度，那么地球热辐射最重要的吸收物质为CO_2和H_2O。

因为红外射线的能量较低，不足以导致分子键能的断裂，所以CO_2和H_2O对红外辐射的吸收过程中没有发生化学反应，光吸收的结果只是阻挡热量自地球向外逃逸，相当于地球和外层空间之间的一个绝热层。大气中的CO_2和H_2O等微量组分对地球长波辐射的吸收作用使近地面热量得以保持，从而导致全球气温升高，该现象也被称为“温室效应”，这些微量组分被称为温室气体。其他重要的温室气体还包括甲烷（CH_4）、臭氧（O_3）、氧化亚氮（N_2O），氟氯烃类（CFCs）等。

除了上述的光吸收过程外，太阳和地球辐射在大气层中还会受到颗粒物质及云层对其的反射和散射，大气层本身也有热辐射过程发生。另外，以海洋为主体的地球水系统也会通过潜热和感热的方式参与热循环。所谓感热是指通过湍流自地表传输到大气的热量；而潜热是指水蒸气凝聚时释放出来的热量。一般而言，地球的温度基本恒定不变。这意味着地球系统的能量基本处于平衡的状态。

如果是短时或者区域甚至局部地区的情况，这种辐射平衡就可能不存在。地球上纬度自－30°～30°的区域占地球表面积的50%，但却接受绝大部分的太阳辐射，高纬度地区的太阳辐射相对就少得多，而两极由于冰雪覆盖更加剧了这种温度的梯度。海洋在全球温度分布中也起着一定的作用。因此，一般说来低纬度地区存在辐射增温过程，而高纬度地区则相反，存在辐射降温过程。

10.1.3　自然原因对气候变化的影响

10.1.3.1　太阳活动

全球大气表面每年获得 5.4×10^{24}J 的太阳能量，其中，43%由于反射和散射而折回宇宙空间，14%为大气所吸收，只有43%可以到达地表，每年约为 2.3×10^{24}J。全球每年水蒸发所需能量为 1.44×10^{24}J，占到达地表太阳能量的63%。

太阳黑子具有11年和22年周期，在太阳黑子循环和气候效应之间存在着关联。太阳黑子极小期的平均周期为11年，太阳黑子延长极小期的平均周期为179～200年。近20年的研究发现，潮汐极大期、太阳黑子延长极小期和全球低温有很好的对应关系。

国内外相关研究表明，太阳黑子周期长度的变化与地球冷暖变化也具有相关性。汤懋苍等指出，依据太阳黑子周期长度（SCL）资料，将过去2500年分为"好天时代"（SCL<11年）和"坏天时代"（SCL≥11年），发现在"坏天时代"中国旱灾频率显著高于"好天时代"。"好（坏）天时代"与气候暖（冷）期有好的对应；太阳黑子延长极小期、冷气候和SCL长（即坏天时代）的对应关系见表10－1。

表10－1　太阳黑子延长极小期、冷气候和坏天时代的对应关系

事件	年份					
变暖期	960—1000	1150—1250	1360—1480	1520—1600	1720—1790	1880至今
好天时代	965—1010	1110—1165	1360—1420	1525—1600	1725—1790	1915—1996
变冷期	1000—1150	1250—1360	1480—1520	1600—1720	1790—1880	1996至今
坏天时代	1010—1110	1165—1360	1420—1525	1600—1725	1790—1915	
极小期	1040—1080	1280—1350	1450—1550	1645—1715	1790—1820	

这表明，SCL长，太阳活动弱，全球气温降低，太阳黑子延长极小期和SCL长（坏天时代）一一对应。从850年起，我们可以确定的太阳黑子延长极小期就有5次，它们与潮汐最大值对应，与低温和小冰期对应。值得注意的是，1890—1924年和1947—1976年拉马德雷冷位相时期与太阳黑子周期长度谷值相对应，1925—1946年和1977—1999年拉马德雷暖位相时期与太阳黑子周期长度峰值相对应。除潮汐变化外，太阳活动也可能是拉马德雷现象的形成原因之一。潮汐增强、太阳黑子延长极小期、太阳黑子周期长度变长、拉马德雷冷位相和冷气候有很好的对应关系。

汪品先院士指出，大约在1万年前"新仙女木事件"结束时，格陵兰上空的气温在50年内上升7℃，而且这类快速变化还反复发生。人类必须在气候剧烈波动时期做好预防气候变暖和变冷的两种准备。

1978 年以来的卫星测量结果指出，太阳辐射平均每天约有 0.4% 的变化，一个太阳黑子循环大约有 0.1% 的变化。这可转化为地表温度 0.15～0.30℃的波动，该值与预测由人类活动“温室增暖”引起的每 10 年温度变化的幅度一致。几百年来太阳辐射量的变化在 0.2%～1.0% 之间，可以解释 19 世纪以来测量到的温度变化。这一问题的争论焦点是，地球接收到的太阳能量变化是否（小冰期与小气候最适期）相互转变。

研究者估计，太阳常数变化引起的气候响应与正常发生的变化相比是很小的，太阳常数的变化至多使地球表面的温度受到零点几度的扰动，问题的关键在于这种变化能够激发低层大气发生变化的机制。这表明，太阳活动本身的变化量很少不是问题，关键在于其他因素对太阳能量的积累和释放。

10.1.3.2 潮汐震荡

地球、月亮和太阳相对位置的变化会引起潮汐强度的逐渐变化，潮汐大时，就有更多来自海洋深处的冷水被带到海面，这些冷水可以冷却海洋上的空气。相关数据表明，大约在 1425 年即小冰期的末期，潮汐达到了最大值，从那以后逐渐减弱，直到 3100 年潮汐又达到最大值。这个周期是过去 1 万年气候变迁的主要动力。这个效应使地球的温暖期从小冰期末期一直持续到 24 世纪。潮汐高低潮还有 200 年左右的明显周期变化。其中，1425 年、1629 年两次峰值对应小冰期时期，1770 年的峰值对应 18 世纪的低温，1974 年的峰值对应 20 世纪 70 年代的气候变冷。特别是潮汐 54～56 年周期（与太平洋十年涛动的 50～70 年周期对应），在全球气候变化中有非常明显的作用。

10.1.3.3 地球轨道变化

第四纪冰期和间冰期的转换，遵循米兰科维奇的天文冰期理论，具有 2 万、4 万、10 万年的地球轨道周期，分别为近日点近动周期、黄赤交角周期和地球轨道偏心率变化周期。研究表明，木星、土星、天王星和海王星使地球冬至时的公转半径发生相当稳定的准周期变化，与全球尤其北半球气温变化的 60 年振动周期相一致。在 20 世纪初的低温期和 20 世纪六七十年代相对偏冷期，1901 和 1960 年地球冬至时的公转半径分别延长了 94 万 km（相当于日地距离的 0.6%）和 57 万 km；在 20 世纪三四十年代和 80 年代后的暖期，1940 和 2000 年地球冬至时的公转半径分别缩短了 76 万和 44 万 km。2000—2020 年地球冬至时的公转半径由极小值变为极大值，可推测 2020 年前后全球气候将进入相对冷期。地球表面太阳高能离子密度 p 和日地距离 r 的关系为：

$$\mathrm{d}p/p = -2\mathrm{d}r/r$$

式中，$\mathrm{d}p$ 表示太阳高能离子密度增量；$\mathrm{d}r$ 表示日地距离增量；负号表示变化趋势相反。日地距离减少 0.6%，地表太阳高能粒子密度将增加 1.2%，相当于太阳的辐射输出变化 0.1%～0.3% 的 4～12 倍，是不可忽略的气候变化因素。研究者分析了美国宇航局公布的自 19 世纪中期起全球及南北半球的温度异常变化资料，得到它们存在约 60 年的准周期性波动的初步结果。分析表明，该周期分量是时变的，周期长度在 19 世纪略超过 60 年，之后缓慢变短，到 20 世纪后期在 55～60 年间，所谓人类活动造成的温室效应的加剧似乎并未有打乱这一周期分量的存在。

10.1.3.4　火山活动

现代火山活动有明显致冷的记录：火山灰和二氧化硫等火山喷发物到达平流层后，较小的气溶胶可在数月内传播到全球，并可在平流层内持续漂浮 1 ～ 3 年，使太阳直接辐射减弱，造成大气降温。最新发表的研究报告显示火山喷发导致了“小冰期”的到来。研究报告称，1275—1300 年之间，热带地区经历过四次大规模火山喷发，喷发出来的大量硫酸盐颗粒进入大气层上空并反射了太阳辐射，使地球气温降低；1430—1450 年也发生了一轮大规模火山喷发，导致气候冷暖变化。但是，气候冷暖变化与火山长周期的对应关系则相反：火山活动峰值与全球无冰期对应，而谷值与大冰期对应。

一项最新研究成果记录了距今 252 ～ 247Ma 前早三叠世时期的温度变化，当时海洋表面温度高达 40℃，陆地温度可能达到 50℃。致命高温导致赤道低纬度区生态系统坍塌，是致使二叠纪末大灭绝后早三叠世早期的死亡区持续 500 万年的“元凶”。二叠纪末，大规模地下岩浆活动造成地表 CH_4 释放、火山喷发等，使得当时大气 CO_2 浓度快速增加，温室效应加剧，海水缺氧，导致海洋生物大量灭绝。同时，全球气候快速变暖并干旱化，造成全球范围内大规模森林野火事件频繁发生，使得森林快速消亡。森林的破坏又造成地表风化加剧，地表土壤系统快速崩溃。从此，地球进入一个长达 500 万年的生命萧条期。

火山喷发时释放的 CO_2 是导致全球变暖的重要原因，但温室效应只是导致全球变暖的其中一种原因。海底火山喷发使海洋底层水增温也会产生致暖作用。海台和洋壳产量在白垩纪最高，洋壳产量的最高速度为 $37\times10^6 km^3/Ma$（目前的洋壳产量为 $17\times10^6 km^3/Ma$），对海洋温度的升高贡献最大。存储在海洋中的碳只要释放 2%，就能使大气中的 CO_2 含量增加一倍。海洋是 CO_2 的储库。在 1 个大气压下，海水温度从 0℃ 升高至 25℃，每克海水可释放约 $1cm^3$ 的 CO_2，释放量与残留量的比值约为 1∶1。目前全球海洋溶解的 CO_2 是大气中 CO_2 的 13 倍，以此比例，海水升温 25℃，大气中 CO_2 的含量应该增加到现在的 6.5 倍，这表明白垩纪海洋增温释放的 CO_2 是大气 CO_2 浓度增高的主要来源，对应时间的海洋底层水温比现在高 15℃，大气温度比现在高 10 ～ 15℃。新洋壳生成和海底火山活动引发的海温升高和海水中 CO_2 释放在全球气候变化中的作用不容忽视，这是人为温室效应所不能达到的，因此，这一重要作用值得深入研究。

理论模型研究和实际测量表明，地球内核自转较快，地壳和地幔自转较慢，形成地球内外圈层的差异旋转，核幔边界不仅是热交换边界，还是圈层角动量交换的边界。圈层角动量使地壳和地幔自转变快，内核自转变慢，部分动能转化为热能并在核幔边界积累。这是地球自转加速对应大规模热幔柱喷发的原因。

10.1.4　人类活动对气候变化的影响

10.1.4.1　温室气体排放

在全球范围内，与人类活动关系最密切的导致气候变化的因素是各种辐射活性气体的散发，它们导致温室效应的加剧，其中 CO_2 是主要的温室气体。1958 年，科学家开始在夏威夷的 Mauna Loa 火山监测 CO_2 的大气含量，几乎同时在包括南极的其他地方也有学者

开始监测 CO_2 含量的变化。与冰芯数据相关的结论是：CO_2 含量已经从前工业时期的 280mL/m^3（定义为1750年之前几个世纪的平均）上升到2005年的约380mL/m^3。世界各地更确切的 CO_2 含量数据各不相同，但在这一年的时间里，北半球生长季年度周期有一个显著的应力，这必然出现 CO_2 含量的上升。对 Mauna Loa 火山数据更仔细的研究表明 CO_2 的大气含量在稳步增长，但上升速度有明显的高低波动（图10－1）。这些波动并没有被解释清楚，但暗示了短期气候变化（例如南方涛动）和碳参与的生物圈之间的复杂反馈机制。

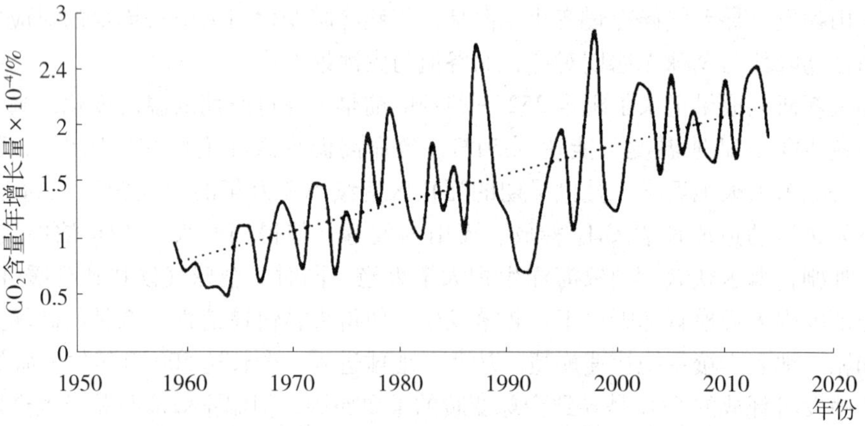

图10－1　夏威夷 Mauna Loa 火山自1958年以来 CO_2 含量的年增长量

类似的情况出现在甲烷（CH_4）含量的分析中，即从前工业水平的约700mL/m^3上升至2022年底的1923mL/ m^3。其他重要温室气体包括氮氧化物，特别是氧化亚氮（N_2O），以及卤代烃，其中包括氟氯化碳（CFCs）和其他含氯和溴的化合物。降低这些气体含量已成为有效的国际行动的主题。

这些气体的总体影响表现在从1850年到现在产生约2.5W/m^2 的辐射强迫。CO_2 在其中的贡献约60%，CH_4 约25%，其余的是由 N_2O 和卤代烃贡献。

10.1.4.2　粉尘和气溶胶

其他人类活动对气候的影响还不是十分清楚。例如大气微粒的形成以及它们如何影响云量的范围和性质。科学家对全球云量并没有足够的测量，因此研究人类活动如何影响云量和大气灰霾是困难的。气溶胶、灰尘和其他微粒对收入太阳辐射和支出地面辐射之间的辐射平衡的影响不仅取决于它们的吸收率、形状和大小，还取决于大气中水蒸气和液态水滴之间是如何相互作用的，这意味着粒子吸收、反射或散射辐射特征构成了复杂的函数关系。

研究者已进行了大量的研究工作以了解粒子对云的微观物理特性的影响，以及如何影响其形状的大小和寿命。这方面研究的一个例子是硫酸微粒的形成，它是含硫化合物的矿物燃料燃烧的结果。排放的 SO_2 输入大气中，然后形成硫酸盐气溶胶，它能吸收和反射正面射来的阳光，它的净影响将取决于下垫面。在低反照率表面（如海洋和森林），硫酸盐气溶胶可能会增加反射到太空的阳光量；在高反照率表面（如雪和沙漠），则可以净吸收。据估计，整体而言，20世纪大气中温室气体的影响推迟了气候变暖的预期结果。

粒子的另一种重要组成来自发展中国家化石和生物燃料的燃烧。这些高浓度的煤烟颗粒可以有效吸收阳光，净效果是从根本上改变了热带许多地区低层大气的辐射特性，最终的结果是减少阳光到达地表并使低层大气变暖。此外，大量微粒排放是地貌改变的直接结果。例如农业导致森林砍伐、土壤暴露，这增加了灰尘进入大气的概率，尤其是在干旱时期。微粒和灰尘对气候的影响是复杂的，因为它们对云的属性的影响具有复合性。上述影响往往形容为直接影响，但也有间接影响，比如微粒和灰尘改变了云中水滴的大小，减少了降水率并且延长了云的寿命。一般来说，这些影响增加了反射到太空的阳光量，总体上对气候具有冷却效果。目前的测量表明，海洋上空的层积云和积云具有显著的冷却效果。其他云的情况，特别是陆地上空的云，是否具有这种冷却规模值得怀疑。

1960—1990 年间日益增多的微粒和粉尘使到达陆地表面的短波辐射严重减少，该现象被称为全球变暗。短波辐射在世界各地减少的速度不同，但估计每 10 年减少 2% ～3% 。该数字是否准确目前尚有怀疑，因为存在仪器校准精度和空间覆盖范围的问题。然而效果几乎是真实的，这一变暗已经发生，陆地气温比同时期上升 0. 4℃。最大的削减幅度发现于北半球中纬度地区。

根据表面能量守恒，变暗对表面温度的影响是违反常规的，因为较少的能量到达地表，预计将导致冷却。这只能解释为云或气溶胶产生的向下的长波辐射的增加超过了太阳辐射的减少，或者由对流和表面蒸发减少形成的热通量的减少，这表示了长波的影响不够大。因此，有人认为太阳能较少用于蒸发。这可以解释过去 50 年开放平面已经表现出的蒸发量下降的标准观测事实。因为蒸发量和降水量在全球范围内应当平衡，潜热通量的减少导致降水量的减少。

更令人惊讶的可能性是 1960—1990 年由于温室气体导致气候变暖的效果大于变暗的抵消。这意味着减少人类活动产生的粒子量的计划生效后，全球变暖的速度将急剧上升。事实上，最近的地面观测表明，全球变暗趋势已经反转。自 1990 年以来，学者对此的争论愈演愈烈，尤其在欧洲。有学者认为这种变化可能归因于污染的减少，因为相比减少温室气体排放方面，大多数政府在减少气溶胶释放进入大气方面做了更多工作。

全球变暗下的现象造成的影响也可能是区域性的。当地球大部分地区变暖，空气污染源的下风区通常会降温。这可以解释为什么美国东部变冷而西部地区却变暖。所有这些都指出，我们只了解大气中粒子的直接和间接影响还不够，特别是云量，这是我们知识的一个很大的空白。

10. 1. 4. 3　荒漠化和森林砍伐

人类活动自有史以来就已经在地球陆地表面产生了重大影响，特别是放牧和为了发展农业生产而砍伐森林，这些过程导致沙漠地区（荒漠化）不断形成。20 世纪 70 年代发生在非洲撒哈拉沙漠以南的萨赫勒地区特大旱灾使荒漠化变成一个重大政治问题。萨赫勒地区干旱开始加重是在 1968 年，于 1972 年达到顶峰。20 世纪 70 年代末旱情开始缓和，80 年代期间又再恶化，但于 90 年代回落。其最显著的社会后果是在旱情开始阶段，超过 10 万人死亡，干旱地区的农牧经济遭受了严重摧毁。这些可怕事件对人们在国际救援的准备、气候的自然变化和人类活动对干旱地区影响的思考方面产生了巨大的影响。

第一个后果是荒漠化问题成为一个极为重要的环境问题。每年超过 2000 万 hm^2（近似于不列颠群岛面积的一半以上或堪萨斯州的面积）的曾经具有生产能力的土壤沦为不毛之地。撒哈拉沙漠景象每年向南移动 50 多 km，许多援助机构因此开始采取措施。1977 年在内罗华举行的联合国荒漠化会议使这种参与行为达到顶峰。会议发起了一项行动计划，为了防止荒漠化，该计划在接下来的 15 年内将提供金额达 60 亿美元的资助。同时也产生了争议，即荒漠化的整个概念是否是错误的，人类真正需要做的是采取更好的改善措施。因为人类活动导致的恶化（例如牧民过度放牧、收集火柴和不恰当的耕作）与干旱造成的影响之间没有足够的差别。

争议背后潜在的基础物理问题是反照率的增加是否与植被变化有关并导致沙漠的永久性扩大。有争论说当时的荒漠化是人类活动的结果，因此在某种程度上牧民放牧的行为该为植被衰退负责。但卫星观测显示撒哈拉沙漠的范围与降雨量波动有密切联系，在多雨年，植被会迅速再生。此外，据 1982—1999 年卫星图像和雨量分析显示，即使在雨季，土地被植被覆盖时该地区也有 20% 以上的降雨量。现在学者普遍认可荒漠化是一个复杂的过程，其中气候变化可能是主要因素，而人类活动起到了相对较小的作用。然而，最近表明尼日尔种植和保护树木已经在农业恢复中产生了巨大影响。

不管萨赫勒气候事件是不是由于人类活动引起，该地区干旱的另一影响是有大量灰尘注入大气中。由于干旱改变了非洲和热带大西洋的辐射预期和水循环，大气中的粉尘长期增加。1965—2000 年的表面测量和 1979—2000 年间沙尘光学厚度的卫星观测表明，自 20 世纪 60 年代中期起，该地区尘埃量背景值超过了大西洋上空的两倍。因此，加上全球变暗的证据，这些测量提供更多的证据表明，大气尘埃增加具有潜在的重大的全球性影响。

改变地表的其他人类活动的相关问题主要集中在砍伐森林的后果上。最引人注目的是热带雨林毁坏的问题，但是对导致全球气候变化的争论，不像反照率降低可能由干燥土地上空云量减少补偿一样引人注目。相比之下，北半球森林衰退的影响可能会更具实质性，原因与雪有关。冰雪覆盖的森林吸收到达它们表面的约 2/3 的阳光，而白雪覆盖的耕地和草地大约只吸收其 1/3。所以大规模森林砍伐的后果将会使北半球高纬度冰雪覆盖地区产生大幅降温，特别是在冬末和早春时节。土地覆盖变化对全球平均辐射强迫的影响有可能与气溶胶、臭氧、太阳变化和小规模温室气体的作用具有可比性。模型模拟表明，土地覆盖变化可能已经对气候有冷却的影响，已导致北美和欧亚大陆的主要农业地区冬季和春季降温 1～2℃。

10.1.4.4 臭氧层空洞

20 世纪 80 年代，春季南极上空臭氧层空洞的发现为研究人类活动对全球大气层影响提供了有力证据。这一发现有科学和政治思想上的深刻影响。它立即导致大型国际科学组织对南极上空臭氧急剧下降原因提出答案以及采取国际行动。南极上空每年 9 月和 10 月平流层中臭氧含量直线下降是受氟氯化碳（CFCs）的影响，CFCs 是用于气溶胶喷雾剂、工业清洗液和制冷设备的物质。这些污染物进行了一系列复杂的化学反应，与太阳回归相结合，在南极冬季的极夜之后，导致光化学反应，破坏同温层臭氧。1979—2000 年，南极洲部分地区 10 月份大气层中的臭氧总量下降到 70%，臭氧层空洞的大小已经从 0 发展到

1670 万 km^2（南极洲面积的两倍）。在低平流层中，即海拔 15～20km 处，臭氧浓度一般是最大的，但在南极的 10 月完全消失了。

对这些变化的解释基于大气中臭氧如何生成和消失。太阳紫外线辐射将氧分子分解为两个氧原子，这些氧原子再与氧分子结合形成含有三个氧原子的臭氧分子。但是臭氧本身也有相反变化，大气中某些化学物质能与它们结合还原成氧。这种化学循环平衡使得臭氧在海拔 15～20km 处的同温层中高度集中，即臭氧层。

CFCs 会干扰这些正常的过程，因为它们在上层大气中可分解形成高活性氯化合物。但是这不足以解释南极上空发生的情况：南极冬季涡流发展生成的特殊条件提供的极度寒冷的环境中，海拔 15km 处温度往往低于 -90℃，能产生在表面通过复杂的化学反应加速臭氧消耗的冰晶云。

大气化学之间的巨大差别有效地限制了南极极涡，而在外部地区，CFCs 对臭氧的影响很大程度上仅限于南极洲。因此必须对相关化学模型进行修订以考虑其他因素，特别是平流层大规模运动，与剩余全球大气相比在冬季对南极上空空气有多大影响是独立的，必须被纳入模型中。太阳活动变化的影响也必须包括在内，因为有证据表明，太阳活动周期影响高层大气中的臭氧产率。此外，火山活动可能增加臭氧的破坏强度，1991 年皮纳图博火山爆发使臭氧遭受了大规模的损失。

更重要的是国际社会立即做出的反应。1985 年为保护臭氧层通过了《维也纳公约》，1987 年《蒙特利尔议定书》通过并随后修订，1995 年联合国大会决定，每年的 9 月 16 日为国际保护臭氧层日，以消除某些 CFCs 的工业生产。这一行动使之后五年内全球活性气体的消费量下降了 40%，大气中某些含氯化合物的含量也开始下降。同时这一行动表明，对于有重大的全球性影响的证据确凿并且原因是准确认定的事件，采取有效的国际行动是可能的。

虽然臭氧层空洞对气候影响是有限的，但是 20 世纪八九十年代发生的事件为目前的努力提供了经验教训。

10.2　温室效应及其对生物的影响

工业革命以后，人类大量使用化石燃料，加上其他的人为活动，导致温室效应加剧。温室效应一旦加剧，会影响到全球气候变化，从而影响生物的生长繁殖和代谢活动。温度升高时，植物的光合作用、呼吸作用、生长和繁殖会受到影响，动物的地理分布、物候、行为与生理、种群动态也会受影响。

10.2.1　温室效应的概念

自然界的一切物体都以电磁波的形式向周围放射能量，这种传播能量的方式就是辐射。一般而言，高温物体向外发出高能短波辐射，而低温物体则发射低能长波辐射。地球表面的大气层，允许太阳辐射的短波部分通过，但是却能捕获、阻挡地面的长波辐射，起到温室玻璃的作用。

联合国《气候变化框架公约》把“大气中那些吸收和重新放出红外辐射的自然和人

为的气体成分”称为温室气体，大气中主要的温室气体有二氧化碳（CO_2）、甲烷（CH_4）、一氧化二氮（N_2O）、臭氧（O_3）和氯氟碳化合物（CFCs）等。尽管这些气体在大气中的含量非常有限，但是对地表长波辐射的吸收能力非常强烈，从而使长波辐射被大气保留下来，减少了地面的热量损失。

大气对太阳的短波辐射吸收不多，特别是二氧化碳对太阳短波辐射的吸收几乎可以忽略不计。于是，大部分的太阳辐射可以直接到达地面，对地面加热并发出长波辐射。但是温室气体能大量吸收地面长波辐射，同时又向地面发射长波辐射，使地面的辐射不至于大量损失到太空中去。这种温室气体吸收地面发射的长波辐射使大气增温，进而对地球起到保温作用的现象就称为温室效应。

10.2.2 温室效应的产生原理

大气中温室气体的增温效应最早是由法国数学家傅里叶（Jean-Baptiste Fourier）于1827年提出的，他认为大气和玻璃温室内的环境条件非常相似，这也是温室效应得名的原因。1860年前后英国科学家丁达尔（Jone Tyndall）测出了二氧化碳和水汽对红外辐射的吸收率，他还大胆猜测，冰期的形成可能与大气中二氧化碳含量减弱有关。1896年瑞典化学家阿伦纽斯（Svante Arrhenius）计算了温室气体浓度增加的作用结果，大气中二氧化碳浓度增加一倍将使地球的平均气温升高5～6℃，虽然该结果是100多年前得到的，但已经很接近当今科学家估算的结果。近几十年来，全球气温的升高引起了各方人士的密切关注，他们通过各种方法，如气象观测证据、冰芯记录、树木年轮学证据、遥感证据等为全球变暖趋势提供了有力证据。

自然界的一切物体都以电磁波的方式向周围放射能量，这种传播能量的方式称为辐射，通过辐射传播的能量称辐射能，它是太阳能传输到地球的唯一途径，是地球和大气最重要的能量来源。任何物体对辐射都有吸收、反射和透射作用，地球表面和大气也一样。通常，人们把大气上界垂直于太阳光线的单位面积每秒获得的太阳辐射能称为太阳常数，一般为1370W/m^2。

太阳辐射光经过大气圈到达地面后，地球表面获得的太阳辐射强度比太阳常数小。这是因为在这个过程中经过了大气的削弱作用，使得透射到大气中的太阳辐射不能完全到达地面。大气云层对太阳辐射的削弱体现在吸收、反射和散射上，反射是指太阳辐射中的一部分能量反射回宇宙空间；散射不能把辐射转变为热能，只是改变了辐射的方向，使太阳辐射以质点为中心向四面八方传播。大气中吸收太阳辐射的成分主要有水汽、氧、臭氧、二氧化碳、甲烷以及固体杂质等，它们可选择吸收一定波长的辐射能。太阳辐射被它们吸收后转变成热能，使太阳辐射受到削弱。

在这三种作用中，反射作用最重要，散射次之，吸收作用相对最小。达到地面的太阳辐射分为两部分，一部分直接辐射到地面称为直接辐射；一部分经过散射后自天空投射到地面称为散射辐射，两者之和称为总辐射，这也是地面得到的全部太阳辐射能量。但投射到地面的太阳辐射，也并非完全被地面吸收，其中一部分被反射回太空中。地面吸收了太阳的短波辐射后被加热，于是不断地向外发出长波辐射。大气对太阳的短波辐射几乎透明、吸收很少，像大气中的二氧化碳对太阳短波辐射的吸收基本可以忽略不计；但其对地面的长波辐射却可强烈吸收，于是大部分的太阳辐射可以直接到达地面并对地面加热。由于地面发出的长波辐射被二氧化碳、氧化亚氮、甲烷等温室气体大量吸收，使得地面的辐射不至于大量损失到太空中去。

地球就像一个大的“玻璃暖房”，不过它是由大气层覆盖的。大气层像玻璃一样能够很好地透光，但不透热。暖房里面的太阳光部分被反射或吸收转变为热量或长波辐射（红外线辐射），这些能量被聚集起来，使整个温室内温度升高。比如晴天，温室内的温度要比温室外高 20℃，这并不是因为直接吸收了太阳热，而是因为吸收的太阳光能被最终转化为热量。

10.2.3　温室气体

10.2.3.1　二氧化碳

在工业革命以前的几千年时间里，大气中 CO_2 体积分数始终维持在 0.028% 左右；工业革命以后开始持续上升。夏威夷的冒纳罗亚观象台在 1958 年已开始对大气 CO_2 含量进行连续检测，结果显示 CO_2 每年在大气层中的平均体积分数由 1958 年的约 0.0315% 升至 1997 年的约 0.0363%。在过去的一个世纪（20 世纪）里，大气中 CO_2 含量的增加速度是空前的。

冒纳罗亚观象台观测结果还表明：每年在北半球因为植物呼吸作用，CO_2 含量会产生周期性变化，在秋冬季节时 CO_2 含量增加；而在春夏季时 CO_2 含量减少。与北半球比较，这种随着植物生长及凋萎的 CO_2 含量周期变化在南半球的出现时间刚刚相反，而且变化幅度较小，这种现象在赤道附近地区则完全观测不到。

1980—1989 年间大气 CO_2 含量的平均增加速度每年 $(1.6\pm0.1)\times10^{-6}$；1990—1999 年间大气 CO_2 含量的平均增加速度是每年 $(1.5\pm0.1)\times10^{-6}$。2000—2009 年间大气 CO_2 含量的平均增加速度是每年 $(1.9\pm0.1)\times10^{-6}$；2010—2019 年间大气 CO_2 含量的平均增加速度是每年 $(2.4\pm0.1)\times10^{-6}$。另外，不同年份也表现出不同的增长速度。1992 年的增长速率比较低，为 0.49×10^{-6}；2016 年增长速率达到最高 3.03×10^{-6}。这主要是由于陆地和海洋对 CO_2 吸收发生变化而造成的。

有统计表明，大气 CO_2 含量增加速率高的年份一般出现在厄尔尼诺（El Nino）年，而增加速率低的年份一般出现在厄尔尼诺延伸年。如 1991—1994 年，太平洋赤道带的表层海水 CO_2 测量结果表明在厄尔尼诺事件时来自该区域的 CO_2 减少 $(0.2\sim1.0)\times10^{9}$ 吨/年；与此同时，大气中的 CO_2 含量增加。在大多数厄尔尼诺事件中大气 CO_2 含量高速增加的可能解释是陆地生态系统吸收的减少，这部分引起了热带地区陆地生态系统中的高温、干旱、火灾等效应。

目前大气 CO_2 含量的增加主要是来自人类活动引起的排放。在很多工业化国家，排放到大气中的 CO_2 有超过 1/3 是来自用于发电的燃料如天然气、煤、石油等的燃烧；几乎同样多的排放量是来自各种形式的交通工具上安装的汽油机、柴油机、喷气机和其他发动机；工厂的熔炉、烤炉约占 1/4，家庭集中供热系统、炉子、火约占 1/10。

10.2.3.2 甲烷

甲烷（CH_4）气体对温室效应的贡献仅次于 CO_2，占温室气体对全球变暖贡献总份额的20%，每分子 CH_4 温室增温潜力是 CO_2 的 21 倍。20 世纪 40 年代末期，科学家通过太阳红外光谱观测到了大气 CH_4，并对其垂直分布进行了推算。由于人类活动的影响，自1750 年以来，大气 CH_4 含量在持续增长。目前大气 CH_4 的含量为 1.923×10^{-3}，增长速度年平均为 1.8×10^{-6}。CH_4 在大气层中的的浓度在 1999—2013 年间有所减缓，但在近十年间又开始增加，2014—2022 的平均增长速度是每年 $(11.0\pm0.1)\times10^{-6}$。

CH_4 主要来源于厌氧环境的生物过程，在缺氧环境中由产 CH_4 细菌或生物体腐败产生，一切存在厌氧环境的生态系统都是大气 CH_4 的生物源，生物源产生的 CH_4 占大气 CH_4 总量的 80%；非生物过程产生 CH_4 的源称为非生物源，主要包括化石燃料的生产和使用过程的泄漏。大气中 CH_4 源也可以按照是否为人类所直接参与而分为自然源和人为源：前者主要包括湿地、白蚁、海洋等释放，一般占总 CH_4 源的 30%～50%；后者主要包括能源利用、垃圾填埋、反刍动物、稻田和生物体燃烧等的释放，占总 CH_4 源的 50%～70%，如表 10－2 所示。

大气 CH_4 的减少主要是通过 CH_4 在大气对流层与 OH 自由基发生化学反应被消耗而造成的，其次是被土壤吸收和少量地向平流层输送。大气中 CH_4 年增加量约为 30×10^{12} g/年，而大气 CH_4 的减少主要与 OH 自由基在对流层大气中的氧化反应相关，其量约为 470×10^{12} g/年，占总 CH_4 减少的 87.8% 左右；少量 CH_4 则向平流层输送，其量约为 40×10^{12} g/年，占总 CH_4 减少量的 7% 左右；以及被干燥土壤吸收，其量约为 30×10^{12} g/年，占总 CH_4 减少量的 5.2% 左右；因此全球 CH_4 减少量的大小为 $(560\pm100)\times10^{12}$ g/年。

表 10－2　全球 CH_4 收支估算值　　单位：10^{12} g/年

项目	数据来源及时间	Fung 等（1991）	Hein 等（1997）	Lelieveld 等（1998）	Houweling 等（1999）	Mosier 等（1998）	Olivie 等（1999）	SAR	TAR
	基准年	1980s	—	1992	—	1994	1990	1980s	1998
自然源	湿地	115	237	225	145	—	—	—	—
	白蚁	20	—	20	20	—	—	—	—
	海洋	10	—	15	15	—	—	—	—
	碳氢化合物	5	—	10	—	—	—	—	—
人为源	能源	75	97	110	89	—	109	—	—
	垃圾填埋	40	35	40	73	—	36	—	—
	反刍动物	80	90	115	93	80	93	—	—
	废物处理	—	—	25	—	14	6	—	—
	稻田	100	88	—	—	25～54	60	—	—
	生物体燃烧	55	40	40	40	34	23	—	—
	其他	—	—	—	20	15	—	—	—

续表

项目	数据来源及时间	Fung 等（1991）	Hein 等（1997）	Lelieveld 等（1998）	Houweling 等（1999）	Mosier 等（1998）	Olivie 等（1999）	SAR	TAR
项目	基准年	1980s	—	1992	—	1994	1990	1980s	1998
总源		500	587	600	—	—	—	597	598
分项汇总	土壤	10	—	30	30	44	—	30	30
分项汇总	对流层 OH 反应	450	489	510	—	—	—	490	506
分项汇总	向平流层输送	—	46	40	—	—	—	40	40
总汇		460	535	580	—	—	—	560	576
失衡		+40	—	—	—	—	—	+37	+22

CH_4 与 OH 自由基的反应如下所示：

$$CH_4 + OH \rightarrow CH_3 + H_2O$$

早在 20 世纪初人类就知道甲烷氧化细菌能够氧化 CH_4，而甲烷氧化细菌广泛散布于土壤、沉积物以及水环境中。在热带、温带以及北极地区的许多土壤研究中证实了土壤可以氧化 CH_4。据估计，全球好气土壤所消耗的大气 CH_4 的量每年约为 30×10^{12} g，其中温带常绿阔叶林土壤的 CH_4 消耗约占土壤吸收甲烷总量的 37%。好气的自然土壤如森林土壤、草原土壤等都可能具有吸收大气中 CH_4 的作用，即使是冻原和沼泽土，在无水层覆盖时也具有吸收作用。

大气中 CH_4 含量的多少取决于自然源和人为源的 CH_4 排放与消耗间的平衡，大气 CH_4 浓度持续升高是 CH_4 源增加和 CH_4 减小综合作用的结果：产生 CH_4 过程与消耗 CH_4 过程在土壤中往往同时存在，土壤 CH_4 通量是两个过程的综合。

10.2.3.3　一氧化二氮

大气中的氧化亚氮（N_2O）也是一种公认的温室气体。因为 N_2O 在大气中的存留时间可长达百年之久，并且可被输送到平流层，因此 N_2O 是一种可以导致臭氧层损耗的物质。研究结果表明，自工业革命以来，由于人类活动的影响，大气中 N_2O 含量急剧增加，2010 年时已经达到 3.23×10^{-4}，而且每年还以 $0.8\sim1.3\times10^{-6}$ 的速度增加。现在对流层的 N_2O 含量在 3.36×10^{-4} 左右。计算模拟结果表明，如果大气中 N_2O 含量增加一倍，全球地表平均气温将上升 0.4℃，并且使大气层中不同高度的臭氧含量减少 10%～16%。

N_2O 的排放源包括天然源和人为源。天然源包括海洋、森林和草地等；人为源指与人类活动密切相关的 N_2O 排放过程，包括农田土壤、生物质燃烧、工业排放等。N_2O 的主要天然源为土壤排放，土壤中的硝化和反硝化作用均可产生 N_2O。土壤中生物源 N_2O 主要是由硝化和反硝化过程产生的，简单地说，硝化是好氧的微生物将铵氧化为硝酸盐的过程，而反硝化是厌氧微生物将硝酸盐还原为 N_2 的过程，N_2O 是由微生物细胞在这两个反应过程中释放到土壤中的中间产物。IPCC 对全球已知的 N_2O 源汇总进行计算，认为全球 N_2O 排放总量为 16.2×10^{12} g/年，其中，热带森林和温带森林土壤的 N_2O 排放量分别为 3.0 ×

10^{12}g/年和1.0×10^{12}g/年，二者之和约占全球N_2O排放总量的24.7%。总体而言，土壤排放量约占全球N_2O排放源的57%。

海洋则是N_2O的另一个重要的天然排放源。有专家认为海洋释放的N_2O主要是由好氧环境中的细菌通过反硝化作用产生的，而气候变暖将导致好氧环境的扩大，从而促进了反硝化作用，进而将增加海洋系统N_2O的释放。最近的一些研究表明，海洋地区N_2O的排放量较低，特别是在厄尔尼诺现象发生时更是如此。相关机构估计海洋源的NO_2年排放量可能在3.0×10^{12}g/年左右。

全球因生物质燃料而产生的N_2O估计在0.5×10^{12}g/年左右。生物质燃烧包括农作物秸秆、森林、草地等的燃烧，最主要是热带森林以及草场的燃烧，据统计，它们每年燃烧的面积分别达到7.5亿hm^2和750万hm^2。化石燃料主要包括煤、石油和天然气等，据IPCC报道，全球燃料源N_2O排放量可能在（0.1～0.3）×10^{12}g/年之间，但因为化石燃料燃烧排放的N_2O的量随燃料的种类和燃烧设施的不同而变化，故该结果带有很大的不确定性。另外，工业生产以及废水处理过程也会释放一定的N_2O。

目前，对大气N_2O的源与减少都缺乏准确的定量认识。有研究表明，植物排放N_2O不仅是一个普遍存在的自然现象，而且其排放量可能达到与土壤排放相当的水平，因而植物可能是未知的大气N_2O的一个重要排放源，而目前对陆地生态系统N_2O排放的估算中一般未将植物的排放考虑进去。因此，N_2O源的定量测量将是未来10年或更长时间内需要探讨的课题。

10.2.3.4 氯氟碳化合物

因为氯氟碳化合物（CFCs）可以破坏臭氧层，故受到了广泛关注，同时它们也是温室气体，具有很强的全球增温潜能，是二氧化碳的两万多倍。CFCs常被用于制冷器、空调设备、工业清洁器中，也常在泡沫包装中被用作发泡剂。因为CFCs绝大多数来自人工合成，故原来的大气中基本没有该类物质的存在，是最近几十年才积累起来的。在各种CFCs中，以CFC－11及CFC－12较为重要，因为它们的浓度比较高，分别约为0.27×10^{-7}%及55×10^{-7}%，而且它们对平流层内的臭氧有很大的影响。

10.2.4 温室效应对生物的影响

10.2.4.1 温度升高对植物的影响

1. 温度升高对植物光合作用的影响

光合作用是一系列的生物化学反应，需要由酶来催化。温度过高或过低都不利于酶的催化作用，影响光合作用的效率。光合作用的最适温度是指光合速率达到最大值时的温度，它受植物的遗传性、生长发育阶段和栽培管理条件，以及所处的生态环境等多种因素影响，因此，不同植物有不同的光合作用最适温度范围。一般而言，随着温度升高，植物叶片的净光合作用、气孔导度、蒸腾速率升高，达到植物最适宜温度之后，净光合作用开始下降，气孔导度和蒸腾速率仍然继续提高。

气孔作为植物气体交换的通道，升温不仅影响植物的气孔密度（stomatal density，SD）

和气孔指数（stomatal index，SI），而且影响表皮细胞密度（epidermal cell density，ECD）和气孔孔径长度（stomatal aperture length，APL）。SD 对于叶片表皮细胞分化和伸展非常敏感，而 SI 则仅对表皮细胞分化敏感，因此，一般 SI 相对于 SD 对环境条件的改变表现相对稳定。

2. 温度升高对植物呼吸作用的影响

植物光合作用产物的大约 50% 用于自主呼吸，以获得维持生长发育和生殖的能量。当温度较低时，温度是植物能量代谢的限制因子；但在较高温度下，底物和代谢产物通过自由扩散过程的能量成为呼吸的限制因子；然而在极端高温下，植物地上和地下根系的呼吸作用增强，碳损失增加，原生质体开始崩溃，植物的呼吸器官受到破坏。因此，与光合作用一样，植物的呼吸作用存在一个温度响应曲线，植物呼吸作用的最佳温度高于光合作用过程。在达到最佳温度之前，呼吸强度随着温度升高呈指数式上升，呼吸强度加倍。超过适宜温度后，高温抑制呼吸作用。

3. 温度升高对植物生长和繁殖的影响

温度升高促进植物的光合作用能力，加速碳水化合物的积累，提前或延长植物的生长发育周期，从而提高了植物的生物量和株高。

温度不但影响植物的光合作用、呼吸作用和生长，对植物的繁殖器官也会产生影响。首先，高温会阻碍花粉成熟与花药开裂，一方面，散发到柱头上的花粉数不足，另一方面，花粉活力和萌发率下降，引起不受精，导致不育。温度对花粉活力和萌发率的负面影响随开花时间的后移而逐渐下降。其次，高温导致植物授粉成功率下降，结实率降低，空粒率和秕粒率提高。

10.2.4.2　温度升高对动物的影响

1. 温度升高对动物地理分布的影响

全球气候变暖改变了物种的地理分布范围，增加了某些物种潜在的分布区域。生境是生物生活的空间及其全部生态因子的总和，各生态因子相互关联、相互影响，共同对生物产生影响。全球气候变化改变了区域的温度和降水格局，使动物的栖息生境发生改变，某些鸟类和两栖类甚至丧失了栖息生境。当温度和降水格局发生变化时，物种的分布会随之发生变化，物种总是倾向于分布在气候条件最适宜的区域。植被是野生动物赖以生存的栖息环境，也是野生动物的食物来源。气候变化影响植被，尤其对植被的初级生产力产生较大影响。植被变化时，动物分布区相应地随之发生改变。气候变化对极地和湿地影响显著。在内陆地区，随着温度的升高，湿地大面积缩小，分布于湿地的两栖动物受到影响。

温度是影响物种分布关键的因子之一。特定的物种分布在特定的温度带内。气候变暖后，由于不同地区温度升高的不均衡，加上这些地区本身环境的差异，温度升高对地区的野生动物生境产生了不同影响。气候变化对野生动物分布的影响，除了温度升高而使其受到直接胁迫外，还引起其他环境因子改变，而使其重新分布。对扩散能力不同的动物，全球气候变化对其分布的影响结果不同，扩散能力较强的动物，随气温的升高，其分布区北移或出现在更高海拔地区，当温度变化在其忍受范围之外时，其分布范围因其分布边界的移动而扩大。在一定范围内，动物的分布范围与种群大小有关。当生境因子的变化幅度在动物的忍受范围之内时，动物种群的大小与分布范围呈正相关。对那些受益于全球气候变暖的动物种群，其分布范围会随着种群的壮大而扩展。例如近年来频繁发生的极端气候事件，尤其是温度和干旱，常会引起一些昆虫的大暴发并从分布中心向更大范围扩展。

2. 温度升高对动物物候的影响

物候是指生物长期生活于特定生境，经过适应后，其发育节律与自然周期相协调的现象。物候的时间与气温、降水、土壤温湿度、光照等因子有关。但不同的物种对这些因子的敏感程度不同，这些因子的长期改变会引起其物候的变化，最终影响到物种繁殖力、竞争力以及物种间的相互作用。物候变化是动物对气候变化最简单的反应。温度升高使野生动物的物候发生改变，通常表现为物候期提前。

3. 温度升高对动物行为与生理的影响

动物的繁殖期是动物生活史中对气候最敏感的时期，微小的气候变化都有可能影响到动物的繁殖成功率。

气候变暖还可以影响动物的冬眠行为。比如旱獭在阿拉斯加的冬眠时间缩短，美洲许多鸟类的繁殖期提前。全球变暖还影响雀形目动物和啮齿类动物的身体大小等生理特征。

4. 温度升高对动物种群动态的影响

种群的数量变动由出生与迁入和死亡与迁出两组数据决定。影响出生、死亡的因素都影响种群的数量动态。气候变暖主要是通过影响动物的生境及其繁殖而导致动物种群数量波动。

温室效应导致动物生境的改变，栖息地的退化是导致生物多样性减少的主要原因。栖息地的破碎化是导致物种灭绝的重要原因，物种灭绝的另一个重要原因是极端天气灾害导致大量物种的死亡。

极地是受气候影响最显著的区域，由于北极受人类直接干扰少，由气候变暖引起的生境变化比较容易与其他因素区分，因此，北极被认为是研究气候变化对野生动物影响的一个理想区域。极地温度升高的另一个显著效应是植物生长期延长，生物量增加，野生动物的食物链增加，从而改变动物种群的动态。

10.2.4.3 温度升高对微生物的影响

土壤生态系统中，植物的生长发育受到增温效应的促进或者抑制，从而对地下土壤微生物的群落结构和组成产生影响，进而导致土壤碳、氮循环发生改变（图 10－2）。

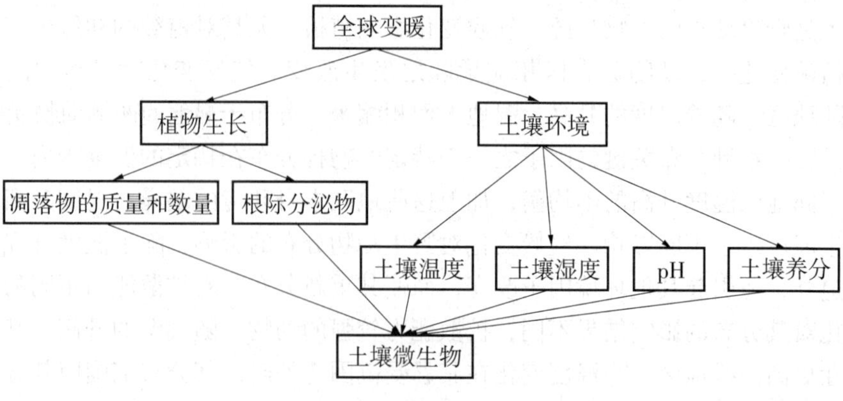

图 10－2　温度升高对土壤微生物群落的影响

第一，温度对真菌和细菌生长速率的影响。在不同的温度下，不同的微生物的生长速率不同。细菌和真菌的最适宜生长温度是 25 ～ 30℃，超过最佳温度，两类微生物的生长速率开始下降，其中真菌对高温更敏感，因此，较高温度下，细菌的生长速率超过真菌。相反，在较低的温度下，真菌的生长占优势。

第二，土壤升温改变土壤中真菌与细菌的比率。土壤升温诱导植物生长加速，土壤 C 含量与 N 含量的比值提高，土壤可用性氮素减少，这种消长变化更有利于以氮素代谢为主的真菌生长，因此，尽管微生物生物量不受温度的影响，全球变暖可能会增加土壤中真菌的比率，降低细菌的种群，从而改变土壤原有的微生物群落结构（图 10 - 3）。

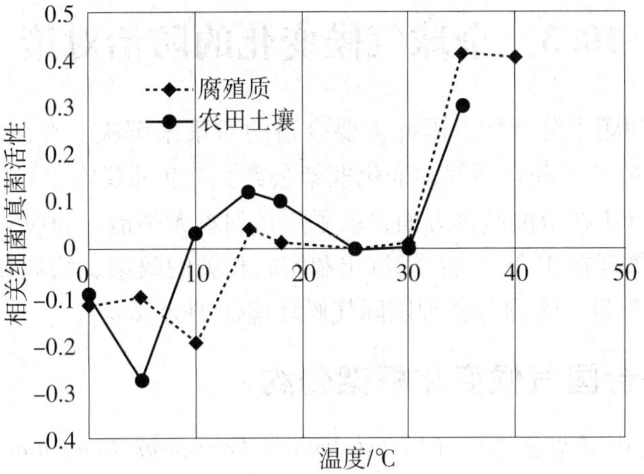

图 10 - 3　不同温度下农田和森林腐殖质土壤中细菌和真菌活性的变化曲线

第三，微生物活性和土壤呼吸。土壤呼吸作用是指未受扰动的土壤中产生 CO_2 的所有代谢过程，它包括 3 个生物学过程（植物根呼吸、土壤微生物呼吸和土壤动物呼吸）和 1 个非生物过程（含碳物质化学氧化过程）。在升温 0. 3 ～ 6. 0℃范围内，土壤呼吸速率提高 20%。在时间尺度上，升温处理后的前 3 年土壤呼吸的响应更加强烈，森林生态系统土壤呼吸对气候变暖的响应比冻土地带和草地生态系统更大。较高的温度通过提高土壤微生物的代谢活性，加速有机碳的分解作用来促进土壤碳的释放，并将导致森林生态系统生产力改变。

随着时间的推移，由于土壤水分亏缺、代谢底物限制、氮元素供应不足和生物本身的适应特性等，温度升高对土壤微生物呼吸的促进作用越来越微弱，表现为一定的适应性。

10. 2. 4. 4　温室效应对生态系统的影响

气候变化极大地改变着植被类型的地理分布。CO_2 含量增加到 700μg/g 时，所带来的气候变化将使地球上 1/3 的森林组成发生巨大变化。在未来的 100 年内，一些北美森林中的物种将向北移动 500km，远远超过自然移动的速度；美国东北部一些有重要经济价值的物种（如糖槭等）将消失。植被分布的变化将对全世界国家公园和生物避难所产生严重影响，从而使生态多样性减少，生态系统效益下降。湿地所受的风险更大，支持着北美一半水鸟种群的北美大草原低凹地区湿地，在气候变化下面临着面积减少和特征改变的境况。

全球温度升高，植被带将有很大变动。亚寒带森林可能由目前的23%减少到1%以下，泰加林几乎消失。当 CO_2 含量增加1倍时，森林生物量将由现在的58.4%降到47.4%；草地生物量将由现在的17.7%增加到28.9%。

全球升温，植物种将会向北（北半球）推移。根据地层埋藏的花粉分析，冰期后到现在的2万年期间，移动最快的是赤杨、桤木，平均每年移动2000m，移动较慢的有枫树、冷杉，每年移动约40m。如果短期内 CO_2 含量增加1倍，温度上升得较快、较高，植物需每年移动数十千米才能适应，而这远远超过植物每年迁移的能力，结果将导致森林生态系统崩溃，后果极其严重。

10.3 全球气候变化的防治对策

全球气候变化问题十分严峻，因此需要合适的对策来解决。在国际上，于1992年和1997年先后审议通过了《联合国气候变化框架公约》《京都议定书》。在国内，针对全球变暖的问题，我国近年在节能减排方面采取了一系列重大举措，为应对全球气候变化做出了巨大贡献，主要体现在3个方面：①制定和实施相关的政策、法规和措施；②推动清洁发展机制（CDM）项目；③参与各种国际气候环境保护会议。

10.3.1 《联合国气候变化框架公约》

《联合国气候变化框架公约》（*United Nations Framework Convention on Climate Change*, *UNFCCC*，简称《框架公约》）是1992年5月22日联合国政府间谈判委员会就气候变化问题达成的公约，于1992年6月4日在巴西里约热内卢举行的联合国环发大会（地球首脑会议）上通过。《联合国气候变化框架公约》是世界上第一个为全面控制二氧化碳等温室气体排放，以应对全球气候变暖给人类经济和社会带来不利影响的国际公约，也是国际社会在对付全球气候变化问题上进行国际合作的一个基本框架。

《联合国气候变化框架公约》的目标是减少温室气体排放，减少人为活动对气候系统的危害，减缓气候变化，增强生态系统对气候变化的适应性，确保粮食生产和经济可持续发展。为实现上述目标，公约确立了5个基本原则。

（1）“共同而区别”，发达国家应率先采取措施，应对气候变化；

（2）考虑发展中国家的具体需要和国情；

（3）各缔约国方应当采取必要措施，预测、防止和减少引起气候变化的因素；

（4）尊重各缔约方的可持续发展权；

（5）加强国际合作，应对气候变化的措施不能成为国际贸易的壁垒。

根据《联合国气候变化框架公约》第一次缔约方大会的授权（柏林授权），缔约方经过近3年谈判，于1997年12月11日在日本京都签署了《京都议定书》。根据《京都议定书》的规定，至少在55个缔约方、其中至少有占工业化国家集团1990年二氧化碳排放总量55%的发达国家批准本议定书之后第90天才生效。俄罗斯已经批准《京都议定书》并向联合国秘书长备案，议定书于2005年2月16日生效。《京都议定书》生效后，三个灵活机制将正式启动。清洁发展机制下的造林和更新造林项目也将正式运行，林业碳汇市场将不断发展，林业碳汇国家贸易也将不断增加。《联合国气候变化框架公约》的谈判难点是国际财政机制安排、实质性技术转让、发达国家加强履约、土地利用和林业。这些问题也是 2005 年启动的《京都议定书》第二承诺期谈判的焦点，其间，林业议题的重点是森林经营和林产品贮碳，就是否把森林经营作为减排的途径，是否把林产品中的碳计入减排范畴。

《联合国气候变化框架公约》要求发达国家在 20 世纪末将其温室气体排放恢复到 1990 年的水平。但事实表明，多数发达国家的排放量仍在增长。《联合国气候变化框架公约》的常设秘书处设在德国的波恩。中国于 1992 年 6 月 11 日签署该公约，1993 年 1 月 5 日交存加入书。

10. 3. 2　《京都议定书》

为了人类免受气候变暖的威胁，1997 年 12 月，《框架公约》第三次缔约方大会在日本京都举行。149 个国家和地区的代表通过了旨在限制发达国家温室气体排放量以抑制全球变暖的《京都议定书》。气候变化议定书是《框架公约》的补充，它与《框架公约》的最主要区别是，《框架公约》鼓励发达国家减排，而议定书强制要求发达国家减排，具有法律约束力。

议定书需要占 1990 年全球温室气体排放量 55% 以上的至少 55 个国家和地区批准之后，才能成为具有法律约束力的国际公约。中国于 1998 年 5 月签署并于 2002 年 8 月核准了该议定书。欧盟及其成员国于 2002 年 5 月 31 日正式批准了《京都议定书》。议定书于 2005 年 2 月生效。截至 2009 年 12 月，已有 184 个《框架公约》缔约方签署，但美国布什政府于 2001 年 3 月宣布退出。在《联合国气候变化框架公约》第二十六次缔约大会上中美两国令人惊喜地宣布达成气候协定。2021 年 1 月 10 日，中国和美国在联合国气候变化格拉斯哥大会期间达成并发布《中美关于在 21 世纪 20 年代强化气候行动的格拉斯哥联合宣言》。

议定书建立了旨在减排温室气体的三个灵活合作机制——国际排放贸易机制、联合履行机制和清洁发展机制。以清洁发展机制为例，它允许工业化国家的投资者从其在发展中国家实施的并有利于发展中国家可持续发展的减排项目中获取“经证明的减少排放量”。

议定书允许采取以下 4 种减排方式。

(1) 两个发达国家之间可以进行排放额度买卖的“排放权交易”，即难以完成削减任务的国家，可以花钱从超额完成任务的国家买进超出的额度；

(2) 以“净排放量”计算温室气体排放量，即从本国实际排放量中扣除森林所吸收的二氧化碳的数量；

(3) 可以采用绿色开发机制，促使发达国家和发展中国家共同减排温室气体；

(4) 可以采用“集团方式”，即欧盟内部的许多国家可视为一个整体，采取有的国家削减、有的国家增加的方法，在总体上完成减排任务。

议定书一共规定了 6 种温室气体，分别是二氧化碳、甲烷、氧化亚氮、六氟化硫、氢氟碳化物和全氟化碳。

10.3.3 联合国气候变化峰会

2009年12月7日，《联合国气候变化框架公约》第15次缔约方会议暨《京都议定书》第5次缔约方会议在丹麦首都哥本哈根召开，这一会议也被称为哥本哈根联合国气候变化大会。

旨在给地球降温的这场气候变化国际谈判，表面上是各国就温室气体排放额度讨价还价，但更深层次的问题，则是各国关于能源创新和经济发展空间的博弈，进而影响长期的国际权势转移。暗战主要分三大阵营：首先是欧盟；其次是以美国为首的伞形集团，包括加拿大、澳大利亚等国；还有包括中国在内的77个发展中国家。

阻碍哥本哈根大会达成全面气候协定的因素有两个，即发达国家的中期减排目标问题和资金问题。会议围绕四大核心议题展开，即发达国家明确中期减排目标、化解发达国家与发展中国家的分歧、发展中国家能否自愿提出减排目标、明确对发展中国家的资金供应。

首先，发达国家不附加条件即明确2020年前的中期减排目标，是哥本哈根大会达成新协议的关键。否则，国际社会就无法采取必要的行动以应对气候变化，而发展中国家也不会相信发达国家愿意承担应有的责任。众多发达国家都提出了自己的减排承诺，但往往都带有附加条件，有试图回避或“转嫁”减排目标的嫌疑。

其次，发达国家与发展中国家有着严重的分歧，南北两大阵营矛盾的核心是对发展经济空间的争夺，争论的焦点在于是否贯彻公平性原则，并且强调发达国家在气候变化问题上的历史责任。在这一点上，发展中国家表现得空前团结。很显然，我们不能以发达国家的标准要求发展中国家，毕竟发达国家发展的时代曾是“无限制排放”的时代。在此会议之前于西班牙举行的气候变化会议上，非洲50多个国家就因西方国家毫无谈判诚意而不满并集体退场抗议。

再次，广大发展中国家能否自愿提出减排目标、目标能否得到发达国家的认可，将可部分弥补“京都时代”遗留下来的发展中国家不承担减排任务的缺陷。《京都议定书》规定的“共同而有区别的责任”原则依然是两大阵营对话的基石，而在自愿的基础上，发展中国家若各自做出减排承诺，将部分解决两大阵营的尖锐对立矛盾。在这个问题上，我国自愿做出的高标准减排目标，为这次气候大会取得成效带来了希望。但如果发达国家依然要求发展中国家“强制性减排”，这必将使得两大阵营的矛盾再次升级。

最后，能否明确对发展中国家资金供应的方法，很大程度上能决定全球减排行动的广度与力度。由于发达国家拥有雄厚的经济基础，具备完成减排承诺的实力；而新兴经济体的减排行动规模很大程度上取决于其能否通过国际合作有效地得到资金和洁净技术。从目前来看，明确每个发达国家需要承担的资金数额以及资金来源，尚有难度。

10.3.4 政府间气候变化专门委员会

联合国政府间气候变化专门委员会（Intergovernmental Panel on Climate Change，IPCC）是世界气象组织（WMO）及联合国环境规划署（UNEP）于1988年联合建立的政府间机构。其主要任务是对气候变化科学知识的现状、气候变化对社会和经济的潜在影响以及如何适应和减缓气候变化的可能对策进行评估。

考虑到人类活动的规模已开始对复杂的自然系统如全球气候产生了很大的干扰，许多科学家认为，气候变化会造成严重的或不可逆转的破坏风险，并认为缺乏充分的科学确定性不应成为推迟采取行动的借口；而决策者们需要有关气候变化成因、其潜在环境的社会经济影响以及可能的对策等客观信息来源；而 IPCC 这样一个机构的地位能够在全球范围内为决策层以及其他科研等领域提供科学依据和数据等。IPCC 的作用是在全面、客观、公开和透明的基础上，对世界上有关全球气候变化的现有最好的科学、技术和社会经济信息进行评估。这些评估吸收了世界上所有地区的数百位专家的工作成果。IPCC 的报告力求确保全面地反映现有各种观点，并使之具有政策相关性，但不具有政策指示性。

IPCC 为政治决策人提供气候变化的相关资料，但本身不做任何科学研究，而是检查每年发表的数以千计有关气候变化的论文，并每几年出版评估报告，总结气候变化的“现有知识”。例如，1990 年、1995 年、2001 年、2007 年、2014 年和 2022 年，IPCC 相继完成了 6 次评估报告，这些报告已成为国际社会认识和了解气候变化问题的主要科学依据。

1. 机构组成

IPCC 下设三个工作组和一个专题组：第一工作组，评估气候系统和气候变化的科学问题；第二工作组，评估社会经济体系和自然系统对气候变化的脆弱性、气候变化正负两方面的后果和适应气候变化的选择方案；第三工作组，评估限制温室气体排放并减缓气候变化的选择方案；专题组为国家温室气体清单专题组，负责 IPCC《国家温室气体清单》计划。具体而言每个工作组（专题组）设两名联合主席，分别来自发展中国家和发达国家，其下设一个技术支持组。第一个工作组是关于科学基础，它负责从科学层面评估气候系统及变化，即报告对气候变化的现有知识，如气候变化如何发生、以什么速度发生；第二个工作组是关于影响、脆弱性和适应性，它负责评估气候变化对社会经济以及天然生态的损害程度、气候变化的负面及正面影响和适应变化的方法，即气候变化对人类和环境的影响，以及怎样才能减少这些影响；第三个工作组是关于减缓气候变化，它负责评估限制温室气体排放或减缓气候变化的可能性，即研究如何才能停止导致气候变化的人为因素，或是如何减慢气候变化；专题组是国家温室气体清单专题组，负责 IPCC《国家温室气体清单》计划。IPCC 向联合国环境规划署和世界气象组织所有成员国开放。在大约每年一次的委员会全会上，就它的结构、原则、程序和工作计划做出决定，并选举主席和主席团。全会使用六种联合国官方语言。

中国也是联合国政府间气候变化专门委员会（IPCC）的发起国之一。IPCC 成立于 1988 年，先后发布 6 次评估报告，而且报告成为气候变化国际谈判的科学依据。在 IPCC 第四次评估报告中，28 名中国专家参与其中，秦大河院士还于 2002 年被选举为 IPCC 第一工作组（共 3 个工作组）联合主席，且在 2008 年获得连任。

2. IPCC 的作用

IPCC 的作用是在全面、客观、公开和透明的基础上，评估与理解人为引起的气候变化，这种变化的潜在影响以及适应与减缓气候变化方案的科学基础有关的科技和经济信息。IPCC 既不从事研究也不监测与气候有关的资料或其他相关参数，它的评估主要基于经过仔细审阅和已出版的科学、技术文献。IPCC 的一项主要活动是定期对气候变化的认知现状进行评估。IPCC 还在认为有必要提供独立的科学信息和咨询的情况下撰写关于一些主题的“特别报告”和“技术报告”，并通过其有关《国家温室气体清单》方法的工作为《联合国气候变化框架公约》（UNFCCC）提供支持。

3. IPCC 的评估报告

IPCC 的每份评估报告都包括决策者摘要，摘要反映了对主题的最新认识，并以非专业人士易于理解的方式编写。评估报告提供有关气候变化及其成因和可能产生的影响及有关对策的全面的科学、技术和社会经济信息。至今，IPCC 共发布了 6 次评估报告，《第一次评估报告》于 1990 年发表，报告确认了对有关气候变化问题的科学基础，它促使联合国大会做出制定《联合国气候变化框架公约》的决定，公约于 1994 年 3 月生效；《第二次评估报告》于 1995 年发表，并提交给了 UNFCCC 第二次缔约方大会，并为公约的《京都议定书》会议谈判做出了贡献；《第三次评估报告》（2001 年）包括三个工作组的有关“科学基础”“影响、适应性和脆弱性”和“减缓”的报告，以及侧重于各种与政策有关的科学与技术问题的综合报告；《第四次评估报告》于 2007 年年初发布，由于气候变化的明显表现，该报告在世界范围内引起极大反响；《第五次评估报告》于 2014 年发表，给出了更多的观测事实和证据，证明全球变暖以及人类活动与其的因果关系，指出了减缓气候变化、减少温室气体排放的紧迫性，并在影响和适应的评估中引入了气候风险管理的理念；《第六次评估报告》于 2022 年发表，这份被称为“拆除气候定时炸弹的指南”的报告，再次明确了工业化以来人类活动对全球气候的影响，此次报告相比以往更加重视解决方案，还提出了一个新的概念，即“气候恢复力发展（Climate Resilient Development）”。

10. 3. 5　遏制气候变暖：我国采取的行动

气候变化是当今全球面临的重大挑战，遏制气候变暖，拯救地球家园，是全人类共同的使命，每个国家和民族，每个企业和个人，都应当责无旁贷地行动起来。要想减少温室气体排放和治理空气污染就要做到：工业合理布局，搞好环境规划；改变能源结构、推广清洁燃料、使用清洁生产工艺，减少污染物排放；强化节能，提高能源利用率、区域集中供暖供热；强化环境监督管理和老污染源的治理，实施总量控制和达标排放；严格控制机动车尾气排放等。作为一个发展中的大国，虽然并未被强制减排，但针对全球变暖的问题，我国近年在节能减排方面采取了一系列重大举措，为全球应对气候变化做出了巨大贡献，主要有以下几个方面。

10. 3. 5. 1　制定和实施相关的政策、法规和措施

国家制定和颁布了一些专门的气候变化政策和法规，如 2005 年国家发改委、科技部、外交部和财政部四部门以部长令发布的“清洁发展机制运行管理办法”，以及由国家发改委牵头、各相关部门参加制定的“应对气候变化国家方案”，全面部署了“十一五”期间国家应对气候变化的行动。

2007 年 10 月，“建设生态文明”写进中国共产党的十七大报告，为中国环保掀开了崭新一页。2007 年 6 月，中国政府发布《中国应对气候变化国家方案》，全面阐述了中国在 2010 年前应对气候变化的对策，这不仅是中国第一部应对气候变化的综合政策性文件，

也是发展中国家在该领域的第一部国家方案。2008 年 10 月，中国政府发布《中国应对气候变化的政策与行动》白皮书，全面介绍中国减缓和适应气候变化的政策与行动，是中国应对气候变化的纲领性文件。

国家还制定了一系列有利于减缓温室气体排放的政策和法规，比较典型的政策法规包括：由人民代表大会颁布的《节能法》《可再生能源法》等；由有关政府部门组织实施的政策和措施，如推动循环经济的发展、行业节能规划、造林工程等；由国家科技部门组织开展的大量具有温室气体减排效果的技术研究、开发和应用，如高效的发电技术、可再生能源技术、建筑节能技术、二氧化碳收集和存储技术等。

国家发展和改革委员会数据显示，在中国政府针对金融危机推出的 4 万亿元投资计划中，有 2100 亿元投向节能减排和生态建设工程；用于自主创新和产业结构调整的资金达 3700 亿元；而经国务院批准出台的 10 大产业调整和振兴规划也都对节能减排提出了明确要求。

中国政府担负着发展经济、改善民生以及减缓气候变化并提高适应气候变化能力的艰巨任务，中国还有部分人口没有脱贫，所面临的挑战比发达国家大得多。

10. 3. 5. 2　推动清洁发展机制（CDM）项目

《京都议定书》规定 CDM 包含双重目的：帮助发展中国家实现可持续发展、帮助发达国家实现其减限排承诺。CDM 规定发达国家通过提供资金和技术的方式，与发展中国家开展项目级的合作，将项目所实现的"核证减排量（CERs）"用于发达国家缔约方完成他们在议定书中的减排承诺。CDM 被普遍认为是一种"双赢"机制，发展中国家通过合作可以获得资金和技术，而且有助于实现自己的可持续发展；发达国家可以大幅度降低其在国内实现减排所需的高昂费用，清洁发展机制为发达国家实现承诺提供了另一种可行的途径。在全球范围内，无论在哪里进行减排，效果都是一样的，但在发展中国家减排所需的成本与难度相对更低些。CDM 模式的主要内容是发达国家可以在发展中国家的项目中投入资金、技术，帮助其减少温室气体的排放量，然后向发展中国家购买其减排量，这样发达国家就能以比较低的成本完成减排承诺。CDM 在发达国家和发展中国家之间提供了一种商机，使温室气体的减排量可以作为商品在国际上交易，发展中国家可以通过 CDM 项目获得一定的资金和较先进的技术。

CDM 开辟了新的国际融资渠道，而且使节能不再是企业的负担，相反企业还可以从中获利；并进一步推动了中国企业的国际化，提供了企业与国际资本合作的平台，提升企业的社会形象。为了推进我国的 CDM 对外合作，科技部、发改委等部门做了大量的促进工作，通过制定 CDM 项目运行管理办法、建立 CDM 技术服务中心、开展广泛的 CDM 专业和普及培训、举办 CDM 国际合作交流和博览会，极大地促进了我国 CDM 开发和合作。CDM 项目在中国运行的十余年内，项目在地理分布上呈现出西多东少，欠发达地区多、发达地区少的局面。呈现这种局面的主要原因在于我国的清洁能源、可再生能源主要分布在中西部地区，而且项目成本低于发达地区。四川、云南和内蒙古的项目数量位居前三位，西藏虽地处西部但 CDM 项目数量为零，主要是因为西藏自然地理条件恶劣。截至 2021 年 4 月，国家发改委公示了 2871 个 CCER 审定项目，861 个备案项目，获得减排量备案的项目254个。在254个已签发项目中，光伏项目48个，风电项目91个，水电项目32个；在861个备案项目中，光伏项目159个，风电项目328个，水电项目83个。由此可见，无论是签发项目还是减排项目，可再生能源项目的占比均接近7成。成交量方面，根据广州碳排放权交易所的数据，2014—2021年，七大碳交易试点共成交国家核证自愿减排量（CCER）4.42亿t，其中上海碳交易所的累计成交量最高（1.71亿t）。从时间维度来看，2017年是一个分水岭，项目备案暂停之前，交易量呈现稳步上升态势，备案审批暂停的当年交易量大幅下跌；2018年5月，CCER交易平台恢复运行，成交量开始回升，2021年全国碳市场启动后成交量首次突破1亿t。

10.3.5.3　参与各种国际气候环境保护会议

我国从一开始就参加了《联合国气候变化框架公约》和《京都议定书》的谈判，以及其他涉及气候变化领域的谈判，如政府间气候变化专门委员会、亚太清洁发展和气候伙伴关系、碳收集领导人论坛等。实际上，中国一直是气候变化多边谈判的核心成员，为推动全球应对气候变化的国际进程发挥了重要的建设性作用。

尽管《联合国气候变化框架公约》对发展中国家没有任何强制和约束性要求，但中国充分认识到应对气候变化的重要性和紧迫性，于2009年11月26日提出控制单位GDP二氧化碳排放行动目标。这不仅显示了中国努力应对人类共同挑战的积极姿态，也为中国未来的经济发展带来新机遇。

1990—2005年，发达国家单位GDP的二氧化碳排放只下降26%，根据它们作出的承诺，到2020年这一指标也只会下降30%～40%。中国却承诺到2020年单位GDP二氧化碳排放降低40%～45%，这种努力没有前提条件，也不与其他国家减排行动挂钩。从中可以看出，中国为全球应对气候变化做出了巨大努力。

中国积极采取应对气候变化的政策行动，为全球生态文明建设贡献力量。据测算，2018年中国单位GDP碳排放量比2005年下降了45.8%，提前完成目标，基本扭转了温室气体排放快速增长的局面。同时，非化石能源占一次能源消费比重达到14.3%，中国可再生能源投资位居世界第一，累计减少的二氧化碳排放也居世界首位。

2021年10月31日，新一届联合国气候变化大会在英国格拉斯哥开幕，于11月12日闭幕。这次大会包括《联合国气候变化框架公约》（以下简称《公约》）第26次缔约方会议（COP26）等多个相关活动，将就《公约》《京都议定书》《巴黎协定》及《公约》附属机构下的国家自主贡献、市场机制、适应、资金、技术、透明度、应对措施、能力建设、农业、航空航海减排等近百项议题进行谈判磋商，重点围绕《巴黎协定》实施细则遗留问题、全球气候目标等气候治理焦点问题展开对话。大会召开前，中国先后发布《中共中央 国务院关于完整准确全面贯彻新发展理念做好碳达峰碳中和工作的意见》《2030年前碳达峰行动方案》以及《中国应对气候变化的政策与行动》白皮书。2021年10月28日，中国正式向《公约》秘书处提交《中国落实国家自主贡献成效和新目标新举措》和《中国本世纪中叶长期温室气体低排放发展战略》。

【思考题】

1. 为什么要加强对全球气候变化的研究?
2. 请分析导致气候变化的人为原因和自然原因。
3. 温室效应将对生物产生哪些影响?
4. 面对全球气候变化，我们应该怎么做?

第 11 章　生态系统管理与生态规划

内容提要　本章介绍了生态系统管理和生态规划两个方面的内容。具体包括：生态系统管理的内涵、生态系统管理的基本原则、生态系统管理的数据基础及生态系统管理的主要内容与途径；生态规划的由来与基本概念、生态规划的基本原则及生态规划的内容与方法。

11.1　生态系统管理

人类社会的生存与发展离不开生态环境，其归根结底是一个生态系统管理的问题，即如何运用生态学、经济学、社会学和管理学的有关原理，对各种资源与环境进行科学管理。生态系统管理及生态系统科学规划已经成为合理利用自然资源和保持生态系统健康最有效的途径。

11.1.1　生态系统管理的内涵

生态系统管理是随着生态学的发展及自然资源开发利用的要求逐渐形成的。生态系统管理就是要运用系统工程的手段和人类生态学原理去探讨各类复合生态系统的动力学机制和控制论方法，协调人与自然、经济与环境、局部与整体在时间、空间、数量、结构上复杂的系统耦合关系，促进物质、能量、信息的高效利用，技术和自然的充分融合，使人的创造力和生产力得到最大限度的发挥。生态系统管理，特别在 20 世纪 90 年代，是全球兴起的针对生态保护的系统复合手段的运用。

生态系统管理起源于传统的林业资源管理和利用过程，早在 1864 年，Mash 就在《人与自然》中提出，“如果英国合理管理森林资源，可使土壤侵蚀和水土流失减少”，这被认为是生态系统管理思想的萌芽。1962 年，Carson 出版的《寂静的春天》引起人们对环境恶化的广泛关注。1969 年以后生态学进入新的发展阶段，自然资源利用开始强调多用途和持续产出的问题。1970 年，Likens 提出现有森林管理方法可能影响生态系统的功能。两年后，Abrahamsen 提出人类活动导致生态系统的退化，人们已开始认识到一些传统的资源管理方法并没有达到预期的效果。20 世纪 80 年代后，关于生态系统和管理方面的研究论文大量出现，生态学开始重视长期定位、大尺度和网络研究，生态系统管理与保护生态学、生态系统健康、生态系统整体性与恢复生态学相互促进和发展。1988 年，Agee 和 Johnson 出版了生态系统管理的第一本专著；之后，又有大量关于生态系统管理的专著问世。如 Steven 等人于 1996 年出版了一本《美国生态系统管理最新经验的评价》，全面介绍了美国整个范围的生态系统工作，总结了 105 个代表性的生态系统管理试验点的管理经验。这些专著都阐述了资源开发与环境保护关系问题，以此来取得社会、经济、生态效益的统一。自此，生态系统管理的基本框架形成。

生态系统管理是指在充分认识生态系统整体性与复杂性的前提下，以持续地获得期望的物质产品、生态及社会效益为目标，并依据对关键生态过程和重要生态因子长期监测的结果而进行的管理活动。在生态系统管理发展的过程中，由于不同生态学者所从事的研究领域、研究目的或研究对象不同，所提出的生态系统管理的定义也有所不同。目前，除了上述定义外，人们比较认可的还有以下几种。

（1）用生态学、经济学、社会学和管理学原理管理生态系统的生产和恢复，或长期维持生态系统的整体性和所期望的状态、产品、价值和服务。

（2）有明确的管理目标，并执行一定的政策和规划，基于实践和研究并根据实际情况作调整；基于对生态系统作用和过程的最佳理解，维持生态系统组成、结构和功能的可持续性。

（3）集中在根本功能复杂性和多重相互作用的管理，强调诸如集水区等大尺度的管理单位，熟悉生态系统过程动态的重要性或认识到生态过程的尺度和土地管理价值取向间的不相称性。

（4）考虑了组成生态系统的所有生物体及生态过程，并基于对生态系统的长期最佳理解的土地利用决策和土地管理实践过程。生态系统管理包括维持生态系统结构、功能的可持续性，认识生态系统的时空动态，认识生态系统功能依赖于生态系统的结构和多样性。土地利用决策必须考虑整个生态系统。

综上，生态系统管理的内涵可以概括为以下几方面：①生态系统管理要求将生态学和社会科学的知识和技术，以及人类自身和社会的价值整合到生态系统的管理活动中；②生态系统管理的对象主要是受自然和人类干扰的系统；③生态系统管理的效果可用生物多样性和生产力潜力来衡量；④生态系统管理要求科学家与管理者确定生态系统退化的阈值及退化根源，并在退化前采取措施；⑤生态系统管理要求利用科学知识做出最小损害生态系统整体性的管理选择；⑥生态系统管理的时间和空间尺度应与管理目标相适应。

由此可见，生态系统管理是人类以科学理智的态度利用、保护生存环境和自然资源的行为表现。可持续发展主要依赖于可再生资源特别是生物资源的合理利用，因而生态系统管理也是实现可持续发展的手段和重要途径。

11.1.2 生态系统管理的基本原则

生态系统管理是以人为主体的管理行为，因为人既是生态系统的重要组分（被管理者），又是管理的实施者，管理是靠人来执行和实现的。因此，管理的一项重要原则就是人在生态系统中的双重性原则。只有加强规范人的行为的法规、政策和制度的建设，提高全人类的环境保护意识，树立可持续发展观念，才能真正实现可持续的生态系统管理。生态系统管理应遵循的原则还包括以下方面。

1. 整体性原则

整体性是生态系统的基本特性，各种自然生态系统都有其自身的整体运动规律，人为随意地分割都会给整个系统带来灾难。因此在管理中要遵循生态系统的整体性原则，切忌人为随意切割，任何一条河流、一个湖泊、一个地区都与生态系统周围环境以及人类社会经济活动有密切关系，需要分析自然条件、人口变动、经济发展、现时利益与长远利益、局部与整体等多种因素，否则，就会不可避免地造成决策的失误，或顾此失彼，或造成长远的不良影响。

2. 动态性原则

生态系统是一个动态系统，即使没有人为干扰，也始终处于动态变化之中。生态系统中生物与生物、生物与环境相联系，使系统输入和输出过程中维持需求的平衡。特定生态系统的功能总是和周围生态系统相互影响，在不同的时间和空间尺度上发生着各种生态过程。在几十年或几个世纪的时间尺度上，许多景观因为自然干扰的作用而发生改变，在景观内和景观之间形成不同时间段演替斑块的镶嵌。这种斑块对生态系统的结构和功能意义重大，并在不同的生态系统中表现出来，因而在划分生态系统管理边界时必须综合考虑。合理划分自然管理区将有助于实现生态系统的功能监测和管理目标。

3. 再生性原则

生态系统最显著的特征之一是具有很高的生产能力和再生功能。其主要组分——生产者，为地球上一切异养生物提供营养物质，是全球生物资源的营造者。异养生物对初级生产的物质进行取食加工和再生产，通过生态系统的多种功能流，如物质流、能量流等，形成次级生产。初级生产和次级生产为人类提供了几乎全部的食品、工农业生产的原料以及医药等。生态系统的这种生产能力和再造性，在管理中必须得到高度重视，从而保证生态系统能够提供充足的资源和良好的服务。

4. 循环利用性原则

生态系统中有些资源是有限的，而非“取之不尽，用之不竭”。因此在进行管理时要遵循经济、生态规律。例如，在水资源的管理上，我们要将宏观的工、农业生产系统工程和生态工程技术结合起来，采用少量化和循环利用等多种方法，解决水资源问题。在城市用水管理时，尽量采用重复用水及循环用水系统，使废水排放量减至最少。

5. 平衡性原则

生态系统健康是生态系统管理的目标，一个健康的生态系统常处于稳定和自我调节的状态，生态系统各部分的结构与功能处于相互适应与协调的动态平衡。生态系统自我调节能力受生态阈限的制约。当外界干扰或胁迫超过系统的承载力或容量极限时，生态系统的结构和功能将遭到破坏，导致系统失衡，严重时系统会衰败，甚至崩溃。为此，需要对生态系统各项功能指标（功能极限、环境容量等）加以认真分析和计算，通过合理的人为管理，减缓外界压力，以保持系统健康和平衡。

6. 多样性原则

生物多样性是生态系统持续发展和维持生产力的核心，其重要作用包括三方面：①生物多样性在复杂的时空梯度上维持生态系统过程的运行；②生物多样性是生态系统抗干扰能力和恢复能力的物质基础；③生物多样性是生态系统适应环境变化的物质基础。

丰富的物种和基因变种的存在为新物种的形成提供了基因源，有利于物种进化，也有利于生态系统对环境变化做出反应，这种适应力是生态系统功能得以长期持续的关键。维护生物多样性是生态系统管理中不可缺少的组成部分。一方面，生物多样性的丧失往往是难以挽回的；另一方面，引种对自然生态系统产生的副作用，说明生物多样性也并不是简单的增加物种数目的问题。因此了解物种的灭绝机制和途径，对于生态系统的管理实践和设计有效性极为重要。

11.1.3 生态系统管理的数据基础

对生态系统进行管理必须搜集掌握有关生态系统的基础数据或知识。由于生态系统的复杂性，这些数据或知识可能是个体－种群、群落－生态系统、景观－生物圈等不同的空间尺度。同时，这些空间尺度与时间尺度问题相互交错。这些应收集的数据或知识主要包括以下几种。

（1）在植物个体及种群尺度的数据。气候与微气候、地形与微地形、土壤的理化特征、消费者的层次、植物的生理生态特征、植物固定碳的格局、植物遗传、共生、营养和水分条件。这些数据的时间尺度是小时、天或年。值得指出的是不能把幼苗的数据当作成年植株的数据，用在小样方内测定的数据不能当作大样方的数据。

（2）在群落及生态系统尺度上的数据。气候与微气候、地形与微地形、种类组成与多度、土壤的理化特征、消费者的层次、植物组织的流通率及分解、活与死有机质的空间分布、植物对水分和营养利用的形态适应、共生、营养和水分条件。这些数据的时间尺度是年或几年。在收集这一尺度的数据时，气候因素被当作常量，样地太小时应收集更多的数据，可用更多的变量来研究生态过程的控制和反馈。因为确定均质样方单位比较困难，所以很难从本层次的样方数据推测景观层次的数据。在研究物质循环和水分关系时使用合适尺度非常重要，不能用生态系统尺度研究大动物和鸟类（因其活动范围较大）。

（3）在景观尺度上的数据。气候、地形、群落与生态系统类型、土壤物理特征、生态系统类型的空间分布。这些数据的时间尺度是几年至几十年。在研究景观尺度问题时，要考虑明确的边界和空间异质性；在进行尺度推绎时，部分的叠加可当作整体的性质，主要研究方法有 GIS 和模型研究。景观尺度是评价动物生境的最佳尺度。

（4）在生物圈尺度上数据。主要有气候、地形和植被类型，由于空间尺度太大，一些生态学过程的速率较慢。气候是植被分布的决定因子，时间尺度不重要，海拔对种类分布的影响可忽略。

当然，并不是所有的生态系统管理都要收集上述所有数据，实际管理时只需收集核心层次的数据，并适当考虑其相邻上下层次的部分数据。

11.1.4 生态系统管理的主要内容与途径

面对日益严峻的全球环境形势与生态建设要求，加强以生态技术（ecological technology）和生态工程（ecological engineering）为主的生态系统管理（eco-management）工作刻不容缓。运用现代生态科学理论和技术，通过多种途径，有效地实现生态系统的保护与管理，并促进生态系统的健康发展。

11.1.4.1 生态系统服务与生态价值核算

生态系统具有天然的生态系统物种流动与生物多样性维持、生态系统物质循环与生产、生态系统能量流动、生态系统信息流动、生态系统价值流动等基本功能。基于这些基本功能，生态系统及其生态过程所形成及所维持的人类赖以生存的自然环境条件与效用，使人类直接或者间接地从生态系统中获益，这称为生态系统服务。生态系统服务（ecosystem services）过去一般是指生命的支持功能，如净化、循环、再生，而不包括生态系统功能与生态系统提供的产品。但随着市场经济的发展，更多人把生态系统提供的商品和生命的支持功能统称为生态系统服务。

生态系统服务的内容包括有机质的合成与生产、生物多样性的产生与维持、调节气候、营养物质贮存与循环、土壤肥力的更新与维持、环境净化与有害有毒物质的降解、植物花粉的传播与种子的扩散、有害生物的控制、自然灾害的减轻等许多方面。根据人类从生态系统中获得的惠益，把生态系统服务划分为供给服务（如提供食物和水）、调节服务（如控制洪水和疾病）、文化服务（如精神、娱乐和文化收益）以及支持服务（如维持地球生命生存环境的养分循环）等四种类型。

生态产品概念起源于生态设计理念。即将环境因素纳入产品设计之中，在产品生命周期每一个环节都考虑其可能产生的环境负荷，通过环境因素设计融入，使产品的环境影响降到最低程度，是对“人类物质产品+环境因素因子”狭义的、微观的定义。2010 年 12 月，国务院印发的《全国主体功能区规划》中，首次从国家顶层设计层面提出生态产品概念，生态产品是指维系生态安全、保障生态调节功能、提供良好人居环境的自然要素，包括清新的空气、清洁的水源和宜人的气候等。其实质应该趋向于西方国家普遍使用的生态服务价值的概念。生态产品价值来源于生态系统服务功能，生态系统服务与生态经济理论是生态产品价值实现的理论基础。

依托现行主流的生态系统生产总值（gross ecosystem product，GEP）核算方法，建立生态产品价值核算评估机制。明确 GEP 核算科目，制定生态产品核算指标体系、标准、规范，依各类生态产品特点采用适合的方法对其实物量、功能量和价值量进行度量和评估，形成生态产品价值核算体系。建立自然资源动态监测制度和自然资源资产核算评价制度，建立监测技术规范和资产核算评价技术指南，确保相关数据的可靠性、完整性、一致性。国内在该领域开展了大量工作。

GEP 的概念最早由中国科学院生态环境研究中心的欧阳志云研究员和世界自然保护联盟（IUCN）的朱春全研究员于 2013 年提出了，简称为生态产品总值，即：生态系统为人类福祉和经济社会可持续发展提供的最终产品与服务价值的总和。

中科院生态环境研究中心的欧阳志云团队对贵州省 GEP 进行核算，其构建的 GEP 核算指标体系包括产品服务价值、调节服务价值、文化服务价值 3 大类共 17 项功能指标。

深圳市市场和质量监督管理委员会发布的《盐田区城市生态系统生产总值（GEP）核算技术规范》明确了城市 GEP 核算指标、核算方法、核算因子、定价方法、数据获取方式等相关内容，核算指标包括两个一级指标（自然生态系统价值、人居环境生态系统价值）、11 个二级指标（自然系统：生态产品、生态调节和生态文化；人居系统：大气、水、土壤、生态、声、固废、节能减排和大气环境健康等相关指标）和 28 个三级指标，核算数据来源于各职能部门的统计数据、现场监测及调查所得数据、卫星遥感影像和权威的具有代表性的文献资料。

中国环境科学研究院的张林波团队构造了包含 7 个功能类别、15 个一级科目和 26 个二级科目的生态系统价值核算指标体系。7 个功能类别包括：①生态系统产品（农林牧渔产品、干净水源、清新空气、清洁海洋）；②人居环境调节；③生态水文调节；④生态系统减灾；⑤土壤侵蚀控制；⑥物种保育更新；⑦精神文化服务（休憩服务）。该研究以厦门为例，根据厦门区域生态系统特征筛选指标，确定的指标体系包括：一，陆地生态系统 6 个功能类别（未纳入“④生态系统减灾”；“⑤土壤侵蚀控制”更改为“土壤肥力保持”）、12 个一级科目和 19 个二级科目；二，海洋生态系统核算 4 个功能类别、4 个一级科目和 6 个二级科目，形成了《厦门市生态系统生产价值统计核算技术导则》。

中国环境科学研究院的李芬等研究者对三江源区的生态产品价值进行核算，从物质量和价值量两个角度，具体对 3 大类生态产品：“农产品”核算其产值、“干净水源”核算水资源价格和污染物去除、“清新空气”核算人体健康效益和成本，以此作为生态产品价值。

11.1.4.2　生态系统整体性管理

整体性是生态系统最重要的属性。生态系统是指生物体及其生存环境所构成的统一整体，并执行一个整体单元的功能。因此，在生态系统管理中，必须把整个系统作为管理对象，是一种跨学科和整体的环境管理方法。

由于生态系统的尺度不一，生态系统的边界也不易区分，但是，生态系统总是作为一个相对独立的生命整体存在，从多个方面体现出其生态整体性。基于此，在生态系统管理过程中，必须充分认识生态系统的整体性内涵，尊重系统的生态整体性，按照整体性原则，达到科学管理的目的。具体地讲，应用生态学知识更深刻地理解资源环境问题，理解生态系统结构、功能和动态的整体性，强调生物资源和生态系统过程的科学数据，强调一定时空尺度上的生态整体性与可恢复性，理解生态系统的不稳定性和不确定性。生态系统的整体性主要包括以下方面。

（1）生态系统中生物和非生物的统一共存。任何生态系统都是由多种生物和非生物成分共同组成的，有着自己特有的组成、结构和功能。在生态系统管理实践中，不能忽视任何一个组成部分，割裂系统内各组分的必然联系，否则生态系统的完整性就会受到破坏，最终导致不可持续。

（2）生态系统中人与自然的协调统一。生态系统管理理论强调人是自然生态系统的一部分，这与我国“天人合一”的传统思想相一致。因此，人与自然和谐共生，共同存在于同一个统一体中，这就要求在实施生态系统管理的时候，要兼顾人与自然的共同发展。

（3）生态系统的发展过程是时间和空间上的统一结果。生态系统是具有生命功能的复杂系统。任何一个生态系统都是不断发展变化的，在每一个时间点，生态系统的现状都是发展变化过程中的一个阶段而已，是生态系统在一定时间和空间下的暂时结果。只有坚持动态发展的观点，才能够把握好生态整体性内涵。

（4）生态系统是生态、社会和经济价值的统一。生态系统管理不仅突出自然生态系统的结构与功能，同时也强调生态系统服务对人类社会的利用价值，包括产品功能、文化价值、旅游功能等。生态系统管理要求人类对生态系统的开发利用和对生态系统的影响以系统的科学研究结果为指导，利用生态系统某一方面的功能不应损害其他方面的功能。当然，生态系统管理要求我们理解和接受生态系统功能的部分损失，并利用科学知识做出对生态系统整体性损害最小的管理选择。

生态系统管理工作中要特别重视自然生态系统自身的整体运动规律，切忌人为切割。我国近几十年来大量的基础设施建设带来了生态系统的严重割裂，出现生态系统“破碎化”或“岛屿化”，对生态系统的结构与功能造成了严重的影响，对生态系统健康造成了破坏。另外，我国大江、大河、大湖几乎都是跨行政省区的，它们的开发利用、保护和管理却都是以行政省区为单位，划片负责。这就使流域固有的水文、气候、时空变化等的整体性得不到体现。淮河流域的恶化就是一个只顾本地不顾流域，只顾眼前不顾长远的例子。黄河、长江、珠江等七大流域的综合治理应既考虑中、下游，又兼顾上游，走全流域可持续发展之路。2016 年底，国务院发布了《关于全面推行河长制的意见》。2018 年底全面建立河湖长制，目前全国已经设立河湖长 120 多万名，是治理水生态系统的制度保障。

11. 1. 4. 3　生态系统恢复与重建

受损害生态系统的恢复与重建工作是我国当前生态系统管理与环境治理所面临的一项紧迫任务。以陆地矿山为例，20 世纪 90 年代初，我国有 9000 多座大中型国营矿山，26 万多座乡镇和个人经营开采的矿山，使自然系统受到巨大的干扰、破坏，造成生态系统退化（degradation），已形成废弃地 200 万 hm^2。这不仅对农耕地造成威胁，也是重大环境污染源，必须对其进行生态恢复和重建。

在生态系统受损害程度没有超出其负荷并且是可逆的情况下，干扰和压力被解除后，恢复可在自然过程中发生，如在过度放牧引起草场退化后进行围栏保护，几年之后草场即可得到恢复。当生态系统受损害程度超出其负荷，并发生不可逆变化，仅靠自然过程不能使系统恢复到初始状态，必须加以人工措施才能迅速恢复。需要对受损害生态系统制定恢复与重建计划，进行环境规划、影响评价以及环境质量的监测，然后采取人工修复措施。对矿山系统，可开展矿产资源综合利用和“三废”资源化，推广开发废弃物最小量化技术。在垦复植被方面要做好功能区的划分、物种选择、群落配置和植被等生物多样性的恢复工作等。具体要做好基质改良、有害物的处理、土地的平整、水肥的保持、种群的扩大。所采用的恢复措施必须符合生态系统的规律。

恢复与重建的实际效果是检验工作的成果标准。检验中要防止把生态恢复看作是使生态系统回到原来的状态。因为每一个生态系统都是特定气候和生物学进程的系列产物。即使是最理想条件下，完全恢复也是不可能的。已恢复的生态系统（restored ecosystem）要求标准至少有三个不同方面：①基本恢复到初始结构和功能条件，但系统结构和组分可能与初始状态有明显不同；②已被确认为恢复到可用程度，被公众社会所接受；③恢复到具有初始状态组成成分存在的结构和功能的状态。

11. 1. 4. 4　生态工程与生态建设

通过模拟生态系统原理而建成的生产工艺体系即生态工程。我国生态学家马世骏根据中国大量朴素的生态工程实践归纳出“整体、协调、再生、循环”的生态工程原理，并明确其研究对象为社会 - 经济 - 自然复合生态系统，为生态工程成为一门新兴学科奠定了基础。生态工程的实践起初主要是农业生态工程、林业生态工程及污水处理与利用生态工程，现已扩大到多种生态产业。生态工程与生态建设的实践在我国生态系统管理与生态文明建设中举足轻重。

大力开展植树种草是建设祖国秀美山川的战略部署。我国先后实施的“三北”防护林、长江中上游防护林、沿海防护林等生态工程使我国生态环境建设进入了新的发展阶段。到 2003 年实现森林覆盖率达到 17.6%以上，城市绿化覆盖率达到 30%左右，人均公共绿地面积达到 $7m^2$ 左右。“十三五”以来，我国完成国土绿化面积 6.89 亿亩，完成森林抚育 6.38 亿亩，落实草原禁牧面积 12 亿亩，草畜平衡面积 26 亿亩。全国森林覆盖率达到 23.04%，森林蓄积量超过 175 亿 m^3 米，草原综合植被覆盖度达到 56%。“十四五”国土绿化目标基本确定，力争到 2025 年全国森林覆盖率达到 24.1%，森林蓄积量达到 190 亿 m^3，草原综合植被盖度达到 57%，湿地保护率达到 55%，60%可治理沙化土地得到治理。

国家实施西部大开发战略，把以“退耕还林、还草”为核心的生态建设提到了举足轻重的地位，为西部地区生态环境的改善提供了千载难逢的机遇。西部是我国生态环境最脆弱的地区，大部分地区森林覆盖率很低，其中青海森林覆盖率只有 0.35%，新疆为 0.79%，宁夏为 l.54%，甘肃为 4.33%，西藏为 5.84%。这一规划的实施将从根本上遏止并扭转西部生态环境恶化的趋势，为西部开发营造一个绿色大背景。把生态建设与提高农牧业生产水平结合起来，以增加荒漠区的林草植被为主，生产措施、工程措施和农艺措施综合配套，积极治理草地退化、沙化和碱化，控制荒漠化扩大。采取人工种草、飞播种草等措施，变草地粗放经营为集约经营，实现草场和畜牧业的可持续发展。

11.1.4.5　清洁生产

生态工业与循环经济的前提和本质是清洁生产，清洁生产又被称为“无公害工艺”“无污染生产”或“废料减量化”等。简单地说就是无废物、少污染的生产。这对于生态系统的健康管理具有重要意义。它的目标是：通过资源的综合利用、替代作用、多次利用以及节能、省料、节水等方式，实现合理利用资源，减缓资源的耗竭。

其主要途径有：①用无污染、少污染的产品替代毒性大、污染重的产品；②用无污染、少污染的清洁能源和原材料替代毒性大、污染重的能源和原材料；③用消耗少、效率高、无污染、少污染的工艺设备替代消耗高、效率低、产污量大、污染重的工艺设备；④最大限度地利用能源和原材料，实现物料最大限度的厂内循环；⑤对少量的、必须排放的污染物，采用低费用、高效能的净化处理设备和“三废”综合利用措施进行最终的处理、处置。通过清洁生产，可以减少工业活动对人类和环境的危害，促进工业产品和消费过程与环境相容。

清洁生产从本质上来说，就是对生产过程与产品采取全面预防的环境策略，减少或者消除它们对人类及环境的可能危害，同时充分满足人类需要，使社会经济效益最大化的一种生产模式。主要体现在以下三方面：

（1）从资源节约和环境保护两个方面对工业产品生产从设计开始，到产品使用后直至最终处置，清洁生产都提出了全过程的考虑和要求；

（2）对工业废弃物的产生实行有效的源削减，改变了传统的不顾费用或单一末端控制办法，提高了企业的生产效率和经济效益；

(3) 清洁生产着眼于全球环境的全面保护，为构建一个洁净美好的生态环境带来了希望。

2021 年 12 月，经国务院同意，国家发展改革委员会联合生态环境部、工业和信息化部、科技部、财政部、住房城乡建设部、交通运输部、农业农村部、商务部、市场监管总局印发《“十四五”全国清洁生产推行方案》，全面部署了推行清洁生产的总体要求、主要任务和组织保障，按照资源能源消耗、污染物排放水平确定开展清洁生产的重点领域、重点行业和重点工程，指明了“十四五”清洁生产推行路径，对于实现绿色低碳循环发展，助力实现碳达峰、碳中和目标意义重大。

11.1.4.6 生态工业园

建立工业园区在工业化国家中是一种促进、规划和管理工业发展的手段。它在促进工业快速发展的同时，也对环境带来了严重的破坏。由于园区内各种工业相对集中，污染问题特别突出。各种有毒有害气体的排放导致了酸雨的产生、臭氧的耗损和全球变暖等后果；各种废水的排放，造成了水质恶化，危害人体健康；大量工业废料的堆放，污染了土壤和地下水。另外，运输、储藏和处置油类、溶剂、特种金属和溶液也会增加对环境的损害。针对这些问题，人们一直在寻找一种可持续的方式来开发和运行工业园区。工业生态学的诞生为工业园区的发展指明了方向。在清洁生产、绿色消费、废物循环利用等思想的指引下，一种新型的工业园区——生态工业园（eco-industrial park，EIP）应运而生。

生态工业园区是在生态学、生态经济学、工业生态学和系统工程理论指导下，将在一定地理区域内的多种具有不同生产目的的产业，按照物质循环、生物和产业共生原理组织起来，构成一个从摇篮到坟墓利用资源的具有完整生命周期的产业链和产业网，以最大限度地降低对生态环境的负面影响，以求得多产业综合发展的产业集团。它们在运行过程中，有计划地进行物质和能量交换，高效分享资源，寻求资源和能源消耗最小化、废物产生最小化，努力建设可持续发展的经济、生态和社会关系。目前国外主要有三种类型的生态工业园区。

(1) 现有改造型 EIP。即对现已存在的工业企业通过适当的技术改造，在区域内成员间建立起废物和能量的交换关系，如丹麦的 Kalundborg 生态工业园区。它强调大企业与政府密切配合，通过市场交易共享水、气、废气、废物，建立一种创新的生态共生关系。其主体（企业和政府）都是系统的受益者。该共生体为 21 世纪新的工业园区发展模式奠定了基础。

(2) 全新规划型 EIP。是在良好规划和设计的基础上，从无到有地进行建设，并创建一些基础设施使得企业间可以进行废水、废热等的交换，如美国俄克拉荷马州的 Choctaw 生态工业园区。该区的特点是基于园区所在地丰富的特定资源，采用“绿色的”废物资源化技术构造出系统核心工业生态链，围绕核心工业生态链进一步扩展成工业生态网。

(3) 虚拟型 EIP。它是利用现代信息技术，通过园区的数学模型和数据库，首先在计算机上建立起成员间的物、能交换联系，然后再在现实中加以实施。

我国在生态工业园区建设方面也进行了大量有益的尝试。如广西糖业基地之一的贵港市率先提出采用生态工业园区建园的思路，以贵糖（集团）股份有限公司为核心，以蔗田、制糖、酒精、造纸、热电联产和环境综合处理六个子系统为框架，通过盘活、优化、提升和扩展等步骤，建立贵港市国家生态工业（制糖）示范园区。这使得行业之间优势互补，实现园区内资源的最佳配置、物质的循环流动、废弃物的有效利用，并将环境污染减少到最低水平，大大加强了园区整体抵御生态风险的能力。

11.2　生态规划

11.2.1　生态规划的由来与基本概念

马什（G. P. Marsh）、格迪斯（P. Geddes）和鲍威尔（J. W. Powell）最先提出运用生态规划的方法来协调人类社会经济活动与自然及资源利用的关系；Marsh 在其出版的著作《人类与自然》（*Man and Nature*：*Phsical Geography as Modified by Human Action*）中，首次提出合理地规划人类活动，使之与自然协调而不是破坏自然，并呼吁与自然共同设计；Powell 强调制定一种土地与水资源利用政策，并要求选择能适应干旱与半干旱地区的一种新的土地利用方式、新的管理机制及新的生活方式，并强调周密地分析地域自然环境潜力与环境限制对土地利用与地方经济体系的影响及相互关系，根据自然的潜力与制约制定与自然和谐的规划方案。

20 世纪初，生态规划在生态学自身大发展的背景下得到了迅速发展。美国芝加哥人类生态学家霍华德（E. Howard）的田园城运动和美国区域规划协会成员的工作都促进了生态规划思想的发展和应用。这一时期的生态规划实践，如美国中西部与东北部的城市公园和开阔地规划、田纳西流域的综合规划等，进一步发展和丰富了生态规划的理论和方法。20 世纪 60 年代以来，随着环境问题的加剧，生态规划逐渐受到人们的重视，尤其是麦克哈格（I. L. McHarg）的工作极大地推动了生态规划思想和方法的应用。McHarg 在《设计结合自然》（*Design with Nature*）一书中，建立了城市与区域规划的生态学框架，并通过案例分析对生态规划的工作流程和应用方法作出全面的探讨。McHarg 方法的核心是，根据区域自然环境与自然资源性能，对其进行生态适宜性分析，以确定利用方式与发展规划，从而使自然的利用与开发及人类其他活动与自然特征、自然过程协调起来。20 世纪 60 年代以后，生态规划在实践上已扩展到区域发展规划、城市规划、土地及自然资源的保护、自然保护区的规划设计、海岸带的保护等。

我国的生态规划起步较晚，但在生态规划的理论和方法上发展迅速，如马世骏等提出的自然－社会－经济复合生态系统理论。生态规划的实质就是运用生态学原理与生态经济学知识调控复合生态系中各亚系统及其组分间的生态关系，协调资源开发及其他人类活动与自然环境及资源性能的关系，实现城市、农村及区域社会经济的持续发展。在方法上，吸取系统规划和灵敏度模型的思想，建立辨识－模拟－调控的生态规划方法。

生态规划（ecological planning）是城乡生态评价、生态规划和生态建设三大组成部分之一。它是以生态学原理和区域规划原理为指导，应用系统科学、环境科学等多学科的手段，辨识、模拟和设计人工生态系统内的各种生态关系，确定资源开发利用与保护的生态适宜度，探讨改善系统结构与功能的生态建设对策，促进人与环境关系持续协调发展的一种规划方法。其目的是促进区域生态系统的良性循环，保持人与自然、人与环境关系的持续共生、协调发展，追求社会的文明、经济的高效和生态环境的和谐。生态规划追求以人为本，以资源环境承载力为前提，以系统开放、优势互补、高效和谐和可持续性等为其显著特征。

环境规划是生态规划的一个重要方面。环境规划是在预测经济社会发展对环境的影响及环境质量变化趋势的基础上，为达到预定的环境质量，进行综合分析所做出的带有指令性的最佳选择方案。

11.2.2 生态规划基本原则

生态规划是一项复杂的系统工程，根据生态学原理和持续发展的观点，生态规划应遵循下列基本原则。

1. 整体优化原则

从生态系统的原理和方法出发，基于生态系统整体性原理，强调生态规划目标与区域或城乡总体规划目标的一致性，追求社会、经济和生态环境的整体最佳效益，努力创造一个社会文明、经济高效、生态和谐、环境优良的人工复合生态系统。

2. 适宜性原则

以环境容量、自然资源承载力和生态适宜度为依据，因地制宜，创新生态工程技术，改善区域或城乡生态环境质量，寻求最佳的区域或城乡生态位，不断地开拓和占领空余生态位，充分发挥生态系统的潜力，强化人为调控生态变化趋势的能力。

3. 协调共生原则

利用生态系统中社会、经济和自然子系统各组分与要素的互利共生关系，发挥资源最大生产潜力，保持子系统各层次、各要素与周围环境的协调、有序和动态平衡，达到生态规划与城乡总体规划远近目标的协调一致。

4. 区域分异原则

在充分研究区域或城乡生态要素及功能现状、问题及发展趋势的基础上，综合考虑国土规划、城乡规划的要求和现状，搞好生态功能分区，以充分利用环境容量，促进社会经济发展，提高生活质量，实现社会、经济与生态效益的统一。

5. 生态平衡原则

生态规划中要遵循生态平衡原理，重视水、土、大气、人口、经济等生态要素的子规划，合理安排产业结构和布局，城乡生产力布局，发挥生态系统服务功能，维护生态系统动态平衡，促进其协调、稳定与可持续发展。

6. 高效和谐原则

生态规划的目的是将人类聚居地建成一个高效和谐的社会－经济－自然复合生态系统，使其内部的物质代谢、能量流动和信息传递形成一个环环相扣、紧密联系的网络，使物质和能量得到多层分级利用，废物循环再生利用，各部门、各行业间形成和谐的共生关系，系统的结构功能充分协调，能量损失最小，物质利用率最高，社会、经济和生态效益最佳。

7. 可持续发展原则

生态规划应遵循可持续发展原则，在生态规划中突出“既满足当代人的需求，又不危及后代人满足其发展需求的能力”的思想，注重在发展过程中合理利用自然资源，并为后代维护、保留较好的资源条件，使人类社会得到公平的发展。

11.2.3　生态规划的内容与方法

生态规划方法从操作层面上讲，实际上是一个规划工作流程，包括明确规划的目的与范围，充分了解规划地区与规划目标有关的自然系统特征与自然生态过程，以及社会经济特征等。在此基础上，根据规划目标对资源的开发利用要求，进行适宜性分析，并提出规划方案，然后对规划方案进行经济效益、社会效益及环境效益分析，以制定出满意的方案。

具体的生态规划方法有多种。斯坦纳（F. Steiner）于 1960 年提出一个资源管理生态规划的程序，即“确定规划目标 - 资源数据清单和分析 - 区域适宜度分析 - 方案选择 - 规划方案实施 - 规划执行 - 方案评价”。McHarg 于 1969 年提出了城市与区域规划的生态学框架，对生态规划的程序进行了较全面的探讨，该生态规划框架对后来的生态规划影响很大，现已成为生态规划的一个基本思路，人们称之为 McHarg 生态规划法。该方法主要包括：确立规划范围与规划目标；广泛搜集规划范围内的自然与人文资料；根据规划目标提取所收集的资料，对各要素及各种资源开发利用方式进行适宜度分析，并确定适宜等级；建立综合适应性图等 5 个步骤。

McHarg 法的核心在于根据区域自然环境与自然资源的性能，对其进行生态适宜度分析，以确定土地利用方式与发展规划，从而使自然资源的利用与开发及人类的活动与自然协调统一，根据前人的生态规划实践，生态规划的基本程序和技术路线如图 11 - 1 所示。

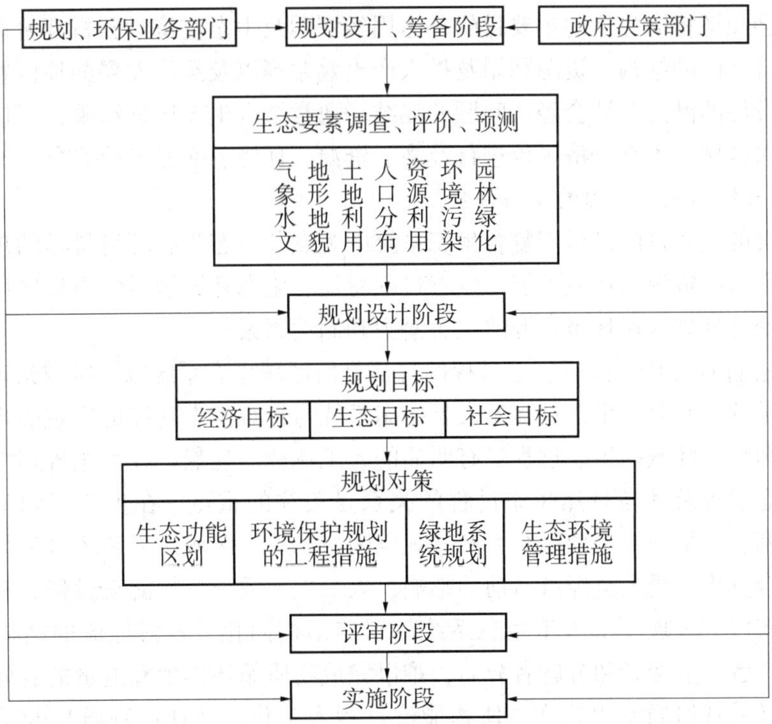

图 11 - 1　生态规划程序框图

具体的步骤如下。

1. 明确生态规划范围和目标

明确生态规划的范围和目标是规划筹备的第一步。规划的目标可以来自区域社会经济发展的要求，如促进区域的发展，提高居民的生活质量，在一定期限内，如5年、10年甚至更长时间内，使经济发展、环境质量达到一定水平；也可以从区域的现状问题出发，提出规划目标，如城市工业区的布局与规划、土地资源的保护与持续利用、环境污染问题的解决、生态示范区的建设等。明确规划范围与目标也意味着在区域持续发展的总目标下，将区域规划分解成具体任务，如区域社会经济发展规划、土地利用规划、工农业发展规划以及区域城镇发展及交通规划等。

2. 生态调查

生态规划中要强调在规划过程中充分了解区域的自然环境特点、生态过程及其与人类活动的关系。因此，生态调查的主要目标是调查搜集规划区域的自然、社会、经济、人口和环境的资料与数据，为充分了解规划区域的生态特征、生态过程、生态潜力与制约因素等打下基础。

资料搜集的方法和手段包括历史资料搜集、实地调查、社会调查与3S技术调查等。实地调查获取所需资料是生态规划搜集资料的直接方法。3S技术可用于生态环境监测。由于在生态规划中不可能对范围内的所有因素进行全面的实地调查，因此搜集历史资料在规划中十分重要。生态规划强调公众参与，应借助专家咨询、民意测验等公众参与的方法来弥补数据的不足。

3. 区域社会经济特征分析

区域社会经济特征分析的主要目的是运用经济学及生态经济学分析评价区域农业、工业及其他经济部门的结构、资源利用及投入产出效益等以及经济发展的地区特征，发现区域社会经济发展的潜力及社会经济问题的症结。通常结合生态区划结果，对区域进行生态经济区划，对区域的生态经济区位进行经济、资源、环境、交通等的综合评价。

4. 区域自然环境及资源的生态评价

生态评价的主要目的是运用复合生态系统的观点及生态学、环境科学的理论与技术方法，对规划区域的资源与环境性能、生态过程特征、生态环境敏感性与稳定性进行综合分析评价，以明确规划区域环境资源的生态潜力和制约因素。

（1）生态过程分析。区域生态过程的特征是由区域生态系统以及区域景观生态的结构与功能所规定的。其自然生态过程实质是生态系统与景观生态功能的宏观表现。同时，受人类活动的影响，区域的生态过程又有明显的人工特征。显然，在生态规划中，受人类活动影响的生态过程及其与自然生态过程的关系是关注的重点。在生态规划中，往往对能流、物质平衡、水平衡、土地承载力及景观空间格局等与区域发展和环境密切相关的生态过程进行综合分析。受人类经济活动的影响，人工生态系统的物能流过程具有很强的人为特征，主要有以下表现：①人工生态系统的营养结构简化，自然能流的结构和通量被改变，而且生产者、消费者和分解者分离，难以完成物质循环再生和能量的有效利用；②人工生态系统及景观格局发生改变，使物能流过程人工化；③辅助物质与能量投入大量增加，使系统变得更加开放，比如农业依赖于化肥的大量投入、工业依赖于区外大量物料的输入等；④工农业生产使自然物流过程失去平衡，导致水土流失、土地退化加剧，并且人工物流过程不完全，导致有害废弃物积累、大气污染、全球变暖、水体污染等生态环境问题。通过对人工生态系统物能流的分析，可进一步认识环境与社会经济发展的关系。

（2）生态潜力分析。生态潜力是指单位面积土地上可能达到的初级生产水平。它是一个能综合反映光、热、水、土资源特征及其配置效果的定量指标。生态潜力可分为 4 个层次，包括光合生产潜力、光温生产潜力、气候生产潜力和土地承载力。其中，光合、光温和气候生产潜力主要针对区域自然生态系统的生态潜力与生态效率特征，它反映了区域气候资源潜力，是区域农业与林业生产的基础。区域土地承载力是区域农业土地资源和农业生产特征的综合体现。通过分析与比较区域生态潜力与区域农业林业土地产出，可以找出制约区域农业及林业生产的主要环境因素。

（3）生态敏感性分析。生态敏感性指生态系统对人类活动影响的敏感程度，即产生生态失衡与生态环境问题的可能性大小。不同生态系统或景观斑块对人类活动干扰的反应是不同的，有的生态系统对干扰具有较强的抵抗力；有的则恢复能力强，即尽管受到干扰后，在结构和功能方面产生偏离，但很快就会恢复系统的结构和功能；有的则很脆弱，容易受到损害或破坏，也很难恢复。生态敏感性分析就是分析与评价区域内各生态系统对人类活动的反应，明确产生生态环境问题的风险。在区域尺度往往关心水土流失敏感性、沙漠化敏感性、盐碱化敏感性以及生境敏感性等。

（4）生态服务功能评价。区域生态系统不仅为人类提供生活与生产所需要的食品、医药、木材及工农业生产的原料等生态系统产品，还在形成人类生存所必需的环境条件上起着重要的作用，如土壤形成与肥力的维持、水土保持、气候调节、物质循环、污染物净化等，并为野生动植物提供生境等多方面服务功能。在生态规划中，生态系统服务功能的评价重点关心的是各生态系统单元在城市或区域社会经济发展中的作用，分析其对区域与城市生态安全的影响。

5. 生态适宜度分析

生态适宜度分析是生态规划的核心，其目标是根据区域自然资源与环境性能，根据发展要求与资源利用要求，划分资源与环境的适宜性等级。在生态适宜度分析中，一般首先进行单项资源的适宜度分析，明确其潜力与限制。然后，综合各单项资源的适宜度分析结果，分析区域发展或资源开发利用的综合生态适宜度空间分布特征，为制定规划方案打下基础。

生态规划工作者对适宜性分析的方法进行了大量探索，并根据不同规划对象与规划目标，发展了多种适宜性分析方法。主要有整体法、数学组合法、因子分析法、逻辑组合法等四类共八种。McHarg 适宜性分析是生态适宜度分析中比较系统的一种方法，可分 7 个步骤。近年来，定量地描述适宜性等级已成为生态规划发展的一个重要方向。

6. 确定规划方案与措施

根据发展目标，以综合适宜性评价结果为基础，制定区域发展与资源利用的规划方案。区域规划的最终目标是促进区域社会经济的发展、生态环境条件的改善以及区域持续发展能力的增强。因此，还应对初步的方案进行评价，方案评价主要包括三个方面：①能否满足规划目标的要求。当不能满足要求时，就需要调整规划方案或规划目标，并作进一步的分析，即分析规划目标是否合理，以及规划方案是否充分发挥了区域资源环境与社会经济潜力。②投入－产出效益。每一项规划方案与措施的实施都需要一定的资金投入，同时，各方案的实施结果也将带来经济的、社会的或环境的效益。因此对各方案的投入－产出效益进行分析是必需的。③对区域生态环境的影响以及区域可持续发展能力的综合效应。

区域规划与发展的结果必然要对区域生态环境产生影响，有的方案与措施可能带来有利的影响，从而改善区域生态环境，有的方案或措施可能会损害区域生态环境。规划方案与措施的环境影响评价主要包括：对自然资源潜力的利用程度、对区域环境质量的影响、对景观格局的影响、对自然生态环境系统的不可逆性分析，以及对区域持续发展能力的综合效应等方面。

11.2.4　生态系统污染综合防治规划

生态系统污染综合防治是改善和提高生态环境质量的重要手段和根本途径。它是从生态系统的整体出发，以环境容量为基础，以实现环境保护目标为目的，综合考虑社会经济发展与环境保护的关系，综合运用各种防治措施，结合生态系统自净能力与人工措施，结合防治技术与环境管理，应用环境生态系统工程，制定出最优化环境污染综合防治方案。

生态系统污染综合防治规划就是环境污染综合防治方案的具体体现。主要是针对工农业生产、交通运输、城乡建设等人类活动造成的生态系统破坏和环境污染而规定的防治目标与措施。通过规划，协调社会经济发展与生态环境保护的关系，运用经济、法律、行政和技术等手段，规范人类生产开发行为，限制人类损害生态环境的活动，达到既发展经济、满足人类生活的基本需要，又不超出生态系统所能承受的极限。

1. 指导思想

生态系统污染综合防治规划是环境生态学的实践领域。其指导思想是经济建设、城乡建设和环境建设的同步规划、同步实施、同步发展，做到经济效益、社会效益和生态效益的统一。通过对城乡生态系统的性质、结构、发展规模等进行分析和预测，提出城乡生态系统综合防治对策，塑造一个安全、舒适、清洁、优美、高效、和谐的城乡生态环境，使人类的生存不受威胁并维持可持续的发展。

2. 编制原则和依据

编制原则如前所述。编制依据主要包括以下 3 点。

（1）城乡建设总体规划和社会经济发展规划；

（2）本地区对生态环境质量的相关规划和要求；

（3）地方经济的现实条件和发展水平。

在规划的编制过程中，要注意信息的获取与反馈，及时进行必要的调整与修正，以实现城乡生态系统污染综合防治规划的目标。

3. 内容与程序

生态环境污染控制必须从整体出发进行污染综合防治，这样才能在环境保护投资相对较少的情况下，逐步达到生态系统环境保护的目标和要求。因此，城乡环境保护首先要按照“三同步”的要求制定好城乡污染综合防治规划，设置主要污染物排放的总量控制目标，实行区域生态环境功能区划，并根据各功能区不同的环境目标，实行分区生态环境质量管理与规划。

城乡污染综合防治规划的主要内容包括以下 5 点内容。

（1）环境调查与基本环节状况的分析评价；

（2）对不同的城乡发展、建设方案进行污染生态和环境影响的预测；

（3）正确处理社会经济发展与环境保护的关系，提出恰当的、切合实际的环境目标；

（4）根据主要污染物的最大允许排放量，计算各主要污染物的削减量，实行污染物排放总量控制，按系统综合分配削减指标，提出污染物综合防治方案；

（5）规划实施。

生态系统污染综合防治规划制定的基本程序可分为“环境调查与评价”“环境预测”和“污染物综合防治方案”三大步骤，如图 11－2 所示。

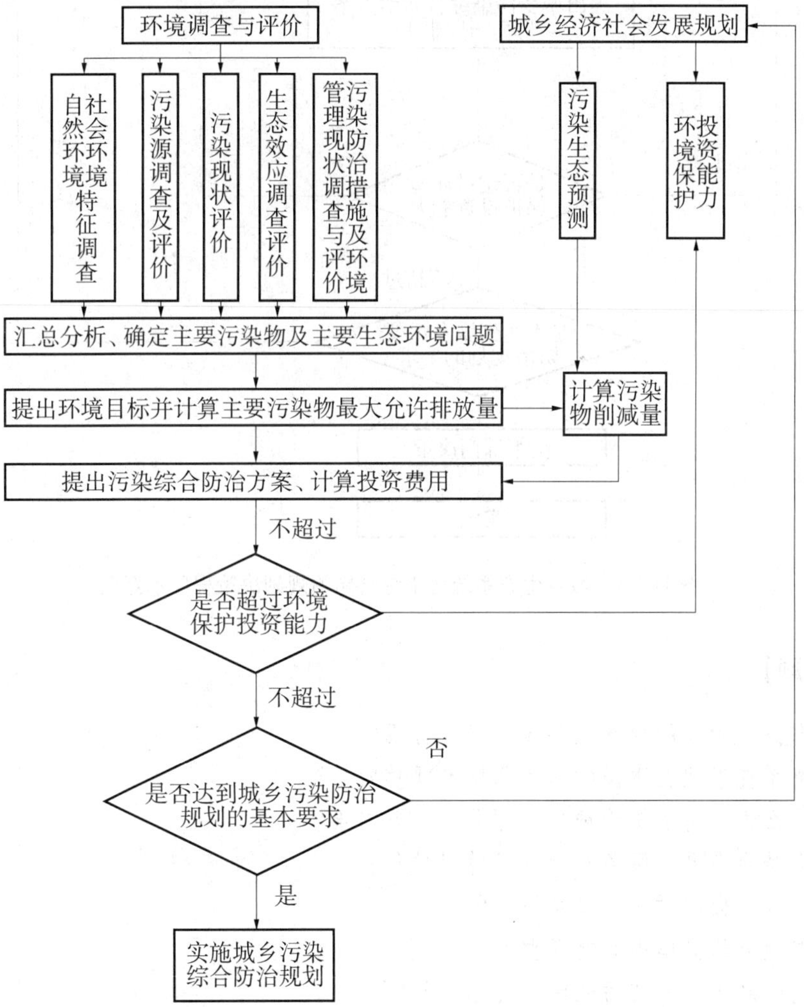

图 11－2　生态系统污染综合方案制定程序

4. 规划实施

城乡生态系统污染综合防治规划制定后，需提交决策部门审定并做出决策，然后付诸实施，且与其他社会、经济发展规划的实施同步。城乡生态系统污染综合防治规划决策程序如图 11－3 所示。城乡生态系统污染综合防治规划的实施由环境保护职能部门具体负责协调、监督和安排落实。

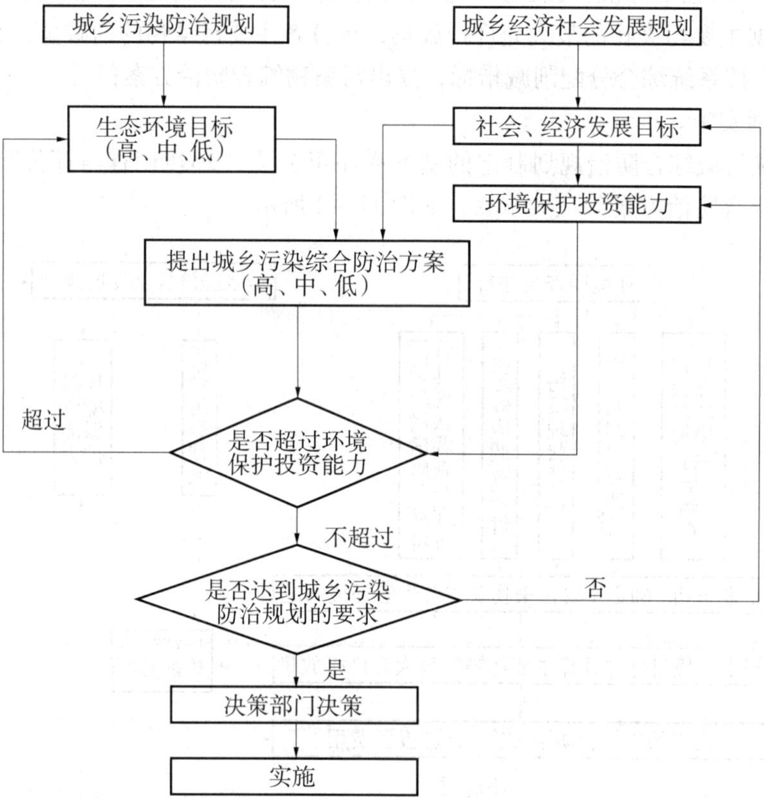

图 11－3　城乡生态系统污染综合防治规划决策程序示意图

【思考题】

1. 生态系统管理的内涵主要包括哪几方面？
2. 生态系统管理应遵循的基本原则有哪些？
3. 为什么说生态系统管理的数据基础非常重要？
4. 什么是生态系统服务？如何核算其价值？
5. 生态规划应遵循哪些基本原则？
6. 生态规划的具体内容有哪些？
7. 如何开展生态系统污染综合防治规划？

第 12 章　可持续发展与生态文明建设

内容提要　本章主要论述了可持续发展与生态文明建设两方面内容。主要包括：可持续发展观的由来、可持续发展的内涵、可持续发展的基本思想和原则、可持续发展的研究以及各国实施可持续发展战略的对策与行动；生态文明的发展历史、生态文明观及其意义、我国生态文明建设的主要内容以及应采取的生态文明行为与行动。

12.1　可持续发展

12.1.1　可持续发展观的产生背景

12.1.1.1　人类对环境问题的思考

生态学对“可持续发展”的孕育和产生起了至关重要的作用。尽管朴素的可持续发展思想和实践由来已久，但作为一个科学术语出现却是在 20 世纪 80 年代以后。人类跨入 21 世纪又过去了 20 多年，对于人类来说这不是一个简单的时间延伸，而是意味着进入了一个决定自身命运的重要时期。创造了巨大物质财富和高度精神文明的人类，在严峻的生态环境问题面前，正以新的视野全面地审视人与自然这个既古老而又具新意的基本问题。为解决许多重大的全球性环境问题和实施可持续发展，人类在理论思考和具体实践两个层面上，做了积极努力并取得了很大进步。理论层面的进步主要表现在生态道德观和发展观方面，而实践层面则是对传统生产、生活方式和模式的改进，以及加强对自然生态环境的维护等方面。

1. 现代生态道德观与生态伦理学

生态道德是人类在 20 世纪中叶对日趋严峻的生态环境问题反思和觉醒的产物。面对全球性生态环境问题，许多学者提出了“人类如此对待自然界是道德的吗?”“人类社会是否需要一种新的道德观，对有关人类的行为活动予以调节呢?”有的学者认为，当今时代是环境革命（environmental revolution）的时代，它是指人们对生态系统及人在其中的地位和作用的认识发生了根本性转变，并由此引发的一系列生产方式、价值观念和伦理规范等社会生活和文化生活的变革。

所谓生态道德（ecological morals），是指人类特有的，凭借社会舆论、内心信念以维护人与自然生态系统整体和谐发展为目标和善恶标准，在心理意识、情感、观念和行为习惯上调节人与自然关系的规范体系。生态道德属于道德的规范体系，它是生态道德意识、生态道德关系和生态道德活动的统一。“生态伦理学”（ecological ethics）系统体现了生态道德观，因此，了解生态伦理学的基本知识，有益于加深对这种变革意义和重要性的认识，有益于生态道德观和科学观的树立。

（1）生态伦理学及其研究内容。

“生态伦理学”（ecological ethics）是一门阐述关于人与自然关系的生态道德的学科，是生态学与伦理学相互渗透而形成的交叉学科，学科的任务是应用道德手段从整体上协调人与自然的关系。生态伦理学准确而言应属于社会学中的哲学范畴。它的产生与发展大致经历了孕育、建立与发展三个时期。

19 世纪末至 20 世纪初是生态伦理学的萌芽时期。其基本观点是：动物、植物和人类都是大自然的产物，人类不能随意凌驾于大自然之上。20 世纪 30 年代，美国生态学家莱奥波尔德（A. Leopold）于 1933 年撰写的《大地伦理学》阐述了生态伦理学的思想，此著作可看作生态伦理学诞生的标志。20 世纪 70 年代后，西方生态伦理学进入了发展繁荣时期。主要表现为：反思了人类对待大自然的态度，探讨了主流价值观与环境主义价值观的相容性；把对人类后代的关怀纳入了生态伦理学的视野，把道德关怀对象从人扩展到其他生命；系统地阐述了人类对所有生命、物种及生态系统应承担的道德责任。20 世纪 90 年代后，生态伦理学进入了新的整合时期，或称为学科的成熟期，其主要标志是力图使生态伦理学与生态环境保护的实践紧密结合，实现与多元文化思潮的融合，拓展生态伦理学的思维和应用空间。

生态伦理学的研究内容主要体现在以下三个方面。

一是研究人对其他人应尽的生态道德义务和责任。“其他人”的含义包括当代人之间和代际之间的生态道德问题。这部分研究的生态学理论依据是生态环境系统的内在联系，人类生活的生态系统是相互依存的，也就是说，局部人对环境的态度和行为方式必然对地球上其他大多数人的利益产生影响，提倡全人类的利益是当代人的历史使命。

二是研究人类对其他生物应尽的生态道德责任和义务。这部分研究的具体内容分为三个层次：①动物伦理学问题，主张对待有感觉动物的态度和行为具有生态道德意义，无故造成有感觉动物不必要的痛苦是违反道德行为的；②生物伦理学问题，主张所有生物都有生命活力，它们也都以各自不同的方式保护自身的生机，生物有其生存权，人类作为道德代理人，应该把对生物的行为纳入道德考虑范畴；③濒危物种伦理学问题，认为是人类造成了物种的加速灭绝，因此，保护濒危物种和它们的栖息地是人类应承担的责任和义务。

三是研究人类对地球生态系统的道德责任和义务。这类研究主要关注两方面的问题：①研究生物个体与生物群落或生命网络之间的整体关系，揭示它们之间整体性的特征；②研究生态过程，揭示水、空气和土壤对人和其他生物的不可取代的价值等，探究既有益于自然动态平衡，又有益于人类生存和发展的生态机制，引导人类文化发展的方向，进而推动对地球生物圈的维护。

（2）生态伦理学的某些观点。

作为一门独立学科，生态伦理的研究内容也在不断丰富，生态伦理学的下列理论观点极其重要。

非人类中心主义的生态伦理观。这一伦理观有许多不同观点和主张，但主要概括为生物中心主义和生态中心主义。生物中心主义的核心观点，是把价值的焦点归于生命体，包括动物、植物和微生物。代表人物是施韦兹（A. Schweitzer），他认为人类应该崇尚生命，无论什么时候，人类都不应该无故杀害动物，毁灭任何生命形式。人类对其他生命形式的生存和伤害都应该经过伦理学的评判。生物中心主义注重尊重生命的伦理观，与现代生态学的理论是一致的。按着生态学的理论，自然界不存在无价值的生命，每一物种的存在都占据生态系统中的一个生态位，是生态链条中的一个环节。生态中心主义是由莱奥波尔（Leopold）首先提出的，与施韦兹（Schweitzer）的观点不同的是，他在 1949 年正式发表的《大地伦理学》中，不是着眼于人类对待个体生物的态度和行为，也不是以生物个体（神经）感受痛苦的能力为尺度来划分是否纳入伦理考虑的范畴，而是结合生态学在 20 世纪 40 年代提出的生态系统这一新概念，提出了以自然生态系统中各环境即“大地”健康和完善为尺度的整体观，故又称为“地球整体主义”。

人与自然协同进化的生态伦理观。实际上它是非人类中心主义观点的一种。所谓人与自然协同进化包括两方面：一是反对把地球环境承载能力看成是固定不变的和只有停止经济增长才能与环境保持和谐的观点；二是相信社会可使用科学技术和生产力，按环境演化的客观规律促进环境定向发展，从而增强地球环境的承载能力，即增强社会发展的自然基础，在社会与环境进化的动态过程中寻求协调与和谐。这种定义表述了人与自然相互作用中人的能动性，以及人类利用科学技术按照环境演化规律促进环境定向发展的信心；突出了人与生物的本质区别，提倡在人与自然相互作用中求得和谐与共同发展。主张人与自然协同进化，绝不是主张让人类“退回自然”，而是提醒人类不要继续坚持已使自身陷入困境的“统治自然”的观念。人与自然协同进化的伦理观，是确立在人是生物圈整体系统中一个组成部分的基础上，所以人类在与自然的相互作用中不能随心所欲，要承认和关注生物圈整体性对人类行为的选择和制约。这种制约作用是由生态系统中存在的、交织复杂的各种生态关系决定的。各种关系的相互交织，既是生态平衡和整个生物圈“协同性质”的基础，也是人类需要规范自身行为的原因所在。破坏这种稳态的生态关系，就会带来不良后果。例如，在生态系统中，一个物种的消失，常常会导致另外 10 ～ 30 种生物的生存危机。

2. 可持续发展的生态伦理观

可持续发展观及其理论又进一步对环境科学和现代生态学等学科的发展产生了深刻的影响和巨大的推动。从伦理学角度看，可持续发展观的核心是公平与和谐。公平包括不同地域、不同人群之间的代内公平以及代际公平；和谐则是指全球范围内人与自然的和谐。可持续发展思想的提出，针对的是人与自然和谐关系遭到严重破坏的现实。因此，人与自然和谐的原则是可持续发展的根本原则。

根据生态伦理学的观点，这个根本原则的实施还需要明确两点：首先，人有正当的理由介入到自然环境中去，亦称“介入原则”，其理由是，构成世界的所有生物中，只有人具有理性，具备从根本上改变环境的能力，人能够破坏环境，也能够改善环境；其二，自然环境对人类行为具有制约力，亦称 为“制约原则”，即虽人具有理性，但这不足以得出人是宇宙间的唯一目的，是其他一切自然事物的价值源泉。这两点的重要意义是概括了人和自然这个相互依存和相互作用的共同体中的基本关系，这些原则就是可持续发展的生态伦理观。当前，在人类社会的现实发展中，仍有许多违反可持续发展伦理观的行为，而且又缺乏有效地抑制或改变这种趋势的力量，因而使某些人对可持续发展的实践产生了怀疑，具体实践中也遇到了一定困难。但是，可续发展的理论能否实施的问题，其实质是人类自身的理性能否最终战胜非理性的问题。可持续发展思想是人类社会生存发展出现危机后，世界各国人民认真反思后提出来的，它既是人类的生存与发展的需要，也是理性思考的选择。

12.1.1.2 关于未来人类社会不同发展观的争论

20 世纪 70 年代，关于未来人类社会的发展前景问题，西方国家的学者曾展开过热烈讨论，并形成了以福罗斯特（J. W. Forrester）和梅多斯（D. L. Meadows）为代表的所谓“悲观派”与以卡恩（H. Kahn）和西蒙（J. Simon）为代表的“乐观派”的激烈争论。

1. 悲观派的“世界末日”模型

Forrester 发展了“系统动态学”分析方法，并把它应用于增长有限论方面，并于 1971 年出版了《世界动态学》一书。1970 年，Meadows 受罗马俱乐部的委托，与他人合作在 1971 年出版了《增长的极限》一书。该书是罗马俱乐部的第一个报告，它在研究内容和分析方法方面，都是以 Forrester 的《世界动态学》为蓝本。这两本书对于人类未来的结论也颇为一致，西方经济学家常把他们的理论简称为福罗斯特－梅多斯模型。在他们提出的模型中，选取了人口增长、粮食供应、资本投资、环境污染和资源耗竭作为影响世界经济的五个主要因素。他们的研究结论认为，由于人口增长引起粮食需求的增长，经济增长引起不可再生资源耗竭速度的加快和环境污染程度的加深，都属于指数增长。因此，人类或迟或早必然出现“危机水平”。他们断言，在 2100 年到来以前，人类社会就将崩溃。

由于《增长的极限》所提出的观点涉及人类的前途与命运，得出的结论令人害怕，所以遭到了西方乃至世界多数学者的强烈批评和指责。有些学者认为，“增长极限论”是新形势下的马尔萨斯人口论的再版，是“带着计算机的马尔萨斯”。R. S. 索洛甚至提出，“末日模型是一个坏科学，因此也是公共政策的坏导向”。面对如此激烈的指责，罗马俱乐部不得不于 1974 年又提出了题为《人类处于转折点》的第二份报告。该报告根据世界各地文化、环境、发展水平和资源分布的不同，把整个世界分成 10 个区，在此基础上，由计算机编制出“多水平世界模型”。与第一个报告相比，这个报告所得的结论有了明显改进。他们的结论是：在 21 世纪中叶以前，不同地区由于不同原因、在不同时局，可能发生区域性崩溃，必须进行全球的联合行动，否则，一个区域到了一定时间就会发生崩溃。除联合行动外的另一种补充手段，就是把只是量的增加而无分化的增长，改变成像生物体的有机增长般均衡的、分化的增长。按照这种“分化增长”理论，在这 10 个区域内，自然是发达国家控制和指挥发展中国家。因此这个理论并不受经济欠发达国家的认可和欢迎。

1976 年，罗马俱乐部又委托荷兰经济学家丁伯根（J. Tinbergen）提出了名为《重建国际秩序》的第三份报告，这个报告大大地缓解了前两个报告的论点带来的争论，认为有关自然资源即将枯竭的说法可能是夸大了。作者认为，适宜耕种的土地大部分都已被耕种，人口的压力仍然存在。资源问题中，主要问题是能源问题。根据这种分析，他认为应该更有效地利用自然资源，发达国家和贫穷国家都必须发展对自己比较有利的工业，不要保护缺乏效益的工业，以便扩大国际贸易，进行资源交流。

2. 乐观派与“没有极限的增长”

1976 年，美国德森研究所所长 Kahn 发表了系统驳斥悲观论的《今后 200 年——美国和世界一幅远景》一书，阐述了乐观派的未来观，提出了“大过渡理论”。该理论认为，过去 200 年和今后 200 年是人类的过渡期，虽然这个时期有较多的困难，但人类必将摆脱各种困境，使所有的国家进入超工业社会和后工业社会，使自然环境和社会环境都充满活力。该理论强调科学技术的作用，在环境保护办法切实可行而又让人们得到好处的地方，处理好环境保护与经济增长的关系，环境问题将会随着时间的推移而得到解决，人类将会享受到美好的自然环境和人工环境。Simon 作为乐观派的主要代表，以所发表的《没有极限的增长》为代表作，尖锐地指出了悲观派的缺陷所在，指出了“技术预测”和“工程预测”方法存在的片面性。他所得出的结论主要是：自然资源的供应在任何一种经济意义上说都是无限的；能源价格下跌的事例说明，多少世代都关心的问题，并没有出现不能逾越的严峻的形势；人口的增长代表了经济的成功和人类的进步，而不是社会的失败。乐观派奉劝人们，不要相信悲观派的论调，人类要生活、要进步，就需要不断奋斗和拼搏，没有任何困难是不可克服的。

在关于未来人类前途与命运预测的大辩论中，悲观派和乐观派的观点针锋相对。从其积极意义来看，悲观论者提出的结论更具有预警性分析和警告性预测的作用，把公众的注意力吸引到了关注环境与发展问题上来，改变了人们思考问题的方式，推动人们积极探索解决环境问题的对策。乐观派对“技术预测”的批评也有一定道理，使人们从“技术预测”过渡到综合性的“模糊预测”。但他们主张通过科学技术进步，所有的问题都将会获得解决的观点也是不可取的。历史的经验教训使人们变得更加聪明，现在，在每一个重大行动之前，都应预先进行影响评估，并确定采取措施把不良影响缩减到最小的限度，这是人们向可持续发展战略转变的实际行动。

12.1.2　可持续发展的内涵

持续（sustain）一词来自拉丁语 sustenere，意思是保持继续提高。朴素的持续发展的思想由来已久，但并未引起足够重视。从 1972 年斯德哥尔摩人类环境会议（Conference in Srockholm on the Human Environment）以后，全球环境和持续发展问题才引起各方面的关注。该会议宣言：“为了当代和后代，保卫和改善人类环境已成为人类的紧迫目标。”

20 世纪 80 年代，在对世界日益严重的人口、资源、环境等问题的产生与发展做了重新审视和反思后，由挪威首相布伦特兰夫人任主席的世界环境与发展委员会（WCED），在 1987 年向联合国大会提交了研究报告《我们共同的未来》，提出并系统阐述了“可持续发展”的概念和思想，并将其定义为：“既满足当代人的需要，又对后代人满足其自身需求的能力不构成危害的发展”。1991 年由世界自然保护同盟（IUCN）、联合国环境规划署（UNEP）和世界野生生物基金会（WWF）共同发表的《保护地球：持续生存战略》（*Caring for the Earth*：*A Strategy for Sustainable Living*）对持续发展的定义为：“在生存与不超过维持生态系统承载力的情况下，改善人类的生活质量”，并指出“发展不应以其他集团或后代为代价，也不应危及其他物种的生存”。该书提出人类可持续生存的九条原则，即：①尊重和保护生物群落；②保护地球的生命力和多样性；③把不可更新资源的耗损减少到最小；④保持在地球的承载能力之内；⑤改变人们的态度和习惯；⑥促使社会关心他们自己的环境；⑦为综合发展与保护提供国家的框架；⑧建立全球联盟；⑨建立协调发展与保护的国家网络。

1991 年 11 月，国际生态学会（INTECOL）和国际生物联合会（IUBS）在巴黎举行关于可持续发展的专题研讨会。会议成功地发展并深化了可持续发展的自然属性，将可持续发展定义为："保护和加强环境系统的生产和更新能力"。即可持续发展是不超越环境系统可更新能力的发展。从生物圈概念出发，认为可持续发展是发展一种最佳生态系统以支持生态的完整性和人类愿望的实现，使人类的生存环境得以持续。

目前，人们普遍接受的是《我们共同的未来》报告中的可持续发展定义。这个定义包含着三层意思：一是人类要发展，无论采取何种发展何种模式，都应以满足人类的需要为基本前提；二是发展不能以损害自然界支持当代人和后代人的生存能力为代价，发展必须遵循自然规律的制约作用，即必须以和谐观为指导；三是强调公平，包括当代人之间以及代际之间、人类与其他生物种群之间、不同国家和不同地区之间的公平。

人类以前所未有的规模和强度在改变着生态环境，使全球支持系统的持续性受到了严重破坏和威胁。面对这一严峻挑战，联合国于 1992 年 6 月在巴西里约热内卢召开了联合国环境与发展会议，会议产生了《21 世纪议程》（*Agenda 21*），讨论并确定了可持续发展（sustainable development）作为全人类发展的新模式，从此可持续发展的思想为世界各国所接受。其内涵主要表现在以下三个方面。

（1）可持续发展是一种新的发展模式，是持久、永续的进步和增长。其背后的哲学思想体现了事物由小到大，由低级到高级，由简单到复杂，由旧物到新质的运动变化过程。不同于传统的以牺牲资源和环境为代价的发展，可持续发展是以提高生活质量为目标，同社会进步相适应。单纯追求产值的经济增长不能体现可持续发展的内涵。

（2）可持续发展是包含自然、人、社会相统一的物质过程，是生态、可持续经济和可持续社会三个方面的统一体。所涉及的内容，至少包括人口、社会、经济、资源和环境等多方面的整体、协调的发展。从不同的视角来说，可持续发展关注重点可有不同。有的关注人类生存的自然环境不受破坏；有的关注经济的增长；有的关注社会成员生活水平不断得到改善；有的关注科学技术如何保证经济的持续发展和可利用资源的节约和再生等。总之，必须从整体的视野出发，坚持以资源的可持续利用和良好的生态环境为基础，才能使可持续发展真正体现以人为本，人和自然的有机统一。

（3）可持续发展是一种反映现代社会文明的发展观。它要求人们的思维方式有一个彻底的转变。这就要求从人的个体本位、部分人的群体本位，向人类的群体本位转化，从仅为今天或目前的需要向今天与明天或未来的需要相统一转变；从单纯的"人类中心主义"向"天地人合一"的有机整体转变。可持续发展以其深刻的立意为世人所认同，它不仅指出了人类发展的正确道路，而且成为了一种崭新的价值观、道德观。

12.1.3 可持续发展的基本思想和原则

可持续发展是个综合概念，是人类社会的一种全新的发展观和发展模式，涉及经济、社会、科技、文化和自然环境等诸多领域。它是以"人与自然和谐发展"为理论基石，以

“一定环境条件具有相应承载力”和“资源可以永续利用”为理论支柱的社会发展观。

具体来说，可持续发展的主要观点有：①可持续发展的系统观，即当代人类赖以生存的地球及局部区域，是由自然－社会－经济－文化等多种因素组成的复合系统，各种因素之间相互联系，相互制约；②可持续发展的效益观，也就是说，一个可持续发展的资源管理系统，所追求的效益应是系统的整体效益，是经济、社会和生态效益的高度统一；③可持续发展的人口观，主张实现社会的可持续发展必须把人口保持在合理的增长水平上，特别是注意提高教育、文化水平，在控制人口数量的同时提高人口质量；④可持续发展的资源观，提出要高度重视保护和加强人类生存与发展所依靠的资源，尤其要重视非再生资源利用率和循环利用率，并能采取措施积极促进其再生能力；⑤可持续发展的经济观，即主张放弃经济发展过程中使用的高投入、高消耗、高污染的传统生产模式，建立起发展经济与保持生态支持力的可持续发展模式；⑥可持续发展的技术观，即力图积极发展和推广有利于社会可持续发展的绿色科学技术，使现有的生产技术得到改造和完善，逐步转向有利于节约资源、保护环境和优质高效的生产模式转变，保证人类在地球上长久生存；⑦可持续发展的全球观，即“新的全球伙伴关系”，建立起国家经济政策合作的新秩序。

上述观点集中体现了可持续发展的三个基本思想。首先，可持续发展鼓励经济增长，通过经济增长提高当代人的生活水平和社会财富。但可持续发展更追求经济增长的质量和方式，提倡依靠科技来提高经济增长的效益和质量。其次，可持续发展的标志是资源的永续利用和良好的生态环境。强调经济发展是有限制条件的，没有限制就没有可持续发展，经济和社会发展不能超越资源和环境的承载能力。最后，可持续发展的目标是谋求社会的全面进步。

可持续发展观认为，世界各国的发展阶段和发展目标可以不同，但发展的本质应当包括改善人类生活质量、提高人类健康水平、创造良好的社会环境。可持续发展的这些思想可概括为“发展经济是基础，自然生态保护是条件，社会进步是目的”。这些思想又体现了以下三个基本原则。

（1）公平性原则。是指机会选择的平等性，一是同代人的公平即代内之间的横向公平；二是代际之间即世代的纵向公平；

（2）持续性原则。资源和环境是制约可持续发展诸多因素中的主要限制因素。人类在经济、社会发展中，需要根据自然环境可提供的支撑能力，调整生活方式、确定消耗标准；

（3）共同性原则。要实现可持续发展的总目标，需要世界各国的共同努力，这是由生物圈的整体性和相互依存关系以及人类的共同利益所决定的。

12.1.4　可持续发展研究

全球可持续发展理论的建立与完善，一直沿着 3 个主要的方向发展，包括经济学、社会学和生态学方向，力图把当代与后代、区域与全球、空间与时间、环境与发展、效率与公平等有机地统一起来。可持续发展的经济学方向，一直把“科技进步贡献率抵消或克服投资边际效益递减率”，作为衡量可持续发展的重要指标和基本手段；可持续发展的社会学方向，一直把“经济效率与社会公平取得合理的平衡”，作为可持续发展的重要判据和基本诉求；可持续发展的生态学方向，一直把“环境承载力与经济发展之间取得合理的平衡”，作为可持续发展的重要指标和基本原则。中国在可持续发展方面的理论体系有着自己独特的思考，即在吸取上述3个主要研究方向的基础上，开创了可持续发展的第4个方向——系统学方向：它是将可持续发展作为“自然、经济、社会”复杂巨大系统的运行轨迹，以综合协同的观点，探索可持续发展的本源和演化规律，将其“发展度、协调度、持续度在系统内的逻辑自洽”作为可持续发展理论的中心思考，有序地演绎了可持续发展的时空耦合规则并揭示出各要素之间互相制约、互相作用的关系，建立了“人与自然”关系、“人与人”关系的统一解释基础。

可持续发展是我国的基本国策，是实现国家富强、民族振兴的根本大计。中国拥有14亿人口，目前正面临着经济全面发展和生态环境保护的双重任务。研究方面主要以生态系统可持续性研究为基础，同时还面临着许多繁重的任务。我国可持续发展研究的历史并不太长，概括起来分为两个方面。

1. 加强基础性理论研究

（1）我国不同类型生态系统特征及其演化规律研究。对森林、草地、湿地、农田等不同类型生态系统形成、演化规律研究与物种、能量、物质等功能流以及关键种、冗余种研究同时进行。为发展生态系统生态学和制定总体生态建设方案提供科学依据。

（2）受控生态系统优化结构及调控机制的研究。探讨生态系统众多要素中主、次的划分、配合与协调。通过大系统方法论的研究，提出生态系统结构优化和调控机制的理论。

（3）自然、人工和半人工生态系统稳定性和持续性研究。研究受人为干扰程度不同的生态系统的稳定性以最大限度地发挥自然、人工和半人工生态系统的综合效益。

（4）长江、黄河流域等不同生态系统中物种和元素在水、土、大气、作物间迁移、转化的动态规律。探讨水、陆之间斑块镶嵌及功能流关系，为流域资源、环境与社会经济的可持续发展提供新思路。

（5）全球变化研究。全球变化必然给地球生态系统带来全面而深刻的影响。研究全球变化对我国水、陆生态系统和生物多样性的影响和反应；青藏高原和一些敏感带对全球变化的生态控制和调节。为制定各类生态系统的未来和可持续发展提出科学依据。

2. 加强应用性研究

（1）生物多样性保护研究，保护我国丰富的生物资源。研究珍稀、濒危和衰退物种的保护和恢复的规律，提出物种保护、自然保护区建设和管理的科学方案和方法。

（2）生物生产力的提高与管理。积极研究各种经济动、植物与环境条件的相互作用下生产力的稳产、高产，研究持续农业——农林生态系统的规划、设计和管理的优化模型。

（3）生态系统恢复和重建的研究。研究工厂、矿山、丘陵和荒漠等遭受严重干扰的生态系统衰退的规律，提出退化生态系统恢复和重建的对策、措施、方法以及退化生态系统恢复、重建的指标、体系。

（4）生态工程及生态工艺结构及其优化组合的应用研究。运用生态系统再生原理，以闭路循环的形式，采用高新技术和工程学方法，提高污水、废水、固体废物的回收、再生的物质转化效率和生态效益。

（5）自然－经济－社会复合生态系统研究。应用生态系统结构与功能相互协调和物质再生的原理进行城市建设研究，特别对改革开放以来，我国城市数量不断增加中人口、交通、环保和其他设施与城市生态过程相互关系加以研究。提出高效、和谐、舒适的生态城市结构和调控的合理模式。

随着可持续发展模式的推进、社会经济的发展，我国生态系统健康将不断改善，生态系统可持续性发展水平不断提高。可持续发展指标体系进一步建立，中国可持续发展的理论与实践研究水平也将进一步提升。

12.1.5　实施可持续发展战略的对策与行动

12.1.5.1　各国的对策与行动

可持续发展战略已被世界各国所认同，为推动这一战略的实施，许多国家都结合本国的国情，采取了积极的措施和行动。

1. 加强国际合作，共同解决全球性环境问题

生态环境恶化和污染由区域性扩展为全球性的发展趋势，使世界各国都认识到，本国的生态安全与其他国家的生态安全是高度一致的。世界性环境问题的解决，如水体污染、大气污染等均不受国界的限制，仅靠一个国家的力量已不足以保护地球生物多样性和全球生态系统的整体性。因此，致力于全球可持续发展，需要加强各国之间建立的新的全球合作关系，包括国家之间直接合作、建立国际组织和订立国际公约、协定等，这方面的努力现在已发挥了积极作用并产生了明显效果。联合国的积极努力成功地推动绝大多数成员国批准并签署了《气候变化框架公约》《维也纳保护臭氧层公约》、关于持久性有机污染物的《斯德哥尔摩公约》《巴黎协定》等国际公约。

2. 强化环境管理，建立经济发展与环境保护相协调的综合决策机制

实施“可持续发展”的重要条件之一，就是把对环境和资源的保护纳入国家的发展计划和政策中。因此，各国都加强了环境管理和资源利用的全面规划，以防止资源的不合理或过度开发，防止生态环境质量的继续恶化；积极开展了可持续发展战略、政策、规划的制定，如我国就是世界上最早制定本国21世纪议程的国家。许多国家已初步建立了经济发展与环境保护的综合决策机制，协调经济发展与环境保护之间的矛盾；许多国家还相当成功地运用市场价格机制，实现对资源的合理配置和对环境的有效管理；还有国家建立了资源核算、计价和有偿使用的机制，把生产过程的环境代价纳入生产成本。市场机制又激发了技术进步，提高了资源的使用效率，减少了浪费。世界各国还通过环境关税、废除或给予补贴等经济手段进行宏观调控，以促进对生态环境的保护。

3. 推进科技进步，实现经济与环境协调发展

科技进步是经济发展的动力，也是解决经济与环境协调发展的重要途径。进入新世纪后，世界各国都充分认识到科技进步的重要性，大力推进科技进步，投入了更多的人力和财力，研究和开发无污染或少污染、节水、节能的新技术、新工艺，提高资源利用率。各国高新技术蓬勃发展，绿色产业方兴未艾。由于科学技术的迅速进步，在解决环境问题和实施可持续发展战略的进程中，出现了明显的四个转向，即环境治理从重视“末端”转向“全过程”的清洁生产；环境保护从单纯的污染防治转向重视资源、生态系统的保护；环

境管理从单一部门转向多部门的配合；环境战略从片面地重视境保护转向经济、社会、生态的全面可持续发展。这四个转向虽因各国经济发展水平不同而存在不同程度上的差异，但行动上的积极努力却是令人鼓舞。

4. 完善法律和法规体系，保障可持续发展战略的实施

法律、法规的建设和完善，是实施可持续发展战略的重要保障条件。环境法规作为调节人与自然关系的手段，通过对行为主体的规范，预防或控制环境污染或生态破坏的发生，同时也是对以资源持续利用和良好生态环境为基础的可持续发展的具体化和制度化。依靠法律、法规和政策加强生态环境保护与建设，是实施可持续发展战略的重要手段。对此各国立法机构和政府都非常重视，如瑞典的《自然资源法》《水法》《环境保护法》《自然保护法》等环境保护法律就十分完善，详细地规定了资源、生态、环境的权属以及每个公民和社会组织的权力、义务。我国也非常重视环境立法工作，已制定并实施的环境法有6部，资源管理法不下10部，20多项资源管理行政法规和近300项环境标准，如大气污染防治法、水污染防治法、土壤污染防治法、固体废物污染环境防治法、环境保护法等，初步形成了环境资源保护法律体系。

5. 重视环境教育，提高生态意识

实施可持续发展战略，最根本的是不断提高人们的生态意识。因此，提高全民族可持续发展的意识，培养实施可持续发展所需要的专业人才，是实现可持续发展战略目标的基本条件。正是基于这种认识，世界各国都高度重视对国民的环境教育。我国在加强环境保护和实施可持续发展战略的进程中，已初步建立了从中央到地方的环境宣传教育网络。全国有20多个省级、100多个地市级设有环境教育和宣传的专门机构。

6. 积极发展环保产业

实施可持续发展战略，执行严格的环境标准，推动了全球环保产业的形成与发展。环保产业是解决环境污染、改善生态环境、保护自然资源，提高人类生存环境质量的产业、产品和服务业的总称。主要包括，用于环境保护的设备制造、自然保护技术、环境工程建设、环境保护服务等方面的各种行业。在国际上，无论是发达国家还是发展中国家，环保产业都被视为经济的新增长点或振兴经济的重点支柱产业。目前，发达国家在世界环境贸易中仍处于领先地位，世界环保产业的中心也在发达国家。但可喜的是，随着发展中国家对可持续发展和环境保护的进一步重视，环保产业逐步成为产业结构的重点之一。

人类经过反思后，在思想观念、生产活动和生活方式等方面的重要转变对于实施可持续发展战略极其重要。经济全球化和生态环境问题的整体性，使世界各国之间相互依存的关系更加紧密。这种相互依存，一方面有利于各国利益的互补与联系，促成了国际合作；另一方面也引发了国际的对抗和冲突，这种冲突在可持续发展领域中也有明显反映。例如，温室气体排放问题、能源、工业生产、人民福利水准等，有时甚至涉及国家的外交和主权。因此，实现全球可持续发展的目标仍然存在着错综复杂的利益之争，具体表现在发达国家与发展中国家的利益冲突；发达国家内部的矛盾冲突；发展中国家内部的矛盾冲突三个方面。但正如前面已指出的，可持续发展战略代表的是全人类的根本利益，符合宇宙中地球系统运动和变化的自然规律。所以，可持续发展战略的实施，是未来人类社会唯一的正确选择，是未来人类社会的光明所在。

12.1.5.2　我国的对策与行动

2001 年，中国发布了《中国 21 世纪初可持续发展行动纲要》（以下简称《纲要》），见附件。《纲要》的第二部分明确了指导思想、发展目标以及基本原则。

附件

中国 21 世纪初可持续发展行动纲要（第二部分）

一、指导思想

我国实施可持续发展战略的指导思想是：坚持以人为本，以人与自然和谐为主线，以经济发展为核心，以提高人民群众生活质量为根本出发点，以科技和体制创新为突破口，坚持不懈地全面推进经济社会与人口、资源和生态环境的协调，不断提高我国的综合国力和竞争力，为实现第三步战略目标奠定坚实的基础。

二、发展目标

我国 21 世纪初可持续发展的总体目标是：可持续发展能力不断增强，经济结构调整取得显著成效，人口总量得到有效控制，生态环境明显改善，资源利用率显著提高，促进人与自然的和谐，推动整个社会走上生产发展、生活富裕、生态良好的文明发展道路。

——通过国民经济结构战略性调整，完成从“高消耗、高污染、低效益”向“低消耗、低污染、高效益”转变。促进产业结构优化升级，减轻资源环境压力，改变区域发展不平衡，缩小城乡差别。

——继续大力推进扶贫开发，进一步改善贫困地区的基本生产、生活条件，加强基础设施建设，改善生态环境，逐步改变贫困地区经济、社会、文化的落后状况，提高贫困人口的生活质量和综合素质，巩固扶贫成果，尽快使尚未脱贫的农村人口解决温饱问题，并逐步过上小康生活。

——严格控制人口增长，全面提高人口素质，建立完善的优生优育体系和社会保障体系，基本实现人人享有社会保障的目标；社会就业比较充分；公共服务水平大幅度提高；防灾减灾能力全面提高，灾害损失明显降低。加强职业技能培训，提高劳动者素质，建立健全国家职业资格证书制度。到 2010 年，全国人口数量控制在 14 亿以内，年平均自然增长率控制在 9‰以内。全国普及九年义务教育的人口覆盖率进一步提高，初中阶段毛入学率超过 95%，高等教育毛入学率达到 20% 左右，青壮年非文盲率保持在 95% 以上。

——合理开发和集约高效利用资源，不断提高资源承载能力，建成资源可持续利用的保障体系和重要资源战略储备安全体系。

——全国大部分地区环境质量明显改善，基本遏制生态恶化的趋势，重点地区的生态功能和生物多样性得到基本恢复，农田污染状况得到根本改善。到 2010 年，森林覆盖率达到 20.3%，治理“三化”（退化、沙化、碱化）草地 3300 万 hm^2，新增治理水土流失面积 5000 万 hm^2，二氧化硫、工业固体废物等主要污染物排放总量比前 5 年下降 10%，设市城市污水处理率达到 60% 以上。

——形成健全的可持续发展法律、法规体系；完善可持续发展的信息共享和决策咨询服务体系；全面提高政府的科学决策和综合协调能力；大幅度提高社会公众参与可持续发展的程度；参与国际社会可持续发展领域合作的能力明显提高。

三、基本原则

——持续发展，重视协调的原则。以经济建设为中心，在推进经济发展的过程中，促进人与自然的和谐，重视解决人口、资源和环境问题，坚持经济、社会与生态环境的持续协调发展。

——科教兴国，不断创新的原则。充分发挥科技作为第一生产力和教育的先导性、全局性和基础性作用，加快科技创新步伐，大力发展各类教育，促进可持续发展战略与科教兴国战略的紧密结合。

——政府调控，市场调节的原则。充分发挥政府、企业、社会组织和公众四方面的积极性，政府要加大投入，强化监管，发挥主导作用，提供良好的政策环境和公共服务，充分运用市场机制，调动企业、社会组织和公众参与可持续发展。

——积极参与，广泛合作的原则。加强对外开放与国际合作，参与经济全球化，利用国际、国内两个市场和两种资源，在更大空间范围内推进可持续发展。

——重点突破，全面推进的原则。统筹规划，突出重点，分步实施；集中人力、物力和财力，选择重点领域和重点区域，进行突破，在此基础上，全面推进可持续发展战略的实施。

12.2 生态文明建设

12.2.1 生态文明发展历史

生态文明作为一种新的文明范式，是人类文明经历了数万年的发展之后，在工业文明激烈的内在矛盾和冲突中脱颖而出的新的文明形态。纵观历史的发展，人类文明依次经历了原始文明、农业文明、工业文明三种文明形态，目前正处在一个向生态文明过渡和转换的历史节点（表 12－1）。

表 12－1　生态文明发展历史

文明的类型	原始文明	农业文明	工业文明	生态文明
发展时段	公元前 200 万年至公元前 1 万年	公元前 1 万年至 18 世纪	18 世纪至 20 世纪末	21 世纪初起
与自然的关系	依附自然	改造自然	征服自然	顺应自然
环境的问题	不明显	植被破坏 水土流失	地区性公害事件 全球性环境灾难	人与自然相和谐
人类的认识	听天由命	祈求上苍	环境保护	可持续发展
主要因素	人力	土地	资本、技术信息	资本、技术信息、生态价值观

1. 从原始文明到农业文明

据考古发现，人类文明在地球上诞生的历史约有 10 万年，其中原始文明约占了 9.5 万年，农业文明约占了 4700 年，工业文明迄今只有 300 余年的历史。原始文明还具有蒙昧和野蛮的性质，它还没有完全从动物界解放出来。原始人在进入蒙昧时代的中级阶段之后，虽然学会了使用木棍、标枪、弓箭以及自制的石器来进行采集和渔猎，但是这些工具都只是帮助原始人获得自然界天然产物的一种辅助手段，他们与动物在生存和生活的方式上还没有完全区分开来。只有到了野蛮时代的中、后期，在学会了经营畜牧业和农业，特别是发明了铁制工具和文字之后，人类才真正进入文明时代。

原始人与自然界的关系还是一种单向的依附，在这种关系中，原始人几乎和其他动物一样，凭借自己的生存技巧在自然界既成的生态链上占据一席之地。当原始人发明了铁制工具后，人类就开始掌握了在一定程度上驾驭乃至征服自然界的武器。可以想象，有了铁制工具之后，人类就可以从事大规模的开垦活动，通过培植粮食作物和驯养更多种类的牲畜，来解决自己生存的物质资料问题。这些物质资料尽管仍然来自于自然界，但已不是原生的天然产品，而是通过人的劳动加以改变的物质形态。这种改变在文明的进化中具有决定性的意义，它标志着人类终于脱离了如动物般依赖和服从自然界的状况，开始生产、维持和发展自身生命活动所需要的物质资料。

相对于原始文明的蒙昧和野蛮来说，农业文明的进步和发展就在于它脱离了动物的生存和生活方式，人类开始依靠自己的劳动活动改变自然的现存状态，创造出新的劳动成果，以此维持自己的生存。

人类的生产活动是其超越动物界的一种特有的创造性活动，它的特点是人类借助于一定的劳动工具来改变和改造自然界，从而有目的地创造出一定的生产和生活资料。由于有了这种生产活动，人类就在一定范围内和一定程度上摆脱了对自然的依赖关系，有了自己自由活动的空间。而正是这种自由，一方面给予人类越来越宽广的舞台，使人类的本质力量不断地得到提高；另一方面也赋予了人类盲目开发自然的自信，从而引发了土地荒漠化、沙漠化以及水土流失等生态问题。可以说，生态问题是伴随着人类文明一起产生的，从人类的双脚迈入文明时代起，它就开始从文明的裂缝中涌出。

从本质上讲，农业文明所使用的生产和生活资料基本上属于可再生资源，无论是供生活消费的动植物资源，还是供生产消耗的人力、畜力以及光、水、风等资源，其中大部分资源（除土地、金属矿产等资源外）在耗费之后都可以重长再生。然而，作为农业文明最基本的资源，土地是有限的和稀缺的，当一个地区的人口增长达到一定限度之后，其所赖以生存的土地就难以承载人口的压力。于是，人们开始毁林开荒、围湖造田，这种做法确实能够获得短期的效益，但最终必然会造成局部地区的水土流失、旱涝频繁、气候异常等生态灾难。

另一种观点认为，农业文明对于生态环境的破坏是有限的和局部性的。但是，对农业文明所造成的生态问题绝不能低估。据历史考证，曾辉煌一时的古埃及文明、古巴比伦文明、古希腊文明、哈巴拉文明和玛雅文明之所以最终都难逃毁灭的命运，其主要原因是过度开垦、放牧、砍伐和消耗。正如美国生态学家弗·卡特在《表土与人类文明》一书中所说的："文明之所以会在孕育了这些文明的故乡衰落，主要是由于人们糟蹋或者毁坏了帮助人类发展文明的环境。”恩格斯更明确地分析了其中的原因，他指出：“……我们不要过分陶醉于我们人类对自然界的胜利。对于每一次这样的胜利，自然界都对我们实施了报复。每一次胜利，起初确实取得了我们预期的结果，但是往后和再往后却发生完全不同的、出乎预料的影响，常常把最初的结果又消除了。美索不达米亚、希腊、小亚细亚以及其他各地的居民，为了得到耕地，毁灭了森林，但是他们做梦也想不到，这些地方今天竟因此而成为不毛之地，因为他们使这些地方失去了森林，也就失去了水分的积聚中心和贮藏库。阿尔卑斯山的意大利人，当他们在山南坡把在山北坡得到精心保护的那同一种枞树林砍光用尽时，没有预料到，这样一来，他们就把本地区的高山畜牧业的根基毁掉了；他们更没有预料到，他们这样做，竟使山泉在一年中的大部分时间内枯竭了，同时在雨季又使更加凶猛的洪水倾泻到平原上。”

因此，农业文明的兴衰归根结底都与生态问题有关。当一个地域的生态环境有利于农业的发展时，农业文明最终繁荣起来；农业的繁荣促进人口的迅速增长，从而使生产和生活资料的需求量大大增加；由于原有的农业用地不能满足人口增长的需要，于是人类开始毁林开荒、围湖造田、乱砍滥伐，使原有的森林植被以及河湖、湿地的储水功能均遭到破坏，最终毁掉了农业赖以生存的环境，导致文明的衰落。这几乎成为农业文明不可逃脱的一种历史宿命。中华农业文明虽然延续了数千年之久，但是近代之后走向了衰败，除了因科技的落后而迟迟未能进入工业社会之外，另一个重要原因就是人口的迅速膨胀所造成的对自然生态环境的严重破坏，这使农业自身发展的根基也遭到了毁坏。

但从总体上讲，农业文明对于自然界生态环境的破坏仍然是有限的和局部的。它只能从表土层面毁灭某一区域内农业生产赖以进行的环境条件，而不可能从整体上毁灭经历了亿万年演化而最终形成的整个地球的生态环境；而且在农业文明时代，人们也能够通过迁移或行为方式的调节来规避表土层面的生态危害。因此，农业文明时代的生态危机尽管会对某一区域的农业人口造成严重的灾难，但还不至于造成整个地球的变异而危及整个人类的生存。

2. 从工业文明到生态文明

(1) 工业文明及其内在矛盾。

从18世纪中期起，人类凭借第一次技术革命之力，开始步入工业文明时代。与农业文明相比，工业文明的性质则截然不同。农业文明的生产和生活活动只局限在地球的表土范围，但工业文明却要进入地球的深层，获取各种矿物资源，包括金属矿物和化石燃料资源，以从事各种形式的工业生产活动。而作为工业骨骼和血液的矿物资源在地球中的蕴藏量是有限的，也是不可再生的，当这些资源消耗殆尽的时候，工业文明也就随之完结。因此，工业文明自诞生之日起，就注定了它不可持续的命运。问题还在于，工业生产过程会引发一系列的生态问题，它所产生的废水、废气、废渣都倾泻在大气和江河湖泊之中，造成严重的空气、水体、土壤、食品乃至一切与人和生物相关的环境条件的污染，以致直接威胁到人类乃至一切生物在地球上的生存。

工业文明作为人类文明发展的一个必经阶段，大大拓展和深化了人类与自然界的物质交换关系，特别是在这一过程中发明和创造的近现代科学技术，使人类的认知能力和生产力水平空前提高。自人类进入工业文明时代以来的短短260余年间，其所创造的科学神话和经济成就使整个世界发生了翻天覆地的变化，而且这种变化呈加速向前递进的态势。然而，在令人目眩的辉煌背后，却是环境污染、生态危机、资源枯竭甚至人类毁灭的威胁。

据美国矿产局估计，按 1990 年的生产速度，作为燃料资源主体的石油最多可开采 44 年，天然气约为 63 年；大多数金属矿产资源能供开采的时间在 100 年之内，如世界黄金储量只够用 24 年，水银为 40 年，锡为 28 年，锌为 40 年，钢为 65 年，铝为 35 年。现在，人类面临的一个严峻的问题是，数十年之后，当石油和天然气以及大多数金属矿产资源消耗殆尽的时候，工业文明将走向何方？是在短时期内轰然瓦解，还是缓慢地趋于消亡？工业文明消亡之后，在人类没有找到实用的替代能源之前，是否意味着要重新退同到农业文明时代？人类又是否有智慧在未来十年内找到一条自我救赎的道路？我们无法预料这一转折过程的具体细节，但是，在后工业时代业已显现出来的生态文明，应该是文明发展的一条必由之路。

（2）文明的超越：生态文明的开启。

如果说在农业文明时代人对自然的依赖关系处在一个单向的自发状态，因而人经常盲目地破坏其赖以生存的自然环境，那么，新的生态文明则把这种关系建立在一种人与自然双向互动、自觉地进行调控和建构的基础之上。它所呈现的是一种新型的“天人”关系：在这种关系中，无论是自然之天，还为是作为主体的人，都循“道”而动，彼此相互作用，相互依存，协调发展，既不以人为中心，也不以物为中心，而是以“道”即规律为基础，以人与自然的和谐关系为中心，在相互对立而又相互统一中保持共存共生的友好关系。

一个美好的生态文明社会的到来，必须要经历一个充满着矛盾的、艰难的历史过程。它不会突然从天而降，也不会平稳地、自发地如约前来，而是人类能动地进行创造和建构的结果。这一切取决于人类自身的自我觉醒和理性认知，未来的命运完全掌握在人类自己的手里。假如人类一意孤行，继续沉溺在工业文明表面的繁华中而不自知，人类的自我毁灭也许就为期不远了。

历史的矛盾性和复杂性在于，创造历史的人类是一种自由的、有意识的存在物。一方面，人的“类特性”决定了人类具有高于动物的智慧和创造力，能够预见自己行为的后果，并对自己的活动进行自觉的调控；但另一方面，人类每一个体的独特性又决定了其有自身的特殊利益，当他们面对大自然这一最大的“公地”时，为了维护和获取自己的特殊利益，“公地悲剧”的形成就难以避免。历史上那些辉煌一时的农业文明的灭亡，就是这种无约束的“公地悲剧”的代表。

为了避免历史悲剧重演，将先后进入后工业社会、掌握了高科技手段并运用这种手段把全世界紧密地联系在一起的现代人类，应该团结和组织起来，确立统一的生态环境价值观，利用世界和各地区的各种国际性组织来协调各国政府的行动，并制定具有较强约束力的国际法则，以维护我们共同的地球家园。在这场旷日持久的拯救地球的行动中，各国政府是行动的领导者和组织者。政府代表着公共利益，是大自然这块人民“公地”的守护人，只有政府认真地履行职守和负起责任，才能有效地防止各种私人利益对地球“公地”的侵蚀，使这块事关地球人类生死存亡的“生命之地”能够得到精心呵护而永续繁荣。

世界生态环境问题日益严峻，尤其对发展中国家来说，经济发展和环境保护的矛盾更为突出，我国的情况也是如此。一方面，我们要大力发展经济，发展始终是我国的一切工作的第一要务；但另一方面，环境问题又相当严重，环境保护任务十分繁重。21 世纪之初，我国经济建设虽然取得了巨大成就，创造了经济奇迹，但是其所带来的环境问题也日趋严重。同时，我国经济曾经走的也是一条高投入、高耗能、高污染、低效益的粗放型发展的路子，它与可持续发展的战略是相违背的。因此，要改变这种局面，就必须转变经济发展方式，在依靠科技进步和创新的基础上，走生态文明的发展之路。

12.2.2 生态文明观及其意义

树立新的生态文明观，目的是实现人与自然的和谐相处。生态文明的精髓和灵魂是生态价值观。长久以来，西方的“人类中心主义”主宰着人与自然的关系，认为人作为万物之长和自然之灵，先天地具有统治自然的权力。我们的认知视野局限于人类自身，处处以人类自身的利益作为观察问题和解决问题的出发点、中心点和归宿点，全然不考虑整个生态环境的承载能力以及它可能产生的巨大反作用。这样一种狭隘的人类观念已经不适应现代文明发展的总趋势，工业文明也已暴露出来的不可解脱的深层矛盾充分说明，在人与自然的关系中，人类源于自然并隶属于自然，因而永远也不可能脱离自然的脐带而凌驾于自然之上。在宇宙与自然面前，人类不过是其养育的无数物种中的一种，尽管人类身上有其他物种所不具有的独特属性，但在宇宙自然的规律面前，人和其他物种是平等的，我们都不能超越这种规律性，都只能在这种由大自然所决定的规律之内展开自身的活动。在浩瀚的宇宙自然面前，人类的肤浅、脆弱和卑微显露无遗。在这方面，中国古代哲学关于“天人合一”“天地人和”的观点是颇具生态智慧特色的。中国传统哲学认为，天有天道，地有地道，人有人道，在天、地、人三者之间，其“道”一气贯通，故在本质上是一体的；但天、地、人三者的地位并不是平等的，其中“天道至上”“天之生人也”“天地之生万物也”。天地之间的万物包括人在内，都不过是“天”的产物。

现代的生态文明观念是建立在现代科学对生态环境以及人与自然关系的正确认识的基础上的。根据这种观念，地球的生态环境是一个由生物多样性所构成的相互联系和相互依存的、相对平衡的有机系统。人类作为自由的、有意识的存在物，尽管与其他存在物在性质上有根本区别，但仍然是整个生物系统中的一分子，因而应该与自然和谐共生并共同发展。人类没有任何特权高居于生态系统之上，也不可能自异于所存在的系统之外，正如恩格斯在《自然辩证法》中所讲的：“我们连同我们的肉、血和头脑都是属于自然界和存在于自然之中的；我们对自然界的全部统治力量，就在于我们比其他一切生物强，能够认识和正确运用自然规律。”令人忧虑的是，掌握了高度发达的科学技术的现代人类，确实具有摧毁整个地球生态系统的能力；但是，人类应该清醒地认识到，当其赖以生存的生态系统被摧毁时，人类的灭亡之日也将随之到来。

如果说，人类比一切动物强，这种强不应该表现在对自然界的强制性的统治上，当然也不是与其他动物一样消极地服从于自然界，而是在于能够认识和把握自然规律，特别是能够认识和把握整个生态系统的规律，并自觉地适应和遵循这种规律，建立起人与自然界的友好和谐关系，从而为人类社会的永续发展和持续繁荣开辟广阔的道路。

大力开展中国特色生态文明建设，走出一条中国特色生态文明建设道路，是深刻把握当今世界发展新趋向的战略抉择，将为推进人类文明进步做出重大贡献。自 20 世纪六七十年代人类生态环境意识开始觉醒以来，人类对生态环境问题的认识，以1972年联合国首次人类环境会议、1992年联合国环境与发展大会、2002年可持续发展世界首脑会议以及联合国可持续发展大会为标志，不断深化和拓展。当今世界，可持续发展已成为时代潮流，绿色、循环、低碳发展正成为新的趋向。把握这一发展新趋向，深刻反思传统工业文明发展模式的不足，认真总结落实科学发展、转变经济发展方式的实践经验，充分吸纳中华传统文化智慧，提出并大力推进生态文明建设，要求从文明进步的新高度认识和解决资源环境等问题，从经济、政治、文化、社会、科技等领域全方位审视和应对人类社会发展面临的资源、环境方面的严峻挑战，致力于在更高层次上实现人与自然、环境与经济、人与社会的和谐，为增强我国可持续发展能力提供更科学的理念和方法论指导。

首先，加快经济发展方式的转变。基本形成节约能源资源和保护生态环境的产业结构、增长方式、消费模式。现在我国客观存在的粗放型经济发展方式，其能源消耗率大大高于发达国家，甚至高于印度等发展中国家。要改变这种状况，就必须尽快从这种粗放型的经济发展方式中解脱出来，转到低耗能、低排放、高产出的经济增长方式上来。要坚持走中国特色新型工业化道路，不断扩大国内需求特别是消费需求，以促进经济增长由主要依靠投资、出口拉动，向依靠消费、投资、出口协调拉动转变，由主要依靠第二产业带动向依靠第一、第二、第三产业协同带动转变，由主要依靠增加物质资源消耗向主要依靠科技进步、劳动者素质提高、管理创新转变。

其次，大力发展循环经济，使可再生能源的比重显著上升。传统工业遵循的是一条“资源－生产－消费－废弃物排放”的线性生产方式，这种生产方式建立在高强度的开采和资源消耗的基础之上，其结果是造成资源的极大浪费和环境的严重污染。联合国环境计划署的研究显示，在发达国家，工业生产过程中只有20%～35%的原材料和能源转化为最终产品，其余则转化成了废气、废水和废渣，因而造成十分严重的环境污染和资源浪费。由于发展中国家技术和管理水平更为落后，这种转化效率更低，因而造成的环境污染和资源浪费更大。循环经济则是遵循生态学的规律，以“3R”即减量化（reduce）、再利用（reuse）、再循环（recycle）为行为准则，将经济活动组织成为一个“资源－生产－消费－再生资源”的非线性的反馈式流程，以实现低开采、低消耗、低排放和高产出、高利用的目的，从而大大提高经济效益、生态效益和社会效益。而且，生态文明建设还要求我们充分利用现代高科技，在不断降低不可再生能源消耗的同时，逐渐提高可再生能源在生产中的比重。不可再生的能源在可以预见的未来将会消耗殆尽，人类文明发展的唯一出路是基本放弃不可再生资源的生产性消耗，回归到运用可再生资源与自然生态进行物质交换的生产和生活方式上来，只有超越工业文明的生态文明才是人类文明发展的必然归宿。

坚持绿色低碳，建设一个清洁美丽的世界。2015年底，巴黎大会成功通过《巴黎协定》，为2020年后全球合作应对气候变化指明了方向，标志着合作共赢、公正合理的全球气候治理体系正在形成，具有历史性意义。《巴黎协定》符合全球发展大方向，成果来之不易，应该共同坚守，不能轻言放弃。国际社会应该以落实《巴黎协定》为契机，加倍努力，有效应对气候变化挑战。人与自然共生共存，伤害自然最终将伤及人类。空气、水、土壤、蓝天等自然资源用之不觉、失之难续。我们应该遵循天人合一、道法自然的理念，寻求永续发展之路。

12.2.3 我国生态文明建设

生态环境是人类生存最为基础的条件，是我国持续发展最为重要的基础。“天育物有时，地生财有限。”生态环境没有替代品，用之不觉，失之难续。人类发展活动必须尊重自然、顺应自然、保护自然，否则就会遭到大自然的报复。这是规律，谁也无法抗拒。在人类发展史上特别是工业化进程中，曾发生过大量破坏自然资源和生态环境的事件，酿成了惨痛教训。我们的先人们早就认识到了生态环境的重要性。“草木荣华滋硕之时，则斧斤不入山林，不夭其生，不绝其长也。”“竭泽而渔，岂不获得？而明年无鱼；焚薮而田，岂不获得？而明年无兽。”这些质朴睿智的自然观，至今仍给人以深刻警示和启迪。在对待自然问题上，恩格斯也曾深刻指出：“我们不要过分陶醉于我们人类对自然界的胜利。对于每一次这样的胜利，自然界都对我们进行报复。”历史地看，生态兴则文明兴，生态衰则文明衰。

推进生态文明建设，坚持绿色发展，是一项长期、复杂、艰巨的历史任务，首先要从转变发展观的高度上认识其革命性意义。贯彻新发展理念，更加注重绿色发展。发展理念是发展行动的先导，是管全局、管根本、管方向、管长远的东西，是发展思路、发展方向、发展着力点的集中体现。发展理念搞对了，目标任务就好定了，政策举措也就跟着好定了。切实贯彻“既要绿水青山，也要金山银山，其实绿水青山就是金山银山”的发展理念。

生态文明建设关乎人类未来。建设绿色家园是人类的共同梦想。保护生态环境是全球面临的共同挑战。保护生态环境，应对气候变化，维护能源资源安全，是全球面临的共同挑战，任何一国都无法置身事外。国际社会应该携手同行，共谋全球生态文明建设之路。只有团结协作，才能凝聚力量，有效克服国际政治经济环境变动带来的不确定因素。只有共商共建共享，才能保护好地球，建设人类命运共同体。要促进国际社会达成一个全面、均衡、有力度、有约束力的气候变化协议，提出公平、合理、有效的全球应对气候变化解决方案，探索人类可持续的发展路径和治理模式。

我国充分发挥后发优势，在推进工业文明进程中建设生态文明，坚持以信息化带动工业化，以工业化促进信息化，走新型工业化道路，形成了中国生态文明建设的特色，为人类社会推进文明进程进行了有益尝试。“建设生态文明，实质上就是要建设以资源环境承载力为基础、以自然规律为准则、以可持续发展为目标的资源节约型、环境友好型社会。”这深刻揭示了建设生态文明的内涵和本质。生态文明是人类为建设美好生态环境而取得的物质成果、精神成果和制度成果的总和。建设生态文明，并不是放弃对物质生活的追求，回到原生态的生活方式，而是超越和扬弃粗放型的发展方式和不合理的消费模式，提升全社会的文明理念和素质，使人类活动限制在自然环境可承受的范围内，走生产发展、生活富裕、生态良好的文明发展之路。

建设生态文明，以把握自然规律、尊重自然为前提，以人与自然、环境与经济、人与社会和谐共生为宗旨，以资源环境承载力为基础，以建立可持续的产业结构、生产方式、消费模式以及增强可持续发展能力为着眼点，以建设资源节约型、环境友好型社会为本质要求。生态文明建设的内容非常丰富。

从价值取向看，必须树立先进的生态伦理观念。人类是自然的重要组成部分。要尊重自然规律，推动生态文化、生态意识、生态道德等生态文明理念牢固树立，使之成为中国特色社会主义的核心价值要素。从物质基础看，必须拥有发达的生态经济。对传统产业进行生态化改造，大力发展节能环保等战略性新兴产业，使绿色经济、循环经济和低碳技术在整个经济结构中占较大比重，推动经济绿色转型。从激励与约束机制看，必须建立完善的生态制度。把环境公平正义的要求体现到经济社会决策和管理中，加大制度创新力度，建立健全法律、政策和体制机制。从必保底线看，必须保障可靠的生态安全。有效防范环境风险，及时妥善处置突发资源环境事件和自然灾害，维护生态环境状况稳定，避免重大生态危机。从根本目的看，必须持续改善生态环境质量。让人民群众喝上干净的水、呼吸上新鲜的空气、吃上放心的食物。这充分表明，在建设生态文明的价值取向、长远目标、基本原则、主要途径和保障举措等方面，我们已经形成完整的认识成果，其核心就是人与自然和谐共生、经济社会与资源环境协调发展。

建设生态文明的重点任务主要包括：一是加快转变经济发展方式，大力发展绿色经济、循环经济和低碳技术，培育壮大节能环保产业，形成资源节约、环境友好的产业结构、生产方式和消费模式；二是更加注重保障和改善民生，着力解决损害群众健康的突出环境问题；三是深化节能减排，加大水、大气、土壤等污染治理力度，强化核与辐射监管能力，明显改善环境质量；四是切实加强农村环境综合整治，实现城乡生态环境基本公共服务均等化；五是加强生态保护和防灾减灾体系建设，构建生态安全屏障；六是健全激励和约束机制，构建有利于建设生态文明的政策法规和体制机制；七是加强宣传教育，在全社会树立和弘扬生态文明理念；八是积极应对气候变化、生物多样性保护等全球性环境问题。

推进中国特色生态文明建设需要着重把握一些重大问题，经济社会发展与资源环境需要更加协调，可持续发展能力需得到增强，生态环境质量应日益改善，生态文明观念要在全社会进一步树立，生态文明水平应逐步提高。

（1）坚持在发展中保护、在保护中发展。

发展是解决我国所有问题的关键。必须继续坚持发展是硬道理的战略思想，聚精会神搞建设，一心一意谋发展，不断夯实坚持和发展中国特色社会主义的物质基础。加强生态环境保护，既是转变经济发展方式的必然要求，也是拉动经济增长的重要途径。在发展中保护、在保护中发展，是对经济社会发展与资源环境关系的深刻揭示。我国正处于并将长期处于社会主义初级阶段，发展不足和保护不够的问题同时存在。离开经济发展抓环境保护是“缘木求鱼”，脱离环境保护搞经济发展是“竭泽而渔”。我国已经到了以环境保护优化经济增长的新阶段，需要把节约环保与调整产业结构、污染防治与企业节约增效、发展节能环保产业与扩大内需、生态保护与优化生产力空间布局结合起来，加快推进经济发展方式的绿色转型。

（2）积极探索代价小、效益好、排放低、可持续的环境保护新道路。

推进生态文明建设，关键是要用新思路新举措来解决资源环境问题。西方发达国家曾经走过一条“先污染后治理、以牺牲环境换取经济增长、注重末端治理”的路子。实践证明，这条老路在中国走不通，也走不起。比如，一些地方就环保论环保，就污染谈污染，甚至重蹈“先污染后治理”的覆辙，付出过巨大环境代价。环境保护是生态文明建设的主阵地和根本措施，是推进可持续发展的着力点和攻坚方向。走代价小、效益好、排放低、可持续的环境保护新道路，加快构建与我国国情相适应的环境保护宏观战略体系、全面高效的污染防治体系、健全的环境质量评价体系、完善的环境保护法规政策和科技标准体系、完备的环境管理和执法监督体系、全民参与的社会行动体系，是提高生态文明水平的形势使然，是解决资源环境问题的出路所在。探索和实践环保新道路越主动越深入，生态文明建设的成效就越明显越持久。

(3) 加快构建有利于节约能源资源和保护生态环境的国民经济体系。

资源环境问题，究其本质是发展方式、经济结构和消费模式问题。在生产、流通、分配、消费的各个领域，都不同程度地利用资源、影响环境，单独在某一个或几个方面推行节约环保，难以从根本上解决资源环境问题，必须根据自然环境承载力规划经济社会发展，把节约环保的要求全面体现到经济发展的各个领域和每个环节。要推动绿色发展，大力发展绿色经济和低碳技术。加快发展循环经济，广泛推行清洁生产。大力推进产业结构优化升级，对传统产业进行生态化改造。加快形成节约环保的技术和生产体系，努力实现自然生态系统和经济社会系统的良性循环。

(4) 着力解决影响科学发展和损害群众健康的突出环境问题。

环境保护既要为科学发展固本强基，又要为人民健康增添保障。在当前经济形势下，更要密切关注和从严控制“两高一资（高能耗、高污染和资源性）”、低水平重复建设和产能过剩项目，切不能放松对生态环保的要求，努力不欠生态环保新账、多还旧账。享有良好的生态环境是人民群众的基本权利，是政府应当提供的基本公共服务。水、大气、重金属污染等损害人民群众健康的突出环境问题还不少，由环境问题引发的群体性事件明显增多。要确保人民群众的饮水安全，集中力量优先解决重金属、化学品、危险废物、细颗粒物和持久性有机污染物等关系民生的环境问题，深入开展整治违法排污企业、保障群众健康的环保专项行动，严厉查处各类环境违法行为。

(5) 不断完善有利于生态文明建设的体制机制。

体制机制带有根本性、全局性、稳定性和长期性。要建立和完善职能有机统一、运转协调高效的生态环保综合管理体制。建立健全法律法规体系，加强规划和政策引导，综合运用财税、价格等经济杠杆，建立健全生态补偿机制，深化资源性产品价格改革，完善资源环境经济配套政策。抓紧制定实施生态文明目标指标体系和考核办法，纳入地方党委政府绩效考核。要加强基本国情、基本国策和有关法律法规的宣传教育，促进全社会牢固树立生态文明观念。新时代呼唤新理论，新理论指导新实践。建设生态文明的战略思想一经广大人民群众掌握，必将产生巨大的物质力量和丰硕成果。在科学发展观指引下，我们一定能够早日实现经济的绿色转型，让人民群众享受山清水秀天蓝地绿的美好生态环境。

12.2.4 生态文明行为与行动

生态文明的建设与发展，体现在社会生产生活的方方面面，只有在生产生活中得到切实执行，生态文明范式才能真正实现，生态文明社会才能真正到来。

12.2.4.1　自然保护

自然保护（nature conservation）是对自然环境和自然资源的保护。加强自然生态系统与自然资源的保护，已成为世界各国的共识，其中心任务是保护、增殖（可更新资源）和合理利用自然资源。对自然保护的对象各人有不同的认识，有人认为不仅要保护原始的自然和接近原始的自然景观，即保护构成自然生态系统的动、植物，以及需要保护的地学对象，而且要努力把人类活动造成的不良环境改造成为对人类有益的环境。关于自然保护的对象，一般包括：自然资源和水源、野外休养和娱乐的场所、生态净化能力、自然生态系统的平衡、物种及其基因多样性、乡土景观等。

我国很早就注意利用自然资源和保护自然的相互关系。《逸周书·大聚篇》记有传说中的大禹所述内容："春三月，山林不登斧，以成草木之长。夏三月，川泽不入网罟，以成鱼鳖之长。"荀子指出保护自然资源很重要，必须做到"万物皆得其宜，六畜皆得其长，群生皆得其命"，并提出保护措施："草木荣华滋硕之时，则斧斤不入山林，不夭其生，不绝其长也。鼋鼍、鱼鳖、鳅鳝孕别之时，网罟、毒药不入泽，不夭其生，不绝其长也。春耕、夏耘、秋收、冬藏四者不失时，故五谷不绝，而百姓有余食也；洿池、渊沼、川泽谨其时禁，故鱼鳖优多，而百姓有余用也；斩伐养长不失其时，故山林不童，而百姓有余材也"。

《礼记·王制》上记有："林麓川泽以时入而不禁。""五谷不时，果实不熟，不粥于市；木中不伐，不粥于市；禽兽鱼鳖不中杀，不粥于市。"为了"山泽多禽兽""鱼鳖优多"，设有官吏管理，川衡掌握川泽的禁令，管理水产；迹人掌握苑囿田猎的政令。

明末清初王夫之的《噩梦》记有："土广人稀之地，如六安、英霍，接汝黄之境，及南漳以西，白河以南，夔府以东，北接淅川、内乡之界，有所谓'禁山'者。"说明17世纪秦岭东端、巫山、荆山、武当山、桐柏山、大别山、霍山等山地均被列为"禁山"。此外，许多地方有"风水山""风水林""神林"等，虽然有封建迷信的色彩，但起着保护自然资源、保持山林植被的作用。

人类的生存和发展，离不开良好的自然环境和丰富的自然资源。自然环境是指客观存在的物质世界中与人类、人类社会发生相互影响的各种自然因素的总和，主要是大气、水、土壤、生物、矿物和阳光等。自然资源是自然环境中人类可以用于生活和生产的物质，通常可分为三类：一是取之不尽的，如太阳能和风力；二是可以更新的，如生物、水和土壤；三是不可更新的，如各种矿物。随着人类生产力的发展和科学技术水平的不断提高，自然资源中可为人类利用的部分不断扩大。如一种矿物往往和其他矿物共生，选矿和冶炼技术的发展，使共生矿物不再是被排入环境的废渣，而是被回收进入社会生产过程中。这些资源中，特别是可更新资源，如开发利用不合理，不但会使大气、水体、土壤等受到污染，自然环境和生态平衡遭到破坏，而且自然资源本身也将日趋枯竭，影响人类的生存和社会经济的发展。因此，人类在开发和利用自然资源的同时，必须对自然进行保护和管理，特别是要建立自然保护区。

自然保护包括对自然环境和自然资源的保护，主要有两种方式。第一种是直接保护目标生物或特殊类群，这种保护可以在自然状态下和人工环境下进行。对生物与生物资源实施禁止任何形式的利用，可以建立物种的长期种子库、基因库、植物园、动物园和水族馆等，保持生物的正常生长与有效繁殖。第二种方式就是建立各种类型的自然保护区。实际上就是通过保护物种生存繁衍的栖息地，达到实现生物多样性的长久保护。自 1956 年我国第一个国家级自然保护区——广东肇庆鼎湖山自然保护区的建立，经过 60 多年的努力，我国自然保护区事业得到了快速发展。规划、建设、管理自然保护区，对于保护具有巨大价值的生物多样性，对于落实环境保护基本国策，实施可持续发展战略，都具有重大现实意义和深远的历史意义。建立自然保护区，是为了保护各种重要的生态系统及其环境，拯救濒于灭绝的物种，保护自然历史遗产而划定的进行保护和管理的特殊地域的总称。即对一定范围内的陆地或水域，采取相应措施，保护自然综合体或自然资源，以及保护其他特定的单种、多种或整体的对象，作为实施自然保护工作的重要内容。自然保护区的建立对人类的生存与发展具有广泛的意义。

首先，自然保护区能为人类提供生态系统的天然“本底”。各种生态系统是生物与环境间长期相互作用的产物。现今世界上各种自然生态系统和各种自然地带的自然景观，正在迅速地遭到人类的干扰和破坏。在各种自然地带保留下来的、具有代表性的天然生态系统或原始景观地段，都是极为珍贵的自然界的原始“本底”，它对于衡量人类活动结果的优劣，提供了评价的准则，同时也对探讨某些自然地域生态系统和今后合理发展的方向提供了一条途径。

第二，自然保护区是各种生态系统以及生物物种的天然宝库。据估计，世界物种有 500 万～1000 万种，其中在科学文献中有记载的只有约 150 万种。人们从这些生物物种中获取生活资料有着悠久的历史。自新石器时代以来，人类的农业育种工作就一直把注意力集中于少数已被驯化或栽培的动植物种。现在育种家们发现要对现有品种进行改良和提高生产潜力，其难度愈来愈大。因此除了对现有少数的物种进行育种改良外，必须转向到大自然丰富的宝库中，寻找野生的物种资源。人类利用生物物种的历史证明，我们不能预言哪一种生物将对我们有用。有些似乎无用的物种突然变成医药、工业、农业育种和科学研究方面有用的甚至是不可代替的原料。近年来意外发现的犰狳和北极熊的科研价值，可作为保护野生动物种质的例子。犰狳是迄今所知除人类以外唯一能患上麻风病的动物，这就为寻求治疗这种疾病的方法提供意想不到的帮助。最近还发现北极熊的毛是罕见的高效吸热器，这一新的发现，为设计并制造御寒衣物及太阳能吸收器提供了宝贵的线索。

已知近半数的药物首先是从自然物质，特别是野生生物中发现而制成的，尤其是中国，直接应用野生生物作为医药已有几千年的历史。但世界上迄今为止，仅对不到 1/10 的植物进行了这方面的调查与研究。随着科学技术的发展以及人类的需求不断提高，人类已陆续发现许多过去从未用过的野生物种在工业、农业、医药以及军事方面的新用途。但是由于人为干扰和自然环境的破坏，许多物种正在迅速灭绝，如笔筒树、斯诺登水兰、百岁兰、金花茶、梵净山冷杉等。有些物种在未深入研究它们的用途之前，甚至有的还未来得及定名就濒于灭绝或已经消失，其数量之大是极其惊人的。自然保护区正是为人类保存了这些物种及其赖以生存的生态环境。自然保护区的建立和合理的管理，将有助于这些生物的保护及其繁衍。

第三，自然保护区是科学研究的天然实验室。自然保护区里保持有完整的生态系统、丰富的物种、生物群落及其赖以生存的环境。这就为进行各种有关生态学的研究提供了良好的基地，是设立在大自然中的天然实验室。由于自然保护区具有长期性和天然性，对于进行一些连续的系统的观测和研究，准确地掌握天然生态系统中物种数量的变化、分布及其活动规律，对自然环境长期演变的监测以及珍稀物种的繁殖及驯化等方面的研究，提供了特别有利的条件。

第四，自然保护区是进行有关自然和自然保护宣传教育的活的自然博物馆。除少数为进行科研而设置的绝对保护地域外，一般保护区都可以接纳一定数量的青少年、学生和旅游者到保护区进行参观游览。通过在保护区内精心设计的导游路线和视听工具，利用自然保护区这一天然的大课堂，增加人们的生物、地学的知识。自然保护区内的展览馆，通过模型、图片、录音、录像等设施，宣传有关自然和自然保护的知识。因此人们把自然保护区又称为活的自然博物馆。

12.2.4.2　绿色生产

绿色生产（green production）是指以节能、降耗、减污为目标，以管理和技术为手段，实施工业生产全过程污染控制，使污染物的产生量最少化的一种综合措施。国际上，工业污染控制方式在20世纪80年代出现了重大的变革：以原先西方发达国家“末端处理”式的先污染后治理方式转化为以污染防范为主的污染控制战略，这种新战略被联合国环境规划署工业环境活动中心称为“清洁生产”战略。“清洁生产”谋求合理利用资源、减少整个工业活动对人类和环境的风险，是经济可持续发展的一个有力工具。在生产过程中，消除减少废、污物的产生和排放，以实现合理利用资源，促进产品生产和消费过程与环境相容，减少整个生产活动对人类和环境的危害。通过资源的有效利用、短缺资源的代用、资源的再利用，以及节能、省料、节水，以实施资源的合理利用，减缓资源的耗竭。

绿色生产与清洁生产的概念并无太大差别，我们可以把绿色生产定义为按照有利于生态环境保护的原则来组织生产过程，创造出绿色产品，以满足绿色消费。清洁生产的概念较专注于工业生产，所以在某种意义上绿色生产的内涵比清洁生产的更广，绿色生产更突出开发和生产绿色产品。绿色产品是指在其生产过程中具有比类似产品更有利于环保的特性的产品。它可以是改良型或全新的产品。绿色产品除了具有传统产品的基本要求外，还有一个最基本的要求，即符合环保要求，有利于环保。

绿色生产是一个相对的、动态的概念。所谓的绿色生产和绿色产品都是相对于原来的生产过程和产品而言的。所以绿色生产本身是一个不断完善的过程，随着技术进步和经济发展，绿色生产的内涵将不断更新进步。有人称绿色产品为“环境友好产品”，是指在生产、加工、运输、消费的全过程中对环境无污染或少污染的各种技术产品。除工业产品外，绿色产品还包括各种绿色食品等各类产品。

生产绿色产品的企业应在生产中引入绿色生产、清洁生产的观念，对原有的高能耗高污染的生产设备进行改造。在绿色产品的设计过程中，应充分考虑绿色产品功能的延伸和再利用，尽量节省原材料，减少废弃物的产生。同时，还应考虑废弃物回收和处理的方便，提供相应的服务，以减少或消除消费者在处理废弃物时的麻烦和无意中造成的环境污染。实现绿色生产的途径主要是企业针对自身所面临的关键问题采取综合措施来解决，主要途径有：

（1）综合利用资源（原材料和能源等）；

（2）在绿色生产过程中防止物料流失，对废物要进行综合利用；

（3）改进和优化设备和工艺流程；

（4）对产品结构进行调整，开展产品绿色设计；

（5）改进和发展绿色技术，搞好污染防范及末端处理；

（6）加强科学设计与管理，发展生态工业园，推广绿色生产。

国内外对绿色产品进行绿色标识，以表明产品的生产、使用和处置过程全部符合环保要求，即对环境无害或危害很少。绿色标识的实行和使用，对推进全球的环境保护有着重要意义，培养了消费者的环保意识，增强了消费者对环境问题和产品的环境影响的关注。绿色标识的实行，进一步促进了绿色消费。

12.2.4.3 绿色消费

绿色消费是指从满足生态需要出发，以有益健康和保护生态环境为基本内涵，符合人的健康和环境保护标准的各种消费行为和消费方式的统称，又称为“可持续消费”。绿色消费的内容非常广，不仅包括绿色产品的消费，还包括废弃物的回收利用、能源的有效使用、对生存环境和物种的保护等，涵盖生产行为、消费行为的方方面面。绿色消费是一种以适度节制消费，避免或减少对环境的破坏，崇尚自然和保护生态等为特征的新型消费行为和过程。

绿色消费倡导的重点是“绿色生活、环保选购”。具体而言，它有三层含义：一是倡导消费时，选择未被污染或有助于公众健康的绿色产品；二是在消费者转变消费观念，崇尚自然、追求健康，追求生活舒适的同时，注重环保，节约资源和能源，实现可持续消费；三是在消费过程中，注重对垃圾的分类、回收和处置，不造成环境污染。

一些学者提出，广义的绿色消费模式应包括五个层次：一是“恒温消费”，即把消费过程中的温室气体排放量降到最低；二是“经济消费”，即对资源和能源的消耗量最小、最经济；三是“安全消费”，即把消费结果对消费主体和人类生存环境的健康危害降到最小；四是“可持续消费”，即在满足自身需求的前提下不危及后代的消费能力；五是“新领域消费”，即研发低碳技术，使用清洁能源，推广低碳产品，不断拓展低碳消费新领域。

从上述绿色消费的含义及其本质特征可以看出，绿色消费模式与传统消费模式有着极大的区别。传统的消费模式，把人与自然摆在敌对的地位，以“人战胜自然”为伦理基础，追求消费数量无节制地增加，本质上是属于资源耗损型的消费模式，无视资源的节约、回收和再生利用，给环境带来巨大的危害，所以造成生态平衡破坏，是非持续的消费。绿色消费则完全相反。

绿色生产和消费推动绿色发展

日前，国家发改委、司法部印发《关于加快建立绿色生产和消费法规政策体系的意见》（以下简称《意见》），明确加快建立绿色生产和消费相关的法规、标准、政策体系，促进源头减量、清洁生产、资源循环、末端治理，扩大绿色产品消费，在全社会推动形成绿色生产和消费方式。接受中国经济时报记者采访的专家认为，绿色消费的作用越来越多，《意见》的出台加快了生态文明建设，是保障社会经济高质量发展的重要举措。

1. 绿色消费的作用越来越多

国务院发展研究中心研究员周宏春在接受中国经济时报记者采访时表示，《意见》出台的背景，一是消费已经成为我国经济增长的主要拉动力量，消费对经济增长的贡献不可忽视。二是绿色发展是近年来我国一直推动的重大战略，绿色发展要落地见效，必须抓住绿色生产和绿色消费两个环节，而绿色消费的作用越来越多，需要更多的注意。三是绿色消费是资源效率型、环境质量型、气候友好型生产和生活方式的重要方面，绿色消费本身就是生活方式。四是人与自然和谐共生是中国特色社会主义现代化的重要标志；人与自然和谐共生的实现需要人们的环境保护和可持续发展意识，而环境保护和可持续发展意识正是促进绿色消费的基本要素。

2. 营造节约、高效循环式高质量发展氛围

周宏春认为，《意见》的出台，一是加快生态文明建设。二是实现经济高质量发展。在消费成为经济增长的主要动力之后，需要以资源节约和环境保护的标准限制不科学、不合理的消费，反对奢侈型、浪费型的消费，形成绿色消费方式和习惯。三是完善消费领域的制度体系，包括法规、标准等，从激励和约束两个方面引导和规范消费行为。

他进一步表示，消费是每个消费者的自主行为，不仅需要消费动机，也需要消费意愿和能力，还需要有绿色消费的意识。"真正形成绿色消费的时尚和社会氛围，还需要进一步从需求侧出发考虑相应的激励措施，包括培训、教育、产品认证等，在社区宣传栏以贴近生活、贴近群众的语言宣传相关知识，激发公众自觉参与绿色消费的意识，自觉参加垃圾分类、旧衣服回收等日常生活活动，形成'有钱也不能浪费资源'的好习惯，并形成社会氛围。"周宏春建议。

北京师范大学环境学院教授赵烨在接受中国经济时报记者采访时表示，《意见》是贯彻落实生态文明与人类命运共同体理念、保障社会经济高质量发展的重要举措。

"只有建立绿色生产和消费模式，才有可能实现人类社会的持续发展。中国作为一个自然环境复杂多变、人口众多、开发历史悠久的发展中大国，颁布加快建立绿色生产和消费法规政策体系十分必要、及时。"他认为，《意见》一是促进全社会各企事业以实际行动建立清洁化生产模式。二是促进全社会成员坚持适度消费的生活方式。三是增强科研教育与多媒体倡导良性循环、垃圾分类及其资源化的方式。四是引导政府机构相关部门将大手笔、大开发的发展模式扭转为采取新理念新技术精准优化已有基础设施节约型发展模式。依次营造全社会节约资源、节约能源、节约土地、高效循环式高质量发展氛围。

注：以上内容出自2020年3月4日《中国经济时报》

12.2.4.4 非政府组织在行动

1. 非政府组织的由来

非政府组织（non-governmental organization，NGO）一般用在联合国的文件和其他许多国家的官方文件中，是指那些在地方、国家或国际级别上建立起来的、以促进经济发展与社会进步为目的的社会组织，多用于第三世界国家。通常为独立于政府，是非营利性的、自愿公民组织。非政府组织提供多样化的公共服务，向政府反映公众需求，提出合理意见或建议，影响政府政策制定。它具有组织性、民间性、公益性、自治性、志愿性、非营利性、合法性、非政党性等特征，以及社会服务、沟通协调、监督管理等基本功能。非政府组织提供分析和专门知识，充当早期预警机制，帮助监督和执行国际协议。非政府组织通常是围绕诸如人权、环境或健康等具体问题组织起来的。随着我国改革开放的深入和社会主义市场经济的建立与发展，整个社会越来越趋向多元化。特别是在一些社会问题比较突出、尖锐的领域里，非政府组织的活动尤为活跃和集中，它们往往发挥着政府和企业所没有或难以充分发挥的作用，在推动社会进步中做出了一定的贡献。

2. 环保 NGO

19 世纪，在美国、加拿大和一些欧洲国家，地方性和全国性的非政府环境保护团体相继产生。其中，最早出现的有 1889 年在英国建立的保护鸟类协会和 1892 年在美国建立的三岳会。20 世纪 60 年代以来，随着环境问题的加剧，不少新的 NGO 也随之产生。在没有任何外界力量约束的情况下，环保 NGO 的数量快速增长。《世界环境组织目录》的统计数据表示，2001 年的环保组织的数量达到 2500 家。目前，影响较大的国际非政府组织有绿色和平（Greenpeace）、地球之友（Friends of the Earth）、保护国际（Conservation International）、世界自然基金会（WWF）等。绿色和平是一个全球性的非政府组织，总部设于荷兰阿姆斯特丹，在四十个国家设有办事处。他们以保护地球、环境及其各种生物的安全及可持续发展为使命，旨在用实际行动做出积极的改变。

在中国的环境保护领域里，也活跃着一大批形形色色的非政府组织。其中较为著名的包括：自然之友、绿色家园志愿者、中国小动物保护协会、中华环保基金会、北京环保基金会、中国野生动物保护协会、中国绿化基金会、中国环保产业学会、北京环保产业协会、中国植物学会、中国自然资源学会、中国环境科学学会、大学生绿色营、绿色大学生论坛、清华大学绿色协会、北京大学绿色生命协会、北京林业大学山诺会、上海市青少年环境爱好者协会、污染受害者法律帮助中心等。改革开放以来，由这些组织开展的环境保护活动为我国社会提供了政府和企业所不能提供的许多不同的公共物品，推动了中国环境保护运动的发展。归纳起来包括以下几个方面。

（1）环境意识的普及、教育、宣传活动。许多非政府组织都在积极地开展这方面的活动，其内容包括开展各种形式的环保倡议活动和实践活动，举办包括电视讲座在内的各种讲座、培训、演讲等环境意识教育活动，举办各种形式的研讨会、经验交流会、座谈会等。

（2）推动和促进环境保护领域的公众参与活动。在全国的许多城市，公众参与环境保护作为政府和非政府组织合作的一个重要机制正在得到积极的培育。北京市环保局宣教中心在这方面起到了先驱者的作用，他们早在1997年就开始着手研究并积极推动环境保护领域的公众参与机制的建立。

（3）对环境保护的资助活动。主要由一批热心自然资源和环境保护的国际或海外的NGO和资助机构，以及中国有关环境保护的基金会等非政府组织参与这方面的活动，包括为有关自然资源和环境保护的活动提供资金、设备、技术等方面的资助或援助。

（4）有关自然资源和环境保护的项目活动。很多非政府组织都在开展各种形式的项目，包括野生动物等生物多样性保护、自然生态的维持和保护、植树绿化、水质净化、大气污染的控制和处理、沙漠化防治、水土流失问题的治理、社区环境保护、垃圾分类、资源再利用等。

（5）有关环境保护科学和技术的研究、开发及其普及活动。主要是由一批与环境保护有关的学会、研究会等非政府组织在开展这方面的活动。它们集中了一大批国内相关学术领域的权威和精英，通过开展相关学科和技术的研究及其开发、应用，积极推动中国环境保护科学和技术的发展。

（6）有关环境保护产品的生产、推广以及业界联合等活动。主要是由一批活跃在环境保护领域的商会、行业组织等经济团体开展这方面的活动，包括促进环保产品的研制、生产、流通、消费等活动。

（7）有关对环境污染受害者的援助活动。随着环境污染问题的发展，污染受害者开始作为一个特殊的弱势群体受到社会的关注。有关的非政府组织通过开展法律咨询等活动对污染受害者提供各种形式的援助。

（8）环境保护的国际交流活动。绝大多数环境保护非政府组织都在以各种形式开展国际交流活动，一方面积极争取从国际社会获得有关的信息、资金、设备、技术等支持；另一方面通过召开或参加有关国际会议或座谈会、派出人员参与有关培训、接待来访和互访等活动，加强环境保护方面的国际交流。

3. 环保NGO发展趋向

20世纪80年代以来，随着全球社会经济的迅速发展，各国民间组织蓬勃发展，它们不仅成为本国的经济和社会发展的重要力量，甚至对世界的政治、经济、文化都产生了巨大而深远的影响。随着国家和社会对环保工作的高度重视，我国环保民间组织也呈现出快速发展、联合化、综合化的趋势。

作为社会主义民主政治改革和制度创新、组织创新的客观必然，我国民间组织蓬勃兴起将成为社会发展不可逆转的历史趋势。未来5～10年，我国环保民间组织和从业人员的数量将会以每年10%～15%的速度递增。高校、经济发达城市的社区和环境优美乡镇的环保民间组织将迅速发展。

近年来，我国环保民间组织之间以论坛、网络、通信等形式进行广泛交流与合作，针对环境的热点、难点和焦点问题，形成联合倡导和共同呼吁，造成社会声势，促进环境改善，已经由单个组织行为逐步向相互配合、联合行动的方向发展。在“26度空调”“怒江水电争鸣”“圆明园湖底防渗工程”等问题上已得到体现。

国家环保总局有关人士表示，公众参与环境保护的程度，直接体现着一个国家环境意识、生态文明的发育程度，公众参与环境影响评价活动是公众参与环境保护的重要组成部分。鼓励公众积极参与环境保护，是坚持以人为本、立党为公、执政为民的具体体现，是社会主义民主法治建设的有益尝试；有利于保护公众环境权益，推进环保部门决策的民主化与科学化，协调政府、企业、公众的环境权益，最大限度地发挥建设项目的综合效益和长远效益。环保 NGO 参与环境保护，有助于推进环境决策的民主化与科学化，广泛凝聚社会各界的智慧，为构建环境友好型社会提供坚实的群众基础。

【思考题】

1. 什么是生态道德？如何通过生态伦理学来体现？
2. 可持续发展的基本内涵是什么？
3. 可持续发展的基本思想和原则有哪些？
4. 如何开展可持续发展基础研究？
5. 简述生态文明发展历史。
6. 生态文明观对于我国推动生态文明建设有什么重要意义？
7. 生态文明建设中应采取哪些生态文明行为与行动？

参考文献

[1] 白晓慧. 生态工程：原理及应用［M］. 北京：高等教育出版社，2008.

[2] 蔡晓明，尚玉昌. 普通生态学［M］. 北京：北京大学出版社，1995.

[3] 蔡晓明. 生态系统生态学［M］. 北京：科学出版社，2000.

[4] 常晋义，张渊智. 生态环境监测与管理决策支持系统的研究［J］. 遥感技术与应用，2001，16（4）：224－226.

[5] 陈家宽，李琴. 生态文明：人类历史发展的必然选择［M］. 重庆：重庆出版社，2014.

[6] 陈玲，赵健夫. 环境监测［M］. 北京：化学工业出版社，2003.

[7] 陈泽宏. 环境影响评价基础技术［M］. 北京：中国环境出版社，2017.

[8] 段昌群. 生态科学进展：第5卷［M］. 北京：高等教育出版社，2010.

[9] 段昌群. 环境生物学［M］. 北京：科学出版社，2010.

[10] E. P. 奥德姆. 生态学——科学与社会之间的桥梁［M］. 何文珊，译. 北京：高等教育出版社，2017.

[11] 方精云. 全球生态学——气候变化与生态响应［M］. 北京：高等教育出版社，2000.

[12] 付在毅，许学工. 区域生态风险评价［J］. 地球科学进展，2001，16（2）：267－271.

[13] 高荣伟. 我国水资源污染现状及对策分析［J］. 资源与人居环境，2018（11）：8.

[14] 耿元波，董云社，孟维奇. 陆地碳循环研究进展［J］. 地理科学进展，2000（4）：297－306.

[15] 谷树忠，胡咏君，周洪. 生态文明建设的科学内涵与基本路径［J］. 资源科学，2013，35（1）：2－13.

[16] 国家环境保护局自然保护司，保护区与物种管理处. 珍稀濒危植物保护与研究［M］. 北京：中国环境出版社，1991.

[17] 韩延本，韩永刚，马利华，等. 全球温度异常及地球自转变化中的约60年周期［C］//中国地球物理学会. 中国地球物理学会第十九届年会论文集. 南京：南京师范大学出版社，2003：413.

[18] 韩照祥，李军乔，呼世斌. 地球环境问题及中国环境与发展对策［J］. 伊犁师范学院学报，2000（3）：89－92.

[19] 郝桂玉，黄民生，徐亚同. 环境工程与生态工程复合体系发展动态［J］. 环境科学与技术，2004，27（4）：84－87.

[20] 胡荣桂. 环境生态学［M］. 武汉：华中科技大学出版社，2010.

[21] 胡永宏，贺恩辉. 综合评价方法［M］. 北京：科学出版社，2000.

[22] 黄传章. 水生植物在工业园人工湿地中的应用——以燕岭湿地为例［J］. 农业科技与信息（现代园林），2011（4）：69－71.

[23] 黄思铭，欧晓昆，杨树华等. 刚性约束——生态综合评价考核指标体系研究［M］. 北京：科学出版社，1998.

[24] 姜必亮. 生态监测［J］. 福建环境，2003，20（1）：4－6.

[25] R.卡逊. 寂静的春天［M］. 吕瑞兰，译. 北京：科学出版社，1979.

[26] 孔繁得. 生态环境保护概论［M］. 北京：中国环境科学出版社，2001.

[27] 孔繁翔. 环境生物学［M］. 北京：高等教育出版社，2000.

[28] 库宁汉姆，塞果. 环境科学：全球关注［M］. 戴树桂，译. 北京：科学出版社，2004.

[29] 李爱贞. 生态环境保护概论［M］. 北京：气象出版社，2005.

[30] 李博. 生态学 [M]. 北京：高等教育出版社，2000.
[31] 李芬，张林波，舒俭民，等. 三江源区生态产品价值核算 [J]. 科技导报，2017，35（6）：120 – 124.
[32] 李根保，李林，潘珉，等. 滇池生态系统退化成因、格局特征与分区分步恢复策略 [J]. 湖泊科学，2014，26（4）：485 – 496.
[33] 李洪远，孟伟庆，单春艳，等. 环境生态学 [M]. 2 版. 北京：化学工业出版社，2012.
[34] 李洪远，文科军，鞠美庭，等. 生态学基础 [M]. 北京：化学工业出版社，2006.
[35] 李季，许艇. 生态工程 [M]. 北京：化学工业出版社，2008.
[36] 李培军，孙铁珩，巩宗强，等. 污染土壤生态修复理论内涵的初步探讨 [J]. 应用生态学报，2006，17（4）：747 – 750.
[37] 李兴旺. 浅析《京都议定书》中的清洁发展机制（CDM）的不足和完善——以我国为代表的发展中国家的视角 [J]. 四川教育学院学报，2007，23（9）：51 – 52，59.
[38] 李元. 环境生态学导论 [M]. 北京：科学出版社，2015.
[39] 李跃勋，徐晓梅，洪昌海，等. 表面流人工湿地在滇池湖滨区面源污染控制中的应用研究 [J]. 农业环境科学学报，2009，28（10）：2155 – 2160.
[40] 李玉臣，吉日格拉. 矿区废弃地的生态恢复研究 [J]. 生态学报，1995，15（3）：339 – 343.
[41] 李泽椿，许红梅，王月冬. 淮河流域气候与可持续发展 [M]. 北京：中国水利水电出版社，2017.
[42] 李振基，陈圣宾. 群落生态学 [M]. 北京：气象出版社，2011.
[43] 李振基，陈小麟，郑海雷. 生态学 [M]. 4 版. 北京：科学出版社，2014.
[44] 李祚泳. 城市综合环境质量的物元分析评价 [J]. 环境科学，1995，16（5）：76 – 78.
[45] 刘鸿燕. 第四纪生态学与全球变化 [M]. 北京：科学出版社，2001.
[46] 柳劲松，王丽华，宋称娟. 生态学基础 [M]. 北京：化学工业出版社，2003.
[47] 刘凯，张健，杨万勤，等. 污染土壤生态修复的理论内涵、方法及应用 [J]. 生态学杂志，2011，30（1）：162 – 169.
[48] 刘琦，潘伟斌. 环境监测 [M]. 广州：华南理工大学出版社，2005.
[49] 刘少颖，黄希汇，胡柯君，等. 钱塘江水体和鱼体内农药类持久性有机污染物残留水平及积累特征分析 [J]. 中国卫生检验杂志，2020，30（11）：1284 – 1288.
[50] 刘树华. 环境生态学 [M]. 北京：北京大学出版社，2009.
[51] 刘志培，刘双江. 我国污染土壤生物修复技术的发展及现状 [J]. 生物工程学报，2015，31（6）：901 – 916.
[52] 卢升高，吕军. 环境生态学 [M]. 杭州：浙江大学出版社，2004.
[53] 卢升高. 环境生态学 [M]. 杭州：浙江大学出版社，2010.
[54] 鲁鸣，孙友敏，李东和. 环境生态学 [M]. 北京：化学工业出版社，2012.
[55] 罗宾·康迪斯·克雷格，等. 国际可持续发展百科全书：生态系统管理与可持续发展 [M]. 张天光，译. 上海：上海交通大学出版社，2017.
[56] 罗莎莎，甄江红. 内蒙古呼包鄂地区生态环境质量评价——基于模糊综合分析法 [J]. 阴山学刊，2015，29（2）：36 – 40.
[57] 马世骏，李松华. 中国的农业生态工程 [M]. 北京：科学出版社，1987.
[58] 马世骏. 现代生态学透视 [M]. 北京：科学出版社，1990.
[59] 马天，王玉杰，郝电，等. 生态环境监测及其在我国的发展 [J]. 四川环境，2003，22（2）：19 – 24，34.
[60] J. A. 麦克尼利，K. R. 米勒，W. V. 瑞德，等. 保护世界的生物多样性 [M]. 薛达元，等译. 北

京：中国环境科学出版社，1991.
[61] 毛文永. 生态环境影响评价概论 [M]. 北京：中国环境科学出版社，1998.
[62] 毛小苓，倪晋仁. 生态风险评价研究述评 [J]. 北京大学学报（自然科学版），2005，41（4）：646－654.
[63] 聂永丰. 三废处理工程技术手册：固体废物卷 [M]. 北京：化学工业出版社，2000.
[64] 聂永丰，刘富强，王进军. 我国城市垃圾焚烧技术发展方向探讨 [J]. 环境科学研究，2000，13（3）：20－23，30.
[65] 欧阳志云，朱春全，杨广斌，等. 生态系统生产总值核算：概念、核算方法与案例研究 [J]. 生态学报，2013，33（21）：6747－6761.
[66] 曲仲湘，吴玉树，王焕校，等. 植物生态学 [M]. 2 版. 北京：高等教育出版社，1983.
[67] 任海，彭少麟. 恢复生态学导论 [M]. 北京：科学出版社，2001.
[68] 尚玉昌. 普通生态学 [M]. 北京：北京大学出版社，2002.
[69] 盛连喜，冯江，王娓. 环境生态学导论 [M]. 北京：高等教育出版社，2002.
[70] 石洪华. 典型城市生态风险评价与管理对策研究 [D]. 青岛：中国海洋大学，2008.
[71] 孙福生，朱英存，张俊强. 环境监测 [M]. 北京：化学工业出版社，2007.
[72] 孙儒泳，李博，诸葛阳，等. 普通生态学 [M]. 北京：高等教育出版社，1993.
[73] 孙儒泳，李庆芬，牛翠娟，等. 基础生态学 [M]. 北京：高等教育出版社，2002.
[74] 孙儒泳. 动物生态学原理 [M]. 3 版. 北京：北京师范大学出版社，2001.
[75] 孙铁珩，周启星，李培军. 污染生态学 [M]. 北京：科学出版社，2001.
[76] 孙铁珩，周启星. 污染生态学研究的回顾与展望 [J]. 应用生态学报，2002，13（2）：221－223.
[77] 汤懋苍，柳艳香，郭维栋. 天时、气候与中国历史（Ⅰ）：太阳黑子周长与中国气候 [J]. 高原气象，2011，20（4）：368－373.
[78] 田大伦. 高级生态学 [M]. 北京：科学出版社，2007.
[79] 王华东，张义生. 环境质量评价 [M]. 天津：天津科学技术出版社，1991.
[80] 王焕校. 污染生态学 [M]. 2 版. 北京：高等教育出版社，2002.
[81] 王建. 地球表层自然环境与地球表层自然系统 [J]. 地理教育，2001（4）：4－6.
[82] 王夏晖，王全南，王波，等. 生态工程：回顾与展望 [J]. 工程管理科技前沿，2022，41（4）：1－8.
[83] 王新洲，史文中，王树良. 模糊空间信息处理 [M]. 武汉：武汉大学出版社，2003.
[84] 吴邦灿，费龙. 现代环境监测技术 [M]. 北京：中国环境科学出版社，1999.
[85] 吴征镒，中国植被编辑委员会. 中国植被 [M]. 北京：科学出版社，1980.
[86] 奚旦立，孙裕生. 环境监测 [M]. 4 版. 北京：高等教育出版社，2010.
[87] 谢作明，邢伟，潘晓洁，等. 环境生态学 [M]. 武汉：中国地质大学出版社，2015.
[88] 熊治廷. 环境生物学 [M]. 武汉：武汉大学出版社，2002.
[89] 徐福留，周家贵，李本纲，等. 城市环境质量多级模糊综合评价 [J]. 城市环境与城市生态，2001，14（2）：13－15.
[90] 许鹏辉. 基于持续和谐发展的环境生态学研究 [M]. 北京：中国商务出版社，2019.
[91] 杨冬红，杨德彬，杨学祥. 地震和潮汐对气候波动变化的影响 [J]. 地球物理学报，2011，54（4）：926－934.
[92] 杨京平. 环境生态工程 [M]. 北京：中国环境科学出版社，2011.
[93] 杨汝德. 现代工业微生物学教程 [M]. 北京：高等教育出版社，2006.
[94] 杨士弘. 城市生态环境学 [M]. 2 版. 北京：科学出版社，2003.

[95] 杨学祥，陈殿友. 火山活动与天文周期 [J]. 地质论评，1999，45 (Z1)：33－42.

[96] 叶文虎，栾胜基. 环境质量评价学 [M]. 北京：高等教育出版社，1994.

[97] 叶亚平，刘鲁君. 中国省域生态环境质量评价指标体系研究 [J]. 环境科学研究，2000，13 (3)：33－36.

[98] 殷培杰，李培军. 生态修复过程中的若干问题——以 POPs 污染土壤为例 [J]. 生态学报，2007，27 (2)：784－792.

[99] 张军，周琪，何蓉. 表面流人工湿地中氮磷的去除机理 [J]. 生态环境，2004，13 (1)：98－101.

[100] 张容祖. 中国动物地理 [M]. 北京：科学出版社，1999.

[101] 张太平，彭少麟. 玉米在重金属污染条件下的生态分化与品种退化 [J]. 应用生态学报，1999，10 (6)：743－747.

[102] 张永春，林玉锁，孙勤芳. 有害废弃物生态风险评价 [M]. 北京：中国环境科学出版社，2002.

[103] 张治军，唐芳林，周红斌，等. 我国生态监测发展现状与展望 [J]. 林业建设，2012 (5)：19－22.

[104] 赵晓光，石辉. 环境生态学 [M]. 北京：机械工业出版社，2007.

[105] 赵晓英，孙成权. 恢复生态学及其发展 [J]. 地球科学进展，1998，13 (5)：474－480.

[106] 赵跃龙，张玲娟. 脆弱生态环境定量评价方法的研究 [J]. 地理科学，1998 (1)：78－84.

[107] 郑华，李屹峰，欧阳志云，等. 生态系统服务功能管理研究进展 [J]. 生态学报，2013，33 (3)：702－710.

[108] 郑爽. 国际 CDM 现状分析 [J]. 中国能源，2005，27 (6)：19－23.

[109] 中国生态学学会. 生态学的新纪元——可持续发展的理论与实践 [M]. 北京：中国生态学会，2000.

[110] 周存宇. 大气主要温室气体源汇及其研究进展 [J]. 生态环境，2006 (6)：1397－1402.

[111] 周华荣. 新疆生态环境质量评价指标体系研究 [J]. 中国环境科学，2000，20 (2)：150－153.

[112] 周启星，魏树和，刁春燕. 污染土壤生态修复基本原理及研究进展 [J]. 农业环境科学学报，2007，26 (2)：419－424.

[113] 周启星，魏树和，张倩茹，等. 生态修复 [M]. 北京：中国环境科学出版社，2006.

[114] 宗浩. 应用生态学 [M]. 北京：科学出版社，2011.

[115] 宗希宽.《京都议定书》及其对中国的影响 [J]. 科学决策，2007 (11)：21－22.

[116] 左亚文. 资源 环境 生态文明——中国特色主义生态文明建设 [M]. 武汉：武汉大学出版社，2014.

[117] A.麦肯齐，A. S.鲍尔，S. R.弗迪. 生态学 [M]. 孙儒泳，等译. 北京：科学出版社，2000.

[118] BEGON M，HARPER J L，TOWNSEND C R. Ecology：Individuals Populations and Communities [M]. 3rd ed. Oxford：Blackwell Science Publications，1996.

[119] BIGG G R. The Oceans and Climate [M]. Cambridge，UK：Cambridge University Press，2003.

[120] BROKAW M，BUSING R T. Niche versue chance and tree diversity in forest gaps [J]. Trends in Ecology & Evolution，2000，15 (5)：183－188.

[121] CAO H F，SHEN Y W. Brief review：ecological risk assessment research [J]. Environmental Chemistry，1991，10 (3)：26－30.

[122] CONSTANZA R，D'ARGE R，DE GROOT R，et al. The value of the world's ecosystem services and natural capital [J]. Nature，1997，387 (6630)：253－260.

[123] COURTILLOT V. Evolutionary Catastrophes：the Science of Mass Extinction [M]. Cambridge，UK：Cambridge University Press，1999.

[124] FU G H. Study on Ecological Risk Assessment of Land Consolidation [D]. Nanjing: Nanjing Agricultural University, 2007.

[125] GRAEDEL T E, CRUTZEN P J. Atmosphere: Climate and Change [M]. New York: Scientific American Library, 1994.

[126] HAYES E H, LANDIS W G. Regional ecological risk assessment of an ear shore marine environment: Cherry Point, WA [J]. Human Ecological Risk Assessment, 2004, 10 (2): 299 – 325.

[127] HAKANSON L. An ecology risk index for aquatic pollution control: a sediment ecological approach [J]. Water Research, 1980, 14 (8): 975 – 1001.

[128] IPCC. Climate Change 2001: the Scientific Basis [M]. Cambridge, UK: Cambridge University Press, 2001.

[129] IPCC. Climate Change 2007: the Scientific Basis [M]. Cambridge, UK: Cambridge University Press, 2007.

[130] JENKINSON D S. An introduction to the global nitrogen cycle [J]. Soil Use and Management, 1990, 6 (2): 56 – 61.

[131] MINAGAWA M. Effects of photoperiod on survival, feeding and development of larvae of the red frog crab, Ranina ranina [J]. Agriculture, 1994, 120 (1 – 2): 105 – 114.

[132] KREBS C J. Ecology: the Experimental Analysis of Distribution and Bundance [M]. San Francisco: Benjamin Cummings, 2001.

[133] KREBS J R, STEPHENS D W, SUTHERNLAND W J. Perspective in Optimal Foraging [M]. Cambridge: Cambridge University Press, 1983.

[134] KREBS J R. Optimal foraging: decision rules for predators [M] //Behavioural Ecology: an Evolutionary Approach. New York: John Wiley & Sons Inc, 2009: 23 – 63.

[135] LAN X, THONING K W, DLUGOKENCKY E J. Trends in globally-averaged CH_4, N_2O, and SF6 determined from NOAA Global Monitoring Laboratory measurements. Version 2023 – 03, https://doi.org/10.15138/P8XG – AA10.

[136] LANDIS W G, WIEGERS J A. Design considerations and a suggested approach for regional and comparative ecological risk assessment [J]. Human and Ecological Risk Assessment, 1997, 3 (3): 287 – 297.

[137] LIU D, WU X, CHANG J, et al. Constructed wetlands as biofuel production systems [J]. Nature Climate Change, 2012, 2 (3): 190 – 194.

[138] LU Y Z, YAN B X, LI H W, et al. The evolution rule and ecology risk assessment of mercury in fish of Songhua River [J]. Journal of Agro-environment Science, 2008, 27 (6): 2430 – 2433.

[139] LANDIS W G. Regional Scale Ecological Risk Assessment: Using the Relative Risk Model [M]. Boca Raton: CRC Press, 2004.

[140] MA X J, LU Z H, CHANG Z H. Method of ecological risk assessment for Yancheng seashore wet land [J]. Environmental Monitoring in China, 2007, 23 (4): 80 – 84.

[141] MACKENZIE A, BALL A S, VIRDEE S R. Instant Notes in Ecology [M]. Oxford: BIOS Scientific Publishers, 2001.

[142] MYERS N, MITTERMEIER R A, MITTERMEIER C G, et al. Biodiversity hotspots for conservation priorities [J]. Nature, 2000, 403 (6772): 853 – 858.

[143] MITSCH W J, JORGENSEN S E. Ecological Engineering and Ecosystem Restoration [M]. New York: John Wiley & Sons Inc, 2003.

[144] NJAU K N, MINJA R J A, KATIMA J H Y. A potential wetlands substrate for treatment of domestic wastewater [J]. Water Science and Technology, 2003, 48 (5): 85 - 92.

[145] RONN R, GAVITO M, LARSEN J, et al. Response of free living soil protozoa and microorganisms to elevated atmospheric CO_2 and presence of mycorrhiza [J]. Soil Biol Biochem, 2002, 34 (7): 923 - 932.

[146] STILING P D. Introductory Ecology [M]. Upper Saddle River: Prentice Hall Press, 1992.

[147] WANG X L. Application of Ecological Risk Assessment Method of Island Ecosystem [M]. Beijing: Graduate University of Chinese Academy of Sciences, 2006.

[148] WARMING J E B. Lehrbuch der okoligischen Planzengeographie [M]. Berlin: Borntraeger, 1896.

[149] YEATES G W, NEWTON P C D, ROSS D J. Response of soil nematode famuna to naturally elevated CO_2 levels influenced by soil pattern [J]. Nematology, 1999, 1 (3): 285 - 293.